SİSTEMATİK VE ALFABETİK SINIFLAMA DÜZENLERİNİN BİLGİYE, BELGEYE KONUSAL ERİŞİM AÇISINDAN KARŞILAŞTIRILMASI

(2005 ve 2008 Tarihli Yüksek Lisans Tezinin Reddedilme Süreci ile Birlikte)

Sedat AKSOY

e-Kitap Projesi

İstanbul- Haziran, 2015

Aksoy, Sedat

Sistematik ve alfabetik sınıflama düzenlerinin bilgiye, belgeye konusal erişim açısından karşılaştırılması : (2005 ve 2008 tarihli yüksek lisans tezinin reddedilme süreci ile birlikte) / Sedat Aksoy.—İstanbul : e-Kitap Projesi, 2015.

X, 241 s.: tablo; 26 cm.

ISBN 978-1-329-25977-5

e-ISBN 978-1-329-25984-3

Türkçe ve İngilizce özet var.

Kaynakça var.

Basılı ve e-kitap olarak yayınlanmıştır.

Açık erişim adresi: http://www.ekitaprojesi.com/books/sistematik-ve-alfabetik-siniflama-duzenlerinin-bilgiye-belgeye-konusal-erisim-acisindan-karsilastirilmasi

1. SINIFLAMA. 2. KONU BAŞLIKLARI. 3. SINIFLAMA SİSTEMLERİ. 4. BİLGİ ERİŞİM. 5. KÜTÜPHANECİLİK - KARŞILAŞTIRMALI ÇALIŞMALAR.

Editoryal: Banu Fişek & Fulya Saatçıoğlu
Yayıncı: http://www.ekitaprojesi.com, Murat UKRAY
Baskı ve Cilt (Publisher): www.lulu.com
Sertifika No (Content ID): 16894498
İstanbul, Haziran 2015
ISBN: 978-1-329-25977-5
e-ISBN: 978-1-329-25984-3

İletişim Adresi:
E-Posta (e-mail): sedmev3@gmail.com
www.facebook.com/EKitapProjesi

© Bu eserin basım ve yayın hakları yazarın kendisine aittir. Fikir ve Sanat Eserleri Yasası gereğince, izinsiz kısmen ya da tamamen çoğaltılıp yayınlanamaz. Kaynak gösterilerek kısa alıntı yapılabilir.

ÖZ

Kütüphane vb. bilgi belge merkezlerinde bilginin, belgenin düzenlenmesinde-örgütlenmesinde-sınıflandırılmasında kullanılan sistematik ve alfabetik sınıflama düzenlerinin temel amacı kullanıcıların bilgi ve belgeye konusal erişim ihtiyacını eksiksiz, isabet oranı yüksek bir şekilde karşılamaktır. Bu amacın gerçekleşebilmesi için en başta sınıflama ile konusal erişim arasındaki ilişkinin niteliğinin belirlenmesi gerekecektir. Bu yüzden araştırmada ilk önce bu ilişki incelenmiştir. Daha sonra konusal erişim açısından sistematik sınıflama düzenleri (DOS, LCC, EOS) ve Alfabetik sınıflama düzenlerinin (LCSH, SLSH, thesauruslar) genel özellikleri ve öğeleri incelenerek aralarındaki farklar ve benzerlikler bulunmuştur. Bunların da detaylı açıklamaları ile karşılaştırılması yapılarak, konusal erişim açısından kullanıcılar için hangi sınıflama düzeninin daha uygun ve kullanışlı olacağı açıklanmaktadır. Alfabetik sınıflama düzenlerinin başta alfabetik yapısından kaynaklanan kullanışlılığı, belirli ilkeler doğrultunda sınırsız genişleme, büyüme ve en spesifik konuları dahi gösterebilme özelliğinden dolayı sistematik sınıflama düzenlerine nazaran konusal erişimi daha iyi sağladığı ortaya çıkarılarak, alfabetik sınıflama düzenlerinin kullanıcılar için daha uygun olduğu sonucuna varılmıştır.

ABSTRACT

The main purpose of systematic and alphabetic classification systems used in the arrangement, organization and classification of information and documents in libraries and similar information centers is to satisfy the needs of the users to have subject based access to information and documents with a high success ratio. In order to accomplish this goal, the characteristics of the relationship between classification and subject based access need to be determined first. For this reason, this relationship has first been investigated in the research. Then, an attempt was made to find the similarities and differences between systematic classification systems (DDC, LCC, UDC) and alphabetical classification systems (LCSH, SLSH, thesauruses) by reviewing them from the perspective of subject based access. It is explained which classification system would be more appropriate and useful for users from the point of subject based access by providing detailed explanations about them and making comparisons. It was concluded that the alphabetic classsification system would be more appropriate for users in comparison with systematic classification systems due to its ease of use resulting from its alphabetical structure, unlimited expansion capacity in accordance with certain principle and the ability to extend and to be able to demonstrate even the most specific subjects.

ÖNSÖZ

2002 yılında hayatımı etkileyen birbiriyle ilgili üç önemli gelişme olmuştur. Bunlar: İstanbul Üniversitesi Edebiyat Fakültesi Kütüphanecilik Bölümünden mezun olmak; aynı üniversitede değişen adıyla Bilgi ve Belge Yönetimi alanında yüksek lisans eğitimine başlamak; yine aynı üniversitenin Merkez kütüphanesinde KPSS sonucunda Kütüphaneci olarak iş hayatına başlamak. Merkez kütüphanenin derleme bölümünde eserlerin kataloglanması görevini yürütürken karşılaşılan sorunlardan bir tanesi, Evrensel Onlu Sınıflama Sisteminin kullanımına devam edilip edilmeyeceğidir (tez hazırlama sürecinde, yayınlara EOS numarası verilmesine son verildi). O dönemde kütüphanenin daire başkanı olan Prof. Dr. Meral Alpay aynı zamanda yüksek lisans eğitimimde ders veren öğretim görevlilerinden biriydi. Ders aşaması bitip, tez hazırlama aşamasına geçildiğinde Prof. Dr. Meral Alpay'ın önerdiği konulardan birisini o zaman tez danışmanı olan X1 ile uygun bularak kabul ettik. Konu üzerinde birtakım değişiklikler yapıldıktan sonra şu anki haline gelen bu konu kısaca sınıflama düzenlerinin konusal erişim açısından karşılaştırılmasından ibaretti. Bunların konusal erişim açısından yarar ve sakıncalarını belirlemek de amacımız oluyordu.

Yüksek lisans eğitiminin, ders ve özellikle tez hazırlama sürecinde mesleki gelişimimi hızlandıran, zenginleştiren etkisi olmuştur. Sadece sınıflama konusu hakkında değil genel olarak bilgi ve belge yönetimi alanında ufkumu genişleten bir etki söz konusudur. Araştırma sürecinde birçok bilgi ve belgeye erişmem, araştırma yaptığım birçok kurumun sistemlerini görmem, çalışanlarıyla iletişim kurmam mümkün olmuştur. Bu ve benzer şeyler hazırlanan tezin niteliğini artırıp değer kazandırdığı gibi yaptığım işin faydasını ve kalitesini de artırmıştır.

Tezin hazırlanması sırasında yabancı kaynakların çokluğu ve sınıflama konusunda karşılaştırmalı çalışmaların hem yabancı hem de yerli literatürde oldukça az olması gibi birtakım güçlüklerle karşılaşılmıştır.

Bu tezi hazırlamamda katkısı olan tez danışmanı X6'ya, tez konumu öneren Prof. Dr. Meral Alpay'a, imkanlarından yararlandığım İstanbul Üniversitesi Kütüphane ve Dokümantasyon Daire Başkanlığına ve adını belirtmediğim kişilere ve kurumlara teşekkürlerimi sunarım. Ayrıca elle yazılan metni bilgisayar ortamına geçiren ağabeyim Mevlüt Aksoy'a ve destekleriyle beni yalnız bırakmayan ailemin diğer fertlerine teşekkürü borç bilirim.

Sedat AKSOY
09.10.2008

İÇİNDEKİLER

	SAYFA
ÖZ	III
ABSTRACT	IV
ÖNSÖZ	V
İÇİNDEKİLER	VII
TABLOLARIN LİSTESİ	IX
KISALTMALAR	X
GİRİŞ	1

I. BÖLÜM: SINIFLAMA VE KONUSAL ERİŞİM İLİŞKİSİ– KAVRAMSAL YAKLAŞIM 6

1.1. Kavramsal Yaklaşım 6
    1.1.1. Sınıflama 6
    1.1.2. Konusal Erişim 10

1.2. Sınıflama- Konusal Erişim İlişkisi 12

II. BÖLÜM: SİSTEMATİK SINIFLAMA DÜZENLERİ VE KONUSAL ERİŞİM 19

2.1. Sistematik Sınıflama Düzenlerinin Özellikleri ve Öğeleri 25
    2.1.1. Şemalar- Konu Listeleri 25
    2.1.2. Notasyon 30
    2.1.3. İlişki Dizini 31

2.2. Kütüphanecilik Alanında Kullanılan Sistematik Sınıflama Sistemleri 32
    2.2.1. Dewey Onlu Sınıflama Sistemi (DOS) 32
        2.2.1.1. Tarihçe 32
        2.2.1.2. DOS'un Temel Özellikleri ve Öğeleri 35
            2.2.1.2.1. Konu Listeleri 37
            2.2.1.2.2. Yardımcı Tablolar 40
            2.2.1.2.3. Notasyon 43
                2.2.1.2.3.1. Notasyonel Hiyerarşi 44
                2.2.1.2.3.2. Bellek Yardımcısı (Mnemonic) 46
            2.2.1.2.4. İlişki Dizini 47
    2.2.2. Kongre Kütüphanesi Sınıflama Sistemi (LCC) 50
        2.2.2.1. Tarihçe 51
        2.2.2.2. LCC'nin Temel Özellikleri ve Öğeleri 53
            2.2.2.2.1. Ana Sınıflar ve Alt Sınıflar 56
            2.2.2.2.2. Notasyon 61

    2.2.3. Evrensel Onlu Sınıflama Sistemi (EOS) 63
        2.2.3.1. EOS'un Temel Özellikleri ve Öğeleri 65

III. BÖLÜM: ALFABETİK (KONU BAŞLIKLARI DÜZENİ) SINIFLAMA DÜZENLERİ VE KONUSAL ERİŞİM 70

3.1. Alfabetik Sınıflama Düzenlerinin Özellikleri ve Öğeleri 78
    3.1.1. Konu Başlıkları ve Alt Bölümler 78
    3.1.2. Yöneltmeler 84

3.2. Kütüphanecilik Alanında Kullanılan Alfabetik Sınıflama Sistemleri 88
    3.2.1. Kongre Kütüphanesi Konu Başlıkları Listesi– LCSH 89
        3.2.1.1. LCSH'nin Temel Özellikleri ve Öğeleri 90
            3.2.1.1.1. Konu Başlıkları ve Alt Bölümler 91
            3.2.1.1.2. Yöneltmeler 94
    3.2.2. Sears Konu Başlıkları Listesi– SLSH 97
        3.2.2.1. SLSH'nin Temel Özellikleri ve Öğeleri 97
            3.2.2.1.1. Konu Başlıkları ve Alt Bölümler 99
            3.2.2.1.2. Yöneltmeler 101
    3.2.3. Thesaurus 103
        3.2.3.1. Thesaurusların Temel Özellikleri ve Öğeleri 104
        3.2.3.2. Yöneltmeler 107

IV. BÖLÜM: ALFABETİK VE SİSTEMATİK SINIFLAMA DÜZENLERİNİN KARŞILAŞTIRILMASI 110

4.1. Sistematik ve Alfabetik Sınıflama Düzenleri Arasındaki Fark ve Benzerlikler 112
    4.1.1. Benzerlikler 112
    4.1.2. Farklar 112

4.2. Hipotezin Doğrulanması 115

4.3. Karşılaştırma 116

SONUÇ 131

KAYNAKÇA 134

DÜZELTME HAKKINDA 141

EK: 2005 VE 2008 TARİHLİ YÜKSEK LİSANS TEZİNİN REDDEDİLME SÜRECİ 145
EK 1. 27.03.2009 Tarihli İdare Mahkemesi Dilekçesi 147
EK 2. 01.07.2010 Tarihli İstanbul Bölge İdare Mahkemesi Dilekçesi [Bilirkişi R.].166
EK 3. 17.01.2011 Tarihli Danıştay Temyiz Dilekçesi 191
EK 4. 27.04.2015 Tarihli Danıştay, 22.10.2010 ve Öncesi Mahkeme Kararları 201
EK 5. 15.07.2008 Tarihli Enstitü Dilekçesi 204
EK 6. 30.01.2009 Tarihli Enstitü Dilekçesi 210
EK 7. 10.07.2008 Tarihinde Yapılan Tez Savunma Sınavı 220
EK 8. Tezde Düzeltilmesi İstenen Yerler 224
EK 9. 23.02.2006'da Yapılan Tez Savunması 225
EK 10. 14.12.2005'te Jüri Üyesi X2 ile Yaptığım Görüşme 235
EK 11. Tez Hazırlama Sürecinin Kısa Özeti 239

TABLOLARIN LİSTESİ

Tablo 1 İki Sınıflandırma Sisteminde Demiryolları Hakkındaki Materyalin Dağılımı.. 9

Tablo 2 İlişki Dizininden Bir Kesit... 48-49

Tablo 3 LCC Ana Şeması, Yayınlanmış Ana Sınıflar ve Alt Sınıflar........................57

Tablo 4 NK Dekoratif Sanatlar. Uygulamalı Sanatlar. Dekorasyon ve Süsleme
Şemasından Bir Kesit...59-60

Tablo 5 Evrensel Onlu Sınıflama Sisteminin (EOS) Ana Sınıfları............................66

Tablo 6 EOS Yardımcı Tabloları ve İşaretleri...67

Tablo 7 LCSH Kalıp Başlıkları (Pattern Headings)..93-94

Tablo 8 Sınıflama Düzenleri Arasındaki Farklar 113-114

KISALTMALAR

ayr. bkz.:	Ayrıca bakınız
AAKK2:	Anglo Amerikan Kataloglama Kuralları 2
ABD:	Amerika Birleşik Devletleri.
bkz.:	Bakınız
DOS-DDC:	Dewey Onlu Sınıflama (Dewey Decimale Classification).
EOS-UDC:	Evrensel Onlu Sınıflama (Universal Decimale Classification).
ISBN:	International Standard Book Number (Uluslararası Standart Kitap Numarası).
ISSN:	International Serial Standard Number (Uluslararası Standart Süreli Yayın Numarası).
KWIC:	Keyword in Context
KWOC:	Keyword out in Context
LC:	Library of Congress (Kongre Kütüphanesi).
LCC:	Library of Congress Classification (Kongre Kütüphanesi Sınıflaması).
LCSH:	Library of Congress Subject Headings (Kongre Kütüphanesi Konu Başlıkları).
m. :	Madde
OPAC:	Online Public Access Catalogue
SLSH:	Sears List of Subject Headings (Sears Konu Başlıkları Listesi).
vb.:	Ve benzeri.
vs.:	Vesaire.
yy.:	Yüzyıl

GİRİŞ

İnsanın en temel özelliklerinden bir tanesi, hayatta gördüklerini, yaşadıklarını, düşündüklerini, işittiklerini kısaca aklımıza gelebilecek hemen her şeyi yani bütün canlı cansız varlıkları, nesneleri ve kavramları sınıflama yetisine sahip olmasıdır. İnsanın hayatını sürdürmesinde, geliştirmesinde zihinsel bir faaliyet olan sınıflama yetisinin çok önemli rolü olduğunu kolayca söyleyebiliriz. Sınıflama, en başta insanı insan yapan, diğer canlı varlıklardan ayıran, insanın en temel özelliği olan aklı ve buna bağlı olarak sahip olduğu, geliştirdiği düşünceleri ve bunları gerçekleştirip gerçekleştiremeyeceğini belirleyen özgür iradesinin tezahürüdür. "İnsan beyni her gün yeni bilgileri algılayabilmek ve kullanabilmek için onları genel özelliklerine göre gruplar ve düzenler. Bu akıl süreci genellikle kriter konmadan ve bilinçsiz olarak yapılır." (Erdoğan, 2003: 2) Doğal olarak biz, farkında olsak da olmasak da hayatımızın işleyişi yaptığımız veya yapılan sınıflamalar doğrultusunda gitmektedir. Aksi takdirde bir düzenden, bir birikimden, teknolojiden, bilimden, dolayısıyla ilerlemeden bahsedemeyiz; iyiden kötüden, doğrudan yanlıştan, kısaca bildiğimiz insan kavramından ve onun gelişiminden, üretiminden, hayatından bahsetmemiz mümkün olamayacaktır.

Zihnin önemli bir işlevi olan sınıflama yetisi, insanın doğumundan ölümüne kadar hayatını anlamlandırmasında, sürdürmesinde büyük katkı sağlar. Burada tereddüt edilebilecek nokta yeni doğmuş bir bebeğin sınıflama yapıp yapamayacağıdır. Çünkü hiçbir şey bilmiyor, görmemiş, duymamış. Bu halde iken sınıflamadan bahsedebilir miyiz? Aslında cevap sorunun sorulmasındaki nedenlerden çıkarılabilir. Yani hiçbir şey bilmiyor gibi ifadelerden çıkarabiliriz. Çocuk doğduğu andan itibaren yani daha doğrusu ilk gördüğü, duyduğu şeylerle birlikte hayatı tanımaya, anlamaya çalışacaktır. Buradan sınıflamanın ilk aşaması için bir şeyin bilinmesi, anlamlandırılması ve özelliklerinin tespit edilmesi gerekliliği ortaya çıkar. Böylelikle tanımlanmaya çalışılan şey, diğer bilinenlerle karşılaştırılabilecek; aralarındaki farklar ve benzerlikler tespit edilerek o şeyin belleğimizdeki yeri daha da belirginleşecektir. Bu sınıflama süreci sonucunda elde edilenler ise karar verme sürecinde etkin bir rol oynayacaktır. Somutlaştırmak gerekirse; bebek, beslenme ve güvenlik-korunma-hayatta kalma gibi insanın en temel içgüdülerinden dolayı bağlılık hissini özellikle anne babaya daha kuvvetli duyacak ve onlar dışındaki insanları yabancı, tanımadığı-bilmediği kısaca korkulacak varlıklar olarak algılayıp onlara buna göre bir tepki verecektir. Ta ki tanıyana, bir zarar gelmeyeceğinden emin olana kadar durum böyledir. Hayatın her aşamasında bu durum ve davranış biçimi temel olarak aynıdır. Burada bebek, tanıdık-yabancı, bildiği-bilmediği gibi birtakım sınıflandırma faaliyeti gerçekleştirmektedir. Çocuğun bilgisi, görgüsü arttıkça bu sınıflama alanı genişleyecektir. Yani çocuk geliştikçe, büyüdükçe sınıflandırılacak varlıklar, konular, kavramlar vs. artacaktır. Örneğin sevilen-sevilmeyen yemekleri, oyuncakları, insanları; büyük-küçük, kız-erkek gibi farklılıkları daha sonra da iyi-kötü, doğru-yanlış gibi davranış biçimlerini ve ahlaki değerleri sayabiliriz. Tabi bunların çoğu öğretilen, dikte edilen şeylerdir. Geliştikçe, yaş ilerledikçe, özgür irademizi kullandıkça bu durum tersine döner ve öğrendiğimiz, yaşayarak elde ettiğimiz kazanımlar, değerler, tecrübeler çoğunluk olmaktadır. Böylelikle sınıflamanın hayatımızın başlangıcından itibaren yer aldığını, maddi ve manevi hayatımızı düzenleyen, biçimlendiren zihinsel bir faaliyet, aklın bir ürünü olduğunu kolayca söyleyebiliriz.

Yukarıda sınıflamanın mantıksal temeli, kökleri irdelenmeye çalışıldı. Buradan hareketle insanlık tarihi boyunca yapılagelmiş, düşünülmüş, üretilmiş olan hemen her şeyde, her alanda sınıflamanın olduğunu söyleyebiliriz. Sınıflamanın zihinsel bir faaliyet olmasından ötürü kişiden kişiye değişebilen yönleri vardır. Bakış açılarına göre varlıkları, kavramları, konuları vs. farklı yerlerde sınıflamanın mümkün olduğunu söylemek yerinde olacaktır. Bu durum iki şekilde olabilir: Birincisi; herhangi bir varlık ya da kavramın birçok özelliğinin herhangi birini ve/veya bir kısmını ön plana çıkartarak yapılan sınıflandırmadır. Örneğin hayvanların sınıflandırılmasında balina ve yunus omurgalı hayvan şubesinde yer alır. Bu şube; Çenesizler, Balıklar, Amfibyumlar, Sürüngenler, Kuşlar ve Memeliler olarak 6 sınıfa ayrılır (Omurgalılar, 1992: 8840). Balina ve yunus memeli hayvanlardandır (balıklar içindeki nadir memelilerdendir). Ancak kişiler ilgilendikleri konuya, alana göre bu iki balığı sınıflayacaklardır. İkincisi ise; özellikle ahlaki değerlerde, soyut bilgilerde farklı sınıflandırmaların yapılabildiğidir. Bir kişinin doğru dediği bir şey, başka bir kişi tarafından tam tersi olarak değerlendirilebilir. Bu özellikle toplumlar, kültürler, ülkeler arasındaki farklılıklarda dikkat çeker. Örneğin uzakdoğu ülkelerinin bir kısmında (Çin vs.) kurbağa, yılan, salyangoz vb. gibi hayvanların yenmesi doğal ve normal karşılanırken bizim ülkemizde normal karşılanmaz, doğru bulunmaz. Yani bizde besin maddeleri arasında yer almayan bu tür hayvanlar orada besin maddeleri arasında yer alır.

Sınıflamayı genel anlamda ele alan bu ön bilgiden sonra sınıflamanın, bilimsel boyutta ve uygulama alanında (tezde, Bilgi ve Belge Yönetimi–Kütüphanecilik) en önemli amacı ve işlevi olan bilgiye, belgeye konusal erişim ile ilişkisini irdeleyebiliriz.

Bilgiyi, belgeyi erişilir ve kullanılır hale getirmek için ilk önce örgütlü, düzenlenmiş olması gerekmektedir. Bu ise en başta sınıflama düzenleri ile mümkün olmaktadır. Bu düzenler ise sistematik ve alfabetik olmak üzere ikiye ayrılır. Bilginin, belgenin örgütlenmesinin temel öğesi olan sınıflama düzenlerinin en önemli işlevi ve amacı konusal erişimi mümkün kılmasıdır. Bu tezin asıl konusu da bu ilişkinin kapsamı ve niteliğidir. Bu ilişkiyi, sistematik ve alfabetik sınıflama düzenlerini ayrı ayrı inceleyip, konusal erişim açısından sınıflama düzenlerinin karşılaştırılması ile ortaya çıkarmak mümkün gözükmektedir. Buradan hareketle tezin konusu: "Sistematik ve alfabetik sınıflama düzenlerinin bilgiye, belgeye konusal erişim açısından karşılaştırılması" olarak belirlenmiştir.

Amaç ise; "Kütüphanelerde, bilgi ve belge merkezlerinde bilginin, belgenin düzenlenmesinde kullanılan sistematik ve alfabetik sınıflama düzenlerinin özelliklerini irdelemek, bu düzenlerin konusal erişim açısından yarar ve sakıncalarını, karşılaştırma yöntemini kullanarak teorik olarak ortaya çıkarmaktır." şeklinde belirlenmiştir.

Araştırmanın hipotezi olarak; "Kütüphanelerde, bilgi ve belge merkezlerinde konusal erişimin daha isabetli ve eksiksiz olması açısından sistematik sınıflama düzenlerine nazaran alfabetik konu başlıklarına dayalı bir sınıflama düzeninin kullanılması kullanıcı açısından daha uygundur." şeklindeki bir önerme belirlenmiştir.

Tezi hazırlarken kullanılan bilimsel araştırma yöntemleri; betimleme ve karşılaştırma yöntemleridir. Veri toplama tekniği ise belgesel kaynak derlemesi tekniğidir.

Tez dört bölümden oluşmaktadır:

Birinci bölümde sınıflama ve konusal erişim ilişkisi ve kavramsal yaklaşım ele alınarak konuya bütünsel açıdan yaklaşılmıştır.

İkinci bölümde ise sistematik sınıflama düzenleri ve konusal erişim başlığı altında konusal erişimi sağlamak için kullanılan sistematik sınıflama düzenlerinin özellikleri ve öğeleri ile kütüphanecilik alanında yaygın olarak kullanılan sistematik sınıflandırma sistemlerinden üçü (LCC, DOS ve EOS) incelenmiştir.

Üçüncü bölümde ise konusal erişimi sağlamak için kullanılan alfabetik (konu başlıkları düzeni) sınıflama düzenlerinin genel özellikleri ve öğeleri ile birlikte kütüphanecilik alanında kullanılan alfabetik sınıflama sistemlerinden üçü (LCSH, SLSH ve genel olarak thesauruslar) ele alınmıştır.

Dördüncü bölümde ise alfabetik ve sistematik sınıflama düzenlerinin konusal erişim açısından karşılaştırılması yapılmıştır.

Araştırma süresince yararlanılan temel kaynaklar şunlardır:
* 1968 yılında Necmettin Sefercioğlu'nun hazırladığı "Konu Başlıkları" adlı doktora çalışması,
* 1990 yılında yayınlanan Erol Pakin'in hazırladığı "Dil ve Edebiyat Alanı için Türkçe Konu Başlıkları Listesi" adlı doktora çalışması ve 1989 yılında Kütüphanecilik Dergisi'nde yayınlanan "Thesaurus" adlı makalesi,
* 1994 yılında yayınlanan Lois Mai Chan'in "Cataloging and Classification: an introduction" çalışması,
* Jennifer Rowley'nin "Bilginin Düzenlenmesi: Bilgi Erişime Giriş" adlı çalışmasının Sekine Karakaş ve arkadaşları tarafından 1996 yılında yapılan çevirisi.
* İrfan Çakın'ın 1989 yılında Türk Kütüphaneciliği dergisinde yayınlanan "Karşılaştırmalı Kütüphanecilik: Yöntemi ve Özellikleri" adlı makalesidir.

Ayrıca 2001 yılında hazırlanan İstanbul Üniversitesi Sosyal Bilimler Enstitüsü için hazırlanmış "Tez Hazırlama Yönergesi" tez yazım aşamasında kullanılmıştır.

Tezde yararlanılan kaynaklara çeşitli bibliyografik veri sağlayan kaynaklar kullanılarak erişilmiştir. Bunlar aşağıda sıralanmıştır:

* LISA (Library and Information Science Asbtracts– Kütüphane ve Bilgi Bilimi Özleri),
* Türkiye Bibliyografyası,
* Türkiye Makaleler Bibliyografyası,
* Library Literature (Kütüphane Literatürü),
* Türk Kütüphaneciliği Dizini.
* Çeşitli Üniversite kütüphanelerinin (İstanbul Üniversitesi, Ankara Üniversitesi, Hacettepe Üniversitesi, Marmara Üniversitesi, Boğaziçi Üniversitesi ve Koç Üniversitesi vs.) katalogları ve veritabanları taranmıştır.

I. BÖLÜM:

SINIFLAMA VE KONUSAL ERİŞİM İLİŞKİSİ– KAVRAMSAL YAKLAŞIM

1.1. Kavramsal Yaklaşım

Konunun daha iyi anlaşılabilmesi için burada öncelikle sınıflama kavramının açıklaması yapılacaktır. Bilgi ve belgeye konusal erişim de özellikle bilgi erişim kavramı çerçevesinde incelenecektir.

1.1.1. Sınıflama

Sınıflama kavramını açıklamadan önce sınıflamanın kökü olan sınıf terimini tanımlayabiliriz: Sınıf sözcüğü Türkçe sözlükte; sınıflandırmada, takımlardan oluşan birlik, dalların alt bölümü; niteliklerine, değerlerine, önemlerine göre kişi ya da nesnelerin yerleştirildiği kategorilerden her biri ve son olarak da belli ortak belirtileri olan tek tek nesneler öbeği (Püsküllüoğlu, 2002: 1348) şeklinde tanımlanmıştır. Bir diğer tanımda ise sınıf, özel işaretleme ile bir grup nesnenin bir veya daha fazla ortak özelliğinin gösteriminin tanımlanması; Dewey Onlu Sınıflamanın (DOS) 0-9 arasında numaralanan 10 ana grubundan bir tanesi; DOS'un herhangi bir derecedeki özgül (specificity) bir alt bölümü; son olarak da fiil anlamında bir tek esere bir sınıf numarası vermektir (Glossary, çevrimiçi: XLVIII).

Sınıflama kavramını açıklamak için başvurulan çeşitli kaynaklarda, büyük ölçüde birbirine yakın tanımlarla karşılaşılmıştır. Bunların önemli bir kısmını konunun daha iyi anlaşılabilmesi için belirtmek yerinde olacaktır.

Türkçede sınıflamak, bölümlere ayırmak, sınıflama işi vb. gibi fiil ve isim anlamlarında üç terim kullanılmaktadır: Sınıflama, sınıflandırma ve tasnif. Üçü de aynı kökten türemiş (Arapça, sınıf) olan bu sözcüklerden tasnifin kullanımı marjinalleşirken, sınıf kelimesinin aldığı yapım ekleri ile yeni Türkçeleşmiş sözcükler olan sınıflama ve sınıflandırma aynı anlamı karşılayacak şekilde yaygınlık kazanmıştır. Büyük Larousse'ta da belgeleri ve yapıtları belli bir düzene göre seçme ve sıralama işi olarak tanımlanan sınıflandırmanın eşanlamlısı olarak sınıflama terimi gösterilmiştir (Sınıflandırma, 1992: 10461). Dolayısıyla tezde bu iki sözcükten herhangi birisini seçerek kullanmak yerine, ikisini de ayrı olarak farklı yerlerde aynı anlama gelecek şekilde kullanmak uygun görülmüştür.

Sınıflandırmanın çeşitli tanımlarına bakacak olursak; Türkçe sözlükte sınıflandırmak, sınıflara ayırmak, bölümlendirmek; konuları ve kavramları sistematik bir biçimde bölümlemek ve sıraya koymak (Püsküllüoğlu, 2002: 1348) olarak tanımlanır. Benzer bir tanım da şöyledir:

"Nesneleri ve kavramları mantıksal olarak hiyerarşik sınıflara, alt sınıflara ve ortak oldukları ve birbirini ayıran özelliklerini; temel alan alt-alt sınıflara bölme işlemi. Sınıflama sistemi veya sınıflama şemasının kısaltılışı olarak da kullanılır." (Reitz, çevrimiçi)

Yurdadoğ ise sınıflamayı; "Kitaplık dermesinde yer alan her türlü gerecin konusunun belirli bir kural gereğince saptanması" (Yurdadoğ, 1974: 59) olarak belirterek sınıflamanın işlevini konusal açıdan sınırlamakta, daraltmaktadır.

Yurdadoğ'un tanımına benzer olarak Mortimer'in yaptığı tanımda ise sınıflama, "kütüphane materyalinin konuya bağlı olarak düzenlenmesi sistemidir." (Mortimer, 2000: 135)

Bir diğer tanım ise şöyledir: "Sınıflama, yayınları belli bir bilimsel dizgeye göre gruplara ayırma, benzer bilgi ya da birbiriyle ilgili olan bilgileri bir araya getirme, bir arada bulundurma işlemidir." (Keseroğlu ve Dursun, 1992: 139)

Farklı ve çok geniş kapsamlı bir tanımı ise Satija yapmaktadır:

"Sınıflama, mantık disiplinine aittir ve hayatın her küçük faaliyetine yayılır. Sınıflamanın anlamı nesnelerin/varlıkların (hem soyut hem de somut) farklılıklarını temel alarak bölümlemek veya tersine, benzerlikleri temel alarak varlıkların gruplamasıdır. Sınıflama, bölümlemenin, ayıklamanın, gruplamanın, düzenlemenin, sıralamanın, derecelemenin, planlamanın ve ilişkilendirmenin bir işlemidir." (Satija, 2000: 222)

Satija, bu tanımıyla sınıflamanın boyutlarını büyük ölçüde çizerek, saptayarak yine gruplama, bölümleme gibi işlevlerini belirlemiş, insan hayatındaki yerini, önemini vurgulamıştır.

Son olarak Chan'in sınıflama tanımına, açıklamasına değinmek faydalı olacaktır.

"Sınıflama, genel olarak tanımlandığında herhangi bir sistematik düzende bilgi evrenini sistematik bir sıraya koyma işidir. İnsan aklının en temel etkinliği olarak nitelendirilmektedir. Sınıflandırma faaliyetinin asıl işlevi, karakteristik ilgi alanlarının veya nesnelerin çoklu-bölümlendirilmesi, nesnelerin ayırt edilebilirliğinin ortaya konması, gereksinimlere göre benzer yanları olanların ve aynı nesnelerin sınıflandırılmasıdır. Sınıflandırmanın diğer genel görünümleri ise, alt ayırımlar yaparak sınıflar arasında ilişki kurma ve sınıflar arasında farklılıklar yaratmaktır. Kütüphane materyalinin sınıflandırılması da aynı yolun takip edilerek, daha çok entelektüel insan faaliyetinin uygulanması şeklinde vücut bulur." (Chan, 1994: 259)

Chan, yukarıda yer alan açıklamasında şimdiye kadar verilen tanımları da kapsayabilecek şekilde sınıflamayı tanımlamaya, açıklamaya çalışmıştır. Bilgi evreninin sistematik şekilde sıraya konması işi olarak gördüğü sınıflamayı, insan aklının en temel etkinliği olarak nitelendirmiştir. Ayrıca diğerlerinden farklı olarak, gereksinimlere göre benzer yanları olanların ve aynı nesnelerin sınıflandırılması, şeklinde bir işlevinin olduğunu ifade ederek bir ölçüde sınıflamayı erişimle ilişkilendirmiştir.

Bilgi ve belgenin sınıflandırılması işinde, alanında sınıflamanın temel amacı, bilgiye, belgeye konusal erişimi sağlayacak şekilde düzenleme yapmaktır. Yukarıda değinilen tanımların büyük çoğunluğu da bu yönde yapılmıştır. Çünkü bilgi ve belgeyi sınıflamak yani kısaca var olan özelliklere, farklara, benzerliklere göre gruplamak, bölümlemek, düzenlemek neden gereklidir? Niçin sınıflama yapılır? gibi sorulara verilecek en doğru cevabın; bilgiye, belgeye konusal erişimi mümkün kılmak için sınıflama yapılır, şeklinde olacağı açıktır.

Bu kısa tanım ve açıklamalardan kısmen çıkartılabileceği gibi sınıflamanın temel amaçlarını belirtmemiz yerinde olacaktır. Bloomberg ve Evans bu amaçları üç madde halinde açıklamıştır. Bunlar (Bloomberg ve Evans, 1989: 274):

1. Sınıflandırma bir dermeyi bilinen bir düzene koyar; bu da dermenin kullanımını kolaylaştırır.

2. Sınıflandırma aynı konudaki bütün materyali yan yana getirir ve ilgili materyali de yakınına yerleştirir. Ancak hiçbir sınıflandırma şeması bu fonksiyonu yerine getirmede tam anlamıyla başarılı değildir; fakat LCC ve DOS birçok isteği yerine getirmede yeterli olmaktadır. Daha açık bir ifade ile hiç unutulmaması gereken şey, hiçbir sınıflandırma sistemi bir konudaki bütün materyali bir araya getirmez (bkz. Tablo 1). Bu husus hem kataloglama hem de müracaat çalışmalarında önemlidir.

Tablo 1 İki Sınıflandırma Sisteminde Demiryolları Hakkındaki Materyalin Dağılımı:

Konu	DOS	LCC
Demiryolu Yapımı	625.1	TF200
Demiryolu Taşımacılığının Ekonomik Yönü	385.12	HE1613
Model Demiryolları ve Trenler	625.19	TF197
Demiryolu Taşımacılığı Yasası	343.095	KF2271

3. Sınıflandırma, materyalin doğru yerine tekrar konulabilmesine imkan sağlamaktadır. Olağan görülen bu fonksiyon, çok sayıda eserin çabuk ve doğru olarak yerine yerleştirilmesi gereken büyük kütüphanelerde pratik yönden önem taşır; çünkü yanlış yere konmuş bir eser, bu kütüphanelerde belki de yıllarca kaybolmuş olarak kalacaktır.

İyi bir sınıflama için birkaç önemli kriterin bulunuyor olması gerekir. Bunları Herdman şöyle belirtmiştir (Herdman, 1947: 5):

1. Yeni konuları kapsayabilen- kabul eden (hospitality),
2. Ana sınıfların mantıksal düzende olması,

3. Bölümlemenin ve alt bölümlemenin mantıksal düzende yapılması,
4. Terminolojinin nitelikli-kaliteli olması,
5. Notasyonun kullanışlı olması,
6. Dizinin kullanışlı olması.

1.1.2. Konusal Erişim

Konusal erişim kavramını açıklamak için bilgi erişim kavramından bahsetmek şarttır. Çünkü birbiriyle aynı anlamda kullanılabilmekle birlikte konusal erişim, bilgi erişim gibi çok geniş bir kavramın, bir bilim disiplininin önemli bir parçasını oluşturmaktadır. İlk kez Calvin Mooers, 1948 yılında bilgi erişim (information retrieval) kavramını; bilginin, bir depodan özelliklerine göre konusal olarak aranarak erişilmesi şeklinde tanımlayarak literatüre girmesini sağlamıştır (Arıkan, 2005: 4). Bu tanım, dikkat edilirse yanlış olmamakla birlikte eksiktir. Konusal erişim, bilgi erişim kavramının en önemli parçası olmakla birlikte bütününü temsil etmez. Çünkü bilgi ve belgeye konu haricinde birçok yolla erişim olanağı geçmişte olduğu gibi günümüzde de vardır. Örneğin yazar adı, eser adı vs. erişim uçları ile bilgi ve belgeye ulaşabiliriz. Daha sonra Mooers, 1951'de yayımladığı makalesinde bilgi erişimin yöneldiği alanı; bilgi erişim, bilginin betimlenmesinin entelektüel yönleri ile aramaya yönelik özelliklerini ve bu operasyon (işlemler) için kullanılan sistem, teknik veya makineleri kapsar, şeklinde belirterek (Arıkan, 2005: 4) yukarıda değinilen tanımı bir ölçüde geliştirmiştir.

Tonta, bir bilim disiplini olan bilgi erişiminin "bilgi toplama, sınıflama, kataloglama, depolama, büyük miktardaki verilerden istenen bilgiyi üretme (veya gösterme) teknik ve süreci" (Tonta, 2001, çevrimiçi) olarak tanımlandığını belirterek bizlere bu kavramın ne kadar geniş kapsamlı olduğunu göstermektedir. Buradan kütüphanecilik alanında yapılan bütün işlerin (kataloglama, sınıflama vs.) en temel amacı bilgi erişimi en iyi şekilde gerçekleştirmektir, sonucunu yine çıkarabiliriz. Tonta, bilgi erişimi genelde bilgi ihtiyacımızı tanımladığımız terimler ile bu ihtiyacımızı karşılaması muhtemel belgelerde geçen terimlerin eşleştirilmesine dayandırır. Bu eşleştirme sürecinin ise henüz çok iyi anlaşılmadığından dolayı mükemmel bir biçimde işlemediğini belirterek; bilgi erişim sorunu olarak nitelendirdiği bu durumu çözmek üzere geliştirilen bilgi teknolojilerini ve entelektüel erişimi kolaylaştıran dizinleme ve sınıflama sistemlerini henüz bilgi erişim sorununa çözüm bulmaktan uzak görmektedir (Tonta, 2001, çevrimiçi).

Üretilen ve yayılan bilgi miktarındaki hızlı artış bilgi erişim sorununu da beraberinde getirmiştir. Çok büyük miktarda olan bilgi arasından aranan bilgiyi bulmaya çalışmak yangın hortumundan su içmeye benzetilmektedir. Bilgi üretmek ve yaymak için kullanılan teknoloji, bu bilgiyi bulmak, süzmek, düzenlemek ve özetlemek için bir yöntem yoksa yararsızdır. Bu yöntemler bilgiye fiziksel erişimi hızlandıran teknolojik ürünler (daha hızlı, daha büyük bilgisayarlar, yüksek bant genişliği olan ağlar, büyük hacimli depolama ortamları, arama motorları, bilgi robotları vs.) olabileceği gibi bilgiye entelektüel erişimi kolaylaştıran dizinleme sistemleri ve sınıflama şemaları da olabilir (Tonta, 2001, çevrimiçi).

Arıkan, kütüphane vb. bilgi ve belge merkezlerinde kullanılan bibliyografik sınıflama ile felsefenin 19. yy.'a kadar yoğun bir şekilde ilgilendiği en temel konulardan biri olan bilimsel ve felsefi sınıflamayı (özellikle bu yüzyılda birçok yeni disiplinin, birçok konuda uzmanlık alanlarının ortaya çıkması sebebiyle böyle bir sınıflama, önemini geçmişe nazaran büyük ölçüde kaybetmiştir) birbirinden ayırır. Bilimlerin sınıflaması olarak da adlandırılan bilimsel ve felsefi sınıflamanın temelinde kavramların ve bunlara ait kavram hiyerarşileri ile bu hiyerarşik ilişkileri kuran mantığın yattığını, bibliyografik sınıflamanın ise ikincil bir biçim olarak tamamen uygulamaya yönelik bir amaçla bu mantığı belge halini alan bilgilerin sınıflandırılması için kullanıldığını belirterek bibliyografik sınıflamanın genel olarak birbiriyle bağlantılı üç temel işlevini şöyle sıralar (Arıkan, 2005: 25-26):

1. Sınıflama şemalarının kurgulanması,
2. Belgelerin konusal açıdan çözümlenmesi,
3. Çözümlenmiş belgelerin ait oldukları konuyla eşleştirilmesi.

Bunların yapılmasının temel amacı kullanıcıların bilgi ve belgeye konusal erişimini mümkün kılmaktır. Buradan hareketle sınıflama, konu dizinlemesinde en önemli teknik dolayısıyla tüm dizinleme dilleri için bir temeldir. Dizinleme dilleri, hem belgelerin uygun konu ile eşleştirilmesinde hem de konunun aranmasında kullanıldıkları için sınıflama aynı zamanda bir bilgi erişim yöntemidir. Bu nedenle etkin bir dizinin ön koşulu, yetkin bir konu çözümlemesinin yapılmasıdır (Arıkan, 2005: 26-27).

1.2. Sınıflama- Konusal Erişim İlişkisi

Bilginin düzenlemesiyle bilginin erişimi birbiriyle içiçe geçmiş, bir nevi arz-talep ilişkisi de diyebileceğimiz, biri olmadan diğeri düşünülemeyecek kavramlardır. Çünkü bilginin düzenlenmesinin-örgütlenmesinin-sınıflamasının en temel amacı iyi, nitelikli, işe yarar bir bilgi erişim gerçekleştirmektir.

Kütüphaneciler ve enformasyon görevlileri bilginin düzenlenmesi, dolayısıyla bilgi erişimi olanaklı kılmak için çeşitli araçlar geliştirmişlerdir. Geleneksel bilgi erişim araçları, kataloglar, bibliyografyalar ve basılı dizinlerdir. Günümüzde elektronik ortama, bilgisayara dayalı kataloglar, bibliyografyalar, veritabanları ve bunlara ait dizinler bilginin düzenlenmesinde daha fazla önem kazanmışlardır. Geleneksel araçlar, bilgisayara dayalı sistemlerin ortaya çıkmasıyla henüz önemini yitirmemiş olmakla birlikte, öncesine göre çok daha sınırlı olarak uygulanmaktadır (Rowley, 1996: 6). Böylelikle kütüphanelerde, bilgi ve belge merkezlerinde kullanıcıların konusal erişimi gerçekleştirmek için daha çok alfabetik sınıflama sistemlerine rağbet etmesinin nedenlerinden biri ortaya çıkmış oluyor. Çünkü alfabetik sınıflama düzenleri, sistematik sınıflama düzenlerine nazaran teknolojik gelişmelere daha çabuk uyum sağlamıştır. Hatta bu teknolojik gelişmelerin, alfabetik sınıflama düzenlerinin gelişmesinde veya yenilerinin kurulmasında büyük etkisi olmuştur.

Bilgi erişim araçlarının bazı ortak özellikleri vardır. Bu özelliklerin en önemlisi, çoğunlukla katalogların, dizinlerin, kütüklerin, veri tabanlarının ve bibliyografyaların bilgi ya da belgelere erişim sağlamasıdır. Bu erişim kullanıcının konu terimi, yazar adı, eser adı, yayın evi adı, dizi adı, ISSN, ISBN ya da tarih gibi belirli bir erişim noktası, başlık ya da dizin terimi altında tarama yapabilmesi için araçların düzenlenmesi ile gerçekleştirilir (Rowley, 1996: 6).

Daha önce de belirtildiği gibi bilginin düzenlenmesinin amacı, sonuçta başarılı bir erişim sağlamaktır. Burada farklı kişilerin bir belgeye ya da bilgi birimine değişik amaçlarla erişmek isteyebileceğini ve bu nedenle erişim işlemine değişik yollardan yaklaşabileceğini bilmek önemlidir. Tarama stratejisinde temel farklılık, bilinen materyal (known-item) taraması ile gözden geçirme (browsing) arasındadır. Bilinen materyal taraması, kullanıcıların ne aradıklarını bildikleri ve genellikle yazar, eser adı, renk vb. gibi materyali tanımlayabilecekleri bir enformasyon özelliğine ya da ipucuna sahip oldukları zaman olanaklıdır. Gözden geçirme ise kullanıcının sağlanabilme olasılığı bulunan bilgi ya da belge ile yetersiz bilgiye sahip olduğu ve gereksinimlerinin karşılanıp karşılanmayacağından veya nasıl karşılanabileceğinden kesinlikle emin olmadığı durumlarda yapılır. Gözden geçirme, genel nitelikte ya da amaca yönelik olabilir. Amaca yönelik gözden geçirme, kullanıcının oldukça özel bir gereksinimi olduğunda yapılır. Genel nitelikteki gözden geçirme ise kullanıcının kendi gereksinimlerini algılamasını sadeleştirmede bir fırsat olarak kullanılabilir. Bir kullanıcı bir belgeye bilinen materyal taramasının sonucunda erişirken, bir diğer kullanıcı aynı belgeye genel nitelikteki taramanın sonucu olarak erişebilir. Bilgi erişim sistemi, her iki tip kullanıcının da taramalarını destekleyebilmelidir (Rowley, 1996: 5).

Bilgi erişimin tezi ilgilendiren en önemli tarafı konusal erişimdir. Kütüphanelerde konusal erişimin sağlandığı, gerçekleştirildiği iki önemli ortam vardır. Bunlar; bir sınıflama sistemine göre düzenlenmiş raflar ve basılı veya elektronik ortamda faydalanılan kataloglardır. Şüphesiz ikincisi birincisine nazaran çok daha işlevsel ve faydalıdır. Çünkü kataloglar bilginin düzenlenmesinde dolayısıyla erişiminde kullanılabilecek iki temel yaklaşımı (alfabetik ve sistematik) ihtiyaca göre çeşitli yollarla sağlayabilmektedir. Bunu hem basılı ortamda hem de elektronik ortamda yapabilir. Doğal olarak elektronik ortamın kullanım kolaylığı (hem kullanıcılar hem de kataloğu hazırlayan kütüphaneciler-bilgi uzmanları açısından) belirgin şekilde fazladır. Yani çeşitli erişim araç ve yöntemlerini (sistematik ve alfabetik katalogları, dizinleri, thesaurusları vs.) bir arada kullanıcıya sunabilir ve zamandan büyük tasarruf sağlayarak çok kısa sürede ihtiyaç duyulan konuda her ne varsa (bibliyografik künyeleri ile birlikte; ayrıca özet bilgisi hatta tam metin erişimi olanağı da sağlanabilir) onun bir dökümünü-listesini kolaylıkla çıkartabilir.

Belli bir sınıflama sistemine göre düzenlenmiş raflardaki konusal erişim imkanı da küçümsenemez. Sistematik yerleştirmeyle belgeler, içeriklerine göre ve önceden belirlenmiş bir sınıflama sistemi uyarınca yerleştirilir. Her sınıf içinde, belgeler genellikle alfabetik olarak düzenlenir. Böylece belirli bir konudaki belgeleri bir araya getirerek kullanıcılara çalışmaları için elverişli, faydalı bir ortam oluşturur. Ayrıca raflara doğrudan ulaşıma imkan verir. Ancak bir eserin ana temasını saptama güçlüğünden dolayı bilgi kaybı tehlikesi her zaman vardır (Guinchat ve Menou, 1990: 74).

Genel anlamda bilginin düzenlenmesinin amacı bilgi ve belgenin daha sonra arandığında bulunabilmesine olanak vermektir. Bu nedenle bazen bilgi erişim olarak da bilinen bilginin düzenlenmesi ve ona daha sonra erişilmesi, aynı sürecin parçalarıdır. Bilginin yetersiz düzenlenmesi bir şeyin daha sonra bulunmasını zorlaştırmasına karşın, her şeyin bir yeri varsa ve bu yer biliniyorsa herhangi bir materyal arandığında anında bulunabilir. Bu ilke, kütüphane vb. bilgi ve belge merkezlerine olduğu kadar bir çalışma grubunda kullanılan materyaller gibi nesnelere de uygulanabilir (Rowley, 1996: 3).

Konusal erişim, genel olarak aşağıda bahsedilen işlevlerin her ikisini de yerine getirmeyi amaçlar. Bunların ilki; bir kütüphanenin, bilgi kaynağının ya da veritabanının belirli bir konuda neler içerdiğini göstermektir. İkincisi ise bir kütüphanenin, bilgi kaynağının ya da veritabanının ilgili konularda neleri kapsadığını göstermektir. Bilginin düzenlenmesinde kullanılan farklı yaklaşımlar birinci ya da ikinci amaca göreceli olarak fazla önem verebilir. Ancak ötekinin etkinliğini dikkate almadan bunlardan birini gözardı etmek oldukça güçtür (Rowley, 1996: 131).

Sistematik ve alfabetik düzenlerde konular arasındaki ilişkileri belirlemek, sınıflamanın önemli sorunlarından birini oluşturur. Konuların hiyerarşik durumunu gösteren sistematik şema ile konu başlıklarının alfabetik listelerinde, konuların karşılıklı olarak durumları, kapsam genişlikleri, birbirleriyle ortak olan yanları belirlenir. Hazırlanan sistematik şemaların veya konu başlıkları alfabetik listelerinin kullanılabilir olmasını sağlamak için konular arasındaki ilişkilerin sağlam bir biçimde kurulması gerekir. Bu ilişkiler kurulurken uygulanan yöntemler, yaygın olarak kullanılan sınıflandırma düzenleri (Pakin, 1992: 117) incelendiğinde örneklerle ayrı ayrı açıklanacaktır.

Rowley, Cutter'ın 1876 yılında bilgi erişim aracı olan kataloğun amaçlarını belirttiği tanımlamasını geniş anlamda yorumlayarak yani bir bilgi ve belge düzenleme aracı olan kataloğun kimliğinde genel olarak düzenleme araçlarının işlevlerini aynı amaca dayandıkları için örtüştürmüştür. Bunlar (Rowley, 1996: 12-13):

1. Bir kişinin, yazarını veya eser adını veya konusunu bildiği bir belgeyi bulmasını sağlamak,

2. Kütüphanenin belirli bir yazar, belirli bir konu ve ilişkili konular ile ilgili, belirli bir literatür türündeki (biçimindeki) varlığını göstermek,

3. Belge seçiminde basım kaydına (bibliyografik olarak) ve niteliğine göre (edebi ya da konulu) yardımcı olmaktır.

Bilgi ve belgenin düzenlenmesinde-örgütlenmesinde-sınıflanmasında ve bunun sonucunda bilgi erişimin, özellikle konusal erişimin en iyi ve sistemli bir şekilde gerçekleşmesi için oluşturulan genel sınıflama teorisi birkaç basit ilkeyi temel almıştır. Bunlar (Richmond, 1990: 17-18):

1. Her konunun, nesnenin, kavramın kısaca her şeyin kendine has (ait) tek (unique) olan niteliğini betimleyen bir farkı ve kesin (kesinliği) anlamı olması gerekir.

2. Benzerlik ve farklılık içeren ilkeler sınıfları yaratmada kullanılmalıdır.

3. Temel karakteristikleri gruplamak ve temel farklılıkları açıkça tanımak (tanımlamak) için hiyerarşiler ve diğer ilişkisel yöntemler gereklidir.

4. Sınıflama sistemi, genelden özele doğru olan bir mantıksal ilerleme göstermelidir.

5. Sistem, hiç olmayan şeyleri; örneğin Phlogiston (bir metal kaplama ve yanabilir esaslı (menşei) görülmüş, farazi bir elastik sıvı; phlogiston teorisi olarak da bilinir (Glossary of Archaic Chemical Terms, çevrimiçi)) gibi, ütopyalar gibi hiç olmayacak şeyleri; ve imkansız olan şeyleri, örneğin eksi değerdeki bir sayının karekökü gibi şeyleri de içerebilen bütün bilgiyi kapsayabilen, alabilen (hospitable) özellikte olmalıdır.

6. Çeşitli durumlarda çoklu ilişkilerin olduğu aşikardır. Her sınıflama sistemi, gelecekteki ekleri de içeren her durumu ele almalı, kapsamalı şeklinde düşünülür. Böylece kapsamlılığı, yeni konuların eklenebilmesi (hospitality) bu eklerle, değişikliklerle kolayca yapılabilir, sağlanabilir.

7. Her sınıflama sistemi yöneltmelere (cross-references) ve bir dizine sahip olmalıdır.

8. Eski ve eklenen yeninin uyumu için sürekli bir güncelleme yöntemi zorunludur.

9. Büyüyen sistemin ihtiyaçlarına uygun düşen sınıf numaralarının otomatik uyumu için bir yöntem bulunmalıdır. Bu durum kapsamlı bilgisayarların (hospitable computers) bir zorunluluk olduğu fikrinin, izleniminin benimsenmesini sağlar.

10. Tabloların yanısıra, liste ve dizinlere bağlı kalmak, terminolojinin güncellenmesi konusunda muhtemelen büyük önem taşıyacaktır.

İnternette yer alan Web sitelerinde genellikle bilgiye erişim sağlamaya yarayan iki destek sınıflama yöntemi kullanılmaktadır. Bunlardan biri site haritaları, diğeri site indeksleridir. Site haritaları, web sitelerinin sayfalarında yer alan bölüm başlıklarının bir dökümüdür. Bunlar, bir kitabın içindekiler sayfası gibi görev yapar. Web site indeksleri ise sayfa içeriğinin anahtar sözcükler verilerek tanımlanması ile oluşturulur ve içindeki bilgiye erişimi sağlar. Yani kitapların sonunda verilen dizin görevini yerine getirirler (Alakuş, 2005, çevrimiçi: 153).

Web sitelerindeki bilgileri sınıflandırabilmek için değişik sistemler geliştirilmiştir. Bunların içinde meta-tag denilen öğeler günümüzde en çok kullanılan sistemdir. Meta-tag sözcüğü metadata'dan gelir. Anlamı, data hakkında data, ya da veri hakkında veri, demektir. Nasıl ki bir kitap, belge, monograf, makale için bir kart kataloğu hazırlanıyorsa ve bunlara her kitap ve belgenin yazarı, başlığı, yayıncısı, yayın yeri ve tarihi belirtiliyorsa aynı şekilde web siteleri için meta-tag girdileri hazırlanır. Web siteleri dizinleri için belli başlı iki çeşit meta-tag tanımı verilir (Alakuş, 2006, çevrimiçi: 73):

1. Tanımlayıcı anahtar sözcükler: Web içine yüklenen her bilgi için birlikte gelen tanımlayıcı kısa bir özetçe vardır. Bunlar 20-25 sözcükten oluşur ve bu sözcüklerin erişimi etkileyeceğinden çok dikkatli seçilmelidir.

2. Anahtar sözcükler: Bu sözcükler ise web sitelerinde bulunan bilgileri sınıflandırmak amacıyla kullanılır. Bunun için en iyi yöntem bir kavramsal dizin oluşturulmasıdır.

Dublin Core tarafından hazırlanan kurallara göre metadata öğeleri şunlardan oluşur (Alakuş, 2006, çevrimiçi: 73):

1. İçerik öğeleri: belgenin başlığı, konusu, tanımlama, türü, kaynağı, ilişkisi ve kapsamı.

2. Entelektüel haklar: Yaratıcı, yayıncı, katkıda bulunanlar.

3. Zamanlama: tarih, format, dil.

Elektronik ortamda bilgiye erişimin son aşaması web portalları olarak kabul edilmektedir. Özellikle 1990'ların sonlarına doğru duyulmaya başlayan portalların ilk kullanımları 1960'lara kadar gider. Portal sözcüğü Latinceden türetilmiş, şehir kapısı ve şehir girişi anlamına gelmektedir. Son zamanlarda yapılan çeşitli tanımların bir sentezi yapılacak olursa şu anlamlar ortaya çıkmaktadır: Bir web portalı, araştırıcıların kişisel olarak özellikle kendi ihtiyaçlarına göre hazırlanan web ortamına açılan kapılardır. Portallar web içinden akan bilgileri otomatik olarak kişiye özel bilgi paketi biçiminde sunmak üzere süzgeçten geçirirler. Örneğin hava raporları, haberler, seyahat bilgileri, borsa bilgileri, kültür, politika, devlet kurumları, şirketler, iş ve ticaret vb. (Alakuş, 2005, çevrimiçi: 154-155). Konu portalını Joint Information Systems Committee (JISC) şöyle tanımlamaktadır: Belirli bir konu hakkında bilgileri farklı kaynaklardan derleyererek araştırıcılara sunan bir ağdır; bunu yaparken değişik teknolojiler uygular, çapraz göndermeler, benzer konuları bir araya getirme, uyarı sistemleri gibi yöntemleri birlikte kullanarak karma bir biçimde kullanıcıya iletir. Bu sunumu daha başka yollarla yapmak mümkün olsa da, sunum genelde bir web tarayıcı (web browser) ile yapılır. Kullanıcılar bakımından ise portal, bir olasılıkla kişiselleştirilmiş, tek adım erişim noktasıdır. Bilgi ayrıca daha farklı yollarla da kişiye ulaştırılır. Örneğin, uyarı hizmetleri, konferans listeleri veya e-yayınlarını ya da eğitim kaynaklarını araştırıcılara duyurma gibi (Alakuş, 2005, çevrimiçi: 155).

Giderek daha çok sayıda farklı kütüphane, özellikle üniversite kütüphaneleri, son zamanlarda kendi otomasyon sistemleri içinde özel portalları olduğu hakkında duyurular yapmaktadır. Portal, tek bir kullanıcı için özel bir arayüz ile hem kütüphane içindeki hem de kütüphane dışındaki değişik elektronik kaynaklara erişim sağlanabilmesini gerçekleştirmektedir. Web portalı, değişik kaynaklardan bilgi toplayarak bunu tek bir erişim noktasından kullanıcılara sunan bir sistemdir. Portalın yapısı düzenlenmiş bilgilerden oluşur. Portal içindeki bilgiler insanlar tarafından bir araya getirilmiş ve hiyerarşik bir konusal düzen içinde, önce genel ve sonra alt konular olmak üzere yapılandırılmıştır. Portal özel olarak belirli bir kesim kullanıcının sorularına yanıt bulabilmesi için hazırlanmış bir sistemdir. Portalın bir diğer yararı, kullanıcıların portal üzerinde bilgi ararken araştırdıkları konuları, içerik ve kavramsal olarak daha iyi anlamasına yardımcı olmasıdır (Alakuş, 2005, çevrimiçi: 155-156).

II. BÖLÜM:

SİSTEMATİK SINIFLAMA DÜZENLERİ VE KONUSAL ERİŞİM

Bilginin, belgenin düzenlenmesinde özellikle kütüphanelerde yaygın olarak kullanılan sistematik sınıflama düzenlerini incelemeye başlarken ilk önce sistem kavramını açıklamamız yerinde olur. Sistem, "aralarında ilişkiler bulunan, çevreyle de ilişkisi olan, birden fazla fiziksel ve/veya kavramsal bileşenden (parçalar, öğeler ya da alt sistemlerden) bu bileşenlerin özelliklerinden ve bunların bir veya daha fazla ortak amaca, hedefe ve/veya sonuca ulaşmaya yönelik faaliyet ve süreçlerinden oluşan örgütlü bir bütündür." (Yalvaç, 2000: 4) Sistematik terimi ise isim olan sistemin sıfat haline dönüştürülmüş biçimidir. Yani sistematik sınıflama düzenlerini, sistemli sınıflama düzenleri olarak düşünebiliriz. Türkçe Sözlük ve Yazım Kılavuzu'nda da sistematik terimi, "sistemli, dizgeli" (Türkçe Sözlük ve Yazım Kılavuzu, t.y.: 357) şeklinde tanımlanır. Bir sınıflama sistemi, terim ya da sınıfların belli bir düzende sıralanması olarak tanımlandığında böyle bir sistemin bir grup belgeye uygulanması, bu belgeler setinin konu içeriklerine göre gruplar ya da sınıflarda sıralanması ya da düzenlenmesi sonucunu doğurur (Rowley, 1996: 142). Böyle bir düzenleme, bizlere kütüphanelerde ve benzeri yerlerde bilgi ve belgeyi konularına göre düzenleyip yerleştirmeyi dolayısıyla eserlere konusal erişimi özellikle raflarda mümkün kılmaktadır. Ayrıca oluşturulan sistematik kataloglarda bu sınıflama düzenine göre sistematik konu katalogları oluşturulabilir.

Günümüzde özellikle 1990'lı yıllardan itibaren teknolojideki gelişmelerin, elektronik erişim sistemlerinin ve özellikle internetin yaygınlaşması ile birlikte değişik sınıflama düzenlerini temel alan otomasyon programları yardımıyla bilgi ve belgeye konusal erişim olanağı büyük ölçüde artmıştır. Bu durumun önemi şöyle de açıklanabilir: Daha önce (19. yüzyılın son çeyreğinden önce) tarihin çeşitli dönemlerinde tek tek de olsa konuya dayalı sınıflandırma yapılmış olsa da tamamıyla sistemli ve geniş (kapsamlı) olmadıklarından, ayrıca yerel düzeyde kalıp yaygınlaşamadıklarından eserlere konusal erişim oldukça sınırlıydı. Kısaca açıklamak gerekirse; çok geniş konu başlıkları altında bu eserler bulundurulmaya çalışılırdı. Örneğin felsefe, tarih, coğrafya vs. alanlarda, disiplinlerde yer alan eserler bir arada tutulmaya çalışılırdı. Bu faaliyet, belirli bir sistem dahilinde yapılmadığı için çeşitlilik gösterir ve bir bütünlük oluşturmaz dolayısıyla yaygın bir kullanım alanı bulmazdı. Bu esnada yaygın olarak kullanılan uygulama ise eserlerin boyutlarına göre yapılan düzenlemelerdi. Bunun yanısıra yazar adlarına göre yapılan düzenlemeler de vardır (Phillips, 1951: 23-24; Herdman, 1947: 15-18). Tabi bu düzenlerin çoğu, kullanıcılara konusal açıdan eserlere erişim imkanı vermemektedir.

Kütüphane sınıflaması genelde belirli bir bilgiyi, belgeyi arayanlar veya okumak isteyenler için en yararlı durum, ortam olan raflardaki veya katalog ve dizin girişlerindeki kitapların veya diğer materyalin konusal sistematik düzeni-düzenlenmesi olarak tanımlanır. Diğer bir deyişle kütüphane sınıflaması iki fonksiyonludur. Bunlar; kütüphane raflarında eserleri bir mantıksal düzende dizmek ve basılı kataloglarda, bibliyografyalarda ve dizinlerdeki bibliyografik girişlerin sistematik bir gösterimini sağlamaktır. Örneğin Türkiye Bibliyografyası, Türkiye Makaleler Bibliyografyası, İngiliz Ulusal Bibliyografyası ve Wilson Standart Katalogları DOS'a bağlı olarak düzenlenir. Günümüzde bazı çevrimiçi (online) kataloglarda sınıflamanın, direkt bir erişim fonksiyonu vardır (Chan, 1994: 259). Örneğin LCC ve DOS'ta sınıflama numaralarından eserlere erişim hizmeti elektronik ortamda çevrimiçi olarak sağlanır. Ancak Maltby, 1972 yılında yazdığı makalede sınıflamanın hem yerleştirmede hem de bilgi erişiminde- katalogların düzenlenmesinde kullanılacak iyi bir araç olduğu görüşlerine aksi bir görüşle "günümüzde artık sınıflandırmanın fonksiyonlarının giderek birbirinden ayrıldığı, Sınıflandırma Araştırma Grubunun yaptığı şemanın hem yerleştirmede hem de bilgisayara dayalı bilgi erişim işleminde kullanılamayacağının kabul edilmesiyle de büsbütün ortaya çıkmıştır" (Maltby, 1989: 69) demiştir. Halbuki bu görüşün doğru olmadığını günümüzde gelişen iletişim ve bilgisayar teknolojilerinin sağladığı büyük ve çeşitli olanaklar sayesinde kütüphane otomasyon programlarının sınıflama numaraları (notasyonu) üzerinden eserlere konusal erişimi mümkün kıldığını rahatlıkla söyleyebiliriz (Rowley, 1996: 182).

Eserleri raflara yerleştirme aracı olarak kütüphane sınıflamasının iki amacı vardır. Bunlar kullanıcıya bir yer numarasıyla bir eseri tanımasına ve yerleştirmesine yardım etmek; diğeri ise bir türe ait bütün eserleri bir arada gruplamaktır. Birinci hedefi gerçekleştirmek için eserin katalog kaydında ve eserin üzerinde yer alan numara veya işaret uygun-aynı olmak şartıyla herhangi bir numaralama veya işaretleme yöntemi yeterli olacaktır. Diğer taraftan ikinci hedef bir düzenleme işlevi görür ve seçili karakteristikler temelinde benzer materyallerin bir arada gruplanmasını ister. Böylece bir erişim aracı olma işlevinde sınıflama, hem bir grup ilişkili eserin hem de bilinen bir eserin tanımlanmasına ve erişimine yardımcı olur (Chan, 1994: 259-260).

Sınıflandırmanın konusal erişimde kullanılması konusunu 1985'te yayınlanan "Preparing for use of classification in online cataloging system and in online catalogs" adlı makalelerinde işleyen Karen Markey ve Pauline Cochrane'in araştırması, Atkinson'un ilgisini çekmiştir. Ayrıca çok etkilendiğini de belirterek ilginç sayılabilecek yorumlarda bulunmuştur. Atkinson, Markey'in Dewey'in dizini ve konu listelerinin (schedule) makinece okunabilir formunun faydası hakkındaki teorileri test ettiği Urbana-Champaign'de bulunan Illinois Üniversitesi Matematik Kütüphanesinde bizzat bulunarak yapılan uygulamalara şahit olmuştur. Farklı kişilerin ve kendisinin yaptığı katalog taramaları sonucunda A'dan Z'ye konuları gösteren alfabetik dizinler matematikten cebire, Reignes integralden ve benzerlerine konusal hiyerarşinin üstüne ve altına ulaşılabilecek şekilde ekranda hemen gözükmüştür. Atkinson'a göre çıkan bu sonuçta gösterilen ilişkilerin konu başlıklarında yer almadığını ancak sınıflama notasyonuyla erişimin daha önce gördüklerinden çok daha büyük bir doğrulukta-kesinlikte (precision) olduğunu belirtmiştir. Ayrıca çok etkilendiğini belirterek, konu başlıklarının A'dan Z'ye alfabetik bir listesi ile makinece okunabilir Dewey dizini ve onu bir erişim aracı olarak kullanacak bir program arasında bir seçim yapmak gerekseydi, konu başlıklarına göre çok daha büyük bir erişim oranından dolayı sınıflamayı kullanmayı daha çok tercih edeceğini ifade etmiştir (Atkinson, 1990: 4-5).

Atkinson'un belli verilere dayandırarak oluşturduğu bu düşüncelerinin, hazırlanan tezin literatür okumalarına ve şahit olunan kütüphanecilik uygulamalarına göre pek yaygınlık kazanmadığını, yerel bir boyutta kaldığını ve bazı kütüphanelerde uygulandığını söyleyebiliriz. Örneğin ülkemizde bulunan İngiliz Kültür Heyeti Ankara Kütüphanesi sınıflandırma numaralarına göre bir tarama seçeneğini otomasyon programına koymuştur (Aslan, 1993: 3-16). Daha önce de belirtildiği üzere teknolojideki hızlı ilerlemeler ve özellikle de internetin yaygınlaşması ile büyük genel sistematik sınıflama sistemleri LCC ve DOS'un kullanıldığı kütüphane otomasyon programlarında sınıflama numaraları ile 1990'lı yıllardan itibaren tarama yapabilmekteyiz. Örneğin Kongre Kütüphanesi kataloğu bu şekilde taranabilmektedir (Library of Congress Online Catalog, çevrimiçi). Ancak bu durum halen yaygınlık kazanabilmiş değildir.

Kütüphane sınıflaması olarak da adlandırılan sistematik sınıflama düzenlerinin temelini oluşturan geleneksel fikirler, sınıflamanın felsefi veya mantıki prensiplerinden alınmıştır. Sınıflama bilgi evrenini bir bütün olarak ele alır ve üst üste gelecek şekilde sınıflar ve alt sınıflar biçiminde bölümlere ayırır. Bunların her birinin kendine has özellikleri vardır. Genellikle hiyerarşik veya ağaç (şecere) formundaki yapısıyla genelden özele doğru bir ilerleme düzeni görülür. Her seviyedeki sınıflar genellikle birbirine göre tek ve bir bütün olarak ayrıntılı kategoriler şeklindeki birinin diğeriyle olan düzenli (coordinate) bir ilişkisi vardır ve ilişkilerindeki benzerliklere bağlı olarak düzenlenir. Kütüphane sınıflaması, hiyerarşik prensiplere uygun olarak 19. yüzyılın son çeyreğinde DOS ve LCC'nin ortaya çıkmasıyla hızlı bir gelişim göstermiştir. Çağının genel entelektüel havasını yansıtan adı geçen bu iki sınıflama düzeni günümüzde dünyada en yaygın biçimde kullanılan kütüphane sınıflama sistemidir (Chan, 1994: 260).

Bütün sistemlerde olduğu gibi evrensel sınıflama sistemlerinin de bazı dezavantajları vardır. Çoğu sayısal temele dayanan konu sınıflama sistemlerinin hiyerarşik düzenleri mantıksız ya da yanlış olabilir. Ayrıca birçoğu genel olarak subjektif değerlendirmelere göre düzenlenmiştir. Bunların yanı sıra evrensel sistemlerin veya kavramsal dizinlerin yeni ilgi alanlarında yeni çıkan terimleri kapsam içine almaları zor ve zaman alıcı olmaktadır (Alakuş, 2005, çevrimiçi: 153).

Sistematik sınıflama düzenlerinin omurgası olarak niteleyebileceğimiz hiyerarşik yapı, bu düzenlere yöneltilen olumlu veya olumsuz eleştirilerin büyük bir kısmının sebebi olmaktadır. Aslında hazırlanan bu tezin konusuna, yapılışına neden olan en önemli noktaların başında bu hiyerarşik yapı gelmektedir. Alfabetik sınıflama düzenlerinin çıkışına ve yaygınlaşmasına neden olan faktörlerin en önemlilerinden bir tanesi de bu hiyerarşik yapıdır. Örneğin sistematik sınıflama düzenlerinin bilgi evrenini hiyerarşik yapıda sınıflamak olan amacı büyük ölçüde gerçekleşmiş olmakla birlikte eksikliklerin de hissedilir derecede var olması ve bunların kolay kolay düzeltilemeyecek sorunlar olması genellikle hiyerarşik yapının hantallığına; değişmeye, büyümeye, gelişmeye yeteri kadar elverişli olmamasına ve benzeri nedenlere bağlanabilir. Daha önce bahsi geçen çağının genel entelektüel havasını yansıtan iki büyük sınıflama sistemi (LCC ve DOS), bu alanda ilk olmaları ve sonrasında birçok yeni gelişmelerin olması gibi nedenlerle geleneksel sınıflandırma sistemleri olarak nitelendirilmiştir. Buradan eski, çağ dışı nitelemeleri; o dönemin, çağın entelektüel yapısını, özellikle binlerce yıllık felsefi birikimin bir ürünü, yansıması olan bu sistemlerin günümüzün ihtiyaçlarını karşılamakta güçlük çektiği, günümüzün ileri teknolojilerine uyum sağlamada yetersiz kaldığı düşüncesi ortaya çıkabilmektedir. Bu düşünceler, büyük ölçüde doğru olmakla birlikte bu sistemlerden vazgeçilebilir anlamı çıkartılmamalıdır. Çünkü bunlar ortadan kalktığında yerlerini dolduracak, geniş kapsamlı ve daha ileri bir hizmet verecek yeni bir sınıflama düzeni yoktur. Bu yönde yapılan çeşitli girişimler de başarısız olmuştur. Belki yerleri konusal erişim alanında doldurulabilir ancak var oluş nedenlerinden en önemlisi olarak görülen yerleştirme düzeni olmaları ve alternatiflerinin olmaması bu sınıflama sistemlerinin insanlığa daha çok uzun yıllar boyunca faydalı olacağı, hizmet vereceği varsayımında bulunulabilir. Bu öngörüye dayanak noktası olarak birkaç faktör yukarıda belirtildi. Ayrıca bahse konu olan sistematik sınıflama sistemlerinin dünyanın en büyük kütüphanesi olan Kongre Kütüphanesi'nde hazırlanıyor olması, vizyon sahibi insanlarca yönetiliyor olması (bunu çağın gereklerine uygun hareket etmesi hatta öncülük etmesinden vb. sebeplerden çıkarabiliriz) ve alanlarında uzman kişilerce geliştiriliyor olması gibi faktörler, bu sistemlerin günümüze kadar sağlam ve etkinliğini koruyarak gelmesini sağlamış, gelecekte de aynı şekilde ve değişmelere, gelişmelere ayak uydurarak varlığını sürdüreceği izlenimini vermektedir.

Konusal erişimle sistematik sınıflama düzenlerindeki hiyerarşik yapı arasındaki en önemli ilişki yerleştirme düzeninde ortaya çıkmaktadır. Kütüphaneleri, bilgi ve belge merkezlerini kullananların önemli bir kısmı ihtiyaçlarını var olan yerleştirme düzenlerinin raflardaki yansımasına göre karşılama yoluna giderler. Yani herhangi bir katalog kullanmadan veya sadece çok sınırlı ve az bir kullanımla kullanıcılar direkt raflara doğru yönelmektedirler. Raflardaki hiyerarşik yapı, yani benzer konuların belirlenmiş bir yapıda düzenlenerek o konulara ait benzer yayınların raflara yerleştirilmesi ile kullanıcılar aradıkları herhangi bir konudaki yayınları topluca inceleyebilmektedir. Aranılan konunun üst ve alt konuları belirtilen düzende yan yanadır veya yakındır. Göz atma (browsing) olarak da adlandırılan bu yayın arama yöntemi özellikle açık raf sistemi uygulanan kütüphanelerde yoğun olarak kullanılır. Konuyu netleştirmek amacıyla, tezi hazırlayanın da kütüphaneci olarak çalıştığı, kapalı raf sistemi uygulayan İstanbul Üniversitesi Merkez Kütüphanesinden bahsetmek faydalı olacaktır. Burası Derleme Kanunundan yararlanan altı kütüphaneden biridir. Türkiye'nin büyük ve önemli bir üniversitesinin araştırma kütüphanesidir. Bu vb. özelliklerinden dolayı Türkiye'nin bütün üniversitelerinden ve yabancı üniversitelerden gelen kullanıcı sayısı bir hayli fazladır. Üniversite bünyesi dışındaki araştırmacılar da yoğun bir şekilde kütüphaneyi kullanmaktadır. İstanbul Üniversitesi öğrencileri, mensupları kütüphaneyi kullananların %50'sini oluşturmaktadır (Çevrimiçi, http://www.kutuphane.istanbul.edu.tr/istatistik.htm). Buradan gelinmek istenen nokta ise bu dışarıdan gelen (İstanbul Üniversitesi haricindekiler) kullanıcıların hemen hemen hepsi açık raf sistemini görmüş, kullanmış ve bu sisteme alışmış insanlardır. İstanbul Üniversitesi Merkez Kütüphanesi ise kapalı raf sistemini kullandığı için başlangıçta dışarıdan gelen kullanıcılarda uyum sorunu bir ölçüde çıkabilmektedir. Gelenlerin bir kısmının sorduğu ilk soru "Hukuk kitapları nerede?", "Psikoloji ile ilgili kitapları nerede bulabilirim?" vb. gibidir. Daha önce de belirtildiği üzere gelen kullanıcılar kendi üniversitelerinde açık raf sistemi kullandıkları için bu sisteme alışmışlar ve aradıkları konuyu, yayınları direkt raflara göz atarak, raflardaki yayınları inceleyerek bulmaya çalışmaktadırlar. Farklı düzende bir kütüphaneye gittiklerinde ise bu alışkanlıkları kolayca gözlenebilmektedir. Bu kullanıcılara gerekli bilgilendirmeler yapılarak bilgisayar ortamında katalog taraması ile istedikleri konudaki yayınların sağlanması yoluna gidilmektedir. Ayrıca şunu belirtmek yerinde olacaktır ki; buradan, açık raf sistemi kullanan kütüphanelerdeki kullanıcılar bilgisayar ortamında katalog taraması, konu taraması yapmaz anlamı çıkmaz. Yukarıdaki bir kısım kullanıcı direkt raflardan yayınlara konusal erişim sağlamak istemektedir. Bu durum sınıflamanın amaçları ile de örtüşmektedir. Çünkü sınıflandırma bir dermeyi bilinen bir düzene koyar; bu da dermenin kullanımını kolaylaştırır. Bununla birlikte aynı konudaki materyali de yakınına yerleştirir (Bloomberg ve Evans, 1989: 274). Raflara giden kullanıcı tarih konusunda veya herhangi bir konuda yayın ararken o konudaki diğer yayınlara da sık sık bakma, inceleme gereksinimi duyabilmektedir.

2.1. Sistematik Sınıflama Düzenlerinin Özellikleri ve Öğeleri

Sistematik sınıflama düzenlerinin genel özellikleri ve bunlara bağlı olarak oluşturduğu yapının öğeleri, parçaları vardır. Özelliklerin bir kısmını bölüm başlığı altında işledik ve önemli bir kısmını da şimdi göreceğimiz sistematik sınıflama düzenlerinin öğeleri içinde inceleyeceğiz. Genellikle sistematik sınıflama düzenleri üç öğeden meydana gelmektedir. Bunlar; şemalar- konu listeleri, notasyon ve ilişki dizini olarak sıralanabilir (Rowley, 1996: 142-143). Bunları tek tek inceleyelim.

2.1.1. Şemalar- Konu Listeleri

Konu listeleri olarak da adlandırılan şemalar sistematik sınıflandırma düzenlerinin kalbi olarak nitelendirilebilir. Genel sistematik sınıflama düzenlerinin bilgi evrenini kapsayan felsefi-mantıki temelli bir sınıflama yapma amacını hayata geçiren ve bu doğrultuda hazırlanan şemaların- konu listelerinin en temel, belirgin özelliği hiyerarşik yapılarıdır. Bu hiyerarşik yapıda sınıflar, başlıca temel konu alanlarının, bilim dallarının, disiplinlerin (tarih, felsefe, sosyoloji, vs.) belirlenmesi ve diğer oluşturulacak sınıfların- alt sınıfların bu belirlenen ana sınıflar ile ilişkileri ölçüsünde bunların altında yer almaları ile oluşur. Örneğin DOS'ta 100 notasyonu ile gösterilen Felsefe ve Psikoloji ana sınıf olarak belirlenmiş; mantık disiplini de felsefe ile ilişkisi dikkate alınarak bu ana sınıfın alt sınıfı olarak 160 notasyonuyla sistemde kendine yer bulmuştur. 700 Sanatlar ana sınıf olarak belirlenirken, Müzik 780 notasyonuyla Sanatlar ana sınıfının bir alt sınıfı olarak gösterilir (Dewey, 1993: IX). LCC'de ise temelde aynı amaç, yaklaşım olmakla birlikte DOS'a nazaran çok daha fazla ana sınıfı ve alt sınıfı (büyük ölçüde kullandığı notasyonun alfanümerik olmasından dolayı) olması nedeniyle yukarıda verilen örneklerin ikincisinde yer alan Müzik konusu LCC'de Müzik ve müzik hakkında kitaplar (Music and books on music) adı altında ana sınıf olarak M notasyonuyla gösterilmekte ayrıca N notasyonuyla Güzel sanatlar (Fine arts) ana sınıf olarak gösterilmektedir.

Şemalar- konu listeleri, sınıflama sisteminde hangi konuların etkin bir şekilde temsil edilebileceğini ve hangi ilişkilerin onun aracılığıyla yansıtılacağını belirler. Burada dikkat edilmesi gereken nokta, şemaların, değişik zaman dilimleri içinde farklı dermelere yaklaşımında hem içerilecek konular hem de gösterilmesi gereken ilişkiler açısından farklı kullanıcıların değişik gereksinimlerini bir sisteme aktaracak olmalarıdır. Uzun bir zaman süresince durağan kalabilen herhangi bir sistem bir anlamda bir uzlaşmadır (Rowley, 1996: 143). Burada durağan kalabilen bir sistem demekle gelişimini tamamlamış, yeniliklere, değişime kapalı anlamı çıkartılmamalıdır. Aksine sistemin sürekliliği vurgulanmak istenmiş ve bu durum seçilen terimlerin, oluşturulan konu listelerinin gerçeği, olanı ne kadar iyi ifade ettiğini göstermektedir. Charles Ammi Cutter'ın bir özdeyişi bu duruma ışık tutacaktır: "Hiçbir sınıflama tamamen bitmiş olamaz, çünkü bilimin ilerleyişi hiç bitmez." (Sayers, 1943: 93).

Rowley etkin bir şemada olması gerekenleri 5 maddede belirlemiştir. Bunların hepsinin bir arada bulunduğu bir sınıflama düzeni yoktur. Ancak genel olarak iyi veya kötü olarak nitelenen sınıflama sistemlerinin niçin bu şekilde değerlendirildiğini anlamamızı ve yaptığımız sınıflama uygulamalarında bu özelliklerden faydalanmamızı sağlar. Yani kullanılan sınıflama düzeninin olumlu ve olumsuz özelliklerini bilmemiz bize yaptığımız işin sınırlarını belirlememizde, eksik noktalarını tamamlamamızda, alternatif çözüm yolları bulmamızda faydalı olacaktır. Maddelere geçecek olursak (Rowley, 1996: 143-144):

1. Temel bilim dallarının tümü temsil edilmelidir. Herhangi bir bilim dalının dışta bırakılması, sistemde sınıflandırılmayan bir grup belgeye neden olacaktır. Genel bir sistemde insanlığın bilgisi dahilindeki tüm bilim dalları açıkça temsil edilmelidir. Özel bir sistemde kapsama alınacak uygulamanın temel konularının tanımlanması yeterlidir.

2. Sistemde bir bilim dalına ayrılan yer yaklaşık olarak o bilim dalındaki literatürün büyüklüğü ile orantılı olmalıdır. Böyle olmadığı zaman, sınırlı sayıda literatüre sahip konular, hiç kullanılmayan ya da az kullanılan alt bölümler

oluşturarak çok geniş sayıda alt bölümlere ayrılabilirken aynı sayıda alt bölüme ayrılan geniş konular, yöneltilmesi güç miktardaki literatürü yerleştirmede biraz çaba gerektirecektir. Ana sınıflar büyüklük yönünden dengesiz ve bazı sınıflarda diğerlerine göre daha çok alt bölümleme yapılmış ise (daha geniş bir konunun kapsamlı literatürünü desteklemek için) o zaman daha geniş alanlarda uzun notasyonlar ortaya çıkabilir. Bununla birlikte bir bilim dalındaki literatürün büyüklüğünün ölçümü sorunlara neden olacaktır.

3. Sınıfların düzeni ilgili konuları birbirine yaklaştırmalıdır. Sınıflamanın amacı, ilgili konuları gruplandırmak ve aynı zamanda onları diğer gruplardaki başka konulardan ayırmaktır. Büyük bir dermede ana sınıfların düzeni özel bir önem taşımayabilirse de kullanıcıların çoğu ilgili ana bilim dallarının birbirine yakın yerleştirilmesini isterler. Böylece dil ve edebiyat, tıp ve psikoloji, bitki bilim ve tarım birbirlerine yakın olarak yerleştirilebilir. Konular arasında bu tür birtakım ilişkilerin olduğu bilinmekle birlikte ana sınıflarda herkese uygun kapsamlı bir düzen bulmak oldukça zordur.

4. Bir, iki ve üçüncü maddeler bilgiyi durağan bir madde olarak saymaktadır. Bu her zaman böyle olmayabileceğinden dördüncü ölçüt aşağıda sayılanları yansıtmak üzere ana sınıflarda önemli değişikliklere yer vermelidir.

    a. Literatürün göreceli büyüklüğü ile ölçülen ve sosyal bilimler ve bilgisayar bilimlerinin çeşitli alanlarında son zamanlarda açıkça geliştiği görülen bilim dallarındaki artış;

    b. Literatürün göreceli büyüklüğü ile ölçülebilen ve bir süredir din ve felsefede açıkça görüldüğü gibi ilişkili bilim dallarındaki azalma;

    c. "Enerji" ve "Endüstriyel güvenlik" gibi bilim dalları arası konularda büyüme ve bilim dalları arasındaki ilişkilerde değişim.

Ana sınıflardaki şemalar, sistemin uygulanabileceği literatürde karşılaşılabilecek bütün ilişkileri ve tüm konuları kapsama kapasitesi yönündeki gereksinimleri karşılamalıdır. Bu açıdan aşağıdaki noktalar dikkate alınmalıdır:

    1. Sistemdeki temel bilim dallarından birisi içinde yer alması düşünülen her basit konu için açıkça belirli bir yer vardır. Böylece şiir için büyük bir olasılıkla edebiyat bilim dalında ve lazerler için fizik bilim dalında belirli bir yer bulunmalıdır.

    2. Literatürde karşılaşılabilecek her bileşik konu için kesinlikle belirgin bir yer bulunmalıdır. Örneğin edebiyat bilim dalı içinde yalnızca şiir için değil aynı

zamanda 19. yüzyıl Alman şiiri için de bir yer ve kablolu televizyonda fiber optik kullanımı için bir yer bulunmalıdır.

3. Konuların düzeni, sistematik ve potansiyel dizin ya da derme kullanıcılarınca kabul edilebilir olmalı; ilgili konular arasında kolaylıkla göz gezdirme olanağını da sağlamalıdır. Böylece farklı çiçek yetiştiriciliği ile ilgili çeşitli kitaplar (örneğin gül, krizantem, yıldız çiçeği, kokulu bezelye çiçeği) raflarda sınıflama sistemine uygun olarak düzenlendiği zaman birbirlerine yakın olmalıdır.

4. Yeni literatürde ortaya çıkabilecek konuları kapsamak üzere gerekli değişikliklere açık olunmalıdır. Başka bir deyişle aşağıdaki hususlar göz önünde bulundurulmalıdır:

a) Ortaya çıkabilecek yeni basit konular için yer ayrılması gereğine karşın, yeni bileşik konuların ortaya çıkması daha da olasıdır. Bilgi genellikle tanımlanabilir bir temelden kaynaklanmakta ve yeni konular çoğu kez önceden birbirinden ayrı iki konunun bir araya gelmesi ile oluşmaktadır.

b) Uygun bir zamanda şemadan silinecek olan ve yeni literatürde yer almayan konular.

c) Konular arasındaki ilişkilerdeki değişmelerin tanınması.

5. Şemalar sisteminin onu yararlı bulabilecek kişilerce uygulanabilmesi için yayımlanmalıdır (içte ya da dışta).

Sistematik sınıflama düzenlerinde şemalar- konu listeleri oluşturulurken kullanılan ve en fazla tercih edilen yöntem kapsamlı, listeleyen sınıflamadır (Enumerative classification). Geleneksel kütüphane sınıflama düzenlerinin şemaları konuların hepsini, alt bölümlerini (subdivisions) ve bunlar için hazırlanmış notasyonu listeleme eğilimindedir. Yani sistemin sınıflamayı hedeflediği bir literatürdeki bütün konuları numaralamayı ya da listelemeyi amaçlar. Böylece tüm basit, bileşik ve karmaşık konular listelenir. Literatürde bulunan tüm konuların sunulması çok uzun şemalar oluşturacağından, konuların listelemesinde seçici olunmalıdır. Genel olarak sıralama, önce sistem tarafından kapsanan ana bilim dallarının felsefi ya da pragmatik esasta tanımlanması ve bunların her birine bir temel sınıf tahsisi ile gerçekleştirilir. Daha sonra her bilim dalı alt sınıflara bölünür. Bu alt bölümlere ayırma işlemi, istenilen bir özelleşme düzeyi elde edilene ve yer alması gerekli tüm konuların uygun yerlerde listelenmesine kadar devam eder. Burada amaç, bir yer ve her konu için yalnızca bir yer sağlamaktır. Geleneksel kütüphane sınıflama sistemlerinden en kapsamlısı LCC kabul edilir (Chan, 1994: 261; Rowley, 1996: 145).

Kapsamlı sınıflamanın dışında bahsedilmesi gereken yöntem fasetli sınıflamadır. İlk önce bu yöntemin Hintli kütüphaneci ve düşünür S.R. Ranganathan tarafından kurulan Kolon Sınıflama Sistemi (Colon Classification) için oluşturulduğunu, bu sistemin de büyük ölçüde Hindistan'da uygulama alanı bulduğu dolayısıyla yerel bir özellik taşıdığını, genelleşemediğini belirtmekte fayda vardır. Ancak fasetli sınıflama yönteminin, sınıflama sistemleri tasarımında sağlam bir kuramsal temel oluşturduğu kabul edilmektedir. Çeşitli durumlarda temel kavramlar birtakım özel sınıflama sistemlerinin tasarımında uygulama olanağı bulmuş ve belli başlı bibliyografik sistemlerin gözden geçirilmesinde etkili olmuştur (Rowley, 1996: 147). Faset kavramını tanımlar isek; bir konu bir tek karakteristiğe göre bölümlendiğinde oluşan bölümlerin (division, foci) hepsini faset olarak adlandırırız. Herhangi bir sınıfta beş çeşit faset vardır. Bunlar kişilik (personality), durum (matter), enerji, yer ve zaman olarak belirlenmiştir (Harrod's Librarians' Glossary, 1987: 290).

Fasetli sınıflama, özellikle karmaşık ya da çok kavramlı konuların sınıflama sistemlerinde yerleştirilmesi gereğinden doğmuştur. Bilginin her alanı, birtakım karmaşık ve bazen de tek kavramlı konuları kapsamaktadır. Sistematik düzenleme için karmaşık konular kendi öğelerine, tek kavramlı konulara bölünmelidir. Bu tek kavramlı konular, bağımsız konu (isolates) olarak tanımlanır. Sonuç olarak bir faset, bölümün bir karakteristiği ile bir konu bölümü tarafından biçimlendirilen bağımsız konuların toplamıdır. Fasetli sınıflama, bir bilgi alanındaki literatürün araştırılması ve o literatüre ait bağımsız konuların tanımlanması ile başlar. Böylece literatürden bağımsız konuların çıkarılması ile fasetli sınıflama, kesinlikle yazınsal yoğunluğa (literary warrant) dayanır (Rowley, 1996: 147-148). 17. yüzyıl Norveç kırsal mimarisinden bahseden bir kitabın fasetli sınıflandırması, örnek olması açısından şu şekilde olabilir (Garshol, 2004, çevrimiçi):

Kişilik - Mimari
Durum - Odun
Enerji - Tasarım
Yer - Norveç
Zaman - 17. yy.

Modern sınıflama teorisinde faset analizi ve sentezi önemli bir yer tutmaktadır. Modern teori, bütün konuları hiyerarşik bir yapıda listelemek yerine sınıflama şemalarının konuların temel parçalarını-bileşiklerini tespit etmesini ve bunları her bir disiplin veya ana sınıf altında listelemesi gereğini ileri sürer (Chan, 1994: 261).

2.1.2. Notasyon

Sınıflama sistemlerinin tam anlamıyla anahtarı olarak niteleyebileceğim notasyon (işaretler, işaretleme sistemi, kodlama) harf, rakam, noktalama işaretleri gibi birtakım sembollerden ibaret olup tabi olduğu sistemin sembolik gösterimidir.

Notasyon, konuları daha açıkça tanımlanmış bir düzen içinde sıralamak üzere eklenir. Böylece notasyon kitapların bir dosya dolabı içindeki raf ya da dosyalarda düzenlenmesinde kullanılabilir. Notasyonun bu işlevi ile bir sınıflama sisteminin etkinliğinde önemli rolü vardır. Yetersiz notasyon bir sisteme yeni konuların eklenebilmesi özelliğini (hospitality) azaltabilir ve etkin erişimi engeller. Bununla birlikte notasyon, kapsanacak konular ve bunların düzeni belirlendikten sonra bir sınıflama sisteminin şemalarını içeren konu listelerine eklenir. Basit ya da bileşik her bir bağımsız konu için ayrı bir notasyon sembolü verilmelidir. Notasyonun amacı şemalarda listelenmiş konuların açıkça verilen düzenini göstermektir. Ancak konuların sistematik düzenlenmesinde bir uzlaşma beklenmesine karşın bu, bir sistemin bütün kullanıcıları için aynı açıklıkta olmayacaktır. Zaten notasyonun amacı, dizinleme ya da düzenlemenin kolaylaştırılmasını sağlamaktır (Rowley, 1996: 153).

İki tip notasyon sistemi vardır: Saf (pure) ve karma notasyon. Saf notasyonda yalnızca harf, rakam gibi sembol tiplerinden bir tanesi kullanılır. Örneğin sadece Arap rakamları kullanan DOS gösterilebilir. Karma notasyona da hem harf hem de Arap rakamlarını bir arada kullanan LCC örnek gösterilebilir (Rowley, 1996: 153).

Notasyonun çeşitli özellikleri, farklı işlevleri, tabi oldukları sınıflama sisteminin etkinliğinde, anlaşılabilirliğinde ve gelişmesinde çok önemli rol oynar. Mesela hiyerarşik bir notasyon sınıflamanın yapısal düzenini veya hiyerarşisini yansıtır. Anlamlı (expressive) notasyon ise düzenli konular arasındaki ilişkileri gösterir. Bu durumda DOS'un kullandığı notasyon hiyerarşiktir. EOS hem hiyerarşik hem de anlamlı bir notasyon sistemine sahiptir. LCC ise her ikisine de sahip değildir. Bir diğer önemli özellik ise bellek yardımcısı (mnemonic) olma durumudur. Yani verilen bir konu şemada yinelendiğinde, o konu sürekli olarak aynı sembolle gösterilir. Örneğin DOS'ta şiir 1 numarasıyla gösterilir. Bundan dolayı Amerikan şiiri 811, Fransız şiiri 841 vs. olur. Benzer olarak çoğu kez, 3 notasyonu Almanya'ya, 4 ise Fransa'ya aittir (Chan, 1994: 262). Notasyonun bu özellik ve işlevlerinin daha detaylı açıklaması, DOS incelenirken Notasyon başlığı altında ele alınacaktır.

2.1.3. İlişki Dizini

Sistematik sınıflama düzenlerinin, özellikle konusal erişimi sağlama, artırma açısından tamamlayıcı, destekleyici bir unsuru olarak nitelenebilecek ilişki dizini, şemalarda- konu listelerinde yer alan konulara, terimlere (sınıflama numaraları ile birlikte) erişmemizi sağlayan bir nevi buldurudur. Özellikle sınıflama sisteminin yapısına, notasyonuna yabancı olanlar başta olmak üzere kullanıcıların hemen hemen hepsi konusal erişimi kolaylaştıran bu dizini kullanmaktadır. Kütüphanecilerin de sınıflama faaliyeti esnasında faydalandığı önemli bir kaynaktır. Alfabetik olarak düzenlenmesi ve konular arasındaki ilişkileri göstermesi gibi önemli özelliklere sahip olması sınıflama sisteminin vazgeçilmez bir öğesi olduğuna işarettir. Böylelikle konusal erişimin olabilirliğini, hızını artıran önemli bir aşaması bu sözlük gibi kullanılabilen dizinle gerçekleşmiş olur. Kullanıcı, aradığı konuların, terimlerin sistemde var olup olmadığını, varsa ilişkili konuları ve konuların karşısında bulunan sınıflama numaralarını tespit ederek sistematik konu kataloğunda veya raflarda aradığını bulma yoluna gider. Tez boyunca yaygın olarak kullanılan iki büyük sınıflama sistemi LCC ve DOS dikkate alınmıştır. Ancak LCC'de genel bir ilişki dizini olmamasından dolayı ilişki dizini konusunu DOS'u temel alarak incelemek doğru olacaktır. Bu da kütüphanecilik alanında kullanılan sistematik sınıflama düzenleri altında incelenen DOS başlığı altında geniş bir şekilde ele alınacaktır.

2.2. Kütüphanecilik Alanında Kullanılan Sistematik Sınıflama Sistemleri

Kütüphanecilik alanında bilgiye, belgeye konusal erişimi sağlayan; genellikle yerleştirme düzeni olarak da kullanılan sistematik sınıflama sistemleri kütüphaneyi, bilgi ve belge merkezlerini yaşayan, işleyen, gelişen bir yapı, organizma haline getirir. Kısaca ifade edecek olursak sınıflama sistemleri; kitap yığını, deposu olarak nitelenebilecek bir ortamı çeşitli bilgi erişim yolları (basılı veya elektronik ortamdaki çeşitli kataloglar vs.) ile faydalı, sistemli ve canlı bir yapı olan kütüphaneye çeviren en önemli araçtır.

Bir önceki kısımda sistematik sınıflama düzenlerinin genel özelliklerini ve öğelerini işlerken sık sık adları geçen LCC ve DOS en yaygın kullanım olanağı bulan sınıflama sistemleridir. Daha sonra EOS, BLISS ve Colon sınıflama sistemleri gelmekle birlikte LCC ve DOS'a nazaran çok daha az tercih edilen, kullanılan sistemlerdir. EOS haricinde bu üç sınıflama sisteminden ikisini bu çalışmada sadece adını belirtmekle yetineceğiz.

2.2.1. Dewey Onlu Sınıflama Sistemi (DOS)

Sistematik sınıflama düzenlerinin en önemli temsilcisi, örneği (yaygınlık, hiyerarşik yapısı vb. özelliklerinden dolayı) olarak kabul edebileceğimiz DOS'u "Tarihçe" ve "DOS'un Temel özellikleri" başlıklarıyla incelemek, açıklamak yerinde olacaktır.

2.2.1.1. Tarihçe

Dewey Onlu Sınıflama sisteminin yazarı, kurucusu olan Melvil Dewey (1851-1931), kitaplarda ele alınan konuların düzenlenmesi için bir sınıflama şeması oluşturma fikrini düşünürken Amherts College'da öğrenci ve yardımcı kütüphaneciydi. Onun onlu sınıflamasının birinci baskısı 1876 yılında 1000 kopyasıyla birlikte toplam 42 sayfa olarak basıldı (Mann, 1943: 48). Bu birinci baskı yazar adı olmadan "A classification and subject index for cataloging and arranging the books and pamphlets of a library" başlığı altında yayınlandı. O zamanlarda, kütüphanelerde kitapları sınıflamak için sabit yerleştirme (fixed location) kullanılıyordu. Bunun anlamı ise kitapların kütüphanede sabit bir fiziksel yerde muhafaza edilmesidir ve bulunduğu odaya, sıraya ve rafa göre numaralanmasıdır. Onlar böylece kütüphanenin raf kapasitesini aşan her büyümesinde yeniden sınıflandırılırlardı. Dewey'in bağıntılı yerleştirme (relative location) buluşuyla yani kitapların entelektüel içeriğine göre numaralama, bugün bildiğimiz kütüphane sınıflamasının temelini biçimlendirdi (Mortimer, 2000: 13). Böylece kitaplar birbirleri arasındaki ilişkilere göre yerleştirilebilecek yani raflarda istenildiği kadar araya sokmalar, eklemeler yapılabilecek ve yer numaralarının değişmesi gerekmeyecektir.

1876 yılındaki bu ilk baskı Dewey'in ilkelerini özetleyen kısa bir önsöz, on ana sınıfın listelerinin 000'dan 999'a numaralanmış toplam 1000 kategorinin ondalıklı olarak alt bölümlenmesini ve bir alfabetik konu dizinini içerir. Ana sınıfların bölünmesi, W.T. Harris tarafından 1870 yılında tasarlanan, eski bir sınıflama sistemi temel alınarak oluşturulmuştur. Harris de, Francis Bacon'ın bilginin sınıflamasının ters çevrilmiş düzendeki şemasını temel almıştır. Bacon bilgiyi üç temel kategoriye bölümler: Tarih, şiir ve felsefedir. Bunlar da insan zihninin üç temel gücüne denk düşer: Hafıza, hayal gücü ve akıl. Dewey yeni şemasında ise iki yeni özellik olan bağıntılı yerleştirmeyi (relative location) ve ilişki dizinini (relative index) sundu. İlişki dizininde Dewey, bir konunun birçok durumda çeşitli bakış açılarına tekabül eden sistemdeki yerlerini bir ifade altında bir araya getirir (Chan, 1994: 269-270).

1885'te ihtiyacı karşılayabilmek için bir hayli genişletilmiş tabloların yer aldığı 344 sayfalık ikinci baskısı çıkmıştır (Sayers, 1943: 123). Bu baskıda Dewey daha önce verilmiş konu numaralarından bir kısmına yeniden yer tayin ederek farklı numaralara koymuştur. Bundan sonraki bütün baskılar için notasyonel (işaretleme düzeni) kalıbı yerleştirmiştir. Dewey bu baskısında numaraların bütünlüğü (integrity of numbers) uyarısını yapmıştır. Yani Dewey bundan sonra devamlı olarak yeni baskıların olacağının, değişikliklerin, yeniliklerin gerçekleşeceğinin farkında olmakla birlikte bunların içinde konulara yeniden belirlenen, tayin edilen yer numaralarının olabilecek en düşük seviyede olmasını istemektedir. Çünkü bu durum yeniden bir sınıflama yapmayı gerektireceğinden kütüphaneciler tarafından kabul edilemezdi. Dolayısıyla, özellikle bu ikinci baskıyla belirlenen konuların numaraları, sabitleşme-standartlaşma eğilimindedir (Chan, 1994: 270-271).

DOS, 1900 yılına kadar gerçekten bütün halk kütüphaneleri, okul kütüphaneleri, kolej kütüphaneleri ve üniversite kütüphanelerinde Doğu'daki (Avrupa) araştırma kütüphaneleri hariç yaygınlaşmıştı. 1927 yılında DOS'un yayın bürosu Lake Placid Club'tan Kongre Kütüphanesi'ne (LC) taşınmıştır. 1930 yılında DOS numaraları LC kartlarında yer almaya başlamıştır. Dewey'in 1931 yılında ölümünden sonra ALA (American Library Association) DOS'un gelişmesinde ve uygulamasında profesyonel destek vermeye başladı ve aynı tarihte şimdiki Decimal Classification Editorial Policy Committe'nin başlangıcı olan DC Committe kuruldu. 1953 yılında LC, DOS'un yayınlanmasının sorumluluğunu üstlenir. 1985 yılına gelindiğinde ABD'deki kullanımında yüzyılın başlarındaki yüksek ilgi, beğeni oranı azaldı. Halen halk ve okul kütüphanelerinin büyük çoğunluğunda, kolej kütüphanelerinin yarıya yakınında ve birkaç üniversite kütüphanesinde DOS kullanılmaktadır. ABD dışındaki ülkelerde kullanımı da yaygındır. Böylelikle DOS dünyanın bibliyografik sınıflaması olma eğilimindedir. 1988'de Forest Press, OCLC Inc. tarafından alındı. Sonrasında, 1989'da DOS'un 20. basımı yayınlandı (Comaroni, 1990: 52-53). 1993'te 20. basımın Elektronik Dewey'de denilen versiyonu CD-ROM'da yayınlandı. 1996 yılında 21. basımla birlikte Elektronik Dewey'in Microsoft Windows tabanlı Dewey for Windows yayınlandı. Kullanıcılar artık Elektronik Dewey'de yer alan listeler, tablolar, ilişki dizini, kılavuz, LCSH'ın bir kısmına bağlanılması özelliği ve örnek bibliyografik kayıtlar ile Windows ortamının mümkün kıldığı ilerlemelerden de yararlanmaktadır. Örneğin kullanıcılar aynı anda birçok kaydı veya şemanın farklı açılarını görüntüleyebilir ve pencereler arasında veriyi hareket ettirebilir. Dewey for Windows bir ağa (network) yüklenebilir ve kullanıcılar yerel sınıflama kararlarına yansıtmak için kendi kayıtlarına çıkmalar, notlar koyabilir (Mortimer, 2000: 13).

En son 2003 yılında DOS'un 22. basımı birçok değişiklik ve yeniliklerle birlikte, dört cilt halinde yayınlanmıştır (Çevrimiçi, http://www.oclc.org/dewey/versions/ddc22print/).

2.2.1.2. DOS'un Temel Özellikleri ve Öğeleri

Dünyada en çok kullanılan kütüphane sınıflama sistemi olan DOS, özellikle halk ve okul kütüphanelerinde yaygınlaşmıştır (Mortimer, 2000: 5). Kütüphanelerin çok büyük bir kısmının DOS'u seçmesinde, kullanmasında DOS'un sahip olduğu özelliklerin payı doğal olarak büyüktür.

Chan, DOS'un güçlü ve zayıf yönlerini maddeler halinde sıralayarak sistemi değerlendirmemizde önemli bir veri sağlamaktadır. Bunlar (Chan, 1994: 280-281):

Güçlü yönleri;

1. Pratik bir sistemdir. 120 yılı aşkın bir süredir birçok zorluklara rağmen ayakta kalması ve halen dünyada kullanılan en yaygın sınıflama sistemi olması DOS'un pratik değerini doğrulamaktadır.

2. Bağıntılı (ilişkili) yerleştirme Dewey tarafından getirilen bir yeniliktir.

3. İlişki dizini, değişik disiplinlerde yer alan aynı konunun çeşitli yönlerini (parçalarını-aspects) bir araya getirir.

4. Arap rakamlarından oluşan sade notasyonu evrensel olarak bilinir. Herhangi bir kültürdeki veya dildeki bir insan bu sisteme kolayca adapte olabilir.

5. Apaçık olan nümerik sıralama, dosyalama ve raf yerleştirmesinde kolaylık sağlar.

6. Notasyonun hiyerarşik yapısı sınıf numaraları arasında ve içinde olan ilişkileri gösterir. Bu özelliği özellikle çevrimiçi aramada kolaylık sağlar. Yani araştırıcı sınıf numarasından bir rakam eksiltme ile veya sınıf numarasına bir rakam ekleyerek geniş veya dar kapsamlı bir araştırma yapabilir.

7. Ondalıklı sistemin kullanılması sonsuz bir genişleme ve alt bölümlemeyi mümkün kılar.

8. Notasyonun hatırlatıcı (mnemonic) yapısı kütüphane kullanıcılarının sistem içersinde yol almalarında yardımcı olur.

9. Konu listelerinin (schedules) düzenli aralıklarla sürekli gözden geçirilmesi ve yayınlanması şemanın güncelliğini, geçerliliğini sağlar.

DOS'un zayıf özellikleri ise;

1. DOS'un Anglo-Amerikan eğilimi açıktır. Özellikle 900 Coğrafya ve Tarih, 800 Edebiyat ana sınıflarında belirgindir. Amerikan Protestanlığına da 200 Din ana sınıfında kuvvetli bir eğilim vardır.

2. İlişkili disiplinler çoğu kez ayrılmışlardır. Örneğin 300 Sosyal bilimler ana sınıfı, 900 Coğrafya ve Tarih ana sınıfından ve 400 Diller ana sınıfı, 800 Edebiyat ana sınıfından ayrılmışlardır.

3. Bazı konuların sistemdeki yerleri şüpheyle karşılanmaktadır. Örneğin Genel konularda (000) yer alan Kütüphane bilimi, 100 Felsefe ana sınıfı altında bir alt bölüm olarak Psikoloji ve 700 Sanatlar ana sınıfında Sporlar ve Eğlenceler alt bölümünün yer alması gösterilebilir.

4. 800 Edebiyat ana sınıfında aynı yazara ait edebi eserler edebi biçimlerine göre dağıtılarak farklı yerlerde bulunmaktadır. Kullanıcıların çoğu ise bunların bir arada gruplandırılmasını tercih etmektedir.

5. 10'lu taban yani notasyonun ondalıklı gösterimi ile hiyerarşik olarak aynı seviyedeki konular dokuz bölümle sınırlandırılmış olur. Bunun sonucunda, bir konunun eşit seviyede 15 tane alt bölümü var ise bunların ancak 9 tanesi olması gerektiği hiyerarşik seviyede olacak diğer altısı ise daha alt seviyelerde gösterilmeye çalışılacaktır. Bu da istenen bir durum değildir.

6. Çeşitli disiplinlerdeki farklı büyüme oranları sonucunda düzensiz, eşit olmayan bir yapı ortaya çıkmıştır. 300 Sosyal bilimler, 500 Doğal bilimler ve 600 Teknoloji gibi bazı ana sınıflar çok kalabalıklaşmıştır.

7. Ondalıklı sistemin etkisiyle var olan bir başlık sınırsızca genişleyebilmesine rağmen hiçbir yeni numara düzenli numaraların (coordinate numbers) arasına konulamaz. Örneğin 610 ve 620 sınıflama numaraları arasına yeni konuların yerleştirilebilmesi gerekse bile bir şey yapılamaz. Çünkü doludur (611, 612, ... 619). Yeni bir konuyu sisteme almak için kullanılan yöntem var olan konunun altında bir alt bölüm oluşturmak şeklinde olmaktadır.

8. Genişleme kapasitesinin sınırsız olmasına karşın bunun sonucunda spesifik ve ayrıntılı konular için çok uzun sınıflama numaraları ortaya çıkar. Uzun numaralar, özellikle sistem bir yerleştirme düzeni olarak kullanıldığında sakıncalı, rahatsız edici bulunur.

9. Bilginin gelişimine paralelel olarak yapılması gerekli yer değiştirmeleri (relocations) ve bütünüyle gözden geçirilmiş konu listeleri; şemayı kullanan kütüphanelerde yeniden sınıflandırma açısından uygulamada sorunlar yaratır.

DOS'un temel özelliklerini açıklayabilmek için en faydalı yol onu oluşturan yapının temel öğelerini, parçalarını ayrı ayrı incelemek olacaktır. Bu temel parçalar ise; Konu listeleri, yardımcı tablolar, notasyon ve sistemin tamamlayıcısı, destekleyicisi olan ilişki dizini olmak üzere dört temel unsurdan ibarettir.

2.2.1.2.1. Konu Listeleri

DOS'un en önemli unsuru ve kaynağı olan konu listeleri, Dewey'in belirlediği ve sınıf olarak adlandırdığı 0-9 arasında 10 temel disiplinden ve bunların da onlu (decimal) bölünmelerle 000-999 arasında hiyerarşik genişlemesinden oluşan toplam 1000 adet konu girişinden (on temel disiplin dahil) meydana gelir.

"DOS'ta temel sınıflar, geleneksel akademik disiplinlere ya da çalışma alanlarına göre yerleştirilmişlerdir. DOS'un en temel özelliği de budur: Sınıflamanın bölümleri konuya göre değil disipline göre düzenlenmiştir." (Dewey, 1993: XXVI).

On temel disiplin şunlardan oluşmaktadır (Chan, 1994: 276):
000 Genel konular
100 Felsefe ve Psikoloji
200 Din
300 Sosyal bilimler
400 Dil
500 Doğa bilimleri ve Matematik
600 Teknoloji (uygulamalı bilimler)
700 Sanatlar
800 Edebiyat ve Güzel konuşma sanatı
900 Coğrafya ve Tarih

Bu on temel disiplin, yukarıda belirtildiği üzere onlu bir bölünmeye uğrayarak bölümler meydana gelir. Bunların küçük bir kısmını belirtecek olursak (Dewey, 1993: IX);

500 Doğa bilimleri ve Matematik
510 Matematik
520 Astronomi ve ilgili bilimler
530 Fizik
540 Kimya ve ilgili bilimler
550 Yer bilimleri
560 Paleontoloji ve Paleozooloji
570 Yaşam bilimleri
580 Bitki bilimleri
590 Zooloji bilimleri (hayvan bilimleri)

Böylelikle her disipline bunu uyguladığımızda 100 bölüm ortaya çıkacaktır. Bir kere daha onlu bölümleme yaptığımızda ise 1000 kısım ortaya çıkacaktır. Örneğin bunların küçük bir kısmını belirtecek olursak (Dewey, 1993: XV);

500 Doğa bilimleri ve Matematik
501 Felsefe ve Kuram
502 Çeşitli
503 Sözlükler ve Ansiklopediler
504
505 Süreli yayınlar
506 Kuruluşlar ve yönetim
507 Eğitim, araştırma, ilgili konular
508 Doğa tarihi
509 Tarihi, coğrafi, kişilere göre ele alış
510 Matematik
511 Genel ilkeler
512 Cebir ve sayı kuramı
513 Aritmetik
514 Topoloji
515 Çözümleme
516 Geometri

517

518

519

520 Astronomi ve ilgili bilimler

521 Gök mekaniği

...

...

...

590 Zooloji bilimleri (Hayvan bilimleri)

591 Zooloji (Hayvanbilim)

592 Omurgasızlar (Invertebrates)

593 Protozoa, Echino dermata

594 Mollusca ve molluscoidea

595 Diğer omurgasızlar

596 Vertebrata (Craniata omurgalılar)

597 Soğukkanlı omurgalılar. Balıklar

598 Aves (Kuşlar)

599 Mammalia (memeliler)

Bu bölümlemeyi aynen diğer sınıflara da uygulayarak 1000 kısım elde etmiş oluruz. Burada 504, 517 ve 518 notasyonu ile gösterilen kısımların boş olduğu dikkat çekmektedir. Bunun gibi listede onlarca boş yer vardır. Bu durum sistemde buralara konu bulunamadığını ve örneğin Matematik alanında 517 veya 518'e konulabilecek düzeyde yeni bir konu çıktığında buraya sistemin yeni baskılarında eklenebileceği anlamına gelmektedir. Bu durum az da olsa sistemin yeni konulara açık olduğunu göstermektedir. Bölümlerden ise sadece 040 boş bırakılmıştır (Dewey, 1993: IX). Ancak geçmişte 040 bölümünün dolu olduğunu ve sonradan gerek görülmediği için veya başka bir alana farklı bir şekilde aktarıldığını anlayabiliriz. Mann'ın eserinde 040 Genel toplu denemeler (General collected essays) şeklinde yer alır (Mann, 1943: 48).

"Her kısım, ondalık şeklinde, bir konuya daha kesin bir numara yapabilmek amacıyla tekrar bölünebilir. DDC, genelden özele doğru hiyerarşik bir şekilde ilerler; bu kavram numarada da yer almıştır; her yeni bölünmeyle numara bir hane uzar.

600 Teknoloji (Uygulamalı bilimler)
640 Ev ekonomisi ve aile hayatı
646 Dikiş, giyim, kuşam, kişisel ve aile hayatının yönetimi
646.7 Kişisel ve aile hayatının yönetimi. Temizlik
646.72 Kişinin görünümü
646.724 Saç bakımı
646.7242 Berberlik" (Bloomberg ve Evans, 1989: 277)

Bütün bu açıklamalardan sonra DOS'un konu listelerinin hiyerarşik yapıda olduğu (ileride açıklanacağı üzere notasyon da hiyerarşiktir) kolaylıkla ortaya çıkmaktadır. İstenildiği gibi daha fazla alt bölümlerin yapılmasıyla 10 ana sınıfın her biri 10 bölüme bölümlenir (ayrılır) ve her bir bölüm 10 kısıma bölümlenir. Notasyon sisteminden dolayı 10 tabanında bölümlenen her bir seviye, üstündeki seviyeye bağlıdır (üstündeki seviyenin astıdır), böylece genelden özele ilerleyen hiyerarşik bir yapı biçimlenir. Hiyerarşinin her seviyesi bir sınıf olarak adlandırılır (Chan, 1994: 277).

2.2.1.2.2. Yardımcı Tablolar

DOS'un bir diğer önemli unsuru olan yardımcı tablolar 6 adettir. 22. basıma kadar 7 adet olan yardımcı tablolardan 7. Tablo: İnsan grupları, 2003 yılında yayımlanan bu basımla birlikte kaldırılmıştır. Yardımcı tabloların öğeleri, konu listelerinde yer alan temel sınıflama numaralarına eklenerek konuların değişik bakış açılarından değerlendirilip ortak yönlerinin bulunmasını, bibliyografik materyalin de çeşitli yerlerde yığılmaları önleyecek şekilde düzenlenebilmesini sağlar dolayısıyla ayrıntılı bir sınıflama yapmamıza olanak verir (Rowley, 1996: 162; Mortimer, 2000: 53; Introduction to Dewey Decimal Classification, çevrimiçi: 12-13).

Yardımcı tablolar 6 adettir ve aşağıda belirtilmiştir. Bunlar (Introduction to Dewey Decimal Classification, çevrimiçi: 12-13):

1. Tablo: Standart alt bölümler
2. Tablo: Coğrafi alanlar, tarihi dönemler, kişiler
3. Tablo: Sanatlar, tek tek edebiyatlar, belirli edebi biçimler için alt bölümler

3A Tablosu: Tek tek yazarlara ait ya da onlarla ilgili eserler için alt
bölümler

3B Tablosu: İki ya da daha fazla yazara ait ya da iki ya da daha fazla
yazar hakkındaki eserler için alt bölümler

3C Tablosu: Tablo 3-B numaralarıyla 700.4, 791.4 ve 808-809'a
eklenecek alt bölümler için

4. Tablo: Tek tek dil ve dil aileleri alt bölümleri
5. Tablo: Etnik, ulusal gruplar
6. Tablo: Diller

Tabloların içeriği Evrensel Onlu Sınıflama Sistemi'ndeki tabloları anımsatır ve aslında bir dereceye kadar bu sistemdeki tablolardan etkilenmiştir. Bununla birlikte kullanım açısından DOS'taki tablolar EOS'a göre çok daha yakından izlenebilir. 1. Tablo tamamıyla sınıflamacının isteğine bağlı olarak şemalardaki herhangi bir yerde kullanılabilir. Buna karşın 2., 5. ve 6. Tablolar sınıflamacı tarafından, yalnızca talimat verildiği yerde uygulanabilir. Bu tür talimatlar bazen ana şemalardadır, fakat zaman zaman diğer Tablolardan birinde örneğin 1. ya da 4. Tabloda bulunabilir. 3. Tablonun yalnızca 800 Edebiyat ana sınıfında, 4. Tablonun 400 Dil ana sınıfında kullanılması amaçlanmıştır (Rowley, 1996: 162).

Şimdi bu tablolar içerisinde en önemlisi ve sık kullanılanı olan standart alt bölümler, yardımcı tabloların anlaşılmasında faydalı olacağından kısaca açıklanacaktır.

Genellikle biçim (şekil) bölümleri olarak da adlandırılan 1. Tabloyu oluşturan standart alt bölümler, bütün sınıflara ve birçok bölüme yaygın olarak uygulanır (Mann, 1943: 50).

Mortimer'e göre Standart alt bölümler şu amaçlar için kullanılır (Mortimer, 2000: 54):

1. Sınıflama numarasını daha belirgin ve detaylı (specific) yapmak için,

2. Çeşitli yollardan (değişik bakış açılarından) konunun ele alınışını ayırt etmek için,

3. Bir eserin nasıl ele alındığını ifade etmek için kullanılır. Yani geniş bir konuyla ilişkili parçalar (eserler) raflarda bir arada gruplanır.

Dokuz tane standart alt bölüm vardır. Bunlar aşağıda yer alan notasyonlarla gösterilen alt bölümlerdir (Bloomberg ve Evans, 1989: 277):

01 -- Felsefe
02 -- Çeşitli şeyler
03 -- Sözlükler, ansiklopediler
04 -- Genel uygulaması olan özel konular
05 -- Süreli yayınlar
06 -- Kuruluşlar ve yönetim
07 -- Eğitim ve öğretim
08 -- Tarih ve gruplar arasında konuların tanıtımı
09 -- Tarihsel ve coğrafik yaklaşım

"Temel numaralara, standart alt bölümlerden biri, şemalarda belirtildiği gibi eklendiğinde, bir eserde konunun nasıl ele alındığı gösterilmiş olur:

109 – Felsefe ve tarihsel yaklaşım

328.09 – Devletin yasa düzenleyici birimlerine tarihsel ve coğrafik yaklaşım

103 – Felsefi bir sözlük veya ansiklopedi

520.03 – Bir fizik sözlüğü veya ansiklopedisi

532.007 – Sıvı mekaniğinin eğitim ve öğretimi

591.07 – Zoolojinin eğitim ve öğretimi" (Bloomberg ve Evans, 1989: 277-278)

Ayrıca standart alt bölümlerin; şemanın herhangi bir yerinde (birkaç istisna dışında) aynı numara bileşimlerini, aynı konu için ve aynı anlamda kullanması DOS'un bellek yardımcısı (mnemonic) olma özelliğini ortaya çıkarmaktadır. Bu da DOS'un ilişki diziniyle birlikte iki önemli özelliğinden biridir. Diğer yardımcı tablolar da aynı özelliğe sahiptir (Bloomberg ve Evans, 1989: 277).

Bir eser için belirlenmiş sınıf numarasından sonra sınıflamacı eserin bibliyografik formuna (ansiklopedi, dergi vs.) veya yazarının yaklaşımına (felsefe, eğitim ve öğretim) göre daha ayrıntılı sınıflama yapmak istediğinde uygulanabilir standart alt bölümleri kullanır (Chan, 1994: 285).

"Yardımcı tablolardaki notasyonlar hiçbir zaman yalnız veya temel numara olarak kullanılmaz. -04 haricinde, sınıflamacı standart alt bölümlerle notasyon eklemek için herhangi bir özel talimata ihtiyaç duymaz." (Chan, 1994: 285-286)

2.2.1.2.3. Notasyon

DOS'ta çok yaygın olarak bilinen, anlamı kolayca çevrilebilen bir sembol sistemi ile karşılaşırız. Arap rakamları ve bunların ondalıklı kullanımından ibaret olan bu sistemde konuların genişlemesiyle numaralama yapılır. Bu durum konuların alt bölümlerle uzayan notasyonuna nispeten genel kitaplarda kısa notasyon vermemizi sağlar. Örneğin (Mann, 1943: 53);

700 Güzel sanatlar
720   Mimari
721   Mimari yapı
721.8   Kapılar ve parçaları
721.81   Kapılar

İhtiyaç duyulan genişlemelerle birlikte şemada yer alan her konu için Arap rakamlarıyla yapılan notasyon DOS'un yaygın olarak tanınmasına ve birçok dil engelini aşmasına yol açmıştır (Chan, 1994: 278).

DOS, notasyonu daha anlaşılır ve kolay kılmak için bir esere vereceği sınıflama nosunun en az üç rakam oluşturması zorunluluğunu koymuştur. Üç rakamlı numara (three-digit numbers) olarak bilinen bu kurala göre ana sınıfların ve onların bölümleri için sıfır/lar boşlukları doldurmak için kullanılır (üç rakama tamamlanır). Böylece 500 Doğal bilimler ana sınıfı ve onun alt bölümü 510 Matematik notasyonlarına sahip oluruz. Daha detaylı bir konu için üç rakamdan fazlasına ihtiyaç duyulduğunda, üç rakamdan sonra ondalıklı nokta (decimal point) konur. Örneğin 512.56 ve 512.546 (Chan, 1994: 278).

"Bir DDC numarası 17 veya 18 hane olabilir; fakat hiçbir numara, o kütüphaneye uygun olmayan bir uzunlukta olmamalıdır. Yahudi soykırımı'na ait beş kitabı olan küçük bir kütüphanede, her kitaba 940.53 kullanılabilinir. Fakat, İkinci Dünya Savaşı'na ait geniş bir koleksiyonda, Soykırım'a ait bir hayli kitabı da olan büyük bir kütüphanede, 940.531503924 gibi daha belirgin bir numara kullanılabilir." (Bloomberg ve Evans, 1989: 278)

Böylece yapılan notasyonun uzunluğu veya kısalığı büyük ölçüde kütüphane türüne göre belirlenir. Araştırma kütüphanelerinin herhangi birinde mesela üniversite kütüphanelerinde kısa notasyonun kullanılması anlamsız ve amaca aykırıdır. Yapıldığında ise az sayıda belirlenmiş olan konularda yığılmalara neden olur ve detaylı bir düzenlemenin getireceği faydalardan kütüphane kullanıcılarını mahrum bırakır. Tersi de küçük kütüphaneler için geçerlidir. Yani bir halk kütüphanesinde detaylı konu başlıkları belirleyerek uzun notasyonlarla sınıflama yapmanın pek bir anlamı ve faydası yoktur.

Notasyonun özelliklerini ve işlevlerini daha iyi açıklayabilmek için Notasyonel hiyerarşi ve Bellek yardımcısı (mnemonic) alt başlıklarıyla konuyu incelememiz yerinde olacaktır.

2.2.1.2.3.1. Notasyonel Hiyerarşi

DOS içindeki hiyerarşi daha önce de belirtildiği üzere hem notasyonla hem de yapıyla ifade edilir. Notasyonel hiyerarşi notasyonun uzunluğuyla belirlenir. Aşağıdaki örnekte görüleceği gibi, belirli bir düzeydeki sayılar, kendinden bir basamak daha kısa olan notasyonların astı, kendiyle aynı sayıda basamağa sahip olan notasyonlarla eşit ve kendinden bir ya da birden çok basamak fazla olanların üstüdür. Bu notasyonel hiyerarşiyi anlayabilmek için aşağıdaki örnekte altı çizili olanlara bakılması gerekir (Dewey, 1993: XXIX):

6̲00 Teknoloji (Uygulamalı bilimler)

6̲30 Tarım ve ilgili teknolojiler

63̲6 Hayvancılık

637.7̲ Köpekler

637.8̲ Kediler

Buradan; 'Köpekler' ve 'Kediler' sınıfları 'Hayvancılık' sınıfından özeldir (ya da 'Hayvancılık'ın astıdır); birbirleriyle eşit önemdedir (ya da eşittir); ve 'Hayvancılık', 'Köpekler' ve 'Kediler'den daha geneldir (ya da 'Köpekler' ve 'Kediler'in üstüdür) sonuçları çıkar (Dewey, 1993: XXIX). Böylece DOS notasyonu bilginin her seviyesi arasındaki ilişkiyi ve ele alınan konunun ast ve üst parçalarını gösteren sınıflamanın hiyerarşik düzenini yansıtır (Chan, 1994: 278).

Kongre Kütüphanesi (LC) DOS numaralarını 1967 tarihinden itibaren gerçek DOS numaralarında olmayan kesme işaretleriyle parçalar. Örneğin 940.53'1503'924 şeklinde verilen bir numara 3 değişik şekilde yani 940.53, 940.531503 veya 940.531503924 şeklinde kullanılabilir. Böylece DOS numarası her kesme işaretinden, anlamını kaybetmeksizin bölünebilir. Bunun sonucu olarak da her türden kütüphane (üniversite kütüphanesi, halk kütüphanesi vs.) bu parçalı numaralardan kendi ihtiyaçlarına göre seçebilmektedir (Bloomberg ve Evans, 1989: 278).

"Konular arasında notasyonel hiyerarşiye aykırı ilişkiler, notlar ya da diğer araçlarla belirtilmiştir. Ortalanmış girişler, genellikle, notasyonel hiyerarşinin bozulduğunu gösterir. Ortalanmış girişlere (çünkü sayılar, başlık ve notlar sayfanın ortasında yer alır), bir konu için tek bir numara yerine bir dizi numara kullanıldığında rastlanır. DOS'da ortalanmış girişler daima numara kolonundaki > işaretiyle belli edilir." (Dewey, 1993: XXIX)

Son olarak da notasyonun hiyerarşik anlamlılığından (hierarchical expressivity) bahsetmek faydalı olacaktır. DOS'ta notasyonun anlamlılığı EOS'a nazaran daha az olmasına rağmen yine de sistemde etkinliği ve faydası vardır. Anlamlılık, sistemde kullanılan notasyonun konular arasında (alt bölümler, kısımlar dahil) bulunan ilişkiyi göstermedeki işlevi olarak kısaca tanımlanabilir. Bir diğer tanım ise şöyledir: "Anlamlılık her şeyden önce onu erişime yardımcı olarak kullanabilenler için mesleki bilginin kullanımıdır" (Broughton, 1999: 140-141).

Sistem içindeki konuların ilişki yapısını ifade eden ya da gösteren anlamlı notasyon kullanıcının sistemi tanımasına ve genel konularla onların ilişkili alt bölümlerini tanımlamasına yardımı olur. Anlamlılık, DOS'ta sıklıkla yeni konuların eklenmesiyle daha az sistematik duruma gelebilen onlu alt bölümlemeye dayanır. Örneğin (Rowley, 1996: 155-156);

    620 Uygulamalı fizik
    621 Makina mühendisliği
    621.3 Elektrik mühendisliği
    621.48 Nükleer mühendislik
    624 İnşaat mühendisliği

Elektrik mühendisliği ve Nükleer mühendisliğin sonradan tasarımlanarak sisteme eklenmesi gereksinimi orijinal metnin anlamlılığını azaltacaktır. Gerçek bir anlamlı notasyon Mühendisliğin farklı dallarını eşit olarak gösterecektir.

    620 Uygulamalı fizik
    621 Makina mühendisliği
    623 Elektrik mühendisliği
    625 Nükleer mühendislik
    627 İnşaat mühendisliği

Yukarıdaki anlamlılığın elde edilebilmesi için arzu edilmeyen bir durum olan notasyonda büyük ölçüde yeniden tahsis zorunluluğu ortaya çıkar (Rowley, 1996: 156). Bu da DOS gibi eski, görece sınırlı ve büyük ölçüde dolu bir sistem için fazlasıyla zor bir durumdur.

2.2.1.2.3.2. Bellek Yardımcısı (Mnemonic)

DOS'un (daha önce de belirtildiği üzere) en önemli özelliklerinden biri olan bellek yardımcısı (mnemonic) olma özelliği sistemin kullanımında hem kullanıcı hem de kütüphaneciler açısından büyük kolaylıklar sağlamaktadır.

Mann, eserinde bellek yardımcılarını Sayers'ın tanımıyla; şemadaki herhangi bir yere başvurulduğu zaman aşağı yukarı sabit anlamlı sembollerin kullanımı şeklinde ifade etmektedir (Mann, 1943: 53).

Dewey konulara numara vermede, yinelenen konular için sık sık birbirini tutan, uygun numaraları kullandı. Örneğin İtalya 5 notasyonuyla gösterilir ve İtalya ile ilişkili konularda da bu 5 notasyonu sınıflama nosunda yerini alır. 945 (İtalya tarihi) 914.5 (İtalya. Seyahat (Description of Italy)), 450 (İtalyan dili), 554.5 (Jeoloji, İtalya), 195 (İtalyan felsefesi) ve 035 (İtalyan dilinde genel ansiklopedik eserler). Edebiyatta ise 1 şiire karşılık gelmektedir ve bunun sonucu olarak da 811 (Amerikan şiiri), 821 (İngiliz şiiri), 851 (İtalyan şiiri) vb. notasyonlar oluşturulabilmektedir. Bu özellik kullanıcıların sınıflama numaralarını daha kolay hatırlamalarına veya tanımalarına yardımcı olur. Bir diğer faydası ise bu özellik sistemin bir liste sisteminden (enumerative system), içinde bir sınıflama numarasındaki birçok parçanın kolayca ayrıldığı ve tanımlandığı adeta bir analitik-sentetik şemaya doğru ilerlemesini mümkün kılmaktadır. Özellikle DOS'un ikinci basımıyla birlikte ortaya çıkan biçim bölünmeleri ve sonrasında coğrafi alt bölümler, son olarak 18. basımla birlikte diğer beş yardımcı tablonun eklenmesi DOS'un analitik-sentetik niteliğini büyük ölçüde artırmıştır (Chan, 1994: 279-280). Bu da özellikle DOS'un notasyon sisteminin yardımcı tablolarda bellek yardımcısı olma özelliğinden kaynaklanmaktadır.

2.2.1.2.4. İlişki Dizini

DOS'un ayrılmaz bir parçası, tamamlayıcısı ve destekleyicisi olan ilişki dizini (relative index), konular arasındaki ilişkileri sınıflama numaralarıyla birlikte alfabetik düzende göstermesinden dolayı özellikle kullanıcılar açısından (kütüphaneciler de yararlanır) büyük değere ve öneme sahiptir.

"Dewey; şemadaki kendi orijinal katkısı olan ilişki dizinini, 'sistemin en önemli özelliği' olarak iddia etmektedir." (Sayers, 1943: 129). Yayınladığı eserin ismini de gösterdiği öneme binaen Dewey Onlu Sınıflama ve İlişki Dizini (Dewey Decimal Classification and Relative Index) olarak belirlemiştir. 1876 yılındaki baskıda konu dizini vardır ancak ilişki dizini değildir. 1885'teki 2. basımıyla birlikte ilişki dizini sisteme girmiştir (Melvil Dewey, çevrimiçi).

DOS sisteminde önceki sistemlerden çok daha ayrıntılı olan numaralama (1000 sınıf listelenmiştir), sınıflar için bir alfabetik dizini zorunlu hale getirmiştir (Rowley, 1996: 164). Daha önce de belirtildiği üzere DOS'ta temel sınıflar, geleneksel akademik disiplinlere ya da çalışma alanlarına göre yerleştirilmiştir. DOS'un en temel özelliği de budur; sınıflamanın bölümleri, konuya göre değil, disipline göre belirlenmiştir. Bu ilke nedeniyle, belirli bir konu için sadece bir tek numara söz konusu değildir. İlişki dizini bir konunun disiplinlerle ilgili özelliklerini bir araya getirir. Örneğin evliliğin, müzik, felsefe, sosyoloji ve hukuk gibi çeşitli disiplinleri ilgilendiren yönleri vardır. Düğün törenleriyle ilgili müzik, müzik disiplininin bir bölümü olarak 781.587'de sınıflanırken, evlilikte ahlaki kaygılar, felsefe disiplininin bir bölümü olarak 173'te, evlilikle ilgili sosyolojik çalışmalar, sosyoloji disiplininin bir parçası olarak 346.016'da sınıflanır. Bu örneğin ilişki dizininde yer alan gösterimi ise aşağıdaki gibidir (Dewey, 1993: XXVI-XXVII):

Tablo 2 İlişki Dizininden Bir Kesit

Evlilik	306.81
Görenekler	392.5
Dini öğreti	291.22
Budizm	294.342 2
Hristiyanlık	234.165
Hinduizm	294.522
İslam	297.22
Yahudilik	296.32
edebiyat	808.803 54
tarih ve eleştiri	809.933 54
belirli edebiyatlar	T3B–080 354
tarih ve eleştiri	T3B–093 54
etik	173
din	291.563
Budizm	294.356 3
Hristiyanlık	241.63
Hinduizm	294.548 63
İslam	297.5
Yahudilik	296.385 63
halkbilim	398.27
sosyoloji	398.354
hukuk	346.016
kişisel din	291.41
Budizm	294.344 4
Hristiyanlık	248.4
Hinduizm	294.544
İslam	297.44
Yahudilik	296.74

müzik	781.587
sosyal dinbilim	291.178 358 1
Hristiyanlık	261.835 81
toplu ibadet	291.38
Hristiyanlık	265.5
Yahudilik	296.444
ayrıca bkz. Toplu ibadet	
yurttaşlık konusu	323.636

DOS'un 20. basımıyla birlikte ilişki dizininde yer alan bkz. yöneltmeleri, artık her terimin bir numarası (bu genellikle disiplinler arası numara olmaktadır) olduğundan dolayı çıkarılmıştır. Ayrıca bakınız yöneltmeleri daha geniş ve ilgili terimlere gönderme yapmaktadır. Özel isimler AAKK2 biçimiyle ve ismin yaygın olarak kullanılan diğer biçimleri altında dizinlenmiştir. Altı yardımcı tablo T1, T2, T3 biçiminde belirlenmiştir. Örneğin Amerika Birleşik Devletleri'nin (ABD) alan numarası T2-73, edebiyatta konu olarak Faust T3C-351 kullanılmaktadır (Dewey, 1993: XXIII-XXIV; Introduction to Dewey Decimal Classification, çevrimiçi: 12-13).

Philips, dizini, iliştirilmiş uygun notasyonuyla birlikte şemada geçen terimlerin bir alfabetik listesi olarak tanımlamış; bu listenin mümkün olduğunca bu terimlerin bütün eşanlamlarıyla birlikte bir konunun en ayrıntılı parçalarını (şemada yer almıyor olsa bile) içermesi gerektiğini belirtmiştir. Dizin, konuların bulunmasında yardımcı olan, emekten tasarruf sağlayan bir araçtır. Ancak bir yardımcı olarak kullanılmalıdır, sınıflama manasında değil. Dizinin en önemli özelliği, üstünlüğü listelerdeki bir konunun her zaman aynı yerde sınıflanmasını sağlamasıdır (Philips, 1951: 56).

DOS'un ilişki dizini hem kitapları numaralama hem de kitapları bulma bakımından faydalı bir kılavuzdur. Ayrıca sınıflama alanında ve bilgi erişiminde karşılaşılan; kitabın hangi konuya gireceği ve tekrar istendiğinde nereye bakılacağı gibi iki önemli sorunun çözümünde rol oynar. Farklı kütüphaneciler, ya da aynı kütüphaneci çeşitli zamanlarda aynı kitaplara ayrı ayrı yerlerde numara vermiştir. Eğer belli bir sınıflamacı, katalogcu, bunu uzun zaman yapacak olursa, belki birlik elde edilebilir. Ama yine de belli bir kitaba çeşitli zamanlarda ayrı açıdan bakma tehlikesi vardır. Bunun sonucunda ise aynı konudaki kitaplar, belli bir görüşü yansıtan kitaplar yan yana bulundurulmayacaktır. Oysa amaçlanan, istenen bu durumun tam tersidir. Pratikte kitabı belli bir yerde, özellikle aynı konudaki kitapları bir arada görebilme daha önemlidir. İlişki dizini bütün bu sorunları çözmeye çalışır.

Çünkü burada belirli bir konuda aynı görüşü paylaşan kitapların aynı yerde bulunması sağlanır, ayrıca belli bir kitabı arayan okuyucu onu rafta kendi numarasından bulur (Pakin, 1972: 152). Böylece ilişki dizininin DOS'taki yerinin önemi hem kullanıcı hem de sınıflamacı açısından daha net bir şekilde ortaya çıkar. Ancak DOS sistemini bütünleyen bu ilişki dizininin kullanımı ülkemizde bir hayli geç olmuştur. Ta ki 1993'te sisteminin 20. basımının 4 ciltlik tam çevirisi yapılana kadar bu eksiklik sürmüştür.

2.2.2. Kongre Kütüphanesi Sınıflama Sistemi (LCC)

Kongre Kütüphanesi Sınıflama Sistemi (LCC / Library of Congress Classification) isminden de anlaşılacağı üzere Kongre Kütüphanesi dermesinin sınıflandırılması, yerleştirme düzeninin oluşturulması, belirlenmesi amacıyla tasarlanmış, uygulanmış ve geliştirilmiştir. Bu yönüyle belli bir kütüphane için hazırlanmayan, genele hitabeden, evrensel olma amacı güden sınıflama sistemlerinden (DOS, EOS gibi) ayrılır. Ancak sistemin diğer kütüphaneler için de (özellikle dermesi büyük araştırma kütüphaneleri) uygulanabilir olduğu anlaşıldıktan sonra Kongre Kütüphanesi için özel olan bu sınıflama sistemi diğer sınıflama sistemleri gibi genele hitabeden, şartları uygun olan her kütüphanede kullanılabilen bir özelliğe sahiptir. Bunun sonucunda ise özellikle üniversite kütüphaneleri gibi dermesi büyük araştırma kütüphanelerinde kullanılabileceği ortaya çıkmış ve hızla yaygınlaşarak sınıflama sistemleri arasındaki önemli ve etkin rolünü almıştır. Tabi yine de Kongre Kütüphanesi dermesinin ihtiyaçları sınıflama sisteminin geliştirilmesinde öncelikli rol oynar. Kullanımındaki yaygınlık açısından DOS'tan sonra gelen ikinci büyük sınıflandırma sistemidir. Araştırma kütüphanelerinde ise (üniversite kütüphaneleri gibi) en yaygını LCC'dir.

Tarihçe başlığı altında bu aşamaların nasıl gerçekleştiğini ve diğer önemli bilgilerin tarihsel gelişimini vurgulamak, incelemek faydalı olacaktır.

2.2.2.1. Tarihçe

Kongre Kütüphanesi 1800 yılında kurulduğunda, boyutlarına göre düzenlenen 964 cilt kitap ve 9 haritadan oluşan bir dermesi vardı. 1824 yılında içinde yer aldığı Kongre binasının (Capitol) yanmasıyla dermesinin hemen hemen tamamı yok oldu (Mann, 1943: 70). Daha sonra Thomas Jefferson kişisel kütüphanesini Kongre'ye satmayı teklif etmiş, Kongre de 1815'te Jefferson'ın 6487 kitabına 23950 Dolar ödeyerek satın almıştır. Kitaplar Jefferson'ın kendi sistemine göre sınıflandırılmış şekilde kütüphaneye ulaştığında Jefferson'ın bu sınıflama sistemi benimsenmiş ve birtakım değişiklikler ve eklemelerle 19. yüzyılın sonuna kadar Kongre Kütüphanesi Sınıflama Sistemi olarak kullanılmıştır (Chan, çevrimiçi). Bu sınıflama sistemi Bacon'ın çok bilinen bilginin sınıflaması şemasından adapte edilmiştir. Bu sınıflamadaki kitapların kırk dört grupta düzenlenmesi gerekir. Kütüphanenin kataloğu Jefferson'ın grup başlıklarına göre oluşturulmuş ancak kitaplar gruplar içinde alfabetik olarak düzenlenmiş, yerleştirilmiştir (Mann, 1943: 70-71).

1890'lı yıllarda kütüphane dermesi yedi bin kitaptan yaklaşık bir milyona çıktığında Jefferson'ın sisteminin yeterli olmayacağı ortaya çıkmıştır. Yeni kütüphane binasına 1897 yılında geçildiğinde bu eksiklik daha da belirginleşti. Yeni bir sınıflama şeması (sistemi) düşüncesi aynı yıl başladı (Chan, çevrimiçi). Kataloglama Bölümü Şefi J.C.M. Hanson ile birlikte Charles Martel yeni bir sınıflama sisteminin geliştirilmesinden sorumlu kişilerdi. 1899 yılında Dr. Herbert Putnam kütüphanenin yöneticisi (kütüphaneci) oldu ve kütüphanenin yeniden düzenlenmesi için yaptığı planlar yeni şemanın geliştirilmesine hız kazandırdı (Mann, 1943: 71). Bütün sınıflama sistemleri incelenmiş ve bunların en iyi özelliklerinin yeni sınıflama sisteminde yer alması istenerek o zamana kadar yapılmış en geniş sınıflama olması istenmiştir. Böylelikle C.A. Cutter'ın Expansive Classification'ı (EC) takip edilerek faydalanılmış en önemli sistem oldu. Ancak Brunet'ten, Ondalık Sistem'den ve Brüksel (EOS) şemalarından birçok özellik alınmıştır. Birçok fikir ve öneri de basılı kataloglardan ve bibliyografyalardan çıkarılmıştır (Mann, 1943: 71).

Sınıflamanın notasyonu için üç unsuru olan bir kalıp seçildi. Birincisi, ana sınıflar için kullanılan tek büyük harf notasyonudur: Sosyal Bilimler için H, Dil ve

Edebiyat için P, Bilim için R vs. Bununla birlikte bir veya iki büyük harf kullanıldığında (daha sonra üç harf de kullanılmıştır) alt sınıflar belirtilmiş olur: H sosyal bilimlerde geneli temsil ederken HA notasyonu istatistikleri belirtir; Kimya için de QD kullanılır. Notasyonun ikinci unsuru, alt bölümleri göstermek için kullanılan 1'den 9999'a kadar Arap rakamlarından ibaret olan sayılardır. Üçüncü unsur ise her bir kitap için harf ve numara karışımı ile oluşturulan Cutter numarasıdır. Cutter numarası sınıflama numarasından sonra önünde ondalık işareti olan nokta ile birlikte gelir (Chan, 1994: 328). Böylelikle bir eserin sınıflaması yapılmış olur ve raflara yerleştirilir. Ayrıca Cutter numarasından sonra isteğe bağlı olarak özellikle dermesi büyük kütüphanelerde eserin yayın tarihi eklenir. Oluşturulan bu numaranın bütününe ise yer numarası (call number) denir.

Kongre Kütüphanesi Sınıflama Sisteminde yer alan 21 ana sınıftan biri olan Z notasyonu ile gösterilen Bibliyografya ve kütüphane bilimleri diğer sınıflar için de gerekli olduğu için ilk olarak geliştirilmeye çalışılmış, taslağı 1898'de benimsenmiş ve listesi 1902'de yayınlanmıştır. 1904 yılında bütün sistemin bir taslağı çıkmış ve o tarihe kadar D, E-F, M, Q, R, S, T, U ve Z notasyonu ile gösterilen sınıfların listeleri tamamlanmıştı. Ayrıca A, C, G, H ve V sınıflarının listeleri ise oluşturulmaya devam etmekteydi. 1948'de ise K (Hukuk) sınıfı hariç tüm listeler tamamlanmış ve yayınlanmıştı. Bu sınıfın ilk listesi olan KF (Birleşik Devletler hukuku) alt sınıfı 1969 yılında yayınlandı. Hukuğun diğer alt sınıflarının listeleri de bu tarihten itibaren çıkmaya devam etti (Chan, 1994: 328). K (Hukuk) sınıfının tamamlanması ise 2001 yılında KL-KWX Asya ve Avrasya, Afrika, Pasifik Bölgesi ve Antartika Hukuku'nun yayınlanmasıyla olmuştur (LC Classification Schedules and Manuals from CDS, çevrimiçi).

LCC, en çok araştırma kütüphanelerinde özellikle bu türe dahil olan üniversite kütüphaneleri tarafından kullanılır. Hemen hemen hiçbir halk veya okul kütüphanesi bu sınıflandırmayı kullanmaz. Çünkü en az 100.000-200.000 ciltlik dermesi olan büyük kütüphaneler için daha uygundur. Bununla birlikte, bu sınıflandırma sisteminin seçiminde derme büyüklüğü sadece faktörlerden biridir. Diğer faktörler; kütüphane, kullanıcı, kataloglama kolaylığı, mevcut personel ve kütüphanedeki dermenin türüdür (Bloomberg ve Evans, 1989: 283).

2.2.2.2. LCC'nin Temel Özellikleri ve Öğeleri

LCC, yukarıda da bahsedildiği üzere başlangıçta sadece Kongre Kütüphanesi'nin ihtiyaçlarını tam olarak karşılayabilmek için tasarlanıp düzenlenmiştir. Kongre Kütüphanesi dermesi ağırlıkla Sosyal bilimler, Siyaset bilimi, Tarih ve Hukuk gibi konu alanlarında yoğunlaşmıştır. Sistemin gelişimi de bu yönde olmuş öncelik bu alanlara verilmiş, diğer alanlardaki gelişmeler nispeten daha yavaş olmuştur. Özellikle bu sebepten dolayıdır ki sistemin diğer büyük sınıflama sistemlerinden farklı olduğu, genele, evrensele hitap etmediği düşünülmüştür. Ancak sistemin kendi içindeki tutarlılığı, istenildiği kadar detaya inebildiği, genişlemeye oldukça müsait olduğu ve şu an dünyanın en büyük kütüphanesi olan Kongre Kütüphanesi'nin bu sistemi kullanması ve gelişmesinden sorumlu olması gibi nedenler bahsedilen eksikliklerin kolayca aşılabileceğini ortaya koymuştur. Böyle de olmuştur ve sistem devamlı gelişerek, büyüyerek şu an dünyanın önde gelen ilk iki sınıflama sisteminden biri olmuştur.

Temelde LCC sistemi 19. yüzyılda ortaya çıkan diğer sınıflama sistemleri gibi belli bir disipline dayanır. LCC ana sınıfları Kongre Kütüphanesinde bulunan dermenin bütün konu alanlarını temsil edecek şekilde temel akademik alanlara veya disiplinlere uygun olarak oluşturulmuştur. Ana sınıflar alt sınıflara bölünür. Bunlar, özel disiplinler veya türlerini temsil eder. Sınıflar veya alt sınıflar daha sonra tekrar konu ve/veya biçime; yer veya zamana göre alt bölümlere ayrılırlar. Böylece sistemin hiyerarşik bir yapısı olduğu, sistemde genelden özele doğru bir ilerlemenin olduğu ortaya çıkıyor. Burada diğer modern sınıflama sistemlerinin çoğundan farklı olan özelliği ise aslında hiyerarşiye dayanmayan ayrıntılı konu alt bölünmelerinin yer aldığı bir liste şema (Enumerative scheme) olmasıdır. Çoğu konu alt bölümleri çok detaylı bir şekilde listelenir; birleşik veya bölünmüş (bir konuyla birlikte çeşitli kategorilerinin yani yer, zaman, biçim, konu gibi belirlenmiş hali, faset) konular, listelerde (schedules) belirli bir şekilde listelenir. Sistemde birçok yardımcı tablo vardır. Bunlar aslında listelerde alan sağlayan bir araç özelliği taşır. Genellikle bir listedeki bir başlıktan (caption) sonra sıralanan numaralardan özel, belirli numaralar oluşturmak için kullanılır. Yani DOS veya diğer sistemlerden biraz farklıdır. DOS'ta yardımcı tablolar sabittir ve genele uygulanır. LCC'de ise her liste için ayrı ayrı yardımcı tablolar tam manasıyla oluşturulur, ihtiyaca göre de boşluklar değerlendirilir

(Chan, 1994: 329-330). Sistemin geneli düşünüldüğünde de genişlemeye, büyümeye son derece yatkın olduğu, temelde hiyerarşik bir düzen olmasına rağmen hiyerarşinin diğer sistemlerde olduğu gibi bazı kısıtlayıcı, zorlaştırıcı etkilerini pek görmeyiz. Bu özelliği ise devamlı ve hızla gelişen dünyamızda her alandaki değişen, gelişen ve yeni ortaya çıkan her unsurun, konunun sistemde kolayca gösterilmesine, temsil edilmesine olanak sağlar. Diğer sistemlerde olduğu gibi yığılmalar, notasyonun gereğinden fazla sembol içermesi veya nerede ise alakasız konuların aynı yerde gösterilmesi durumu bu sistemde söz konusu değildir. Sistemin genel özelliklerinin bu durumu elverişli kıldığı açıktır. Yani ana sınıflarının fazlalığı, notasyonunun alfanümerik olması ve her bir yayın için tek (unique) bir numara oluşturulması ve bunların standart denebilecek bir uzunlukta olması gibi olumlu özellikler sistemi diğer sistemlerden görece üstün kılar.

LCC ayrı ayrı basılmış 47 şemada 21 ana sınıfı içermektedir (Rowley, 1996: 167). LCC'de her şema diğerinden bağımsız olarak geliştirildiğinden, her birinin uygulama ve kullanımı diğerlerinden farklıdır. DOS'taki kullanım açıklamaları ve dizinden farklı olarak LCC'de sınıflandırma sisteminin tümünü kapsayan açıklama ve dizin yoktur. Ancak her şemanın formu çeşitli açılardan birbiriyle benzerlik gösterir. Bunları sıralayacak olursak (Bloomberg ve Evans, 1989: 289);

1. Şemanın kapsam ve tarihi gelişimini içeren bir önsöz,
2. Şemanın geniş bir anahat özeti,
3. Şemanın ayrıntılı ana hattı,
4. Sınıflandırma şemasının kendisi,
5. Özel tablolar, dizin ve şemanın içinde yer almayan eklemeler ve değişikliklerdir.

LCC sisteminde bulunan her sınıfın kendi dizini vardır. Daha açık bir ifade ile birkaç istisna dışında, her bir yayınlanmış konu listesinin (schedule) kendine ait dizini vardır. Yayınlanmış bir dizin bulunmakla birlikte sistemin bütününe ait resmi bir dizin yoktur. Tüm sisteme ait bir dizinin olmaması nedeniyle kullanıcılar özel bir sınıfın dizinine başvurmadan önce uygun ana sınıfı seçtiğinden emin olmalıdır. Kongre Kütüphanesi Konu Başlıkları Listesi (LCSH), listelenen başlıkların çoğunun LCC numaralarını gösterdiği için genel bir dizin olarak kullanılabilir. Bu liste yıllık olarak yayımlanır. Başlıkların yaklaşık %36-40'ı LCC sınıf numaralarını gösterir (Rowley, 1996: 172; Chan, 1994: 340).

Chan, LCC'nin güçlü ve zayıf yönlerini şöyle belirlemiştir (Chan, 1994: 337-338): İlk önce güçlü yönlerini belirtecek olursak;

1. Memnuniyeti artırıcı biçimde pratik bir sistemdir. Pragmatizmin büyük bir başarısıdır. Yani felsefe ve teoriye dayanan bir anlayıştan ziyade uygulamadaki pratik ihtiyaçların çok daha belirleyici olduğu bir anlayışın ürünü olması ve bunu başarıyla sürdürmesidir.

2. LC dermesindeki materyallere göre yazınsal yoğunluğu (literary warrant) temel almıştır. Yapısı (doğası) ve içeriği akademik ve araştırma kütüphanelerinde yer alabilecek şekilde akla uygundur.

3. Minimum seviyede notasyonel senteze gerek duyan büyük ölçüde ayrıntılı bir liste (enumerative) sistemidir.

4. Her bir konu listesi konu uzmanlarınca hazırlanır.

5. Notasyonu özlü (compact) ve yeniliklere açıktır (hospitable).

6. Büyük çoğunluğu LC'de gün be gün yapılan kataloglama çalışmalarında ortaya çıkan gereksinmelerden doğan çok sayıda ekler ve değişiklikler vardır. Ayrıca bunlar kataloglama çevresince de kolayca elde edilebilir.

7. Materyalin büyük parçalarının yeniden sınıflandırılması (reclassification) ihtiyacı minimum bir seviyede tutulur. Çünkü sınıf numaralarının sürekliliğini sağlamak için yapılacak birkaç yapısal değişiklik yıllar sürecek bir zamana yayılır (bu avantaj ayrıca aşağıda bahsedilen zayıflıklar arasındaki 6. maddede yer alır.)

Zayıflıklar;

1. Kapsam notları (scope notes) DOS'unkilere nazaran daha kötüdür.

2. Vurguda (emphasis) ve terminolojide ulusal eğilim çok yüksektir.

3. Konuların az bir kısmı bileşik konular olarak sistemde yer alır. Özel kuralları, şartları henüz belirlenmeyen çok konulu veya çok elementli eserler tam olarak doğru bir şekilde sınıflanamazlar.

4. Alfabetik düzenlemeler çoğunlukla mantıksal hiyerarşilerin yerine kullanılır.

5. Konu analizi için açık ve önceden bilinen bir teorik temeli yoktur.

6. Değişmezliği, kararlılığı sürdürmenin sonucunda sınıflamanın kısımları eskimiştir, bir bakıma yapısı ve düzenlemesi- söz dizimi (collocation) günümüz şartlarını yansıtmaz.

7. Konu listelerini (schedules), ekleri (supplements), değişikliklerin yeni duyurularını yapmak ve eklerin, değişikliklerin tümünü devamlı güncelleme işi pahalıya mal olur.

LCC'nin genel özelliklerini iki başlık altında kısaca incelememiz mümkündür. Bunlar; Sınıflama sistemine ait "Ana sınıflar ve alt sınıflar" ve "Notasyon"dur.

2.2.2.2.1. Ana Sınıflar ve Alt Sınıflar

Daha önce de belirtildiği üzere LCC'nin en fazla yararlandığı Cutter'ın Expansive Classification'ın ana konularının yer aldığı ana şema (outline), J.C.M. Hanson'ın LC için hazırladığı ilk ana şema ile büyük bir benzerlik taşıyordu (Chan, 1994: 328). Ayrıca bunun oluşturulmasında sayısı bir milyon civarında olan kütüphane dermesinin büyük rolü vardır. Felsefi, genele hitap eden bir yapısının olması başlangıçta istenmemiş, sadece LC'nin zengin ve devamlı büyüyen dermesine göre bir sınıflama sistemi, ana şema oluşturulmaya çalışılmıştır. LC dermesi büyük ölçüde tarih, siyaset gibi sosyal bilimler ağırlıklı konuları içerdiğinden bunlara öncelik verilmiş, dolayısıyla bütün bilgi alanlarının kapsanmasına uğraşılmamıştır. Bunun sonucu olarak LC'deki belirli bir konudaki kitap sayısına göre çeşitli şemalardaki konu ayrıntısı değişmektedir. Bununla birlikte; kütüphanenin dermesine ABD'de yayınlanan hemen hemen her şey ve ABD dışındaki ülkelerde yayınlanan belli başlı eserleri toplama politikasından dolayı akla gelebilecek her konuda materyal toplandığından, dermeyi temel almış olan sınıflandırma kapsamlı bir şemadır. Bu nedenle de LCC her kütüphane tarafından kullanılabilir (Bloomberg ve Evans, 1989: 282-283).

Aşağıda Tablo 3'te yer alan LCC'nin ana şemasında alfabetik notasyonla temsil edilen 21 adet ana sınıf vardır. Latin harflerinden oluşturulan notasyonda I, O, X, W, Y harflerine notasyonda yer verilmemiştir (sadece ana sınıflarda, alt sınıflar için kullanılır). Bu durumda ihtiyaç halinde en az beş yeni ana sınıfın sisteme katılabileceğini kolaylıkla söyleyebiliriz. Bu özelliği sistemin genişlemeye, büyümeye yatkın olduğunu gösteren unsurlardan biridir (Chan, 1994: 331; LC Classification Schedules and Manuals from CDS, çevrimiçi).

Tablo 3 LCC Ana Şeması, Yayınlanmış Ana Sınıflar ve Alt Sınıflar

A	Genel eserler
B	Felsefe, Psikoloji, Din : B-BJ, BL-BQ, BR-BX
C	Tarihe yardımcı bilimler
D	Tarih : genel ve eski dünya tarihi : D-DR, DS-DX
E-F	Tarih : Amerika
G	Coğrafya, Haritalar, Antropoloji, Rekreasyon : G, G Tabloları
H	Sosyal bilimler
J	Siyaset bilimi
K	Hukuk : K, K Tabloları, KB, KD, KDZ,-KG-KH, KE, KF, KJ-KKZ, KJV-KJW, KK-KKC, KL-KWX, KZ
L	Eğitim
M	Müzik ve müzik üzerine kitaplar
N	Güzel sanatlar
P	Dil ve Edebiyat : P-PZ Tabloları, P-PA, PB-PH, PJ-PK, PL-PM, PN-PQ, PR-PS,-PZ, PT
Q	Bilim
R	Tıp
S	Tarım
T	Teknoloji
U-V	Askerlik bilimi. Denizcilik bilimi.
Z	Bibliyografya. Kütüphane bilimi. Enformasyon kaynakları.

(Chan, 1994: 331; LC Classification Schedules and Manuals from CDS, çevrimiçi).

Ana sınıfların her biri ayrı ayrı ele alınarak bilginin çeşitli alanlardaki uzmanlar ve kütüphaneciler tarafından kütüphane dermesi dikkate alınarak tasarlanıp hazırlanmış ve her biri ayrı ve değişik tarihlerde yayınlanmıştır (Herdman, 1947: 26). Ancak bazı ana sınıflar ve alt sınıflar birbirinden ayrımlı olarak tek bir cilt içinde yer alabilmekte, zaman içersinde değişiklikler gösterebilmektedir. Örneğin 1994'te LCC yayınlanmış 46 ciltten oluşurken, yeni alt sınıfların (özellikle Hukuk ana sınıfına ait alt sınıflar, KL-KWX gibi) katılmasıyla, bazı ana sınıfların tek bir ciltte yayınlanması (U-V Askerlik bilimi. Denizcilik bilimi 1994'te kendilerine ait ayrı ciltlerde bulunurken tek cilde düşürülmüştür. Benzer olarak D ana sınıfı 1994'te 4 ciltten oluşurken 2005'te 2 cilde düşmüştür.) gibi nedenlerden dolayı 2005 yılında 42 ciltten oluşmaktadır (Chan, 1994: 331; LC Classification Schedules and Manuals from CDS, çevrimiçi). Her bir sınıfın, listenin kendi içinde bir dizini vardır. Sınıflama sisteminin bütünü için ise LCSH faydalı bir şekilde bir genel dizin işlevi görebilir (Herdman, 1947: 26). Çünkü LCSH birçok başlıkla birlikte sınıflandırma numarası önerdiğinden bir tür dizindir (Bloomberg ve Evans, 1989: 289). Ancak buna tam anlamıyla dizini vardır, diyemeyiz. Çünkü LCSH farklı bir amaçla hazırlanan ve farklı işlevleri olan bir konusal erişim aracıdır. Yoksa bunu DOS'taki ilişki dizini ile bir tutmak mümkün değildir. Ayrıca LCC'nin eksikleri, zayıf yönleri arasında genel bir dizini olmaması da gösterilir (Mann, 1943: 83).

Ana sınıfların içeriğini yani ilişkili olduğu disiplinleri veya temel konu alanlarını oluşturan alt sınıflar, ana sınıf notasyonuna eklenen alfabenin büyük harflerinden (25 harf) ibaret olup sınıflamanın detayına göre yan yana 3 harfe kadar çıkabilir. Bu üç harfli notasyonlar özellikle hukuk ve tarih gibi geniş konu alanlarında az da olsa vardır. Örneğin, KJV—KJW Hukuk—Fransa. Genelde ise 1 veya 2 harf kullanılır (bkz. Tablo 3). Devamlı gelişen yenilenen bir özellik arzeder ve bu durum sistem için hiçbir sorun teşkil etmez, herhangi bir yığılma veya yer yokluğu (DOS'ta olduğu gibi) olmaz. Örneğin bilimde yeni bir disiplin ortaya çıktığı zaman bu disipline sistemde kendine ait özel bir yer kolayca bulunur. Dolayısıyla güncel olan yansıtılmış olur. Bu genişlemeye, yeniliklere çok uygun olmayan sistemlerde ise yeni bir konu, disiplin eklemek istendiğinde bazen aralarında çok az bir ilişki bulunan bir sınıfa bunun girebilme olasılığı vardır. Bu da erişimi engelleyen, zorlaştıran unsurlardan biri olup çağdaş ve iyi bir sınıflama sisteminde bir eksiklik olarak görülür.

E, F Amerikan tarihi ve Z Bibliyografya ve kütüphane bilimi notasyonu ile gösterilen ana sınıflar hariç bütün ana sınıflar alt sınıflara bölünmüştür. Örneğin Q notasyonu ile gösterilen Bilim ana sınıfı aşağıdaki gibi alt sınıflara bölünmüştür (Chan, 1994: 332-333):

    Q Bilim (genel)

      QA Matematik

      QB Astronomi

      QC Fizik

      QD Kimya

      QE Jeoloji

      QH Doğa tarihi (genel). Biyoloji (genel)

QK Botanik

QL Zooloji

QM İnsan anatomisi

QP Fizyoloji

QR Mikrobiyoloji

Alt sınıfların her biri de daha belirgin alt sınıflara, alt bölünmelere (subdivisions) ayrılır. Örneğin N Güzel sanatlar (Fine arts) ana sınıfının alt sınıflarından biri olan NK Süsleme sanatları. Uygulamalı sanatlar. Süsleme ve süs (Decorative art. Applied art. Decoration and ornament) olarak belirlenmiştir. NK1'den NK9990'a kadar numara verilmiştir. Her numara kullanılmamıştır; bazı numaralar da ondalık olarak bölünmüştür. NK alt sınıfı şemasının bir kısmı aşağıda yer alan Tablo 4'tedir (Bloomberg ve Evans, 1989: 288):

Tablo 4 NK Dekoratif Sanatlar. Uygulamalı Sanatlar. Dekorasyon ve Süsleme Şemasından Bir Kesit

NK DECORATIVE ARTS. APPLIED ARTS. DECORATION AND ORNAMENT
Religious art (decorative and applied)
Including ceremonial art
Cf. NK2190, Interior decoration
NK4850, Ecclesiastical vestments
NK7215, Ecclesiastical plate
NK9310, Ecclesiastical embroidery
1648   General
Christian
1650   General Works
1652   History
.1   Early Christian
.2   Medieval
.3   Renaissance. 16th century
.4   17th-18th centuries
.5   19th century
.6   20th century
1653   Special countries, A-Z
e.g. .S7 Spain
Special, by city, A-Z
e.g. .B34 Barcelona
1656   Special, by denomination, A-Z
e.g. .M4 Methodist
1657   Trade catalogs, etc,
Non-Christian
1670   General works

	Special religions
1672	Jewish
1674	Islamic
1676	Buddhist
1678	Other, A-Z

Bu tabloyu kullanarak Ortaçağ Hristiyan sanatının tarihçesine ait bir esere NK1652.2; İslam sanatına ait bir esere NK 1674; İspanya'da Hristiyan sanatına ait bir esere ise NK 1653 S7 numaraları verilir. Bu son numara, NK 1653 S7 sınıflandırma numarasını belirlemek için sayı ve harflerin birlikte kullanıldığını gösteren bir örnektir. S7, kitap numarası değil, sınıflandırma numarasının bir parçasıdır (Bloomberg ve Evans, 1989: 288). Bu açıklamalardan da anlaşılacağı üzere sistemin ne kadar büyük, genişleyen, detaya inen bir yapısı olduğu kolayca anlaşılır. Yani sistemin notasyon olarak harf ve numaraları birlikte kullanması, gerektiğinde ondalık genişlemeye izin vermesi, alt bölünmelere tahsis edilen numara aralığının 1'den 9999'a kadar olması gibi önemli özellikleri olduğu anlaşılır.

LCC'de alt bölümlere dahil edebileceğimiz form-şekil ve coğrafik bölünmeler diğer önemli sistemlerden biraz farklılık gösterir. Bunun en büyük nedeni ise ana sınıfların şemalarının birbirinden bağımsız hazırlanması gibi bunlar da her şemada ayrı ayrı hazırlanır ve farklı notasyonlarla gösterilir, şeklinde açıklanabilir. Dolayısıyla DOS'ta kullanılan notasyonun aksine (örneğin; 1. Tablo: standart alt bölümlerde yer alan 05 notasyonu ile gösterilen Süreli yayınlar, sınıflama sistemi içersindeki her konu alanında süreli yayınları temsil etmesi açısından sınıflama nosunun bir parçası olarak eklenir. Bu durum DOS'un notasyonunun hatırlanabilir, belleğe yardımcı (mnemonic) bir özellik taşımasından kaynaklanır) LCC'de kullanılan notasyonun belleğe yardımcı, hatırlanması kolay olan, her yerde, her konuda uygulanabilir bir özelliği yoktur. Bunun sonucu olarak da sistemdeki tabloların sayısı bir hayli fazladır (Herdman, 1947: 27).

LCC'de senteze çok az yer verilmekle birlikte bazı sınıflarda ana şemalarda gösterilen sınıfları genişletmek için kullanılan tablolar sentezi olanaklı kılmaktadır. Tablo türleri üç gruba ayrılabilir. Bunlar (Rowley, 1996: 168, 170):

1. Bazı sınıflarda zaman zaman ayrı bir tablo olarak verilen, biçim bölümleri mevcuttur. Örneğin Tarih şemaları, zaman dilimlerini şemaların bir parçası olarak göstermektedir.

2. Konu alt bölümleri, Dil ve Edebiyat gibi bazı şemalarda tablolarla bir araya toplanmıştır.

3. Coğrafi bölümler bazen tam olarak ana şemada, bazen de sınıfların herhangi bir yerinde tablolar biçiminde verilir. Belirli bir coğrafi bölümün notasyonu sınıflar arasında ve aynı sınıfın çeşitli kısımları arasında farklılık gösterir.

2.2.2.2.2. Notasyon

LCC'de kullanılan notasyon alfanümerik özelliğinden dolayı karma bir notasyondur. Alfabenin 25 büyük harfi ve Arap rakamlarından ibaret olup sistemin sembollerle gösterimini, temsilini sağlar. Konu anlatımında büyük ölçüde açıklandığı üzere karma notasyonun sisteme ne kadar yararlı olduğu açıktır. Sistemin genişlemesine, her bilgi alanının, konunun kolayca gösterilmesine, yenilerinin eklenmesine olanak sağlar. Herhangi bir yığılma söz konusu değildir. Geniş konu alanlarında da bu durum geçerlidir. Çünkü kullanılan notasyondaki harf ve rakam kombinasyonu o kadar elverişli düzenlenmiştir ki şimdiye kadar geçen bir asır boyunca böyle bir sorun olmamış ve sistem içersinde en az 5 ana sınıf daha eklenebilecek olması, kullanılan listelerde de birçok boşluğun olması sistemde yığılmalara, notasyonun yetersiz kalmasına mani olmuştur. Gelecekte ise uzun vadede böyle bir sorunun yaşanacağına dair bir düşünceye, öngörüye literatürde rastlanmamıştır. Bu konu şu açıdan da önemlidir ki diğer büyük ve önemli sınıflama sistemlerinin en önemli sıkıntılarından bir tanesi olan bu yığılmalar, notasyonun yetersiz kalışları, gereğinden uzun olan notasyonlar gibi sorunlar neredeyse sınıflama sistemleri kurulalı beri var olmuştur. Bu biraz abartılı gibi gözükse de bir gerçeği yansıtmaktadır. Çünkü bir asır öncesinde de sistemin notasyonunun ne kadar gelişmeye, büyümeye elverişli olup olmadığı belli oluyordu. Örneğin DOS, 10 ana sınıfı olması ile bu duruma en güzel örnektir. Birbiriyle pek ilgisi olmayan bazı konu alanları, disiplinler aynı ana sınıf altında yer alabilmektedir. Notasyonun uzunluğu istenmeyecek derecede uzun olabilmektedir. Bu gibi olumsuzluklar doğal olarak büyük ve önemli bir sınıflama sisteminde olması istenmeyen, kullananlara sıkıntı yaratan bir durumdur. Dolayısıyla LCC'nin kullandığı notasyonun böyle önemli bir eksiklikten uzak olması dikkate değer bir özellik olarak görülebilir.

LC sınıflama sisteminde 21 ana sınıfın her biri alfabede yer alan büyük harflerden biri ile temsil edilir. Örneğin; H Sosyal Bilimler alanı, R Tıp, T Teknoloji vs. Alt sınıflar ise yine alfabede yer alan 25 büyük harfin ana sınıfları gösteren harflere eklenmesiyle oluşur. Örneğin; Q Bilim ana sınıfına bağlı Matematik alt sınıfı QA ile, Kimya QD ile gösterilir. Ancak alt sınıfları temsil eden notasyondaki harflerin sayısı, ilgilenilen konunun, disiplinin, bilgi alanının genişliğine, büyüklüğüne göre 3 harfe kadar çıkabilir. Örneğin DJK Doğu Avrupa Tarihini, KFF Hukuk—Florida'yı temsil eder. Tek harfle temsil edilen alt sınıflar da vardır. Çoğu ana sınıfın en önemli, geneli kapsayan alt sınıfı ana sınıfı temsil eden notasyonla temsil edilir. Örneğin Dil ve Edebiyat ana sınıfı P notasyonu ile gösterilirken ilk alt sınıfı olan Filoloji ve Dilbilim (Genel) alt sınıfı da P notasyonu ile temsil edilir. Bir diğer örnek ise N Güzel Sanatlar ana sınıfını temsil ederken alt sınıf olarak N Görsel Sanatlar (Genel)'i temsil eder. İlk geliştirilen ana sınıflardan E, F ve Z alt sınıflara ayrılmamıştır (Chan, 1994: 333).

LCC'de notasyonun alfanümerik bir yapıda olduğu yani harflerden ve sayılardan (integers) meydana geldiği daha önce belirtilmişti. Büyük harfler tek başına veya birleşik halde konuları (subject) belirtir. Bu konuların alt konuları veya bölümleri bir grup içinde art arda sıralanarak Arap rakamlarıyla gösterilir. Örneğin N notasyonu ile gösterilen Güzel sanatlar ve NA Mimarlık konu gruplarının her ikisinde 1'den başlayan ve 9999'a kadar gidebilen bir dizi sayı vardır. Bunların arasında, genişlemeyi, büyümeyi mümkün kılan, kullanılmayan sayılardan oluşan birçok boşluk da bırakılmıştır (Mann, 1943: 77-78). Ayrıca onlu (decimal) alt bölümleme yolu ile de LCC'nin genişlemesi, yeni konuların araya eklenmesi mümkündür. Cutter numaraları ise konuları daha alt bölümlere ayırmak için kullanılır. Bunlar bir büyük harf ve bunu izleyen numaralardan oluşur. Örneğin İş (Labour) HD 8039 ile gösterilir. Buna Fırıncıları göstermek için .B3 (HD 8039.B3) ya da Mühendisleri belirtmek için .E5 (HD 8039.E5) eklenebilir (Rowley, 1996: 171).

Son olarak yer numarasından kısaca bahsetmek yerinde olacaktır. LCC'nin temelde bir yerleştirme düzeni olması nedeniyle dermede bulunan her türlü materyal (kitap vs.) için tek bir (unique) yer numarası (call number) oluşturulması gerekmektedir. Şimdiye kadar notasyon hakkında bahsettiklerimiz yer numarasının iki kısmından biri olan sınıflandırma numarasıdır. İkinci kısım ise kitap numarası olarak adlandırılır. Kitap numaraları yazarın adının (soyadının) veya bibliyografik kaydın temel girişinin (eser adı gibi) ilk harfi ile bunu izleyen ve Cutter tablosunda verilen kurallara göre çıkarılmış olan sayıdan meydana gelir. LCC'de yazar numarası oluşturma yöntemi olarak adlandırılan bu durum DOS'ta nadiren kullanılır. Kitap numaraları ondalıklı olarak kullanılır. Örneğin; Z 695.W94 notasyonuyla gösterilen LC yer numarasında ilk kısım olan sınıflandırma numarası Z 695 (burada Z Bibliyografya ve kütüphanecilik konusu için sınıf harfi, 695 ise kitapların kataloglanması için kullanılan alt sınıf numarasıdır) daha sonra ondalık işareti olan nokta (.) ile başlayan kitap numarası kısmı .W94 gelir. Bu kısım ise temel girişin ilk harfi ve Cutter tablosundan çıkartılan numaralardan oluşur (Bloomberg ve Evans, 1989: 289-290).

2.2.3. Evrensel Onlu Sınıflama Sistemi (EOS)

Evrensel Onlu Sınıflama Sistemi kısaca EOS (Universal Decimal Classification, UDC) 1895'te Brüksel'de bulunan Uluslararası Bibliyografya Enstitüsü'nün (Institut International de Bibliographie, IBB, daha sonra Federation Internationale de Documentation, FID adını almıştır) bir projesi olarak Belçikalı Paul Outlet ve Henri La Fontaine tarafından DOS'tan uyarlanarak hazırlanmıştır. Kitapları ve dergilerdeki makaleleri kapsayacak şekilde bütün yayınları listeleyen sınıflandırılmış bir dizinle evrensel bir bibliyografya geliştirme amacıyla kurulmuş, oluşturulmuş bir sistematik sınıflama düzenidir (Chan, 1994: 382).

Bibliyografyanın metotlarını mükemmelleştirmek ve birleştirmek; bibliyografik çalışmalarda uluslararası işbirliğini örgütlemek ve evrensel bibliyografyanın bir kataloğunu oluşturmak amacında olan EOS'un (Brüksel Sınıflaması olarak da adlandırılır) hiçbir zaman kütüphane kitaplarını düzenlemek veya kitapların sınıflamasını tasarlamak gibi dolaylı veya dolaysız bir amacı olmamıştır (Herdman, 1947: 30). Çünkü başlangıçta öne sürüldüğü gibi, raf düzenlemesi için değil, belgelerin ayrıntılı dizinlenmesi için tasarlanmıştı. Böylece EOS, yıllardan beri raporlar, ticari literatür, süreli yayın makaleleri ve diğer benzeri belgeleri dizinlemek için kullanılmaktadır. EOS'un ayrıntılı dizinlemeye uygun bir sistem olmasını sağlayan nitelikleri daha çok özel kütüphaneler için geçerlidir. Bu nedenle EOS,

1990'ların başından beri dünyanın her yerindeki özel kütüphaneler ve bilgi merkezlerinde geniş ölçüde kullanılmaktadır. Bu, aynı zamanda kütüphanelerin kendi özel sistemlerini kullanmayı tercih ederek, yayımlanmış sınıflama sistemlerinin değerini pek göremedikleri bir ortam olan Avrupa Kıtası'nda en yaygın olarak kullanılan genel bir sınıflama sistemidir. Özel kütüphanelerin ve enformasyon birimlerinin bilim ve teknoloji alanlarında üstün olması nedeniyle ve EOS'un müzakereye dayalı gözden geçirme politikaları ışığında EOS bilim ve teknoloji alanlarında en büyük gelişmeyi göstermiştir (Rowley, 1996: 173).

DOS'un EOS'a temel oluşturmasının en önemli nedeni kullanılan notasyonun evrensel olan Arap rakamlarından oluşmasıydı. Kitaplar için tasarlanmış DOS'un, sınırsız şekilde genişleyen bir bibliyografyada olabilecek engin çeşitlilikteki konulara, ilişkilere ve konuların özel durumlarına uygun olması, bunlara yer bulması çok sınırlı idi. Bu bibliyografyanın sınıflamadan tek beklentisi katalogtaki kart girişlerinin sistematik olarak düzenlenmesinden ibaretti (Herdman, 1947: 30). Ancak uygulamada bu teorik bilgiler ve amaçlar tam olarak gerçekleşmemiş, DOS'ta olan yanlış uygulama biçiminin (yani yerleştirme düzeni olan DOS'un ayrıca sistematik katalog olarak da kullanılması gibi) tam tersi EOS için geçerlidir. EOS bahsedildiği üzere bir bibliyografya, bir sistematik katalog olduğu halde ve bu amaçla tasarlanmış olmasına rağmen yerleştirme düzeni olarak da kullanılmaya çalışılmaktadır. Örneğin, İstanbul Üniversitesi Merkez Kütüphanesinde, geçmişte hata olarak kabul edebileceğimiz şekilde, EOS hem sistematik katalog oluşturmada hem de yerleştirme düzeni olarak kullanılmış ancak bunun yürümeyeceği anlaşılınca bu uygulamadan vazgeçilmiştir. EOS sadece sistematik katalog oluşturmada kullanılmış, yerleştirme düzeni olarak da aksesyon (yayınları geliş sırasına göre yerleştirme) seçilmiştir (Kayaoğlu, 2000: 94). 2004 yılı başlarında ise yeni gelen yayınların kataloglaması, EOS numarası verilmeden Ufuk adlı Kütüphane Otomasyon Programına kaydedilerek yapılmaktadır. Böylelikle konusal erişim sadece bilgisayar ortamında konu başlıklarıyla sağlanmaktadır (1995 yılına kadar fişlere kaydedilen yayınların bibliyografik künyelerine sistematik kataloglarda EOS numaralarından erişim halen mümkündür.).

EOS'un başka yerlerdeki kullanımında (özellikle yurtdışı) ise farklı yönler kadar benzerlikler de dikkat çeker. EOS, 1970'lerden önce özel kütüphanelerin büyük kart dizinlerinde sıklıkla yer alıyor ve bazen öz hazırlama ve dizinleme araçlarında kullanılıyordu. Bilgisayara dayalı dizinleme sistemlerinin ortaya çıkışından bu yana alfabetik dizinleme dilleri daha etkin hale gelmiş ve EOS'un kullanımı azalmıştır. Bu durum sanki özel kütüphanelerdeki dermenin raf düzenlemesinin, EOS'un temel uygulama alanlarından biri olarak kalmasına neden olmuştur (Rowley, 1996: 173).

2.2.3.1. EOS'un Temel Özellikleri ve Öğeleri

EOS'un genel özellikleri ve öğelerine geçecek olursak ilk önce Chan'in atıfta bulunduğu EOS'un Uluslararası Orta Seviyeli basımında (International Medium Edition) yer alan karakteristik özelliklerini belirtmekte fayda vardır (Chan, 1994: 384):

1. EOS, bilgi evrenini kapsayan genel bir sınıflamadır.
2. EOS, belgelere dayanan bir sınıflamadır (documentary classification)
3. EOS, kapsamlı, listeleyen bir sınıflamadan (enumerative classification) fasetli bir sınıflamaya doğru gelişim göstermektedir.
4. EOS, bibliyografik kullanım için tasarlanmıştır. Ancak kütüphane kullanımı için de gayet uygun olduğu anlaşılmaktadır.
5. EOS, düşünülen konsepte ve disipline bağlı olarak sınıflanmış bir olayı (olgu, fenomen) içeren bir durum-hal (aspect) sınıflamasıdır.

EOS'un ana sınıflarının yer aldığı şemalar (bkz. Tablo 5) DOS'u izlemekle birlikte bazı farklılıklar vardır. Gelecekte olabilecek gelişmeler için yer ayırmak amacıyla 1963 yılında 4 notasyonuyla gösterilen Dilbilim ana sınıfı 8 notasyonuna alınarak 4 notasyonu boş olarak gösterilmiştir. Bunun dışında EOS'un genel yapısının DOS'u anımsattığı açıkça görülebilir. Sentez yapılması için geniş olanak tanınmasına karşın her iki sistem de esas olarak sayısaldır. Her ikisinde de ana sınıf düzeni, bilimlerin kendi teknolojilerinden ayrılması açısından eleştirilebilir. Ana sınıfların düzeni ve yerleştirme yönünden karşılaşılan bazı sorunlar, bir belgenin nerede sınıflanması gerektiğini açıkça belirtmek üzere, birbirleriyle çakışan sınıfların dikkatli bir şekilde tanımlanması ile giderilmektedir (Rowley, 1996: 173-174).

Tablo 5 Evrensel Onlu Sınıflama Sisteminin (EOS) Ana Sınıfları:

0 Genel konular, bilim ve bilgi, organizasyon, enformasyon vb.
1 Felsefe ve psikoloji,
2 Din, ilahiyat,
3 Sosyal bilimler, hukuk, kamu yönetimi,
4 Boş,
5 Matematik ve doğa bilimleri,
6 Uygulamalı bilimler, tıp, teknoloji,
7 Sanat, boş zamanlarını değerlendirme, eğlence, spor,
8 Dil, dilbilim, edebiyat,
9 Coğrafya, biyografi, tarih.

(Rowley, 1996: 174)

Daha önce de belirtildiği üzere EOS'un notasyonu bir kısım eklemeler ve değişikliklerle birlikte DOS'un kullandığı Arap rakamlarına dayanmaktadır. Bu tür notasyonun ise evrensel bilinirliği ile birlikte, genişlemesi için gerçekte sınırsız imkanlarının olması uluslararası bir bibliyografik sistem için özellikle avantajlıdır. DOS'tan farklı bir özelliği olarak EOS notasyonunun en az üç rakamdan oluşması gerekliliği yoktur. Yani DOS'ta 200 notasyonu ile gösterilen Din, ilahiyat ana sınıfı EOS'ta 2 notasyonuyla gösterilir (tamamlayıcı sıfırlar kullanılmaz). Ana sınıfların bölümleri ve alt bölümleri eklenen rakamlarla temsil edilir (her üç rakamdan sonra ondalık sembolü nokta getirilmek kaydıyla). Örneğin; 63 notasyonuyla Tarım, 633 notasyonuyla Tarım ürünleri, 633.1 notasyonuyla da Tahıl, mısır, hububat alt bölümü ve alt bölümleri oluşturulur (Chan, 1994: 385).

EOS'un ve notasyonunun temel özelliği olan yardımcı işaretler, esnek bir sentez yapılabilmesi için DOS ve LCC ile sağlanabilenlerden daha çok olanak sağlar. Yardımcı işaretler, sistemin herhangi bir yerinde kullanılabilir olup olmamalarına (ortak yardımcı işaretler) veya sistemin yalnızca belirli bölümleri için uygun olup olmadıklarına (özel yardımcı işaretler) göre iki gruba ayrılabilir (bkz. Tablo 6). Yardımcı işaretler daha esnek bir senteze olanak veren bir dizi faset ve faset belirteçleri sağlar. Bu yardımcı işaretler her katalogcunun kendi yetkisi içinde gerek duyulduğu zaman kullanılabilir. DOS'ta ise tabloların ya da "...e ekle" ifadelerinin çoğu uygulamaları için özel talimatlar vardır. Belgeyi tam olarak sınıflamak için gerek duyulursa tek bir sınıflama numarasında herhangi bir sayıda yardımcı işarete yer verilebilir (Rowley, 1996: 173, 176).

Tablo 6 EOS Yardımcı Tabloları ve İşaretleri

Ortak Yardımcı Tablolar

+ (artı) Ekleme, örnek: 59+636 Zooloji ve hayvan yetiştirme.

/ (bölme) Genişletme, örnek: 592/599 Sistematik zooloji (592'den 599'a kadar olanların hepsi).

: (iki nokta üstüste) İlişki, örnek: 17:7 Ahlak ilminin sanat ile ilişkisi.

[ ] (köşeli parantez) Cebirsel alt gruplandırma, örnek: 31:[622+669](485) İsveç'te madencilik ve metalurji istatistikleri (yardımcı işaret bir birim olarak 622+699'u niteler).

:: (çift iki nokta üstüste) Özellikle bilgisayara dayalı sistemlerdeki sabit sıralama ya da çevrilemez ilişki, örnek: 061.2(100)::002FID International Fedaration for Documentation (002 altında girişe gerek duyulmuyorsa).

= (eşit) Dil, örnek: =20 İngilizce; 59=20 Zooloji, İngilizce.

(0...) (parantez-sıfır) Biçim, örnek: (051) Süreli yayınlar; 59(051) Zooloji ile ilgili süreli yayınlar.

(=...) (parantez-eşit) Irk ve milliyet, örnek: (=3) Cermen ırkları; 17(=3) Cermen ırklarında ahlak.

"..." (tırnak işareti) Zaman, örnek: "19", 1900'leri (20. yüzyıl) gösterir; 17"19" 20. yüzyılda ahlak.

☆ (yıldız) Kodlar ve notasyonlar (EOS olmayan), örnek: Atomik kütle numarası, 546-42☆90 Stronsiyum 90

A/Z (alfabetik genişletme) Adlar vb., örnek: REM (Rembrandt); 75 REM Rembrandt'ın tabloları.

.00 (nokta-sıfır-sıfır) Görüş açısı, örnek: .002.5 Aletler, makinalar, donanım özelliği; 622.002.5 Madencilik; aletler, makinalar, donanım.

-0 (tire-sıfır) Geliştirilmektedir. Şimdiye kadar iki bölümü vardır: -03 Materyaller, örnek: -033.5 Cam vb.; 683.512-003-5 Cam şişeler. –05 Kişiler, örnek: -053.2 Çocuklar (genel olarak); 17-053.2 Çocuklarda ahlak.

Özel Yardımcı Tablolar

Bunların anlamı ana tabloda verildiği yere göre değişir. Kullanılan notasyon aşağıda gösterilmiştir.

-0/-9 (tire-0'dan -9'a), örnek: 62-1 Makinaların vb. genel özellikleri (mühendislikte).

.0 (nokta-sıfır), örnek: 624.01 İnşaat malzemeleri ve malzeme yöntemlerine göre yapılar (inşaat mühendisliğinde).

' (kesme işareti), örnek: 547.1'13 Organik madensel bileşimler (organik kimyada).

(Rowley, 1996: 176)

Bir dizinleme aracı olarak iş görmesinden dolayı EOS'un, asıl amacı raf düzenlemesi olarak tasarlanan şemadan- konu listelerinden çok daha fazla ayrıntılı alt bölümü vardır. Belki bu sebepledir ki EOS yıllarca DOS'tan daha hazır bir şekilde modern sınıflama teorisini benimsemiştir ve fasetli sınıflamanın birçok özelliğini bünyesine katmıştır. Böylelikle yardımcı işaretler vasıtasıyla birleşik konuların ve konseptlerin önemli derecede sentezi sağlanır. Bu yardımcı işaretler bütün sınıflara uygulanarak biçim, zaman ve yer gibi niteleyici unsurların (alt bölümler) sistemde gösterilmesini sağlar. Bunun yanı sıra diğer sınıflama sistemlerinin çoğunda bulunmayan veya çok sınırlı bir şekilde bulunan konular arasındaki ilişkileri gösteren faset belirteçleri olarak da adlandırılan yardımcı işaretler vardır. Aşağıda yer alan örnekler EOS'un notasyonunun hem hiyerarşik hem de açıklayıcı (ilişkileri gösteren) özelliklerini gösterir (Chan, 1994: 385):

975.5+976.9 Virginia ve Kentucky tarihi
975.5 Virginia tarihi
976.9 Kentucky tarihi
026:61(058.7) Tıp kütüphaneleri rehberi
026   Kütüphaneler
61   Tıp
058.7 Rehber

EOS'un bütününe ait bir dizin yoktur. Yalnızca belli basımların dizini vardır ve bunların niteliği o dildeki düzenlemeyi yapan kuruluş tarafından belirlenir. 1905 yılında birinci tam basımı Fransızca yayınlanan EOS, Almanca, İngilizce, İspanyolca ve Portekizce olarak da tam basım yayımlanmaktadır. En son İngilizce basımı 2005 yılında 2 cilt halinde yayınlanmıştır. İngilizce elektronik versiyonu ise her yıl güncellenerek yayınlanmaktadır. Ayrıca çeşitli dillerde (İngilizce, İsveççe, İtalyanca, Slovence ve Çek dili) tam ve kısaltılmış versiyonları, elektronik ortamda çevrimiçi olarak yayınlanmaktadır. Tam basımın yanı sıra sistemin kısaltılmış ve orta düzeyde basımları da vardır. Çeşitli dillerde bulunan orta düzeydeki basım, tüm tabloların, konu listelerinin %30'unu içermektedir. Gerçek uygulamada özel kütüphaneler kendi özel uzmanlık konuları için tam basımı ve bununla birlikte dermelerindeki tüm konular için genel bir sistem olarak daha çok kısaltılmış basımı kullanmaktadır. Alternatif olarak yalnızca orta düzey basımı tercih edebilirler (Rowley, 1996: 177; çevrimiçi, http://www.udcc.org/bibliography.htm).

Son olarak EOS'un elektronik ortamda sağladığı konusal erişim imkanından bahsetmek yerinde olacaktır. EOS, elektronik ortamda sınıflama numaralarıyla hem ayrıntılı hem de geniş konu taramaları yapabilen güçlü bir sistemdir. Sürekli olarak oluşan yeni bilgi ve var olan bilginin devamlı yeniden tanımlandığı ve sıraya konduğu günümüzde, konusal erişimde etkin olmanın yolu birçok bilgi alanının şimdiki durumlarına ve ilişkilerine ayak uydurmakla mümkündür (Chan, 1994: 386).

III. BÖLÜM:

ALFABETİK (KONU BAŞLIKLARI DÜZENİ) SINIFLAMA DÜZENLERİ VE KONUSAL ERİŞİM

Bilgiye, belgeye konusal erişimi sağlamak amacıyla oluşturulan ve kullanılan alfabetik sınıflama düzenleri, yapısal özelliklerinden dolayı ve bunlara hızla gelişen bilgi ve iletişim teknolojilerinin sağladığı önemli olanaklar sayesinde gerçekleşen kullanım kolaylığı ile büyük bir ilgi görmektedir. Bugünlerde birçok insan bir sistematik sınıflama şeması kullanmak yerine kelimelerle arama yapmayı tercih etmektedir. Çevrimiçi katalog erişiminin (Online Public Access Catalogue, OPAC) ortaya çıkışı kullanıcılarda kelimeye dayalı arama kolaylığı (verbal searching) beklentisini artırmıştır (McIlwaine, 1997: 89). İnsanların alfabetik bir yapıya, düzene olan yatkınlığı; elektronik ortamların da bu yapıya fevkalade uyumlu olması (bir konuda ulaşılmak istenen, ihtiyaç duyulan hemen hemen her şeyi kolaylıkla gerçekleştirilebilmesi) konusal erişimde alfabetik sınıflama düzenlerinin önemini perçinlediği gibi kullanılırlığını da artırmaktadır. Burada alfabetik sınıflama düzenleri ifadesini açmak, irdelemek yerinde olacaktır. Tezde bu ifade ile konusal erişimde çok önemli yeri olan, denetimli-kontrollü dizinleme dilleri arasında yer alan konu başlıkları düzenleri (LCSH, SLSH vs.) ve benzer işlevlere sahip thesauruslar kastedilir. Ancak literatürde bu türden ilişkilerin kurulduğu yayınlar çok azdır. Yani konu başlıkları düzeni alfabetik sınıflama düzenidir, şeklinde bir düşünceye rastlamak zordur. Burada üzerinde durulması gereken asıl nokta, sınıflama kavramının sadece eserlerin raflarda konularına göre sistematik olarak düzenlenmesi şeklinde görülüp görülmeyeceğidir. Ayrıca konusal erişimin, sistematik sınıflama düzenleri (DOS, LCC vs.) ile raflarda ve kataloglarda (özellikle elektronik ortamda sınıflama numarasıyla konusal erişim sağlamak) mümkün olup olamayacağıdır. Bu iki önemli nokta hazırlanan tezin yapısını, çerçevesini dikkate değer şekilde etkilemiştir. İkinci ve nispeten kolay olan noktadan başlayacak olursak; sistematik sınıflama düzenleri ile eserlere konusal erişimi raflarda (göz atarak- browsing), kataloglarda ve bibliyografyalarda sağlamamız mümkündür. Çeşitli ortamlarda (elektronik, basılı, fiş vs.) oluşturulan kataloglarda sınıflama numaraları ile tarama yapılarak yayınlara konusal erişim sağlanır. Literatürde ve uygulama alanlarında bu konuda birçok örnek vardır. Tezin ikinci bölümünde bu konudan bahsedilmiştir. Asıl noktaya gelecek olursak; sınıflama sadece eserlerin raflarda konularına göre sistematik olarak düzenlenmesi şeklinde görülemez. Aksi takdirde sınıflama gibi önemli ve çok geniş bir kavramı fazlasıyla dar bir anlamda ele alıyor ve faydalarından cüzi miktarda yararlanıyor olmuş oluruz. Bu da gerçeği, olanı yansıtmaz. Sınıflamanın kısaca, benzer bilgi ve belgeleri bir araya getirme, gruplandırma faaliyeti olduğunu; bilgi ve belgelere kullanıcıların raflarda ve kataloglarda erişimini sağlamak amacıyla yapıldığını düşünecek olursak; bir esere konu başlığı verirken temelde aynı şeylerin yapıldığını (yani eserleri konularına göre raflarda değil de kataloglarda hem de çok çeşitli şekilde bir araya getirmesini görürüz), amacın da büyük ölçüde aynı olduğunu (konusal erişimi sağlamak) görürüz. Neredeyse tek önemli farkın yerleştirme düzeninde ortaya çıktığını görmekteyiz. Ancak sistematik sınıflama düzenleri içinde incelenen Evrensel Onlu Sınıflama (EOS) sisteminin yerleştirme düzeni olarak tasarlanmadığını; sistematik konu kataloğu işlevi gördüğünü hatırladığımızda sınıflama düzenlerinin sadece yerleştirme düzeni olarak kullanılmadığı netliğe kavuşur. Dolayısıyla eserlere konu başlıkları verme işi, temelde alfabetik esasa göre yapıldığından bunu alfabetik sınıflama faaliyeti olarak görebiliriz. Konu başlıkları düzenleri, alfabetik sınıflama düzenleri-sistemleri (denetimli-kontrollü dizinleme dillerinden olan LCSH ve SLSH gibi konu listeleri ve thesaruruslar) olarak adlandırılabilir. Pakin'in bu konuya ilişkin düşüncesini aynen belirtmekte fayda vardır:

"İnsan, düşünce dünyasını sözcüklerle kurar ve düzenler. İnsan zihninde oluşan bilgiler, çeşitli düşünceler yazıyla, dolayısıyla sözcüklerle saptanır. İnsan zekası, işte bu belgelerin ve bilgilerin düzenlenmesinde yine sözcüklerin kullanılması gerektiğine sonunda ulaşmıştır. Daha önce bazı işaretlerle belgelerin sınıflandırılması fikrinin yerini, bilgilerin terimlerle düzenlenmesi almıştır. Artık alfabe düzeni önemli bir saptama aracı sayılmaktadır. Dolaysız olması en büyük özelliğidir. Bu yöntem hakkında yapılan eleştirilerin kaynağı daha çok, alfabe düzenine her zaman yakın oluşumuzun verdiği psikolojik horgörü nedenine bağlanabilir." (Pakin, 1989: 28)

Ayrıca Pakin, sınıflandırma kavramına yeni bir bakış açısı kazandıran; bilgilerin, kelimelere (terimlere) dayalı olarak sınıflandırılması düşüncesinin günümüzde sözü çok edilen temsilcileri olan konu başlıkları ve thesaurusların, çağlar boyunca yapılan çeşitli sistematik sınıflamaların ve bunlar temel alınarak hazırlanan sınıflama şemalarının yanında çok farklı bir anlayışın geçirdiği aşamalar sonucunda meydana geldiğini ve böylece kütüphanecilikte sınıflamanın kavramlara ve bu kavramların ifade ettiği terimlere göre yapılmasının yani sözcüklerden oluşan yeni sınıflama yöntemlerinin uygulama alanında değer kazandığını belirtmektedir (Pakin, 1989: 27-28).

Alakuş, Bilgi Toplumu adlı eserinin Bilginin Sınıflandırılması bölümünde Sınıflandırma Sistemleri başlığı altında, DOS, LCC, EOS ve özel sınıflandırma sistemlerini; Bilginin Konu Başlıklarına göre Sınıflandırılması başlığı altında, LCSH, SLSH ve özel konu dizinlerini (thesaurus) ayrı ayrı incelemiştir (Alakuş, 1991: 79-93). Benzer şekilde Artukoğlu, Kaplan ve Yılmaz, Tıbbi Dokümantasyon adlı eserlerinde konuyu Alakuş'tan da yararlanarak ele almışlardır. Yalnız burada Bilgi Kaynaklarını Sınıflandırma Sistemleri başlığı altında beş alt başlık açılarak konu incelenmiştir. Bunlar kısaca; 1. DOS, 2. LCC, 3. EOS, 4. Özel Sınıflandırma Sistemleri, 5. Bilgi Kaynaklarının Konu Başlıklarına göre Sınıflandırılması, şeklindedir (Artukoğlu ve ark., 2002: 8-15, 287, 291). Bu eserde, konu başlıkları verilerek yapılan sınıflandırma, kütüphane ve bilgi merkezlerinde yer alan belgelerin bir başka sınıflandırılma yöntemi olarak görülmektedir. Konu başlıkları verilerek uygulanan bu sınıflandırma yönteminin amacı, belirli bir koleksiyonda kitap veya süreli yayının içinde yer alan bilginin standart sözcük veya terimlerle tanımlanmasını yapmak ve bu bilgiye erişimi gerçekleştirmektir (Artukoğlu ve ark., 2002: 14).

Genellikle bilgi arayan kişi, aradığı konunun ne olduğunu bilmekle birlikte konuyla ilgili bilgi ve belgelerin adlarını, yazarlarını veya nerede yer aldığını bilmez. Bilgiye en kolay yaklaşım biçimi konu başlıkları ve anahtar sözcük dizinleri kullanarak mümkün olur (Alakuş, 1991: 89).

Bilgi ve belgeleri sınıf numaralarına göre düzenlemek, bunların raflarda sıralanmasını ve kolaylıkla bulunmasını sağlar. Ancak konu analizi yaparak indeksleme yöntemi, spesifik bir bilginin tam olarak nerede olduğunu, hangi yayının içinde yer aldığını gösterir (Alakuş, 1991: 89).

Yine Pakin'in "Bilgileri indekslerken veya konularına göre kataloglarken, kütüphanecilikte sınıflandırma konusunun felsefeden doğup geliştiğini ve zaman içerisinde yalnızca bölümlemenin mantıksal uygunluğuna göre değil, uygulama kolaylığına daha çok önem verilerek ele alınmaya başlandığı kataloglarda ancak bir indeksle hizmet verebilen işaretlerden kurulmuş numaralardan, kelimelerden kurulmuş girişlere doğru pratik, fakat daha etkin kullanımlara doğru gidildiği göz önünde bulundurulmalı ve bütün sınıflandırma sistemlerinin mevcut bir meseleyi en iyi bir şekilde çözümlemeyi amaçladığı hatırlanmalıdır." (Pakin, 1987: 161) şeklindeki özlü açıklaması, konunun anlaşılmasında faydalı olacaktır.

Bütün bu açıklamalardan sonra konu başlıkları listeleri ve thesauruslar gibi konusal erişim araçlarının alfabetik sınıflama düzenleri olarak adlandırılabileceği büyük ölçüde netlik kazanmıştır, diyebiliriz. Bununla birlikte konu başlıkları listeleri kütüphanelerin çok büyük çoğunluğunda kullanılan sistematik sınıflama sistemlerinin (LCC, DOS vs.) önemli bir şekilde destekleyici unsurlarıdır. Örneğin LCSH'de olan başlıkların çoğunun LCC'nin numaralarını göstererek bir nevi genel dizin olarak kullanıldığını söyleyebiliriz. Başlıkların yaklaşık %36-40'ı LCC sınıf numaralarını gösterir (Rowley, 1996: 172).

Alfabetik sınıflama düzenleri genel olarak ele alındığında dizinleme dillerinin (indexing languages) üç parçasından biri olan denetimli-kontrollü dizinleme dilleri (diğerleri doğal ve bağımsız dizinleme dilleri) arasında yer alır (Arslantekin, 1991: 21-22).

Bütünüyle dizinleme dilleri, dizinleme faaliyeti başlı başına incelenecek büyük bir konu olması ve bizim tezimizin sınırlarını bir hayli aşan bir kapsamda olmasından dolayı burada sadece bizi ilgilendiren yani konu başlıkları listeleri ve thesauruslar kısmı ile (denetimli-kontrollü dizinleme dilleri) yetinilecektir. Ancak bunu yaparken bizi ilgilendiren dizinlemeyle ilgili genel bilgiler göz ardı edilmeyecektir.

Dizinleme-indeks işlemi (indexing), bir belgenin içerdiği konuları belirtmek üzere en uygun terimlerin seçilmesi işlemine dayalı, bir içerik tanımlama yöntemidir. Bu terimler, denetimli-kontrollü dizinleme dilinin (LCSH, SLSH vb.) arasından seçilirler ve bilgi tarama aşamasında kullanılan kütüklerin/katalogların oluşturulmasını kolaylaştıracak şekilde düzenlenirler. Bu özelliğiyle dizinleme, herhangi bir dokümantasyon sisteminde, bilgi depolama ve bilgi erişim için gerekli en önemli (merkezi) bir işlem olma niteliğini taşır (Guinchat ve Menou, 1990: 132). Dolayısıyla dizinleme çalışmalarının temelinde dizinleme dilleri vardır. Dizinleme dili ise, belirli bir erişim sistemi için kullanılan dizinleme terimleri grubudur. Genel olarak üçe ayrılır. Bunlar; denetimli-kontrollü dizinleme dili, doğal dizinleme dili ve bağımsız dizinleme dilidir. Eğer denetimli-kontrollü dizinleme dili kullanılacaksa, dizinde kullanılacak terimler, daha önce hazırlanmış olan konu başlıkları listelerinden (LCSH, SLSH vb.) veya thesauruslardan seçilir (Özer, 2001: 3). Dokümantasyon dilleri olarak da adlandırabileceğimiz kontrollü-denetimli dizinleme dili, kütüphane gibi bilgi merkezleri tarafından, bilginin depolanması (düzenlenmesi) ve erişilmesi amacıyla belgelerin içerik tanımını yapmak üzere kullanılan itibari (resmi) dildir. Ayrıntı düzeyi kapsamı, yapısı, kullanımı vb. bakımlardan birbirlerinden farklı, çeşitli kontrollü-denetimli dizinleme dilleri vardır. Tarihsel olarak, sınıflama sistemleri ve konu başlıkları, bilgi merkezleri tarafından uzun bir süreden beri kullanıla gelmektedir. Ancak, gelişen yeni teknikler ve yeni ihtiyaçlar daha önceki yaklaşımla çelişen, pek çok yeni denetimli-kontrollü dizinleme dillerinin ortaya çıkmasına yol açmıştır. Bununla birlikte, sınıflama sistemi, konu başlıkları, anahtar sözcükler, tanıtaç listeleri, thesauruslar olsun, bütün bu denetimli-kontrollü dizinleme dilleri aynı aileye mensuptur, aynı amaca hizmet eder ve hepsinin özellikleri vardır (Guinchat ve Menou, 1990: 101).

Böylece kütüphane gibi bilgi ve belge merkezlerinde konusal erişimi sağlamak için kullanılan, hazırlanan alfabetik sınıflama düzenlerinin (konu başlıkları düzenleri) dizinleme ile olan ilişkilerini, daha doğrusu temelde bir dizinleme faaliyeti ve ürünü olduğunu belirlemiş oluruz. Bu kısa ama temel teşkil edecek önemli bilgilerden ve saptamalardan sonra konusal erişimi sağlayan iki önemli yaklaşımdan-yöntemden birisi olan konu başlıkları düzeni olarak da adlandırılan alfabetik sınıflama düzenlerinin özelliklerine daha detaylı bir şekilde eğilebiliriz. İlk önce konu başlıklarını tanımlamamız yerinde olacaktır. Geniş anlamda konu başlığı genellikle "bir konuyu gösteren kelime veya kelimeler topluluğu" (Sefercioğlu, 1968: 18) şeklinde tanımlanır. Dar anlamda ve bizi daha fazla ilgilendiren tanımı ise şöyledir: "Konu başlığı, belli konudaki kütüphane malzemesini bir araya getirmek üzere seçilen ve aynı konudaki her çeşit kütüphane malzemesi için sürekli olarak kullanılan bir kelime veya kelimeler topluluğudur." (Sefercioğlu, 1968: 26). Harrod's Librarians' Glossary adlı sözlükte konu başlıklarının kullanıldığı ortam olan bilgi erişim aracı alfabetik kataloglar ile ilişkilendirilerek şöyle bir tanım yapılmıştır: "Girişleri alfabetik olarak düzenlenen bir katalogta bir konu hakkındaki kitapların ve diğer materyalin altında girildiği kelime veya kelimeler grubudur." (Harrod's Librarians' Glossary, 1987: 758). Pakin de benzer olarak konu başlığını "bir katalog veya bibliyografyada, aynı konu ile ilgili bütün materyalin, arkasında kaydının yapılacağı veya sıralanacağı kelime veya kelimelerdir" (Pakin, 1990: 2) şeklinde tanımlamıştır. Konu başlıkları listeleri ise, konuları tanımlamak ve tespit etmek için bir dizin, katalog veya veri tabanında kullanılabilen, normal olarak alfabetik dizinde bulunan dizin terimleri listesidir. Bu listelerin temel işlevleri ise iki tanedir (Rowley, 1996: 120):

1. Liste, bir katalog, dizin ya da veri tabanında kullanılacak terimleri içerir ve onlara verilecek biçimi gösterir, böylece dizin terimleri ve biçimleri bir otorite listesi görevini görür;

2. Liste, bağlantılı veya ilişkili terimler arasında, kullanıcıya rehberlik etmek üzere bir katalog, dizin veya veri tabanındaki ilişkilerin gösterimine yönelik göndermelerin kullanımı ile ilgili öneriler getirir.

Birbirine çok benzeyen bu tanımlar konu başlıklarının amacını, işlevlerini ve hangi ortamlarda bunları gerçekleştireceğini vurgulamaktadır. Konu başlıklarının ne olduğunu, amaçlarını, işlevlerini anlayabilmek için bilgiye konusal erişimi sağlayan alfabetik konu kataloglarından bahsetmemiz yerinde olacaktır. Çünkü konu başlıklarının alfabetik olarak sıralandığı, bir bütün oluşturduğu yer alfabetik konu kataloglarıdır. Alfabetik olmasından dolayı kullanıcı kataloğa hiçbir aracıya ve yardımcıya ihtiyaç duymadan doğrudan ulaşabilir, ayrıca konuyu belirleyen kelimeyi iyi tahmin edebilmişse sadece kataloğa değil aynı zamanda aranan konuya da doğrudan ulaşacaktır. Böylece sistematik bir katalogdaki sembollerin yerini alan kelimeler daha kolay anlaşılacak ve vasat kullanıcı üzerinde daha az engelleyici bir etki bırakacaktır (Sefercioğlu, 1968: 11). Böylece bilginin, belgenin düzenlenmesinin en temel amacı olan erişimin, konusal açıdan alfabetik konu kataloglarında kullanılan konu başlıkları sayesinde büyük ölçüde arttığını, geliştiğini söylemek mümkün olmaktadır. Ayrıca seçilen konu başlıkları arasında yapılan göndermelerle sağlanan karşılıklı bağlar mantığa dayalı bir ortamın oluşmasını sağlamış, sınıflandırma konusuna da alfabetik yapısıyla yeni bir bakış açısı getirmiştir (Pakin, 1990: 5).

Şimdiye kadar konu başlıklarını alfabetik konu kataloglarıyla ilişkisi çerçevesinde genel olarak ele aldık. Çünkü kullanıldığı, yapısını oluşturduğu ortam, bilgi erişim aracı olarak nitelendirilebilecek alfabetik konu kataloglarıdır. Bu şekilde adlandırdığımız kataloglar ise genelde basılı ortamdaki katalogları veya fiş katalogları akla getirmekte sanki elektronik ortamda kullandığımız katalogların bunlardan farklı olduğu düşüncesi olabilmektedir. Elektronik ortamın sağladığı büyük kolaylıklar (zamandan tasarruf vb.) ve çok çeşitli erişim imkanı (yazar, konu, anahtar kelime, eser adı vb.) bizleri bu düşünceye itmiş olabilir. Arada bir fark vardır; o fark ise yukarıda değinildiği üzere sadece bulundukları ortamdır. Temelde her iki ortamdaki kataloglar aynı amaca ve işleve sahiptir. Dolayısıyla konu hakkında değinilen ve değinilecek olan özellikler her iki ortamdaki kataloglar için büyük ölçüde geçerli olacaktır. Kataloglar hakkında ilk önce kısa bir bilgi verecek olursak; temel amacı bilgi erişimi çeşitli yollardan sağlamak olan katalog; kütüphane ve benzeri bilgi merkezlerinde bulunan kitap, dergi, broşür, CD-ROM vb. her türlü materyalin çeşitli açılardan (yazar adı, eser adı, konu vb. gibi) sağlanan bilgilerinin önceden belirlenmiş kurallar doğrultusunda hazırlanan bir listesidir. Kataloglar listelenen bilginin niteliğine, özelliğine ve erişim yöntemlerine göre değişik türlere ayrılır. Bunlar konu katalogları ve alfabetik kataloglar (yazar, eser adlarına vb. göre) şeklinde iki gruba ayrılır. Ayrıca ikisinin birleşiminden oluşan sözlük katalog vardır. Yani sözlük katalog alfabetik konu kataloğu ile alfabetik kataloğun (yazar, eser adına) bilgilerini tek bir düzende alfabetik olarak düzenlenmiş halidir. Bizim asıl üzerinde duracağımız Konu katalogları da ikiye ayrılır: Sistematik konu ve alfabetik konu katalogları. Sistematik kataloglar, özellikle kütüphanelerde kullanılan sistematik sınıflama sistemlerine göre hazırlanan; sınıflama sisteminin notasyonuna göre genelde hiyerarşik düzende konuların listelendiği konusal erişim araçlarıdır. Alfabetik konu katalogları ise önceden belirlenmiş konu başlıklarının alfabetik düzende listelenmesidir ve bilgiye alfabetik düzende erişim imkanı sağlar.

Alfabetik konu katalogları 3 farklı türde düzenlenirler. Bunlar (Sefercioğlu, 1968: 19-25):

1. Alfabetik-sistematik konu kataloğu (Alfabe düzenli sınıflandırılmış katalog); alfabetik olarak düzenlenmiş geniş kapsamlı konuların teşkil ettiği başlıklar ve bu geniş konu başlıklarıyla ilişkili ve alfabetik olarak düzenlenmiş daha özel konuların oluşturduğu alt başlıklardan meydana gelir. Böylece konuları, sistematik konu kataloğunda olduğu gibi, birbirleriyle olan ilişkileri dikkate alınarak gruplandırmak mümkün olur. Şu farkla ki; sistematik katalogta kullanılan sembollerin yerini burada aynı anlamı veren terimler almıştır; diğer bir deyişle sistematik konu grupları alfabetik bir düzende verilmiştir. Böylece sistematik kataloğun avantaj sağlayan yönleri ile alfabetik sıralamanın sağladığı kolaylık ve direkt ulaşım imkanı birleştirilmek istenmiştir. Bu katalog biçimi sistematik konu kataloğundan alfabetik konu kataloğuna geçiş niteliği taşır. Genel konu başlıkları dışında giriş unsuru yoktur. Göndermeler yapılır. Örnek: ZOOLOJİ-OMURGALILAR-İKİ YAŞAYIŞLILAR-KURBAĞALAR.

2. Anahtar kelime kataloğu (Stickword-catchword catalog); Alman buluşu bir alfabetik katalog çeşidi olup konuyu kitabın adından alınan kelime veya kelimelerle belirtme esasına dayanır. Ancak aynı konudaki eserleri adlarında kullanılan çeşitli kelimelere göre değişik başlıklar altında toplama sonucunu veren mekanik bir işlem olmaktan ileri gidememektedir. Ayrıca kütüphanenin sahip bulunduğu aynı konudaki malzemeyi bir arada sunma görevini başarmayı engelleyen bir durumdur. Bunun sonucunda okuyucu ilgi duyduğu malzemeyi kataloğun değişik kesimlerinde aramak zorunda kalacaktır. Ayrıca her kitabın adında o kitabın konusunu belirten kelime veya ibarelerin bulunabileceği düşünülemez.

3. Alfabetik konu kataloğu çeşitlerinin üçüncüsü ise; her konuyu, seçilen özel kelime veya kelimeler topluluğu ile belirtme esasına dayanmaktadır. Bu özel kelime veya kelimeler topluluğuna konu başlığı denilmektedir ki, yukarıda anlatılmaya çalışılan iki çeşit katalogda kullanılan başlıkları da kapsamak üzere geniş bir anlamda kullanılmaktadır.

Anahtar kelime kataloğu içerisinde; anahtar kelimelerden oluşan, elektronik ortamda kullanılan iki önemli dizinleme türünden ayrıca bahsetmek yerinde olacaktır. Bunlar; KWIC (Keyword in Context) ve KWOC (Keyword out in Context) dizinleme yöntemleridir. KWIC yönteminde anahtar kelimeler eserin adıyla (bağlam) birlikte, diğer bir deyişle içinde bulunduğu bütünle beraber dizinlenir. Eserin adından alınan ve bilgiye erişme açısından önemli olan kelimeler sırayla temel giriş öğesi olarak alınarak dizin girişleri sağlanır. KWIC dizinleri anahtar kelimeler (temel giriş), bağlam (anahtar kelimeleri izleyen eser adındaki diğer kelimeler) ve esere ait bibliyografyaya göndermelerden oluşur. KWOC dizinlerinde ise temel giriş öğeleri eser adında geçen veya eserin adında yer almayan fakat kapsamını açıklayan kelimelerle sağlanır. Aynı konudaki eserler, seçilen bu başlık arkasında dizinlenir. KWOC dizinleme yönteminde anahtar kelimeler bir kez başa alınır, sonra eserler adlarına göre veya aldıkları numaralara göre sıralanır. KWOC dizinleri anahtar kelimeler (bağlam dışı olabilir), bağlam (eser adı veya dokümanın içeriğini belirleyen tümce) ile eserlere ait bibliyografya bilgilerinden veya bu bilgilere göndermelerden oluşur (Pakin, 1990: 4).

3.1. Alfabetik Sınıflama Düzenlerinin Özellikleri ve Öğeleri

Konu başlıkları yaygın ve etkin bir kullanışı sağlamak amacıyla bir listede saptanır. Bu listeye konu başlıkları listesi (LCSH, SLSH vb.) adı verilir. Konu başlıkları listelerinin yapısını oluşturulan öğeleri iki temel başlık altında inceleyebiliriz. Bunlar; a. Konu başlıkları ve alt bölümler, b. Yöneltmeler'dir (Göndermeler ve kapsam notları) (Pakin, 1990: 5, 16).

3.1.1. Konu Başlıkları ve Alt Bölümler

Konu başlıkları listelerinin yapısını oluşturan öğeler adından da anlaşılacağı üzere büyük ölçüde konu başlıklarından oluşmaktadır. Konu başlıkları yapı yönünden yazıldıkları dilin özelliklerine, hizmet ettikleri okuyucu sınıfına, kütüphane dermesinin büyüklük ve karakterine göre çeşitlilik gösterir (Sefercioğlu, 1968: 75).

Bu yapıyı şekillendiren, sınırlayan kriterler temel ilkeler olarak adlandırılır. Alfabetik sınıflama düzenlerinde kullanılan konu başlıklarının oluşturulmasında daha önceden belirlenmiş ve genel kabul görmüş birtakım temel ilkelere göre hareket etme zorunluluğumuz vardır. Aksi takdirde konu başlıkları düzeni olarak da adlandırılan bir konusal erişim aracında düzenden, standartlaşmadan dolayısıyla yaygın bir kullanım alanı bulmasından bahsetmek doğal olarak pek mümkün olmaz. Konu başlıkları için kullanılan beş ilkeden ilk üçünü, Rules for a Dictionary Catalog (Bir sözlük katalog için kurallar) adlı kitabında Charles Ammi Cutter son ikisini de David Judson Haykin belirlemiştir. Bunlar; a. Okura-kullanıcıya yönelik olma, b. Tek'lik, c. Özgüllük-spesifiklik, d. Kullanışta yaygınlık, e. Yabancı dilden terim kullanmama ilkeleridir (Pakin, 1990: 13). Bu ilkeleri kısaca açıklamak, konunun netliğe kavuşmasında önemli rol oynayacaktır.

a. Okura yönelik olma ilkesi: Kataloglama çalışmalarının temel amacı (yapılanların hepsi, kullanıcıların bilgiye erişimini en iyi şekilde sağlamak içindir) kullanıcılara en iyi şekilde erişim olanakları sağlamaktır. Bunun önemli bir parçası olan konu başlıklarıyla erişim olanağı da kullanıcı odaklı olmalıdır. Dolayısıyla konu başlıkları belirlenirken katalogcunun eğiliminden ziyade kullanıcının o konudaki malzemeyi hangi ad altında arayabileceği hususu dikkate alınmalıdır. Kullanıcının aradığı malzeme için hangi başlığa başvurabileceği iyi kestirilirse konu başlıkları ile vücut bulmuş bir konu kataloğu mantıki bir düzen içinde oluşturulan sistematik katalogdan daha etkili olabilecektir. Çünkü, okuyucunun katalogtaki araştırması mantıki olmaktan çok psikolojik esaslara dayanır. Kullanıcının arayacağı başlığı kestirmek de daha çok kütüphanecinin tecrübesine bağlıdır (Sefercioğlu, 1968: 35). Kullanıcının arayacağı başlığı kestirmek olarak nitelenen durumun olabilmesi için kullanıcıların bilgi arama davranışlarının devamlı şekilde araştırılarak tespit edilmesi büyük fayda sağlayacaktır. Nazan Özenç Uçak'ın 1997'de hazırladığı "Bilim adamlarının bilgi arama davranışları ve bunları etkileyen nedenler" adlı doktora tezi ülkemizde bu konuda yapılmış örnek bir çalışmadır. Uçak, doktora tezinde kullanıcının önemini şöyle ifade etmektedir:

"Bütün bilgi merkezlerinin varlık nedeni, bilgi sistemlerinin odak noktası kullanıcıdır. Bilgi biliminin asıl amacı, var olan bilgi ile, buna gereksinim duyan kullanıcıyı bir araya getirebilmektir. Bilgi hizmetlerinin en iyi şekilde yerine getirilebilmesi için, kullanıcının yakından tanınmasına, bilgi gereksinimlerinin, bilginin aranması ve kullanılmasıyla ilgili davranış özelliklerinin bilinmesine gerek vardır. Kullanıcıların bu özellikleri, bilgi merkezlerinin kurulmasından, dermesinin oluşturulmasına, hizmet politikalarının

saptanmasından, gerekli düzenlemelerin yapılmasına kadar belirleyici rol oynamaktadır."
(Uçak, 1997: 1)

Böylece Cutter'ın konu başlıkları için belirlediği kullanıcıya yönelik olma ilkesinin kütüphanecilik ve bilgi ve belge merkezlerinin her hizmetinde temel alınması gerçeği ortaya çıkar. Son olarak; seçilen konu başlıkları kütüphanenin hitap ettiği kullanıcı sınıfının ihtiyaçlarına uygun olmalıdır (Özer, 2001: 22). Bir başka ifade ile kütüphane türüne göre (araştırma kütüphaneleri, halk kütüphaneleri gibi) konu başlıklarının niteliği belirlenmelidir. Örneğin halk kütüphaneleri daha basit, genel konu başlıklarını (SLSH) tercih ederken bir üniversite kütüphanesi daha kapsamlı, detaylı konu başlıklarını (LCSH gibi) kullanır.

b. Tek'lik ilkesi: Aynı kavramlar (konular) için değişik terimler kullanıldığında ve değişik zamanlarda aynı kavram farklı terimlerle ifade edildiğinde, her konu için ayrı ve tek başlık kullanılmalıdır. Ayrıca seçilen terimlere diğer terimlerden (seçilmeyen eşanlamlı terimler) göndermeler yapılarak, bu terimleri kullanan okurlara yol gösterilmektedir (Pakin, 1990: 13-14). Sonuç olarak teklik ilkesi ile aynı konuyu veren bütün malzeme aynı başlık altında bir araya getirilerek kullanılan başlıklarda birlik ve süreklilik sağlanır (Sefercioğlu, 1968: 36).

c. Özgüllük-spesifiklik ilkesi: Bir eserin konusunu tam olarak yani ne daraltarak ne de genişleterek yansıtmak gerekliliğini belirleyen özgüllük-spesifiklik ilkesidir. Bir eseri konusunun içinde bulunduğu sınıfın başlığı altında değil, konusunun adı altında gösteriniz, kuralıyla bu ilkeyi belirleyen Cutter, seçilen herhangi bir konu başlığının, eserin konusundan daha kapsamlı olmaması gerektiğini vurgulamıştır (Sefercioğlu, 1968: 37). Örneğin bir kullanıcı köprülerle ilgili bir araştırma yaptığında geniş konu olan Mühendislik veya onun alt konusu Sivil mühendisliğe (Mühendislik -- Sivil mühendislik -- Köprüler) başvuracağına doğrudan Köprüler başlığına başvurur (Sears List of Subject Headings, 1986: XII).

Bu ilkenin en önemli özelliği, konu başlıklarının hangi seviyede kullanılacağını belirlemesi olmakla birlikte en önemli sorunu yine spesifiklik derecesidir. Çünkü konu başlıklarının ne derecede spesifik olacağı sorusunun cevabı net olarak verilememektedir. Spesifikliğin ise yere, zamana ve kişiye göre değişen bir yapısı olmasından dolayı sınırları çizilememektedir (Özer, 2001: 24). Ancak yaygın söylenişi ile; yere, zamana ve kişiye göre değişiklik gösteren, muğlak bir ölçü olmasına rağmen spesifiklik tartışılmaz bir mantığa dayanan, vazgeçilmez ve konu başlıklarının varlığına neden olan bir ilkedir. Onun bırakılması konu başlıkları uygulamasında büyük karışıklıklara yol açabilir (Sefercioğlu, 1968: 40).

d. Kullanışta yaygınlık ilkesi: Kullanıcıya yönelik olma temel ilkesinin diğer ilkelere nazaran etkisinin daha belirgin olduğu, bir nevi parçası, uzantısı olarak düşünebileceğimiz bir ilkedir kullanışta yaygınlık ilkesi. Konu başlıklarını oluştururken kullanıcıların alışkanlıkları, hangi terimleri kullandıkları dikkate alınması gereken bir durumdur. Dolayısıyla konu başlıkları konuyla ilgili okur kesimine ters düşmemeli gelişme ve değişmelerin gerisinde kalmamalıdır. Bunun sağlanması için de konu başlıklarında yer alacak terimlerin konuşma dilinde, basılı dizinlerde, ansiklopedilerde ve diğer danışma kaynaklarında geçiyor olmasına dikkat edilmesi gerekir (Pakin, 1990: 15). Bu ilke ile ilgili bahsedilmesi gereken bir diğer husus ise seçilen terimlerin bilimsel mi, popüler mi olması gerektiği konusudur. Genellikle halkın kullandığı terimlerle uzmanların kullandıkları arasında bir uyuşma vardır. Bu durumlarda popüler terimin kullanılması yerinde olur. Fakat her zaman bu uyuşmadan söz edilemez. Böylesi durumlarda aynı konu için bir araştırma kütüphanesinde kullanılan başlıkla diğerlerinde (halk kütüphaneleri gibi) kullanıcılar arasında bir fark olacaktır (Sefercioğlu, 1968: 41). Dolayısıyla burada da kütüphanenin türünün ne olduğu devreye girer. Kütüphane türleri kullanıcıların niteliğine göre belirlendiğine göre bu ilkenin kullanımında sorun çıkmaz. Yani bir halk kütüphanesi genelin kullanımına açık olduğu için orada popüler olan terimler seçilir, bir tıp kütüphanesinde ise doğal olarak bilimsel terimler seçilir. Örneğin arı kelimesinin bilimsel çevrede yaygın kullanışı vardır. Eğer bir zooloji kitaplığında yalnızca bilimsel terimler kullanılıyorsa o zaman Apis terimi Arı'ya tercih edilebilir (Pakin, 1990: 15). Ancak genel kural olarak herkesin kullanabildiği kütüphanelerde (halk kütüphaneleri vb.) bilimsel ve teknik terimlerden ziyade popüler ve yaygın kullanımlı terimlerin seçilmesi gerekir (Özer, 2001: 25).

e. Yabancı terim kullanmama ilkesi: Keseroğlu bu ilkeyi "seçilen terimlerin kullanılan dile bağlı olarak verilmesi, kullanılan kültüre yabancı olmayan terimlerin seçilmesi" (Keseroğlu, 2004: 144) şeklinde açıklayarak konu başlıklarında kullanılması gereken dile ve onun bağlı olduğu kültüre vurgu yapmaktadır. Sefercioğlu ise konu başlıklarının kelimelerden meydana geldiğini, bu yüzden yapıldığı (kullanılan dilin) dilin sınırları içinde kalmak zorunda olduğunu, ancak iki istisnai durumun da varlığını belirtmiştir. Bunlardan ilki; yerli dilde konuyu belirtecek uygun bir terim bulunmadığı durumlarda yabancı terim kullanılabileceğini; ikinci olarak da bilimsel adlarda yabancı terimin ana dildekine göre tam bir kesinliğe sahip olduğu zaman kullanılacağı şeklindedir (Sefercioğlu, 1968: 42).

Konu başlıklarının yapısı biçim yönünden yani sahip olduğu dilsel özelliklere göre beş grupta incelenebilir (Pakin, 1990: 19).

1. İsim başlıkları – yalın başlıklar: Tek bir isimden oluştuğu için konu başlıklarının en yalın ve en ideal biçimidir (Özer, 2001: 37). Örneğin; Tarih, Üniversiteler, Astronomi vb.

2. Niteleyici başlıklar – tamlama şeklindeki başlıklar: Ad ve sıfat tamlamalarından oluşan konu başlıklarıdır. Yani konu başlığını oluşturan asıl konunun-kavramın ad veya sıfat olan kelime ile nitelenerek anlamlı bir bütün oluşturmasıdır. Üzerinde çok tartışılan bir konu başlığı biçimidir. Başlığı oluşturan kelimelerin sırası, giriş unsurunun hangi kelime olacağı, gönderme yapılıp yapılmayacağı gibi birtakım sorunlar vardır. Kaldırılmasını dahi isteyenler olmakla birlikte niteleyici başlıklar kullanılmaya devam etmektedir (Sefercioğlu, 1968: 79-80). Katalogta bir konu başlığının aynı isimle başlayan diğer başlıklara yakın olması istendiğinde sıfat veya isim tamlaması biçimindeki başlığın ters çevrilmiş biçimi kullanılır. Böyle durumlarda doğal biçimden kullanılan biçime gönderme yapılması gerekir. Örneğin; Ses bilgisi, karşılaştırmalı başlığına Karşılaştırmalı ses bilgisi'nden bir gönderme yapılarak aradaki bağ sağlanmalıdır (Pakin, 1990: 20). Bu başlıklarla ilgili birkaç örnek daha verecek olursak; Türk edebiyatı, Alman edebiyatı.

3. Bileşik başlıklar: Genellikle "ve" bağlacı kullanılarak oluşturulan konu başlıklarıdır (Özer, 2001: 37). Örneğin; Eğitim ve Öğretim vb.

4. Karma başlıklar: Bir ismi tanımlamak için birden fazla sıfatın ve deyimin kullanıldığı başlık biçimidir. Örneğin; Açık ve kapalı dükkan (Pakin, 1990: 21).

5. Deyim başlıkları: İngilizcede bu tür başlıklarda iki isim arasındaki ilişki, edat (preposition) kullanılarak sağlanır. Herhangi bir bağlaç kullanılmaz. Türkçe'de kullanılma alanı yoktur. Çünkü bu tür başlıklar Türkçenin özelliği gereği edat kullanılmadan tamlama biçimine dönüşür. Örneğin; Photography of children konu başlığı Türkçeye çevrilirken Çocuk fotoğrafçılığı olur (Pakin, 1990: 21).

Konu başlıkları bazen kapsadığı, temsil ettiği konunun yeteri kadar anlaşılmasını sağlayacak şekilde spesifik olamaz. Yani konunun değişik yönlerini açık ve net olarak belirtmekte yetersiz kalabilir. Bu durumda konu başlıklarının bir nevi tamamlayıcı, destekleyici unsuru olan alt bölüm başlıkları veya kısaca alt başlıklar devreye girer (Sefercioğlu, 1968: 85). Bu alt başlıklarla kütüphane ve benzeri bilgi merkezlerinde yayınlar aynı başlık altında biçime, bibliyografik özelliklerine, konu olarak kapsadıkları coğrafya alanına, eserlerin yayınlandıkları veya kapsadıkları döneme ve konularına göre gruplanabilirler. Böylece bir bilim alanına ait bütün kitapların, aynı konu başlığı altında toplanması, yığılması önlenmektedir. Konusal erişimde işlerliğin ve etkinliğin sağlanması amacıyla; belli bir büyüklüğe ulaşan (nitelik ve nicelik olarak) bir dermede ayrıntıya inmemizi kolaylaştıran alt bölümler oluşturulmaya çalışılmalıdır (Pakin, 1990: 21-22).

Alt başlıklar, konu başlığından "--" ile ayrılır (Özer, 2001: 38). Tek uzun çizgi şeklinde de gösterilebilir.

Konu başlıklarının alt başlıklarını en yaygın biçimiyle dört türde inceleyebiliriz. Bunlar; Konu, biçim, yer ve zaman-dönem alt başlıklarıdır.

a. Konu alt başlıkları: Ele alınan kavramı belli bir konuyla sınırlandırmak için ana başlıklar altında kullanılır. Örneğin; Dilbilim – Tarihçe, Dilbilim – Yöntemler vb. (Pakin, 1990: 22).

b. Biçim alt başlıkları: Konu başlıklarını, eserin bibliyografik biçimini gösteren açıklamalar ile desteklemeye çalışan alt başlıklardır. Örneğin; bibliyografya, kataloglar, indeksler, sözlükler vb. (Özer, 2001: 39).

c. Yer alt başlıkları: Ele alınan eserin konusu herhangi bir coğrafik veya politik alanla ilgili olduğu zaman, yer alt başlıkları konu başlığına eklenir. Bu alt başlıklar, ele alınan eserin konusu coğrafik bir alanla bire bir ilgiliyse, örtüşüyorsa kullanılabilir. Aksi takdirde, hemen her konu başlığına yer alt başlığı eklenirdi ki bu, istenen ve amaca uyan bir durum değildir. Bilim ve teknoloji ile ilgili konular yerel bir özellik göstermiyorsa genellikle yer alt başlığına ihtiyaç duyulmaz (Sefercioğlu, 1968: 89). Birkaç örnek verecek olursak; Ekonomi – Türkiye, Tarım – Türkiye, Tarih – İstanbul.

d. Zaman-dönem alt başlıkları: Ülkelere veya konulara ait ana başlıklar altında tarihsel, dönemsel bilgiler veren alt başlıklardır (Pakin, 1990: 22). Birkaç örnek verecek olursak; Tiyatro – XX. Yüzyıl, Osmanlı İmparatorluğu – Tarih – Lale Devri, Siyasi Tarih – Türkiye – 1923-1938.

3.1.2. Yöneltmeler

Konu başlıklarının yardımcı unsurları olarak görebileceğimiz yöneltmeler (göndermeler ve kapsam notları), başlık olarak seçilen terimlerin eş anlamlılarının bulunmasının, konular arasında mevcut ilişkilerin belirtilmesinin veya başlık olarak alınması zorunda kalınan kelime veya terimlerin açıklanmasının gerekmesi gibi durumlarda kullanılır. Bu yardımcı unsurlar alfabetik konu kataloğunu dolayısıyla konu başlıklarını daha kullanışlı hale getirerek ona bütünlük kazandırmaktadır (Sefercioğlu, 1968: 94). Yöneltmeleri göndermeler ve kapsam notları olarak ayrı ayrı inceleyebiliriz.

1. Göndermeler: Herhangi bir konuda kullanıcının-okurun yönelme olasılığı fazla olduğu için seçilen bir başlık, bu konu için kullanılan diğer terimlere bakılmaksızın bütün eserleri kapsamına alır. Böylece seçilen başlık, simgelediği konu ile ilgili bütün yayınları bir araya getirir. Ancak seçilmeyen terimlere de kullanıcıların yönelme olasılığı her zaman olacağından; kullanıcının baktığı terimlerden seçilen terime bir gönderme yapılması gereklidir. Burada yapılması gereken gönderme türü ise "bkz." (bakınız) göndermesi olarak adlandırılır. Örneğin Türk diline ait dilbilgisi kitapları Türk dil bilgisi, Türkçenin grameri veya dilbilgisi

adları ile yayınlanmış olabilir. Kullanıcı da doğal olarak yoğun olarak kullanılan dilbilgisi ve gramer terimlerini kullanacaktır. Ancak katalogcu hem bu kitapları seçeceği Türk dili – Dilbilgisi başlığı adı altında toplayacak hem de gramer teriminden seçilen terime bakınız "bkz." göndermesi yapacaktır (Pakin, 1990: 16).

Bir diğer gönderme biçimi de "ayr. bkz." (ayrıca bakınız) göndermesidir. Bu gönderme ile alfabetik konu kataloğunda kullanıcıyı, geniş kapsamlı başlıklardan daha spesifik ve ikinci derecedeki başlıklara ayrıca geniş kapsamlı veya spesifik başlıklardan ilgili bulundukları diğer başlıklara yöneltmekte kullanılır (Sefercioğlu, 1968: 94).

Genel terimden daha özel alana gönderme yapılması "ayr. bkz." göndermelerinde temel kuraldır. Bunun tersi yapılamaz. Özelden genele gitmek gerektiğinde kullanıcıya ancak konuya ait kendi bilgisi, konu başlıkları listesi ve diğer başvurma kaynakları yararlı olabilecektir. "bkz." göndermeleri sınırlama olmaksızın bağımsızca yapılabilir. "ayr. bkz." göndermesi ise kataloglarda yeterli sayıda kitapları olan başlıklar arasındaki ilişkiyi belirlemek için kullanılır. Amaçları ek bilgilerin bulunmasında kullanıcıya yardımcı olmaktır (Pakin, 1990: 18). Böylece konu başlıklarının kullanıldığı alfabetik konu kataloğunun en çok eleştirilen bir yanı da desteklenmiş olmaktadır. Yöneltilen eleştirilerin en önemlisi, konu başlıklarının spesifik olması yüzünden, katalogta yer alan konular arasında mantıki bir bağ kurmanın mümkün olamayışıdır. Alfabetik konu kataloğuna karşı olanlar, bu ilişkinin konu başlıkları aracılığı ile sağlanamayışını bu katalog türünün büyük bir yetersizliği ve zaafı olarak kabul ederler. Oysa alfabetik konu kataloğu, mantıki düzenin yerine geçebilecek olan konular arasında mevcut bulunan ilişkiyi belirten "ayr. bkz." göndermelerinden yararlanmaktadır. Bu göndermeler, sistematik veya alfabetik sınıflandırılmış katalogların yapıları gereği sağladıkları bu ilişkiyi karşılıklı göndermelerle alfabetik yoldan sağlamaya çalışmaktadır (Sefercioğlu, 1968: 96-97).

Şimdiye kadar anlatılan "bkz." ve "ayr. bkz." göndermeleri doğrudan özel bir başlığa yapıldığı için özel göndermeler olarak da adlandırılır. Ancak gelinen başlıklar aynı sınıftan olursa, gönderme özel başlığa değil sınıfa yapılır ve özel başlıklar örnek olarak gösterilir. Örneğin (Pakin, 1990: 18);

Dilbilgisi

ayr. bkz. Biçimbilim
Sözdizim
Çeşitli dillerin alt başlıkları, ör. :
Türk dili – Dilbilgisi

Örnekten de anlaşılacağı üzere Dilbilgisi başlığı altında biçimbilim, sözdizim gibi özel başlıklar var. Bir de çeşitli dillere yapılan bir gönderme ile bütün bir sınıfa işaret etmiş oluruz. Bu yapılan göndermeye genel gönderme denilir (Pakin, 1990: 18). Yani genel göndermeler, belli bir sınıfın bütün başlıklarına ima yolu ile veya örneklerle yapılan yöneltmelerdir (Sefercioğlu, 1968: 98).

Göndermeler konusunda son olarak bahsedilmesi gereken husus ise alfabetik sınıflama düzenleri arasında incelenen thesauruslarda kullanılan göndermelerdir. Konu başlıklarında kullanılan göndermelerde olduğu gibi thesaurusta da amaç kullanıcıyı ilgilendiği konuya yönlendirmektir. Dikkate alınabilecek en önemli fark ise göndermelerde kullanılan kısaltmaların, simgelerin farklılığıdır. Bu kısaltmaları birbiriyle (konu başlıklarında kullanılanlarla) eşleştirdiğimizde büyük ölçüde işlevlerinin aynı olduğunu görürüz. Yani bu kısaltmalar, USE, UF = Bakınız; BT, NT, RT = Ayrıca bakınız şeklinde eşleştirilebilir (Özer, 2001: 40).

Bu genel açıklamayı Pakin'in makalesini esas alarak açmakta fayda vardır. Tekrar olmakla birlikte, alfabetik thesaurusların düzeni, işaretlerin yani göndermelerde kullanılan kısaltmaların veya simgelerin farklı olmasına karşın, konu başlıkları listeleriyle benzerlik gösterirler. Seçilen bir terime göndermeler söz konusu olduğunda "see" (bkz.) işareti yerine "USE" (kullan) kısaltması kullanılmaktadır. LCSH'de kullanılmayan terimlerin işareti olan "x" işaretinin yerini ise "Usefor = UF" (yerine kullan) almıştır. Örneğin;

Dokümantasyon   Belgebilim
    USE Belgebilim   UF Dokümantasyon

Görüldüğü gibi thesaurusların oluş nedeni olan eş anlamlı sözcüklerin saptanması işini USE / UF işaretleri üstlenmiştir. Diğer yöneltmelerin (göndermeler ve kapsam notları) ise konu başlıkları listelerinde olduğu gibi, seçilen terimin altında gerekli olan açıklamaların yapıldığı öncelikli yerini aldığı gözlenmektedir. Bunlar:

BT (Broader term) daha geniş kapsamlı terim veya terimleri göstermektedir. Konu başlıkları listesindeki işareti "xx" dir.

NT (Narrower term) daha dar kapsamlı terim veya terimler için kullanılır. Konu başlıkları listesinde "sa = see also" (ayr. bkz.) işaretleriyle gösterilir.

BT / NT ilişkileri konu başlıkları listelerindeki "see also = ayrıca bakınız" göndermelerindeki gibi, alfabetik thesaurus listelerinin mantıksal yanını sağlamaktadır. USE / UF işaretleri eş anlamlı terimler arasındaki çok önemli olan bağları belirtirken, BT / NT işaretleri de diğer önemli bir sorunu çözerek alfabetik listenin, sistematik şemalardaki yatay ve dikey bağların oluşturduğu mantıksal bağın karşılığı olan ilişkiyi kurmaktadır. Thesauruslarda bu mantıksal bağ kurulurken, RT (Related term = İlgili terim) işaretiyle, ilgili terimlerin ayrıca belirtilmesi olanağı sağlanmıştır (Pakin, 1989: 33-34).

Thesauruslarda kullanılan bu yöneltmelerin (göndermeler ve kapsam notları) işaretleri yani UF, NT, BT ve RT ileride açıklanacağı üzere 11. basımdan itibaren LCSH'de de kullanılmaya başlanmıştır (Rowley, 1996: 197).

2. Kapsam Notları: Yöneltmelerin önemli bir parçası olan Kapsam notları, konu kataloğunda başlıklara eklenen ve onun kapsamını belirtmesi ile konu başlığına yardımcı olan önemli bir unsurdur. Kapsam notları ile terim olarak kesin bir açıklığı olmayan, diğer başlıklarla karıştırılması söz konusu olabilen bir başlığın kapsam sınırlarını belirterek ona açıklık kazandırılmaya çalışılır. Böylece, kullanıcıya başvurduğu başlığın aradığı malzemeyi ne derecede kapsadığı hakkında bir fikir verilmiş olmasının yanında, kataloğun düzenli bir biçimde çalışması ve konu başlığı çalışmalarının eksiksiz olarak sürdürülmesi de sağlanmış olur (Sefercioğlu, 1968: 100). Kapsam notları, ilgili konulara yapılan göndermeler ile başlığın kapsamını belirleyen açıklamalar olması nedeniyle bir yandan "ayr. bkz." göndermesi, diğer yandan da tanımlama özellikleri taşırlar. Örneğin (Pakin, 1990, 19);

Alfabe
    Genel nitelikli eserleri kapsar
  ayr. bkz. Çeviri yazı
    Çeşitli dillerin alt başlıkları, ör.: Türk dili – Alfabe
xx Yazı

3.2. Kütüphanecilik Alanında Kullanılan Alfabetik Sınıflama Sistemleri

Kütüphanecilik alanında veya kütüphane ve benzeri bilgi merkezlerinde konusal erişimi büyük ölçüde sağlayan alfabetik sınıflama düzenleri yoğun bir şekilde kullanılmaktadır. Hemen herkes tarafından bilinen alfabetik bir yapısının olması ve buna bağlı olarak aracısız, doğrudan kullanımının olması; diğer özelliklerinin de kolay anlaşılabilir ve bunların sonucunda her türden bibliyografyafik materyale konusal erişim ihtiyacını karşılayabiliyor olması, alfabetik sınıflama düzenlerinin yoğun olarak kullanımına neden olarak gösterilebilir.

Orta büyüklükteki bir kütüphanedeki bibliyografik materyalleri tanımlamak için binlerce konu başlığına gereksinim vardır. Başlık biçiminde tutarlılık sağlamak için kütüphanelerin çoğu standartlaştırılmış konu başlıkları listeleri kullanmaktadır (Bloomberg ve Evans, 1989: 260).

Kütüphaneler ve benzeri bilgi merkezlerinde konusal erişim araçları olarak yaygın bir şekilde kullanılan Alfabetik sınıflama düzenlerinden iki tanesi genel hatları ile ele alınacaktır. Bunlar: Konu başlıkları listeleri (LCSH, SLSH) ve thesauruslardır (genel olarak incelenmiştir). Yaygın olarak kullanılan ve belirli-sınırlı bilgi alanlarıyla ilgilendiği gibi bilginin tüm alanlarına, kayıtlı bilgi ve belgenin hemen hepsine yani bilgi evrenine genel bir yaklaşımı da olabilen (özellikle konu başlıkları listeleri) bu iki alfabetik sınıflama düzeninde bizim ilk olarak inceleyeceğimiz LCSH ve SLSH'den başka birçok farklı alfabetik sınıflama düzeni (konu başlıkları listeleri, thesauruslar) vardır. Ancak bunlar genelden ziyade özeli ilgilendiren, herhangi bir bilgi alanının, konunun kapsamına göre çıkartılmış özel konu listeleridir. Örneğin Tıp alanı için hazırlanan Tıp Konu Başlıkları Listesi– MeSH (Medical Subject Headings) özel konu listeleri arasında en fazla bilineni ve yaygınlaşanıdır.

Tıp konularının dizinlenmesinde çok önemli bir araç olan MeSH, alanında en temel konu başlıkları listesi, bir diğer adıyla kavram dizini ya da thesaurus diye bilinen onaylanmış bir kavram terimleri dizinidir. MeSH dizinleme amacıyla kullanıldığı gibi tıp alanında bilgi ve belgelerin sınıflandırılması amacıyla da kullanılır; ayrıca biyomedikal ve sağlık bilimlerinde, bilgi ve belge aramak için kullanılan bir araçtır. MeSH değişik veritabanlarında ve çevrimiçi olarak değişik sistemlerde bulunabilir. Örneğin, MEDLINE / PubMed adlı veritabanından MeSH listesindeki terimlerden arama yapmak mümkündür (Alakuş, 2007, çevrimiçi: 204).

Bütünüyle özel bir amaca yönelik yayınlanmış konu başlıkları listelerine birkaç örnek daha verecek olursak; Okul Kütüphaneleri Derneği'nin Konu Başlıkları Listesi (School Library Association List of Subject Headings) ve Mühendislik Dizininde (Engineering Index) kullanılan Subject Headings for Engineering (Mühendislik Konu Başlıkları) ya da SHE gösterilebilir (Rowley, 1996: 193). Ayrıca şunu da belirtmek gerekirse; Mühendislik için konu başlıkları – SHE (Subject Headings for Engineering), Mühendislik Dizininde (Engineering Index) belgeleri dizinlerken kullanılır. Aynı şekilde Tıp Konu Başlıkları (MeSH), Tıp Dizininde (Index Medicus) belgeleri dizinlerken kullanılır (Özer, 2001: 28).

Bu ve benzeri örnekleri çoğaltmak mümkündür. Ancak tezimizi genel alfabetik sınıflama düzenleri ile sınırladığımızdan bunların üzerinde durulmayacaktır. Şimdi LCSH, SLSH ve thesaurusları genel hatlarıyla incelemeye başlayabiliriz.

3.2.1. Kongre Kütüphanesi Konu Başlıkları Listesi– LCSH

19. yüzyılın son yıllarında oluşturulmaya başlanan ve ilk basımı 1914'te yapılan Kongre Kütüphanesi Konu Başlıkları (LCSH) aslında Kongre Kütüphanesi'nin (LC) katalog kayıtları için geliştirilmiş bir konu başlıkları listesidir. Bu tarihten sonra ABD'de bulunan büyük genel kütüphanelerin, özel kütüphanelerin çoğunda, daha küçük kütüphanelerin bir kısmında ve ABD dışındaki ülkelerin birçok kütüphanesinde kullanılan LCSH standart bir konu başlıkları listesi olarak büyük ölçüde kabul görmektedir (Chan, 1994: 171). LC'nin 1898'de kullandığı yazar kataloğu ilaveli sınıflandırılmış katalogtan yazar, yapıt adı ve konu girişlerinin tek bir düzende (alfabetik) birleştirildiği sözlük kataloğa geçmesi ile oluşturulmaya başlanan konu başlıkları, 1909 yılında Subject Headings Used in the Dictionary Catalogues of the Library of Congress (Kongre Kütüphanesi sözlük kataloglarında kullanılan konu başlıkları) adıyla (daha sonra 1975'te 8. basım LCSH olacaktır) yayınlanmaya başlamış ve 1914'te tamamlanmış olarak 1. basımı yapılmıştır (Stone, 2000: 2, 6).

En son 2007'de 30. basımı çıkan LCSH, 1988'de 11. basım ile birlikte yıllık olarak yayınlanmaya başlamıştır (Özer, 2001: 30; çevrimiçi, http://www.loc.gov/cds/lcsh.html#lcsh20).

LCSH basılı formatı dışında iki farklı formatta elde edilebilmektedir. Bunlar, 1986 yılında kurulan, konu otorite dizini (Subject Authority File) olarak adlandırılan makinaca okunabilir formatı ve 1975'te çıkan mikrofiş formatlarıdır. Ayrıca makinece okunabilir formatına CDMARC konuları olarak bilinen CD-ROM ortamında da erişim mümkündür (Chan, 1994: 171).

3.2.1.1. LCSH'nin Temel Özellikleri ve Öğeleri

Birçok kütüphanenin temel konu sınıflandırma aracı olan LCSH iki büyük ciltten oluşan bir kitaptır. Kongre Kütüphanesi'nde bulunan bilgi ve belgelere konu erişimini sağlayan bu araç, kütüphanenin geniş kapsamı nedeniyle her konuyu ayrıntılı biçimde ele alır ve aralarında göndermeler yaparak bağlantılar kurar (Alakuş, 1991: 90).

Alfabetik sınıflama düzenleri içinde incelediğimiz LCSH, sahip olduğu özellikleriyle dünya çapında bilinen, İngilizceden farklı dil konuşulan yerlerde bazı değişiklik ve eklemelerle birlikte kullanılmaya çalışılan nadir konu başlıkları listelerinden biridir. Yanlış olmakla birlikte aynen alınarak kullanıldığı yerler de vardır. Çünkü konu başlıkları listeleri, temel olarak yaşanılan yerde kullanılan dilin özelliklerine göre hazırlandığı için bunların yaygınlaşması dolayısıyla standartlaşması, sistematik sınıflama düzenlerinde olduğu gibi olmaz. LCSH, bilgi ve belgeye konusal erişimin etkin olmasını sağlayabilmesi için başka dillerde kullanıldığında o dilin özelliklerine göre uyarlanması gerekir. Bu durum kullanışlılığını artırır. Aksi takdirde bilgi ve belgeye konusal erişimi, olması gerektiği gibi gerçekleştirmesi pek mümkün değildir. Bu yüzden, yani dile bağlı olma özelliğinden dolayı tam anlamıyla standartlaşması, dünya çapında kullanılması mümkün olamaz. Ancak doğduğu ülke olan ABD ve konuşma dili İngilizce olan birçok ülkede standart konu başlıkları listesi, dizini olarak kabul edilmektedir. Bir başka deyişle konu otorite listesi olarak konu kataloglamasında kullanılır (Chan, 1994: 171).

LCSH'nin temel özelliklerini daha iyi anlatabilmek ve belirleyebilmek için yapısını oluşturan en temel unsur olan konu başlıkları ve alt bölümleri ve bunlar arasındaki ilişkileri kurmakla görevli yöneltmeleri ayrı ayrı incelemek faydalı olacaktır.

3.2.1.1.1. Konu Başlıkları ve Alt Bölümler

LCSH'nin temel yapısını oluşturan listesi, onaylanmış ve onaylanmamış başlıkları içerir. Koyu harflerle gösterilen onaylanmış başlıklar (approved headings) yani kullanılan başlıklar, değişik biçimlerde listede olabilir (Rowley, 1996: 196). Daha önce açıkladığımız üzere bunlar beş gruba ayrılır: 1. İsim başlıkları- Yalın Başlıklar, 2. Niteleyici başlıklar- Tamlama şeklindeki başlıklar, 3. Bileşik başlıklar, 4. Karma başlıklar ve 5. Deyim başlıklarıdır. Bu başlık gruplarının beşincisinin içine LCSH'de var olan serbest kullanılan deyim başlıklarını da (free-floating phrase headings) ekleyebiliriz. Bunlar, var olan herhangi bir başlık ile birleştirilerek yeni bir deyim başlıkları biçimi oluşturur. Ancak bunlar LCSH'de genellikle listelenmez (Chan, 1994: 177-178). Böylece LCSH'de bu başlıklardan kaynaklanan gereksiz bir büyüme önlenmiş olur. Birkaç örnek verecek olur isek;

[Personel name] in fiction, drama, poetry, etc.

[Topic or place] in literature

[Topic or place] in art

[Name of river] river   vb. gibi

biçimlerde olabilen bu başlıkları somutlaştırdığımızda Culture in literature, New Zealand in art gibi kullanılan başlıklar ortaya çıkar (Chan, 1994: 177-178). Bu başlık biçimlerinin Türkçeye uygulanması ve direkt çevrilmesi pek mümkün değildir. Çünkü çoğu edatlarla (prepositions) oluşturulur. Bizim dilimizde daha önce bahsedildiği üzere böyle bir kullanım yoktur. Çevrildiğinde ise genelde tamlamalı başlığa dönüşür. New Zealand in art (Sanatta Yeni Zelanda), Türkçe konu başlığı olarak Yeni Zelanda Sanatı veya Sanat – Yeni Zelanda biçiminde gösterilebilir. Culture in literature (Edebiyatta kültür) ise sadece ilişkili konular şeklinde yani Kültür –

Edebiyat biçiminde gösterilebilir (Kültür edebiyatı gösterimi verilmek istenen anlamı vermez). Ancak serbest alt başlıkların hepsi, içinde edat olan başlıklardan oluşmaz. Bağımsız ve genel serbest alt başlıklar da vardır. Bunlar kolayca Türkçeye uyarlanabilir. Örneğin biçim ve konu alt başlıkları olarak düzenlenen birçok serbest alt başlık Türkçe konu başlıklarında kullanılmaktadır. Örneğin Edebiyat – Dergiler veya Ekonomi – İstihdam başlıklarında alt başlıklar dergiler ve istihdam terimleridir. Bu alt başlıkların yer aldığı ana başlıklar listelerde tek tek belirtiliyorsa biçim ve konu alt başlıkları olarak adlandırırız. Bu alt başlıkların listede örnek gösterimleri veya bunlar kalıp başlıklar olarak bulunuyorsa serbest alt başlık olarak adlandırırız.

LCSH'de alt bölümleme, alt başlıklar yaygın olduğu üzere dört çeşittir. Bunlar; konu, biçim, yer ve zaman alt başlıklarıdır. Bunları daha önce (Konu başlıkları ve alt bölümler kısmında) incelemiştik. Ancak LCSH'de serbest alt başlıklar (free-floating subdivisions) olarak adlandırılabilecek bazı başlık biçimleri ve konu alt bölümleri genel uygulama için hazırlanmış olup her konu başlığı altında verilebilir (Rowley, 1996: 198). Bu serbest alt başlıklar 1974 yılında alınan bir kararla hazırlanmaya başlamış ve sisteme uydurulmuştur (Library of Congress Subject Headings, 1986: XII). Her konu başlığı altında verilebilen biçim ve konu alt bölümleri (serbest alt başlıklar), belirli bir kategori içindeki başlıklarla kullanılabilir. Alt bölümlerin kullanımında denetimin sağlanabilmesi için ana başlığın ve alt bölümünün her bileşimi kabul edilebilmelidir. İstisnalar ise ortak ya da her konu başlığı altında verilebilen alt başlıklardır. Bunlar, seçilmiş ya da model olarak alınan bir başlıkta listelenmekte, aynı zamanda bir kategori içinde herhangi bir yerde kullanılabilmektedir (Rowley, 1996: 198).

Kısaca serbest alt başlıklar, ana başlıklardan ayrı olarak ya da kalıp başlıklar (pattern headings) olarak adlandırılan örnek ana başlıklar altında listelenir. Chan, serbest alt başlıkları dört grupta incelemiştir. Bunlar (Chan, 1994: 184-187):

1. Genel uygulamada kullanılan serbest alt başlıklar; örneğin: – Özetler (abstracts), – Kütüphane kaynakları (Library resources), – Aydınlatma (Lighting), – Süreli yayınlar- dizinler (periodicals-indexes).

2. Başlıkların özel türleri altındaki serbest alt başlıklar; örneğin; oyuncular – siyasi aktivite (Actors – political activity).

Kant, Immanuel, 1724-1804 – Varlık bilimi

(Kant, Immanuel, 1724-1804 – Ontology)

Asya kökenli Amerikalılar – Irksal kimlik

(Asian-Americans – Race identity)

Milton, John, 1608-1674 – Siyasi sosyal görüşler

(Milton, John, 1608-1674 – Political social views)

3. Birçok alt başlığı gösteren serbest alt başlıklar (free-floating subdivisions indicated by "multiples"). Örneğin;

Doğum kontrolü – Dini bakımdan – Budizm [Hristiyanlık, vs.]

(Birth control – Religions aspects – Buddhism [Christianity, etc.]

Vietnam Savaşı, 1961-1975 – Yabancı milletlerin görüşü – İngiliz [Alman, Rus, vs.]

(Vietnamese Conflict, 1961-1975 – Foreign public opinion – British [German, Russian, etc.]

4. Kalıp başlıklar (Pattern headings) ile denetlenen serbest alt başlıklar: Belirli bir kategorideki başlıklara yaygın olarak uygulanan biçim ve konu alt başlıklarının listelerdeki başlıklarda tek tek yer almaması ve kategori içindeki başlık altında tekrar edilmemesi için bunlar kategoriden seçilen bir başlık altında listelenir. Bu seçilen başlık kalıp başlık olarak adlandırılır ve belirli bir kategorideki başlıkların alt bölümlerinin bir kalıp başlığı olarak görev yapar (bkz. Tablo 7). Konu ve biçim alt başlıkları bir kalıp başlığı altında listelenerek aynı kategorideki bir diğer başlığa aktarılarak kullanılabilir. Örneğin; Dillerin kalıp başlığı olan İngiliz dili'nin altında – Zamir (Pronoun) alt başlığı listelenir. Bu nedenle Japon dili – Zamir bileşimi kullanılabilir.

Tablo 7 LCSH'de Kalıp Başlıklar (Pattern Headings)

Kategori	Kalıp başlık
Hayvanlar (genel)	Balıklar
Hayvanlar, evcil	Sığır
Kimyasallar	Bakır
	İnsulin
Koloniler	Büyük Britanya – Koloniler
Hastalıklar	Kanser
	Verem
Eğitim Enstitüleri	
Tek tek	Harvard Üniversitesi
Türü	Üniversiteler ve kolejler

Kızılderililer	Kuzey Amerika Kızılderilileri
Sanayiler	Sanayi yapısı
	Perakendecilik
Diller ve dil grupları	İngiliz dili
	Fransız dili
	Latin dilleri
Hukuki konular	İş hukuku ve mevzuat
Yasama organları	ABD, Kongre
Edebiyatçılar	
Edebiyatçı grupları	Yazarlar, İngiliz
Tek tek edebiyatçılar	Shakespeare, William,1564-1616
Yazar adı altında girilen edebi eserler	Shakespeare, William,1564-1616. Hamlet
Başlık altında girilen edebi eserler	Beowulf
Edebiyatlar (tek tek türleri içeren)	İngiliz edebiyatı
Maddeler	Beton
	Metaller
Askerlik hizmetleri	ABD, Silahlı Kuvvetler
	ABD, Hava Kuvvetleri
	ABD, Ordu
	ABD, Deniz Piyadeleri
	ABD, Deniz Kuvvetleri
Müzik derlemeleri	Operalar
Müzik aletleri	Piyano
Organlar ve vücudun kısımları	Kalp
	Ayak
Bitkiler ve ürünler	Mısır
Dini topluluklar	
Dini ve keşişlik tarikatleri	Cizvitler
Dinler	Budizm
Hristiyan mezhepleri	Katolik Kilisesi
Kutsal kitaplar	İncil
Sporlar	Futbol
İlahiyat konuları	Kurtuluş
Araçlar, kara	Otomobiller
Savaşlar	Dünya Savaşı, 1939-1945
	ABD – Tarih – Sivil Savaş – 1861-1865

(Chan, 1994: 186-187)

3.2.1.1.2. Yöneltmeler

LCSH'de konu başlıkları arasındaki ilişkiyi, hiyerarşiyi gösteren birtakım sembol veya işaretlerden oluşan gönderme ve kapsam notları vardır. Bunları kısaca yöneltmeler (cross-references) olarak da adlandırılabiliriz. Yöneltmelerin daha önce de belirtildiği üzere iki temel amacı vardır. Bunların ilki; kullanıcılara rehberlik etmek yani kullanıcıların tarama terimlerinden sistemde kullanılan başlıklara, terimlere yönlendiririlmesidir. İkincisi ise ilişkili başlıklar arasında bağı kurmaktır (Chan, 1994: 195). LCSH'de yöneltmeler için kullanılan semboller zaman içersinde değişiklik göstererek thesaurus yapısına doğru bir geçiş olmuştur. 1948 yılında yayınlanan 5. basımda yöneltmeler, x (kullanılmayan terim), xx (geniş terim) ve sa (ayrıca bakınız- geniş terimden dar terime gönderme) sembollerinden oluşmaktaydı. Bu semboller kütüphaneciler için anlaşılır olmakla birlikte kullanıcılar tarafından anlaşılmaz bulunmuştur. Kütüphane içinden ve dışından kişilerin önerileri sonucunda alınan karar ile thesaurus yapısının kullanılması uygun görülmüştür. 1984'te geliştirilen ve 1985'te uygulanan yeni yöneltmelere göre sa yerine NT (Narrower term- dar terim), xx yerine BT (Broader term- geniş terim), x yerine UF (Use for- yerine kullan) ve see yerine USE (kullan, bakınız) kullanılmaya başlanmıştır (Özer, 2001: 31). Bunlara ek olarak RT (Related term- ilgili terim) sembolü de sistemde yer almış ve değişen bu semboller LCSH'nin 11. basımıyla (1988) birlikte günümüze kadar gelmiştir (Rowley, 1996: 197). Böylece değişen bu sembollerle LCSH'nin konu başlıkları arasındaki ilişkileri eskiye nazaran daha anlaşılır, kapsamlı, ayrıntılı ve hiyerarşiyi yansıtır biçimde gösterdiğini kolayca ifade edebiliriz.

LCSH'de kullanılan yöneltmelerin ne şekilde kullanıldığını, işlevlerinin ne olduğunu net bir şekilde anlayabilmek için birkaç örnek vermek faydalı olacaktır.

Gravity waves (Kütle çekimi dalgaları)
[QA 927 (Mathematical)]
UF Waves, Gravity (Dalgalar, kütle çekimi)
BT Gravity (Kütle çekimi)
Hydrodynamics (Hidrodinamik)
Waves (Dalgalar)

Bu örnekte Gravity waves seçilen-kullanılan terimi; Waves, Gravity kullanılmayan terimi; Gravity, Hydrodynamics ve Waves başlıkları ise geniş terimleri göstermektedir. Köşeli parentez ise LCSH'de yer alan konu başlıklarının bir kısmında yer alan muhtemel sınıflama numarası bilgisidir.

Grease (yağ)
USE Lubrication ant lubricants (Yağlama ve yağlayıcı maddeler)

Oils and fats (sıvı yağlar ve katı yağlar)

Bu örnekte ise kullanılmayan terim olan Grease'den seçilen terimlere yapılan gönderme, vardır.

Squirrels (sincaplar)
RT Rodentia (kemirgenler)

Burada ise Squirrels başlığının Rodentia başlığı ile yakın ilişkili olduğu belirtilir. Yani aynı konudaki eserlerin bu iki başlık altında da gösterilebileceği, ikisi arasında yakın bir ilgi olduğu anlamına gelir (Rowley, 1996: 197).

Poetry (şiir)
  BT Literature (Edebiyat)
  NT Children's poetry (Çocuk şiiri)
    Classical poetry (Klasik şiir)
    Lyric poetry (Lirik şiir)
    Odes (Bir tür lirik şiir, od)

Lyric poetry
  BT Poetry
  NT Ballads
    Dithyramb
    Odes
    Sonnets

Sonnets
  BT Lyric poetry

Bu örnekte ise seçilen terimin geniş ve dar terimlerini yöneltmelerle gösteren hiyerarşik bir yapı söz konusudur (Chan, 1994: 196-197).

Son örnekleri ise kolaylık sağlamak için bütün başlık gruplarında uygulanabilen genel sa (see also- ayrıca bakınız) göndermesi ile yapalım.

Cranberries (Kızılcıklar)
  – Diseases and pests (Hastalıklar ve zararlılar)
  sa names of pests e.g. Cranberry root-worm
    (ayrıca bakınız zararlı adları, örneğin kızılcık kök kurdu)

Bu örnekte Cranberries başlığının alt başlığı olan – Diseases and pests ile ilgili geniş bilgi almak isteyenlere sa (see also) genel göndermesiyle kolaylık sağlanmak istenir (Rowley, 1996: 197).

Atlases (Atlaslar)

    sa subdivisions Maps under names of countries, cities, etc., and under topics (ayrıca bakınız ülkelerin, şehirlerin vb. adları ve konuların altındaki Haritalar alt başlıklarına)

Burada da benzer bir durum söz konusudur. Atlaslarla ilgili kapsamlı ve ayrıntılı bir bilgiye erişebilmek için çeşitli başlıklara ait Haritalar alt başlıklarına bakmamız sa genel göndermesiyle sağlanmaya çalışılır (Chan, 1994: 198).

3.2.2. Sears Konu Başlıkları Listesi– SLSH

Minnie Earl Sears'ın özellikle küçük kütüphaneler için tasarlayıp geliştirdiği 1923 yılında ilk baskısı yapılan bir konu başlıkları listesi olup, başlangıçta List of Subject Headings for Small Libraries (Küçük Kütüphaneler için Konu Başlıkları Listesi) adıyla, 6. basımla birlikte isim değiştirerek Sears List of Subject Headings (Sears Konu Başlıkları Listesi– SLSH) adıyla yayınlanmıştır. Günümüzde SLSH okul kütüphaneleri ve küçük halk kütüphaneleri tarafından yaygın olarak kullanılmaktadır (Chan, 1994: 211).

3.2.2.1. SLSH'nin Temel Özellikleri ve Öğeleri

Rowley, SLSH'de konu başlıklarının seçilmesi ve belirlenmesi için üç temel ilkeden yararlanıldığını belirtir. Bunlar (Rowley, 1996: 194):

1. Çoğunlukla özel giriş önerilir. Bir dizinde bulunması istenen ayrıntı düzeyi, dizinlenen dermenin kullanımının ve kullanıcılarının bir işlevidir. Sears'ın özel giriş uygulamalarına ilişkin ilkesinde, listede bulunan en özel başlığın verilmesi önerilir. Örneğin, daha önce de bahsedildiği üzere köprüler hakkındaki bir kitap Köprüler başlığı altında girilmeli, Mühendislik gibi daha geniş bir başlık altında alınmadığı gibi, her iki başlık altında da birden giriş yapılmamalıdır.

2. SLSH'de yer alan başlıkların seçimi yaygın kullanım temeline dayandırılmıştır. Böylece popüler ve çok kullanılan konu adları, teknik veya özel jargonlara tercih edilir. Ancak, Amerikalı olmayan kullanıcılar için başlıklar, hem terimlerin kullanımı, hem de yazım kuralları açısından güncel Amerikan kullanımına uygundur ve genellikle başka yerlerdeki kullanımlarıyla tutarlı olmalarını sağlayacak değişikliklere gerek duyar.

3. Konu başlıklarının uygulanmasında tek biçimlilik ve tutarlılık önemlidir. Dizincinin tutarlı bir biçimde bağlı kalmaya çalışması gereken bir ilke olarak, her kavram için bir başlık verilmesi önerilmiştir.

Bu ilkelerin Cutter ve Haykin'in konu başlıkları için belirlediği beş temel ilkeye uyumlu olduğu hatta bunlardan kaynaklandığı kolayca söylenebilir.

SLSH'nin genel yapısı ve ilkeleri LCSH'ye benzemekle birlikte bazı farklılıkları da vardır. En başta SLSH, ortaya çıkış amacına uygun olarak yani orta büyüklükteki kütüphanelerin ihtiyacını karşılayacak derecede konu başlıkları oluşturmak ister. Böylece konu başlıklarının LCSH'ye göre daha az karmaşık ve daha az ayrıntılı olması sağlanır. Örneğin LCSH'de kullanılan Cities and towns -- Planning (Şehirler ve kentler -- Planlama) başlığı yerine SLSH'de City planning (Şehir planlaması) vardır. LCSH'de Art -- France (Sanat -- Fransa) ve Art, French (Sanat, Fransız) başlıklarının yerine SLSH'de sadece Art, French (Sanat, Fransız) başlığı yeterli olmaktadır. Dolayısıyla SLSH çıkış amacına uygun olarak daha az özelleştirilmiş (spesifik) başlıklardan oluşmaktadır (Rowley, 1996: 193).

Çok genel konu başlıkları haricinde listede bulunan her bir başlığa Dewey Onlu Sınıflamanın kısaltılmış basımında (Abridged Dewey Decimale Classification) yer alan sınıflama numaralarından bir veya daha fazlası eklenmektedir (Chan, 1994: 212).

3.2.2.1.1. Konu Başlıkları ve Alt Bölümler

Konu başlıkları listelerinin genelinde olduğu gibi SLSH'de de ana başlıklar birkaç biçimde oluşturulur. Bunlar: Tek adlar, örneğin Kimya (Chemistry), Hukuk (Law), Maskeler (Masks), Heykeltraşlık (Sculpture) vs.); Bileşik başlıklar, örneğin, Borçlu ve alacaklı (Debtor and creditor), Açık ve kapalı dükkan (Open and closed shop) vs.); Niteleyici, tamlamalı başlıklar, örneğin, İngiliz dili (English language), Kolej öğrencileri (College students), Tröstler, Endüstriyel (Trust, Industrial); son olarak Deyim başlıkları, edatlı başlıklardır. Örneğin, Tarımda elektrik (Electricity in agriculture). Tek adlar dışındaki ana başlık biçimleri deyim başlıkları (phrase headings) olarak da adlandırılır (Chan, 1994: 213-214).

SLSH'de ana konu başlıklarını değişik açılardan ele alarak daha kapsamlı ve spesifik bir erişim olanağı sağlayan alt bölümler veya alt başlıklar yaygın olduğu üzere dört çeşittir. Bunları yinelemek gerekirse konu, yer, biçim ve zaman alt başlıklarıdır (Chan, 1994: 217). Ancak bunlar, SLSH ana kaynağında temelde aynı olmakla birlikte farklı biçimde ele alınmaktadır. Alt başlık türleri dört farklı açıdan ele alınarak tespit edilmiştir. Bunlar (Sears, 1986: XVII-XVIII):

1. Fiziksel biçim altbaşlıkları; örneğin, bibliyografya, kataloglar, sözlükler, haritalar vs.

2. Dar kapsamlı uygulamayı gösteren altbaşlıklar; bunlar geniş konu alanlarını gösteren başlıklar altında yer alarak bir nevi daraltma, spesifik hale getirme işlevi görür. Yani ele alınan uygulamanın tipini, biçimini belirler. Örneğin, yıllıklar, süreli yayınlar, laboratuvar rehberleri gibi. Bunları ana başlıklarla gösterirsek; Finans – Yıllıklar (Commerce – Yearbooks), Mühendislik – Süreli yayınlar (Engineering – Periodicals), Kimya – Laboratuvar rehberleri (Chemistry – Laboratory manuals).

3. Özel yönleri, durumları gösteren altbaşlıklar; örneğin, Eğitim – Tarih, Din – Felsefe, Havacılık – Araştırma (Aeronautics – Research).

4. Kronolojiyi gösteren altbaşlıklar; örneğin, Amerika Birleşik Devletleri – Tarih – 1945-1953 (United States – History – 1945-1953).

Bu dört alt başlık türüne ek olarak yaygın olarak kullanılan yer alt başlıkları da vardır. Örneğin; Tarım – Fransa, Tiyatro – Paris, Fransız sanatı (Art, France) (yer alt başlıklarının sıfat biçiminde gösterilişi) vd. (Sears, 1986: XIX).

Bu açıklamalardan da ortaya çıkacağı gibi SLSH genel konu başlıkları uygulamalarıyla özellikle LCSH ile büyük benzerlik gösterir. Bu benzerliği artırıcı bir özellik de LCSH'de üzerinde durduğumuz serbest alt başlıklara (free-floating subdivisions) ve kalıp başlıklara benzer yapıların SLSH'de olmasıdır.

SLSH'de bazı başlık kategorilerine özellikle yer verilmeyerek gereksiz bir büyümeye mani olunmuştur. Bunların ilki kişi adları, aile adları, yer adları, kurum, kuruluş adları gibi özel adların (proper names) oluşturduğu başlık kategorisidir. Diğeri ise yaygın olarak kullanılan, bilinen adların (common names) oluşturduğu cins isimlerdir. Örneğin; hayvanlar, araçlar, hastalıklar ve kimyasal madde adları verilebilir. Bu kategorilerin her birinde yer alan çok sayıda terimin sıralanması, listeyi önemli ölçüde genişletip şişireceğinden (bu istenmeyen bir durumdur) katalogcudan veya dizinciden başlıkları, gerektiği zaman bu kategorilerdeki dizin ya da kataloglara yerleştirmesi beklenir (Rowley, 1996: 194). Böylece kalıp başlıklara benzer bir yapıyla SLSH'de başlıkların sayısının gereksiz bir şekilde artması önlenmiş olur.

Aynı şekilde serbest alt başlıklar (free-floating subdivisions), listede yer almasalar da konu başlıklarında alt başlık olarak kullanılabilir. Bunlar SLSH'de giriş kısmında yaygın olarak kullanılan alt başlıkların listesi başlığı altında listelenmiştir. Ayrıca SLSH'de LCSH'de bulunan kalıp başlıklara benzer yapı olan anahtar başlıklar (Key headings) bulunur. Örneğin kişiler (Person) kategorisinde iki anahtar başlık alınmıştır. Bunlar (Sears, 1986: XXXVII-XXXVIII):

Başkanlar – Amerika Birleşik Devletleri (Başkanlar, başbakanlar ve diğer devlet adamları altında kullanılabilir alt başlıklara örnektir.)
Shakespeare, William, 1564-1616 (Çok büyük, verimli yazarların altında kullanılabilecek alt başlıklara örnektir.)

Böylece katalogcuya, bazı popüler kategorilerde kullanılabilecek olası alt başlıkların tam görünümünü, ne şekilde yer alacağını görme olanağı sağlanır. Bu da listede anahtarlar olarak adlandırılan seçkin, belirgin isimlerle yapılır (Sears, 1986: XXXVII). SLSH'de kullanılan konu başlıkları LCSH'de olduğu gibi koyu, kullanılmayan terimler ise daha açık renkte basılmıştır. (Rowley, 1996: 193).

3.2.2.1.2. Yöneltmeler

SLSH'nin yöneltmeler olarak da adlandırılan gönderme ve kapsam notlarında kullanılan sembolleri ayr. bkz. (sa = see also), x (kullanılmayan terim işareti olup altında yer aldığı konu başlığına yönlendirir) ve xx (altında yer aldığı başlığa ayr. bkz. yöneltmesinin yapıldığı ilgili konu başlığını gösterir) işaretlerinden oluşur (Bloomberg ve Evans, 1989: 269-270). Bunlara ek olarak bkz. (see) göndermesi ile alfabetik olarak dizilen listede kullanılmayan terimden kullanılan terime yöneltme yapılır. Bunları birkaç örnekle açıklamak yerinde olacaktır (Chan, 1994: 214-215):

Hekimler (Physicians)
x Doktorlar (Doctors)

Burada x işareti ile Doktorlar teriminin kullanılmayan terim olduğunu, kullanılan terimin ise koyu harflerle belirtilen Hekimler başlığı olduğu anlaşılır. Alfabetik olarak düzenlenmiş listede ise "Doktorlar. bkz. Hekimler" göndermesi yer alır. Aynı şekilde;

Sanat, Modern (Art, Modern)
x Modern sanat (Modern art)

örneğini ele alırsak x işareti ile belirtilen Modern sanat'ın kullanılmayan terim olduğunu, kullanılan başlığın ise Sanat, Modern şeklinde listede yer aldığını görürüz. Ayrıca listede "Modern Sanat. bkz. Sanat, Modern" şeklinde bkz. göndermesi yapılır.

ayr. bkz. göndermeleri, listede her ikisi de kabul edilecek iki başlığı bağlar ve kullanıcıların taramalarını ilgili konulara genişletme olanağını artırır (Rowley, 1996: 195). Örneğin;

Arılar	Bal
ayr. bkz. Bal	ayr. bkz. Arılar
xx Bal; Böcekler	xx Arılar

Burada Arılar başlığı altında Bal terimine ayr. bkz. göndermesiyle bakılabileceği yani birbirleriyle ilgili, yakın konular olduğu belirtilir. Bal başlığı altındaki ayr. bkz. göndermesi de aynı durumu ifade eder. xx işareti ile ilgili olan konuya ve özellikle bir üst konuya ayr. bkz. göndermesi anlamına gelir. Bahsedilen örneklerde Arılar başlığı altında xx işareti ile Bal ve Böcekler başlıklarına ayr. bkz. yöneltmesi yapılır. Burada böcekler arıların bir üst konusu olduğu için listede Arılar ayr. bkz. Böcekler göndermesi olamaz. Tersi mümkündür. Bal başlığı altında ise xx işareti ile ilgili konu olan Arılar'a ayrıca bakınız yöneltmesi vardır. Böylece listede şu yöneltmeler vardır (Chan, 1994: 215-216):

Arılar. ayr. bkz. Bal

Bal. ayr. bkz. Arılar

Böcekler. ayr. bkz. Arılar

SLSH'de yoğun bir şekilde kullanılan bkz. ve ayr. bkz. göndermeleri özel yöneltmelerdir (special references). Bunlar ayrıca genel yöneltmeler (general references) olarak da kullanılırlar (Sears, 1986: XXV-XXVI). Genel yöneltmeler, giriş teriminin oldukça yaygın bir terim olması durumunda kullanılır. Ayrıca özel girişlerin tek bir genel yöneltme yerine kullanılmasının, istenmeyen uzun bir gönderme listesine yol açabileceği yerlerde kullanılır. Genel yöneltmeler çoğunlukla bir alt bölüme bağlı olarak yapılır (Rowley, 1996: 196). Birkaç örnek verecek olursak (Sears, 1986: XXVI);

Çiçekler

ayr. bkz. Mevsimlik bitkiler ... ayrıca mesela Güller vs. gibi çiçeklerin isimlerine bakınız.

Sanatçılar

ayr. bkz. Mimarlar ... ayrıca tek tek sanatçıların isimlerine bakınız.

Açıklamalı Sözlükler (Glossaries). bkz. dillerin isimlerine veya sözlükler

alt başlıklarıyla olan konulara. Mesela İngiliz dili – Sözlükler; Kimya –

Sözlükler vs.

SLSH 13. basımla (1986) birlikte çevrimiçi veritabanı olarak hazırlanarak elektronik ortamda da kullanıcıların hizmetine sunulmuştur (Özer, 2001: 34).

Sears konu başlıklarının listelendiği; özelliklerinin ve kullanım kurallarının yer aldığı SLSH'nin 872 sayfadan oluşan 19. basımı 2007 yılında yayınlanmıştır. (Çevrimiçi, http://www.hwwilson.com/print/searslst_19th.cfm).

3.2.3. Thesaurus

Alfabetik sınıflama düzenleri arasında incelediğimiz Kavramsal dizin olarak da adlandırılan hazine, gömü anlamını taşıyan thesaurus'un kökeni Grekçedir. Bilgilerin depolanması ve bilgilerin hazinesi anlamında ilk kez 1736'da The Shorter Oxford English Dictionary'de kullanılmıştır (Pakin, 1989: 27). İşlevi, bilgi depolama ve erişim sistemlerine standart bir sözcük dağarı sağlamak olan thesaurus, eşanlamlıları, hiyerarşiyi ve diğer ilişki ve ayrıntıları gösteren sözcükler ile deyimlerin bir derlemesi olarak tanımlanabilir. Thesaurus, bir dizinde kavramları tanımlamak için kullanılabilecek veya kullanılamayacak terimleri gösteren bir otorite listesidir. Her terim genellikle kendisiyle ilişkilendirilmiş birkaç terimle birlikte verilir (Rowley, 1996: 200). Pakin, thesaurusların (thesauri) sınıflama ile ilişkisini vurgulayan tanımında thesaurusları, "kütüphanecilikte, sınıflandırmak için hazırlanan, içinde özellikle eşanlamlı terimlerin belirtildiği ve terimler arasında hiyerarşik göndermelerin yapıldığı alfabetik liste" (Pakin, 1989: 29) olarak tanımlamıştır. Alakuş, thesaurusu basılı ya da sanal ortamda olsun, belge ve bilgi aramada kullanılan konusal anahtar sözcükler veya kavramlardan oluşan hiyerarşik bir dizin olarak tanımlamaktadır. Thesaurus veya benzeri konu sınıflandırma sistemleri, belgelerin içeriklerini anahtar sözcüklerle belirler. Bu doğrultuda thesaurus, içinde yer alan anahtar sözcükleri hiyerarşik bir düzende sıralayarak konuları ve alt konuları saptar, konular arasında bağlantılar kurar. Thesauruslar temelde denetim altındaki sözcüklerden (controlled vocabulary) oluşur ve bunların amacı sözcüklerin denetim altında tutulmasıdır. Thesaurus içindeki sözcükler kullanılarak bilgiye erişim daha kolaylaşır (Alakuş, çevrimiçi).

Thesaurusların iki temel amacı vardır. Birincisi, dizinlemede terminolojik denetimi sağlamak; ikincisi, tarama yapan kişinin uygulanan dizin terimlerine birtakım yöneltmelerle dikkatini çekerek taramaya yardımcı olmaktır. Bir thesaurus genelde belirli bir uygulamanın özelliklerini karşılamak için düzenlenir. Çoğu kez thesauruslar müzik, eğitim, tarım gibi konu alanları ile sınırlandırılır. 1950'lerden bu yana özel belge dermelerini, özleri, bültenleri, güncel yayın araçlarını, seçimli bilgi duyurularını, çevrimiçi veri tabanlarını, ansiklopedileri vb. birçok bibliyografik araçları dizinlemek için yaygın bir şekilde thesauruslar kullanılır (Rowley, 1996: 200). Bu durumu yani thesaurusların kullanımı ve yaygınlaşmasını bir başka açıdan ele aldığımızda, bilimlerin sınıflamasının artık işlevini yitirmesinin doğal sonucu olarak da görebiliriz. Önce sistematik sınıflandırma sistemleriyle konu gruplarının meydana gelmesi sağlanırken kütüphanecilik alanında bu kez sözcüklere dayalı bir sınıflandırma yöntemi kurulmuştur. Böylece thesauruslarda eşanlamlı terimler ve aralarında hiyerarşik bağ bulunan terimler arasındaki yöneltmeler aracılığıyla thesaurusların, hazırlanan alfabetik listelerde bir yapıya kavuşmaları sağlanmıştır (Pakin, 1989: 28). Bu yapının temel unsuru olan dizin terimlerinin ana listesi thesaurusun çekirdeğidir ve dizin dilini tanımlar. Bu sıralama herhangi bir kavramsal dizinde yani thesaurusta bulunmalı ve tek bir alfabetik düzende verilmelidir. Bu düzende yer alan terimler işlevlerine göre iki farklı şekilde adlandırılır. Bunların ilki, niteleyiciler (descriptors) veya dizinlerde kavramları nitelemek için kullanılması uygun görülen terimlerdir. İkincisi ise niteleyici olmayanlar (non-descriptors) ya da bir dizinde kullanılmayacak olan ancak dizinleme dilinin giriş sözcük dağarını genişletmek için yani konusal erişimi, kullanılmayan terimlerden kullanılanlara yapılacak yöneltmelerle artırmak için sözcük dağarında, thesaurusta yer alan terimlerdir (Rowley, 1996: 200).

3.2.3.1. Thesaurusların Temel Özellikleri ve Öğeleri

Thesauruslar terimlerden meydana geldiği için terimlerin seçimi ve toplanması çok önemlidir. Terimlerin seçiminde öne sürülen iki yöntem vardır. Bunların ilki sözcük türetme olup üç değişik biçimi vardır. Bunlar; 1. Sözcüklerin deneysel gelişimi yani serbest, doğal dizinleme biçimi, 2. Sözcüklerin konu başlıklarından geliştirilmesi, 3. Sözcüklerin sınıflama sistemlerinden geliştirilmesidir. Terimlerin seçiminde kullanılan ikinci yöntem ise derlemedir. Bu yöntemde ise dört yol izlenmektedir. Bunlar (Pakin, 1989: 29);

    1. Kullananlar ve konu uzmanlarından,

    2. Konu edebiyatına dayalı terimlerden,

3. Eldeki kelime listelerinden,

4. Sınıflandırma sistemlerinden yapılan derlemelerdir.

Terim seçiminde bahsedilen bu iki önemli yöntem çerçevesinde kullanılan kaynaklar ise çok çeşitlidir. Bunlardan bir kısmını belirtecek olursak; sözlükler, ansiklopediler, sınıflandırma sistemleri, konu başlıkları listeleri, thesauruslar gibi herkes tarafından edinilebilen eserler ile birlikte kullanıcıların ve konu uzmanlarının bilgileri ile dizinlenecek konu edebiyatını sayabiliriz. Terim seçiminde genellikle bu kaynakların karışımı kullanılır ayrıca karşılıklı olarak kontrolün sağlanmasında bu kaynaklardan yararlanılır (Pakin, 1989: 29).

Thesauruslarda terimlerin kullanımı konu başlıkları listelerinde kullanılan konu başlıkları biçimleriyle benzerlik gösterir. Ancak thesauruslarda yer alan terimlerin çoğunun tekli terimlerden (uniterms) ya da tek kavramlı terimlerden meydana geldiğini söyleyebiliriz. Gereken yerlerde ise birtakım çok kavramlı terimlerin dizine alınmasına karar verilebilir. Niteleyici olsun ya da olmasın terimlerin biçimi aşağıda bahsedilen beş biçimden bir tanesi olabilir. Bunlar; 1. Tek sözcükler; örneğin, Dehşet (Horror), Dokuma (Hosiery), Muhasebecilik (Counting) vb. 2. İki ya da üç sözcüklü deyimler; bunlar çoğunlukla bir sıfattan oluşur. Örneğin; Kır yaşamı (Country life), Elektrik sayaçları (Electric meters), Elektrik güç santralleri (Electric power plants) vb. 3. 've' ya da '&' ile birleştirilmiş iki sözcük; örneğin, Neşe ve hüzün (Joy and sorrow), Kayıklar ve kayıkçılık (Boats & boating) vb. 4. Birleşik deyimler; örneğin, Yönetimde işçi temsilciliği (Employees representation in management), Suçlu kurban ilişkileri (Victim offender relationships) vb. 5. Kişi, kuruluş, yer isimleri; örneğin, Smith, John (soyadına göre giriş), Paris vb. Thesauruslarda bu biçimlerden ibaret olan sözcükler ya da terimler kavramları ifade eder. Kavramlar olabildiğince basit biçimde tanımlanmalı ve aranması kolay ve iyi bilinen bir terminolojiye dayanmalıdır (yukarıda bahsedilen kaynaklar örneğin sözlükler, ansiklopediler vs.). Bu nedenle tek sözcüklü terimler, kavramların açıklanmasında daha uzun terimlere tercih edilmelidir. Daha kısa terimler, hem dizincinin hem de tarama yapan kullanıcının konu ile ilgili sözcük dağarında çoğunlukla aynı biçimde yer almalıdır. Kullanılan terimlerin tekil ve çoğul olma durumları da üzerinde durulması gereken bir konudur. Genellikle işlem ve özellikler için sözcüklerin tekil biçimi (örneğin, Sınıflama (Classification)) ve bu işlemleri gerçekleştiren insan grupları ise çoğul biçimi (örneğin, Sınıflamacılar (Classifiers)) kullanılır. Çok sözcüklü terimler yeğlenen biçimleriyle, sözcüklerin doğal sırasında girilmeli, kısaltmalar da yalnızca anlamları kullanıcılar tarafından iyi bilindiği zaman kullanılmalıdır (Rowley, 1996: 200-201).

Dizin terimleri bazen tanımlayıcılar (qualifiers) kullanılarak daha kesin ve açık bir şekilde tanımlanabilir. Örneğin, Taşınma (Ev) (Moving (House)) ve Birleşmeler (Endüstriyel) (Mergers (Industrial)) thesaurus girişlerinde parantez içersinde kullanılan tanımlayıcıları görebiliriz. Bunlar dizin teriminin tamamlayıcı bir parçası olarak işlev görür (Rowley, 1996: 201).

Thesauruslar hazırlanış biçimlerine göre alfabetik ve sistematik olmak üzere ikiye ayrılmaktadır. Ancak bir konu alanında terimlerin alfabetik olarak sıralanmasıyla meydana gelen alfabetik thesaurus, sınıflandırılmış thesauruslar da dahil olmak üzere bütün thesaurus çalışmalarının temelini teşkil etmektedir. Diğer bir deyişle genellikle alfabetik thesauruslar hazırlanmadan diğer thesauruslar oluşturulamamaktadır (Pakin, 1989: 33). Ancak birazdan bahsedileceği üzere thesauruslarda kullanılan yöneltmeler, sistemi kendi içinde zaten sistematik bir yapıya büründürmektedir.

İnternet ortamında yer alan bilgilerin 1990'lı yıllardan sonra inanılmaz boyutlarda artması sonucunda, sanal bilgiyi düzenleme sorunu kütüphaneciler ve enformasyon uzmanları çevresinde önemli bir odak noktası oluşturmaya başladı. Dijital enformasyonu düzenlemek ve arama motorlarının zayıf kalan yönlerini bir şekilde kapatmak amacıyla değişik planlar üzerinde çalışmalar yapıldı. Bunlardan en önemlileri de üst verilerin (meta-tag) kullanılması ve web indeksleme çalışmaları olmuştur. Üst veriler bir dokümanın özelliklerini tanımlar (yazar, tarih, anahtar sözcükler vb.) ve bu kriterlere değerler yükler. Bütün üst veriler ekranda görünmezler, bunlar gizli biçimde bir dokümanın özelliklerini tanımlamak amacıyla kullanılırlar. Ancak araştırıcılar için en önemli üst veriler, arama motorları tarafından anahtar sözcük olarak kullanılmak üzere seçilen öğelerdir. İndeksleme çalışmaları bakımından en önemli etken de konuları tanımlamada kullanılacak anahtar sözcüklerin seçilmesinde bir kavramsal dizinden (thesaurus) yararlanmaktır (Alakuş, 2005, çevrimiçi: 153).

3.2.3.2. Yöneltmeler

Thesaurusların yapısının önemli bir parçası olan, terimler arasındaki çeşitli ilişkileri yansıtan yöneltmeler veya gönderme ve kapsam notları, üç ana kategoriden birine ait olarak görülebilir. Bunlar; tercihli (preferential), hiyerarşik (hierarchical) ve ilgili (affinitive) kategorileridir. Bunları açıklayacak olursak (Rowley, 1996: 201-203):

1. Tercihli ilişkiler: Genellikle yeğlenen terimleri veya niteleyicileri gösterir ve bunları niteleyici olmayan yani tercih edilmeyen terimlerden ayırır. Bu nedenle bu ilişkiler terimlerin tanımlanmasında temel bir işleve sahiptir. Böylece bu ilişkileri gösteren işaretlerle hangi terimlerin birbiriyle eşdeğer sayılacağını ya da bir dizin terimi altında hangi kavramların birlikte gruplandırılabileceğini gösteririz. Bu işaretler, semboller ise genellikle bakınız işlevine sahip USE (kullan) ve UF (Use for = yerine kullan) şeklindedir.

Birkaç örnek verecek olursak;
Kent yaşamı KULLAN Kent kültürü
(Urban life USE Urban culture)
Burada niteleyici olmayan Kent yaşamı teriminden niteleyici yani otorite olan Kent kültürü terimine USE (kullan) yöneltmesi yapılır.
Programlama dilleri KULLAN Fortran, Algol, Kobol, Basic
(Programming languages USE Fortran, Algol, Cobol, Basic)
Oyunlar KULLAN Sporlar (Games USE Sports)
Sporlar için KULLAN Oyunlar (Sports UF Games)

2. Hiyerarşik ilişkiler; kullanılan semboller:
BT – Broader term (Geniş terim) ve NT – Narrower Term (Dar terim). Örneğin; İyileştirici okuma (Remedial reading)
 BT Okuma (BT Reading)
 Halk kütüphaneleri
 BT Kütüphaneler (BT Libraries)

BT ve NT sembollerinin fonksiyonları karşılıklı olarak kullanılmaktadır. Yani BT olarak görünen terimler NT olarak görünen terimle ters ilişkili olarak eşleştirilebilir. Örneğin (Özer, 2001: 32);

    Exterior lighting (Dış aydınlatma)   Lighting
    BT Lighting (Aydınlatma)   NT Exterior lighting

3. İlgili ilişkiler, dizin terimleri arasında daha ileri düzeyde bir bağlantı şeklidir. Çoğunlukla RT (Related term = İlgili terim) simgesi ile gösterilir. Örneğin;

    Gıda (Food)
        RT Vejetaryenlik (Vegetarianism)
            Yemekler (Dinners)
            Aşçılık (Cookery)

Görüldüğü üzere thesauruslarda kullanılan yöneltmeler daha önce de belirtildiği gibi konu başlıkları listelerinde kullanılanlarla büyük ölçüde benzerlik gösterir. Bu benzerlik hem işlevsel hem de biçimsel yani kullanılan simgelerin büyük ölçüde aynı olması açısından vardır. Bu benzerliğe karşın thesaurus ve konu başlıkları arasında farklar da vardır. Bu farkları Özer, beş madde halinde belirtmiştir (Özer, 2001: 31):

1. Thesauruslar çoğunlukla konu başlıkları listelerine göre daha ayrıntılı terimlerden oluşmaktadır.

2. Terimleri ters çevirmeden, doğrudan yani doğal haliyle kullanır. Örneğin; Kauçuk, Yapay girişi yerine Yapay kauçuk kullanılır.

3. Her sözcük bağımsız bir giriş olarak kullanılır. Yani alt başlıklar gibi bir bölümleme yoktur.

4. Yöneltmeler çok fazladır.

5. Thesauruslardaki yöneltmeler kullanılan niteleyici başlığın geniş, dar ve ilgili terimlerine yapılmaktadır. Konu başlıklarında ise bu ilişkiler genelde ayr. bkz. yöneltmesiyle gösterilmeye çalışılır.

Thesauruslarda terimler arasında mantıksal bağ kurulurken RT (Related terms = İlgili terim) işaretiyle ilgili terimlerin ayrıca belirtilmesi olanağı sağlanır (Pakin, 1989: 34). Ancak daha önce de belirtildiği üzere konu başlıkları listelerinin özellikle yöneltmeler konusunda thesaurusların yapısını benimsemeleri söz konusudur. Örneğin LCSH, 1980'li yılların ortasından sonra 11. basım ile birlikte terimler arasındaki ilişkiler UF, NT, RT ve BT sembolleriyle gösterilen yöneltmelerle sağlanır (Rowley, 1996: 197).

Yöneltmelerin bir parçası olarak görebileceğimiz kapsam notlarının, konu başlıkları listelerinde olduğu gibi seçilen terim (niteleyici başlık) adı altında öncelikli yerini aldığını görürüz (Pakin, 1989: 33). Bunlar thesaurusta (kavramsal dizin) yer almakla birlikte, genellikle bir dizine aktarılmaz. Kapsam notları dizin teriminin kapsamını, onun anlamına işaret ederek ve kavramsal dizindeki kullanımını açıklayarak tanımlar. Bazen SN (Scope note = Kapsam notu) sembolüyle gösterilir. Birkaç örnek verecek olursak (Rowley, 1996: 201);

İyileştirici eğitim

(Bireylerin önceden öğretilmiş ancak öğrenememiş oldukları konulardaki kusurlarını ve eğitim eksikliklerini giderme yönündeki eğitim)

Remedial education

(Instructing individuals to overcome educational deficiences or handicaps in content previously taught but not learnt)

Endüstriyel yönetim

SN – Yönetim ilkelerinin endüstriye uygulanması

Industrial management

SN – Application of the principles of management to industries

Thesaurusların bir kısmında yöneltmelerin kısaltmaları, simgeleri farklı olabilmektedir. Bu farklı ama aynı işlevlere sahip simgeleri şöyle sıralayabiliriz (Rowley, 1996: 203):

GT (Generic to = Türe ait terim);

SA (See also = Ayrıca bakınız);

TT (Top term = Bir hiyerarşideki üst terim);

XT (Overlapping term = Çakışan terim);

AT (Associated term = Bağlantılı terim);

CT (Coordinate term = Koordine terim);

ST (Synonymous term = Eşanlamlı terim) ve

SU (See under = …nin altında bakınız).

IV. BÖLÜM:
ALFABETİK VE SİSTEMATİK SINIFLAMA DÜZENLERİNİN KARŞILAŞTIRILMASI

Bu bölüme kadar kütüphanecilik alanında yaygın olarak kullanılan alfabetik ve sistematik sınıflama düzenlerinin önemli bir kısmını tek tek inceleyerek; özellikle bilgiye, belgeye konusal erişim açısından bu iki düzen arasındaki farkları ve benzerlikleri ortaya çıkarabileceğimiz verileri elde etmeye çalıştık. Bunu yaparken ilk önce bu iki farklı sınıflama düzeninin temel özelliklerini, öğelerini belirlemeye çalıştık. Ardından bu belirlenenler çerçevesinde bilgi ve belge yönetimi alanında yaygın olarak kullanılan sistematik ve alfabetik sınıflama sistemlerinin başlıcalarını incelemeye çalıştık. Böylelikle bilgiye ve belgeye konusal erişimi sağlayan bu sistemlerin özelliklerini, öğelerini dolayısıyla işlevlerini tespit ettikten sonra kullanıcıların bilgi ve belgeye konusal erişim ihtiyacını hangi sınıflama düzeninin daha iyi sağladığını, kullanıcılar için hangisinin daha uygun, kullanışlı olduğunu yapılacak karşılaştırma sonucunda bulmaya çalışacağız.

Çakın, insanoğlunun başlangıçtan beri farkında olmadan sorunlarını çözümlemek için kullandığı yaklaşımlardan biri olan karşılaştırma yöntemini olgular arasında benzerlikleri ve farklılıkları saptayarak, benzerliklerdeki farklılıkları ve farklılıklardaki benzerlikleri araştıran ve açıklamaya çalışan; özellikle toplumsal bilimlerde kullanılan en önemli araştırma yöntemi olarak açıklamaktadır (Çakın, 1989: 15).

Kütüphanecilik alanında, sınıflama konusuyla ilgili karşılaştırmalı çalışmalar, yapılan literatür taraması çerçevesinde oldukça azdır. Özellikle sistematik ve alfabetik sınıflama düzenlerini karşılaştırılmasını konu edinen hiçbir çalışmaya rastlanmamıştır. Yalnız Pakin'in çalışmaları, özellikle "Sınıflandırma düzenlerinde konular arasındaki ilişkiler ve bu ilişkiler kurulurken kullanılan yöntemler" adlı makalesi istisna olarak görülebilir (Pakin, 1992). Bir kısım eserde ise sadece ele alınan konuları desteklemek için bu konuya ufak pasajlarla değinilmiştir. Ayrıca eserlerdeki ele alınan konularda yer alan bilgileri birtakım ilişkiler kurarak ilgilendiğimiz konu ile bağlantılandırmamız mümkün olabilmektedir. Dolayısıyla bu tezde yapılmak istenen karşılaştırmanın güçlüğü ortaya çıkmaktadır. Buna çözüm bulabilmek için elde bulunan kaynakların bir kısmını tekrar değerlendirme ve internette bu konuya (karşılaştırma yöntemi ve çalışmaları) dair çıkan bilgileri araştırma gereği ortaya çıkmıştır. Bunun sonucunda elimize çok fazla veri geçmemekle birlikte çalışmaya yön verebilecek, referans noktası olabilecek bulgulara ulaşılmıştır. Bunların en önemlileri ise İrfan Çakın'ın "Karşılaştırmalı kütüphanecilik: yöntemi ve özellikleri" (Çakın, 1989), Judy Jeng'in "What is usability in the context of the digital library and how can it be measured?" (Jeng, 2005) ve Ahmet Bağış'ın "Arayüz tasarımlarının karşılaştırmalı değerlendirilmesinde kullanılabilirlik yaklaşımı" (Bağış, 2003, çevrimiçi) adlı makaleleridir. Böylelikle yapılacak karşılaştırmanın çerçevesi, kıstasları belirlenmeye çalışılmıştır.

Çakın, Bereday'ın karşılaştırmalı eğitim çalışmaları için önerdiği betimleme, yorumlama, eşleme ve karşılaştırma terimleri ile ifade edilen dört aşamanın karşılaştırmalı kütüphanecilik çalışmaları için de geçerli olduğunu belirtir (Çakın, 1989: 7). İlk iki aşama tezin ilk üç bölümünde büyük ölçüde gerçekleştirilmiştir. Bu bölümde ise eşleme ve karşılaştırma aşamaları gerçekleştirilmeye çalışılacaktır.

Eşleme aşamasını bir ölçüde betimlemeyi andırır bir biçimde, farklı koşullardaki kütüphane sistemlerine ilişkin verilerin ortak bir düzen içinde eşlenmesi olarak açıklayabiliriz. Bu aşamada yapılan işlemlerin iki temel amacı vardır. Bunların ilki, karşılaştırmaya konu olan kütüphane sistemleri arasındaki benzerlikleri ve farklılıkları ortaya koymak, ikincisi ise araştırma hipotezini açık, basit, anlaşılır bir şekilde belirlemektir (Çakın, 1989: 11). Burada bir noktayı belirtmek yerinde olacaktır. Araştırma dilinde değişkenler arasındaki ilişki olarak tanımlanan hipotezin bu aşamada kesinlik kazanması, araştırmacının bu ana kadar araştırma hipotezinden habersiz olduğu anlamına kuşkusuz gelmez. Burada kastedilen ise araştırmacının çok daha önce, araştırmasının başlangıcında sezinlediği ilişkinin kanıtlanabilir düzeyde belirginleşmesidir (Çakın, 1989: 12).

Eşleme ve karşılaştırma aşamalarında doğal olarak bir bütünün parçaları olan ilk üç bölümde belirtilen hususlardan yani betimleme ve yorumlama aşamalarından büyük ölçüde yararlanılacaktır. Üçüncü aşama olan eşleme, sistematik ve alfabetik sınıflama düzenleri arasındaki fark ve benzerlikler başlığı altında incelenecektir.

4.1. Sistematik ve Alfabetik Sınıflama Düzenleri Arasındaki Fark ve Benzerlikler

Karşılaştırma yönteminin üçüncü aşaması olan eşleme yolu ile sistematik ve alfabetik sınıflama düzenleri arasındaki fark ve benzerlikleri ortaya çıkaracağımız bu kısımda kullanacağımız verilerin en önemli özelliği duruma uygun olmalarıdır. Yani bu aşamada kullanacağımız veriler, şüpheden arınmış ve araştırma problemi ile doğrudan ilgili olanlardır. Dolayısıyla uygun veri ifadesi ile bazı gözlemlerin ve kanıtların belirli durumlarda ötekilerden daha geçerli ve güvenilir olduğuna işaret edilmektedir (Çakın, 1989: 11). Bu çerçevede tespit etmeye çalışacağımız farkların ve benzerliklerin biçimsel gösterimi ise "Benzerlikler" ve "Farklar" başlıkları altında ayrı ayrı belirtilecektir.

4.1.1. Benzerlikler

Sınıflama düzenleri arasındaki benzerlikleri 6 madde halinde sıralayabiliriz. Bunlar:

1. Bilgi ve belgenin örgütlenmesinde, düzenlenmesinde kullanılırlar.

2. Bilgi ve belgeye konusal erişimi en iyi şekilde sağlamaya çalışan bilgi erişim araçlarıdır.

3. Oluşumu, gelişimi ve sürekliliği entelektüel bir sürecin sonucudur. Konularında uzman olan kişilerce yürütülen entelektüel bir faaliyetin ürünüdür.

4. Bilgi ve belgenin düzenlenmesi-örgütlenmesi-sınıflandırılması ve konusal erişime sunulması şeklinde ortak amaçları vardır.

5. Hem basılı hem de elektronik ortamda hizmet verirler (kataloglar, bibliyografyalar, dizinler, veritabanları vb.).

6. Denetimli-kontrollü dizinleme dilleri olarak kabul edilir. Terminolojik denetimi sağlayarak konusal erişimde otorite işlevi görürler.

4.1.2. Farklar

Sınıflama düzenleri arasındaki farkları 16 madde halinde aşağıdaki tabloda sıralayabiriz.

Tablo 8 Sınıflama Düzenleri Arasındaki Farklar

	Sistematik Sınıflama Düzenleri	Alfabetik Sınıflama Düzenleri
1.	Bilgi ve belgeyi felsefi bir temelde, sistematik, hiyerarşik bir düzenlemeyle konusal erişime sunar.	Bilgi ve belgeyi alfabetik bir düzende oluşturulan konu başlıkları ile konusal erişime sunar.
2.	Yerleştirme düzeni olarak da kullanılır.	Yerleştirme düzeni olarak kullanılmaz.
3.	Bilgi ve belgeye doğrudan erişim mümkün olabilmektedir (raflarda göz atma yolu).	Bilgi ve belgeye doğrudan erişim olmaz.
4.	Bilgi ve belgeye konusal erişim raflarda göz atma (browsing) ve kataloglarda (basılı veya elektronik ortamdaki sistematik konu katalogları) sınıflama numaralarıyla mümkün olmaktadır.	Konusal erişim, sadece kataloglarda (basılı veya elektronik ortamdaki alfabetik konu katalogları) mümkün olmaktadır.
5.	Sistematik konu katalogları, sistematik sınıflama düzenlerine (EOS vs.) göre hazırlanan konusal erişim araçlarıdır.	Alfabetik konu katalogları, alfabetik sınıflama düzenlerine (LCSH, SLSH vs.) göre hazırlanan konusal erişim araçlarıdır.
6.	Sistematik konu kataloglarını kullanıcı, aracısız, doğrudan kullanamaz. Sınıflama sisteminin ve notasyonunun hakkında bir ön bilgiye ihtiyacı vardır.	Alfabetik konu kataloglarını hiçbir aracı ve yardımcıya ihtiyaç duymadan doğrudan ulaşır, kullanır. Dolayısıyla kullanım kolaylığı vardır.
7.	Bilgi ve belgenin içerdiği konuyu bir nevi sembol, işaret sistemi olan, rakam, harf ve çeşitli işaretlerden oluşan notasyon ile temsil eder.	Bilgi ve belgenin içerdiği konuyu, belirli kurallara göre daha önceden hazırlanmış bir listede yer alan konu başlıkları temsil eder.
8.	Bilgi ve belgenin içerdiği konuların sadece bir tanesine konusal erişim imkanı sağlamaktadır. EOS gibi bazı sistematik sınıflama sistemleri ise birkaç konuyu sahip olduğu notasyon sistemi ile temsil, ifade edebilmektedir.	Bilgi ve belgenin içerdiği konuların hemen hepsine konusal erişim imkanı sağlamaktadır (belirlenen sınırlar, ilkeler çerçevesinde).
9.	Bilgi kaybı tehlikesi daha yüksektir.	Bilgi kaybı tehlikesi daha azdır.

10.	Büyümesi, genişlemesi, yeni konuları bünyesine dahil etmesi (hospitality) sınırlıdır. Yani yapılmak istenen değişiklikler, eklemeler zorlukla gerçekleştirilebilir.	Büyümesi, genişlemesi, yeni konuları bünyesine dahil etmesi, değişikliklere uyum sağlaması çok daha kolaydır, sınırsızdır (belirlenen ilkeler doğrultusunda).
11.	Standartlaşma daha üstündür.	Standartlaşma daha azdır.
12.	Evrensel geçerliliği, kullanımı vardır. Notasyonun herkes tarafından anlaşılabilir, çözülebilir olmasına dikkat edilmeye çalışılır.	Yerele hitap eder. Kullanılan dile (Türkçe, İngilizce vs.) göre hazırlanması genele hitap etmesini, evrensel olmasını önemli ölçüde engeller.
13.	Bilgi evrenini sınıflamak amacında olan sistematik sınıflama düzenleri, bunu yaparken geniş konu alanlarını, bilim disiplinlerini, temel alır ve bunların alt sınıflarını, bölümlerini sistemde yansıtmaya çalışır. Bu da az sayıda konusal erişim ucuna sahip olduğuna işarettir.	Geniş konu alanlarıyla birlikte çok spesifik konuları da kolaylıkla bünyesinde bulundurabilir. Dolayısıyla bilgiye, belgeye erişmek isteyen kullanıcıların hizmetine çok sayıda konusal erişim ucu (konu başlıkları) sunulmuş olur.
14.	Konular arasındaki ilişki hiyerarşik yapı sayesinde gerçekleştirilmeye çalışılır. Bu ise iki yolla yapılır. İlki, bilgi evrenini hiyerarşik yapıda yani genelden özele doğru sistematik olara düzenler. İkincisi ise notasyonun hiyerarşik bir yapıyı gösterebilmesidir.	Konular arasındaki ilişki yöneltmeler (göndermeler ve kapsam notları) aracılığıyla yapılır.
15.	Konusal erişimi destekleyen, kolaylaştıran, artıran ilişki dizinleri vardır.	Bu düzenler alfabetik olarak hazırlandığından dolayı ilişki dizinine ihtiyaç duymaz.
16.	Kullanıcıların sınıflama düzenini ve notasyonunu öğrenmesi, anlaması gerekmektedir. Bunun da zaman alan bir durum olması ve kullanıcıların alternatif erişim yollarını bulmaları durumunda böyle bir öğrenme, anlama sürecine çok gerekmedikçe girmek istememesi kullanışlılığını azaltır.	Kullanıcıların öğrenmesi, bilmesi gereken pek bir şey yoktur. Sadece okuma yazma bilmesi, araştırdığı konuya ait önemli ve yaygınlaşmış terimleri bilmesi yeterli olabilmektedir. Bu da kullanışlılığını artıran bir faktördür.

4.2. Hipotezin Doğrulanması

Karşılaştırma yönteminin üçüncü aşaması olan eşlemenin birinci amacını sistematik ve alfabetik sınıflama düzenleri arasındaki fark ve benzerlikleri belirleyerek gerçekleştirdik. Araştırma hipotezinin bir nevi doğrulanması, netleştirilmesi olarak nitelendirilebilecek eşleme aşamasının ikinci amacını ise bu belirlenen farklar ve benzerlikler doğrultusunda gerçekleştirebiliriz.

Bilindiği üzere tezin hipotezi "Kütüphanelerde, bilgi ve belge merkezlerinde konusal erişimin daha isabetli ve eksiksiz olması açısından sistematik sınıflama düzenlerine nazaran alfabetik konu başlıklarına dayalı bir sınıflama düzeninin kullanılması kullanıcı açısından daha uygundur." şeklindedir. Belirlediğimiz fark ve benzerliklerden çıkarabileceğimiz ilişkilerden bu hipotezin doğrulanabilir, kanıtlanabilir olduğunu görebiliriz. Bu ilişkilerin bir kısmını şöyle belirleyebiliriz:

Farklar başlığı altında incelediğimiz 1 ve 13. maddede sistematik sınıflama düzenleri bilgi ve belgeyi felsefi bir temelde sistematik, hiyerarşik bir düzenlemeyle konusal erişime sunar. Kullanıcılar ise bu sistemi, yapıyı bilmeyebilir. Dolayısıyla ilk önce sistemi anlamaya çalışması ve aradığı konunun bu sistemde ne şekilde ifade edildiğini bulması gerekecektir. Örneğin aradığı konu birebir sistemde yer almayabilir. Bunun sonucunda ise kullanıcının bir sonuç alabilmesi için aradığı konuyla ilişkili üst ve/veya alt konuları, disiplinleri bilmesi gerekmektedir. Ayrıca bir üst konuya göre tarama yapıldığında çıkan sonuçta yüzlerce, binlerce kayıt arasından aranan konuya ait bilgi ve belgeye erişme olasılığı vardır. Tersi de mümkündür. Yani alt konuya göre tarama yapıldığında sadece birkaç kayıta erişme durumu ortaya çıkabilir. Bu ve benzeri durumlar öncelikle zaman kaybına yol açmakta ve var olan verilerin etkin bir şekilde hizmete, erişime sunulmasına engel olmaktadır. Böylece kullanıcıların aradığı konuyu ve/veya ilişkili konuları bulamama olasılığı artar. Bu ise kullanıcının hiçbir bilgiye, belgeye erişememe riskini artırır (eğer kullanıcı yazar adı, eser adı vb. gibi erişim ucu olabilecek bibliyografik bilgileri de bilmiyorsa bu durum kaçınılmaz son olur, yani hiçbir bilgiye, belgeye erişilemez.). Alfabetik sınıflama düzenleri ise bilgi ve belgeyi alfabetik bir düzende oluşturulan konu başlıklarıyla konusal erişime sunar. Bu da yukarıda bahsedilen olumsuzlukların büyük ölçüde giderilmesini mümkün kılar. Çünkü kullanıcılar alfabetik bir düzeni öğrenmek için zaman harcamak zorunda değildir. Bunu, alfabetik düzene yatkın olmaları, daha açık bir ifade ile bilinmesi, öğrenilmesi gereken pek bir şeyin olmaması sağlar. Sadece okur-yazar olmak ve aradığı konu hakkında az bir bilgiye (konuya ait önemli ve yaygınlaşmış terimleri bilmesi yeterli olabilmektedir) sahip olması bir sonuç almak için yeterli olabilmektedir. Bu durum ise kullanıcıların bu düzeni sistematik sınıflama düzenlerine göre daha uygun, kullanışlı bulduğunu gösteren nedenlerden biridir.

Farkların 8. maddesinde, sistematik sınıflama düzenlerinde genelde bilgi ve belgenin içerdiği konuların sadece bir tanesine konusal erişim imkanı sağlanmaktadır (bu durum sistematik sınıflama düzenlerinin ayrıca yerleştirme düzeni olmalarından kaynaklanır), saptaması yapılmıştır. Bu, kullanıcıların aradığı konudaki yayınların önemli bir kısmına erişemeyeceği anlamına gelmektedir. Çünkü bir kitap tek bir konu üzerinde yoğunlaşabileceği gibi birden çok konuyu da içerebilir. Böyle bir durumda yerleştirme düzeni de olması nedeniyle kitapta değinilen konular arasında en önemlisi seçilerek kitabın sınıflandırılması yapılır. Bunun sonucunda sadece belirlenen konudan konusal erişim sağlanır (raflarda göz atma yolu ile ve kataloglarda sınıflama numarasından). Kitapta yer alan diğer konular ise herhangi bir işlemden geçmediği için o konularda tarama yapan kullanıcılar bu kitaba konusal erişim sağlayamayacaktır. Bu da kullanıcıların aradığı konuyu içeren yayınların tümüne erişemeyeceği anlamına gelmektedir. Halbuki kullanıcı konusal erişimin eksiksiz olmasını doğal olarak istemektedir. Alfabetik sınıflama düzenleri ise bilgi ve belgenin içerdiği konuların hemen hemen hepsine konusal erişim imkanı sağlayabilmektedir.

Yukarıda değinilen farklardan ve benzerliklerden çıkarılan ilişkilerden de anlaşılacağı üzere tezin hipotezi doğrulanmakta ve kanıtlanabilir olduğu ortaya çıkmaktadır.

4.3. Karşılaştırma

Bilgiye, belgeye konusal erişimi sağlayan sistematik ve alfabetik sınıflama düzenlerinin sahip olduğu özellikleri, birbirleri arasındaki farkları ve benzerlikleri şimdiye kadar tespit etmeye çalıştık. Şimdi ise araştırmanın sonuç kısmından önceki ve karşılaştırma yönteminin son aşaması olan karşılaştırma ile bu sınıflama düzenlerini, özellikle konusal erişim açısından dolayısıyla kullanıcı açısından incelemeye çalışacağız.

Çakın, karşılaştırma yönteminin son aşaması olan karşılaştırmayı buz dağının deniz üstünde kalan, görünen kısmına benzeterek, bu aşamayı karşılaştırmalı çalışmaların başkaları tarafından görülebilen bölümü olduğunu, bundan önceki betimleme, yorumlama ve eşleme aşamalarının ise genellikle araştırmacının kendi yararı için yani bu son aşamada kullanılacak verilerin saptanması için gerçekleştirildiğini belirtir (Çakın, 1989: 12).

Bu kısımda yine tezin ilk üç bölümünde yer alan bilgilerden yararlanılacak ve karşılaştırma yönteminin özellikle eşleme aşamasında belirlenen farklar ve benzerlikler arasındaki ilişkilerin geçerliliğinin detaylara inilerek çözümlenmesi, açıklanması yapılmaya çalışılacaktır (Çakın, 1989: 12). Böylece tezin yapılış amacına uygun olarak incelediğimiz bu sınıflama düzenlerinin konusal erişim açısından yarar ve sakıncalarını kuramsal olarak ortaya çıkarmış olacağız.

Sınıflama düzenlerini karşılaştırırken belirlenmiş birtakım kritere göre hareket etmek, araştırmanın netlik kazanmasında, somut bir özellik taşımasında faydalı olacaktır. Bu yüzden kısaca amacı; sınıflama düzenlerinin yarar ve sakıncalarını ortaya çıkarmak; hipotezi ise konusal erişimin daha isabetli ve eksiksiz olması açısından alfabetik sınıflama düzenlerinin kullanılması kullanıcı açısından daha uygundur, şeklinde olan tezin karşılaştırma kriterleri kullanıcı odaklı olmalıdır. Dolayısıyla en temel kriter kullanışlılık (usability) olarak belirlenmiştir. Bu eksende yürütülecek olan karşılaştırma aşamasında alt kriterler de etkinlik (efficiency), öğrenilebilirlik (learnability) olarak belirlenmiştir (Jeng, 2004: 50 ; Bağış, 2003, çevrimiçi). Bu kriterler, eşleştirme aşamasında tespit ettiğimiz farkları ve benzerlikleri değerlendirirken gerektiğinde kullanılacaktır. Ancak bu kriterleri ayrı ayrı başlıklar halinde ele alıp konuyu değerlendirmek, açıklamak için kullanmayacağız. Bunu yaptığımız zaman fark olarak belirlenen birçok husus değerlendirme dışı kalabilecektir. Bu yüzden bu kriterleri, farkları açıklarken gerektiğinde kullanmak daha faydalı olacaktır. Ayrıca bu kriterlerin kullanımının kesin, açık bilimsel verilere

117

dayanması gerekir. Çünkü karşılaştırma sonuçlarının eldeki verilerden çıkarılan yargı cümlelerinden oluşması bağlayıcı niteliğini artırır. Bu da üzerinde dikkatle durulması gereken bir konu olduğuna işaret eder. Daha önce belirtildiği üzere ele aldığımız konu hakkında yapılmış birebir aynı veya yakın ilişkili bir çalışmanın, yapılan literatür taramasında ve okumalarında oldukça az çıkması, dolayısıyla sınıflama düzenleri arasındaki ilişkiyi gösteren uygulamaların, değerlendirmelerin pek yapılmaması, bu türden kriterlerin kullanılabileceği alanı bir hayli daraltmaktadır. Yapılan değerlendirmeler büyük ölçüde elde bulunan veriler doğrultusunda yapılacaktır ve araştırma pratikten ziyade teoriye dayanacaktır.

Karşılaştırma aşamasında ilk önce sistematik ve alfabetik sınıflama düzenleri arasındaki benzerlikler açıklanmaya çalışılacaktır.

Sınıflama, kütüphane materyalinin konuya bağlı olarak düzenlenmesi işi ve sistemidir. Karşılaştırması yapılan sistematik ve alfabetik sınıflama düzenlerinin her ikisi, bilgi ve belgenin örgütlenmesinde-düzenlenmesinde-sınıflandırılmasında kullanılır ve bilgi ve belgeye konusal erişimi en iyi şekilde sağlamaya çalışan bilgi erişim araçları olarak kabul edilebilir. Dolayısıyla sınıflamanın, sınıflama düzenlerinin temel amacı ve işlevi bilgiyi, belgeyi, bilgi evrenini düzenlemek ve bunun sonucunda bilgi erişimi sağlamaktır. Sınıflama ve bilgi erişim kavramları o kadar iç içe geçmiştir ki birbirinden ayrı düşünmek pek mümkün değildir. Burada bir noktayı belirtmekte fayda vardır. Bilgi erişim aracıdır, şeklindeki bir ifade ile kastedilen sınıflama düzenlerinin, bilgi erişim araçlarının (basılı veya elektronik ortamdaki kataloglar, veritabanları vs.) temel unsuru olmalarıdır. Kullanıcı bir konu ile ilgili eserlere erişmek istediğinde kütüphanenin kataloğunda konu taraması yapması gerekecektir. Kullanılan alfabetik konu katalogları, alfabetik sınıflama düzenlerinden (LCSH, SLSH, thesauruslar vb.); sistematik konu katalogları ise sistematik sınıflama düzenlerinden (DOS, LCC, EOS vb.) ibaret olduğu için bu sınıflama düzenleri, bilgi erişim araçları olarak da bir ölçüde nitelendirilebilir. Ayrıca raf düzenlemesi için de kullanılan sistematik sınıflama düzenleri, göz atma (browsing) yolu ile yapılan taramalarda tam anlamıyla bilgi erişim aracı işlevi görür. Sonuçta bilginin düzenlenmesinin en temel amacı, bilgi erişimi sağlamaktır. Dolayısıyla bilgiyi düzenleyen sınıflama düzenlerini bilgi erişim araçları olarak da görebiliriz.

Benzer olarak sistematik ve alfabetik sınıflama düzenlerinin amaçlarının büyük ölçüde aynı olduğunu, ancak bunların bir kısmını kendi özelliklerine göre gerçekleştirmeye çalıştıklarını söyleyebiliriz. Örneğin bilgi ve belgenin düzenlenmesi ve konusal erişime sunulması temel amaçtır. Ancak bu amaç alfabetik ve sistematik olarak iki farklı yöntemle gerçekleştirilmeye çalışılır.

Sınıflama düzenlerinin oluşumu, gelişimi ve sürekliliği entelektüel bir faaliyetin ve sürecin sonucunda gerçekleşir. Chan'in de belirttiği gibi insan aklının en temel etkinliği olarak nitelendirilen sınıflama (Chan, 1994: 259), her türlü bilgi ve belgeyi bölümlemenin, ayıklamanın, gruplamanın, düzenlemenin, sıralamanın, derecelemenin, planlamanın ve ilişkilendirmenin çok boyutlu bir işlemi (Satija, 2000: 222) olduğundan konusunda uzman, bilgi birikimi olan kişiler tarafından yapılır.

Alfabetik ve sistematik sınıflama düzenleri, denetimli-kontrollü dizinleme dilleri (LCSH, SLSH, thesauruslar, DOS, LCC vs.) olarak da kabul edilir. Dokümantasyon dilleri olarak da adlandırabileceğimiz denetimli-kontrollü dizinleme dili, kütüphane gibi bilgi merkezleri tarafından, bilginin düzenlenmesi ve erişilmesi amacıyla belgelerin içerik tanımını yapmak üzere kullanılan resmi dildir. Bir nevi bilgi ve belgenin düzenlenmesinde ve erişiminde kullanılacak terimlerin otorite listesidir (Guinchat ve Menou, 1990: 101).

Karşılaştırma aşamasında ikinci ve son olarak alfabetik ve sistematik sınıflama düzenleri arasında belirlediğimiz, Tablo 8'de yer alan 16 maddeden oluşan farkları açıklamaya geçebiliriz. Burada sistematik ve alfabetik sınıflama düzenleri arasındaki benzerliklere nazaran daha çok olan farkların açıklanması biraz farklı olacaktır. Çünkü burada birtakım karşılaştırma kriteri (kullanışlılık, etkinlik, öğrenilebilirlik) gerektiğinde kullanılabilecektir. Benzerliklerde bu kriterlerin kullanılmasına doğal olarak ihtiyaç yoktur. Ayrıca Tablo 8'deki maddelerin sıralamasına büyük ölçüde uyulacak ve birbiriyle ilişkisi yüksek olan farklar grup halinde incelenecektir.

Madde 1:
Sınıflama düzenleri arasındaki ayrılığın temel noktası bilgi ve belgenin düzenlenme biçiminden kaynaklanmaktadır. Bunun sonucunda konusal erişim

yöntemi de farklı olur. Böylece belli bir hedefe ulaşabilmek için çeşitli yollar kullanılır. Bu yolların kendine has özellikleri, yararları, sakıncaları elbette vardır. Bu durum bize, var olan, hep var olacak bilgi ve belge ihtiyacının giderilmesinde çeşitli olanaklar sağlayacaktır. Burada incelediğimiz iki farklı düzen olan sistematik ve alfabetik sınıflama düzenleri bilgi ve belgeyi düzenleyerek kullanıcıların bunlara konusal erişimini mümkün kılar. İlkinde bilgi evrenini felsefi temelde sistematik, hiyerarşik (genelden özele doğru) olarak düzenleme ve bu düzen doğrultusunda konusal erişime sunma amacı vardır. Genele hitap etmesinden dolayı standartlaşma eğilimi yüksektir. Ancak bu düzenlerden yararlanabilmek için kullanıcıların bir ön bilgiye sahip olması gerekir. Bu ise kullanıcıların bilgi ve belgeye konusal erişiminde aşılması gereken bir engeldir. Bu engel özellikle zaman kaybına yol açarak sistematik sınıflama düzenlerinin kullanışlılığına, önemli derecede olumsuz etki etmektedir. Ayrıca kullanıcı bunun sonucunda alternatif erişim yöntemi arayışına girebilmektedir.

Alfabetik sınıflama düzenlerinde ise bilgi ve belge, alfabetik bir düzende oluşturulan konu başlıklarıyla konusal erişime sunulur. Burada temel fark, bu düzenlerin yapısının ve bu düzenler kullanılarak yapılan konusal erişim yönteminin sistematik ve alfabetik olarak adlandırılarak belirlenmiş olmasıdır. Böylelikle kullanıcıya bilgi ve belgeye konusal erişiminde iki farklı temel yol sunulmuş olur. Alfabetik sınıflama düzenlerinde kullanıcıyla bilgi, belge arasında bahse değer bir engel yoktur. Sadece kullanıcının okur yazar olması ve ilgilendiği konuyla ilgili temel, yaygınlaşan terimleri az çok biliyor olması yeterli olabilmektedir. Kullanıcıların okuma yazmayı öğrenmelerinden itibaren çeşitli alfabetik düzenleri (sözlükler, ansiklopediler, telefon rehberleri vs.) kullanabileceği gerçeği, bu düzenlere yatkın, alışkın olmamızı sağlar. Bu durum ise alfabetik sınıflama düzenlerinin konusal erişimi sağlaması açısından kullanışlılığını önemli derecede artıran bir faktördür.

Madde 2, 3, 4, 5, 6:
Sistematik sınıflama düzenleri genelde yerleştirme düzeni olarak da kullanılır. Bir türe, konuya ait bütün eserleri, benzer eserleri bir arada gruplar ve yerleştirilmesini sağlar (m. 2). Örneğin LCC ve DOS böyledir. EOS ise yerleştirme düzeni olmamakla birlikte yanlış olarak kullanıldığı yerler vardır. Sistematik sınıflama düzenleri, bilgi ve belgeyi raflarda konusal olarak düzenleyerek kullanıcıların bunlara

göz atma (browsing) yoluyla doğrudan erişimine olanak sağlamaktadır (m. 3, 4). Bu konusal erişim yöntemi, açık raf sistemini kullanan kütüphane vb. bilgi ve belge merkezlerinde alfabetik konu kataloglarına alternatif olabilecek şekilde sıklıkla kullanılmaktadır. Bu yöntemle kullanıcının, kütüphanede herhangi bir kataloğa başvurmadan, kullanılan sınıflama sistemine göre bilgi ve belgenin konusal olarak yerleştirildiği raflara göz atarak (browsing) bilgi ve belgeye doğrudan erişimi sağlanır (m. 3). Tabi bu süreçte kullanıcı kütüphane içinde belirli yerlerde bulunan, genelde büyük bir afiş biçiminde olan sınıflama sisteminin ana şemasını, belli bir seviyeye kadar olan alt sınıflarıyla birlikte inceler. Burada kullanıcı, aradığı konunun sistem içerisindeki yerini notasyonuyla birlikte tespit etmeye çalışır. Daha sonra raflar üzerindeki çeşitli açıklamalara, yönlendirmelere de uyarak ilgilendiği konuya ait eserlerin yerleştirildiği raflara ulaşır. Burada kullanıcı ilgilendiği konuyla ilgili eserlerin büyük bir kısmına doğrudan erişme olanağına sahip olmuş olur. Ancak dermesi büyük olan kütüphanelerde uygulanması zordur.

Sistematik sınıflama düzenleri, göz atarak konusal erişim sağlamanın yanı sıra sınıflama numaralarına göre hazırlanan basılı veya elektronik ortamdaki sistematik konu kataloglarıyla da bilgi ve belgeye erişimi sağlar (m. 5). Örneğin LC kataloğunu çevrimiçi kullanmak istediğimizde karşımıza birçok tarama biçimi (eser adı, yazar adı vs.) çıkmakta olup bunların arasında sınıflama numarasına göre de tarama yapma imkanı vardır. Bunu yapabilmek için aradığımız konunun hangi notasyon ile gösterildiğini bilmemiz gerekir. Tarama alanına Güzel sanatlar ana sınıfını temsil eden N notasyonunu yazdığımızda çıkacak olan sonuç, bu notasyonla gösterilen bütün materyalin gösterimi şeklinde olacaktır. Dermenin büyüklüğüne göre çıkan sonuç binlerce kayıttan ibaret olabilir. Bunun için doğal olarak alt sınıflara ait notasyonun kullanılması gerekecektir. Anlaşılacağı üzere çok kullanışlı bir durum değildir. Çünkü kullanıcıların çoğu aradığı konunun notasyonunu bilmez. Bilinenler ise genellikle çok geniş konuların notasyonu olduğundan karşımıza binlerce eserin bibliyografik bilgisini çıkaracaktır. Çok nadir, özel durumlar (dermesindeki mevcudu konularına göre öğrenmek isteyen kütüphaneci veya o konu hakkında çok geniş kapsamlı bir çalışma yapan araştırmacı vs.) haricinde bu türden bir tarama etkin bir konusal erişim sağlamaz. Broadbent de makalesinde, çevrimiçi katalogla yer numarası (sınıflama numarası) girilerek yapılan taramayı çok etkili bulmamaktadır (Broadbent, 1989: 107). Ancak sistematik sınıflama düzenlerinin (özellikle EOS) temel olarak alındığı sistematik konu kataloglarında, yardımcı unsur olarak kullanılan ilişki dizinleri çok faydalı, etkin bir erişim aracı olabilmektedir. Bir nevi alfabetik konu kataloğu özelliği taşıyan bu dizinde farklı olarak konuların karşısında sınıflama numaraları vardır. Bunun sayesinde kullanıcı sistemin izin verdiği ölçüde en detaylı, dar konuya ait bilgi ve belgeye erişme olanağına kavuşur. Sistematik sınıflama düzenlerinin özellikle sahip olduğu notasyon sisteminden kaynaklanan öğrenebilirliğin zor olması durumunu ilişki dizini sayesinde bir ölçüde aşabiliriz. Dolayısıyla alfabetik olarak düzenlenen ilişki dizini hem eserleri sınıflama, hem de eserlere erişme açısından iyi bir kılavuzdur. Eser için verilen ayrıntılı sınıflama numarasını bulmak için ilişki dizini bize önderlik eder (m. 6) (Pakin, 1972: 152).

Alfabetik sınıflama düzenleri, yerleştirme düzeni olarak kullanılmaz (m. 2). Bir türe, konuya ait bütün eserleri sadece katalog (basılı ve elektronik ortamlarda) gibi erişim araçlarında bir araya getirir. Fiziksel olarak raflarda olduğu gibi bir araya getirme işlevi yoktur (m. 3). Dolayısıyla bilgi ve belgeye göz atma (browsing) yoluyla konusal erişimde olduğu gibi doğrudan bilgiye, belgeye erişim yoktur (m. 4). Konusal erişim, basılı ve elektronik ortamda olan alfabetik konu kataloglarıyla sağlanır. Bu katalogların oluşmasında ise konu başlıkları listeleri (LCSH, SLSH vb.) ve thesauruslar gibi alfabetik sınıflama düzenleri etkin rol oynar (m. 5). Bir kütüphane, dermesine konusal erişimi sağlamak istediğinde genelde bir alfabetik konu kataloğu kurar ve bunu yaparken iki seçenek karşısına çıkar. Bunların ilki; kütüphane kendi kendine bir konu başlığı listesi hazırlayarak bu kataloğu oluşturur ki bu zor ve zahmetli bir iştir. İkincisi ise mevcut olan konu başlıkları listelerinden birini seçip dermesinde bulunan materyalin konularını bu listeye göre belirleyip alfabetik konu kataloğu hazırlamaktır. Belli bir standardı sağlayabilmek için ikinci yol daha çok tercih edilmekte ancak özellikle dil sorunlarından dolayı yabancı dilde hazırlanmış konu başlıkları listelerinin birebir uygulanması pek mümkün değildir. Örneğin İngilizce deyim başlıkları Türkçeye çevrilirken birebir karşılığı bulunamamaktadır. Çünkü İngilizcede deyim içersinde geçen edat (preposition), Türkçenin özelliği gereği tamlama biçimine dönüşür. Yani Photography of children konu başlığı Türkçede Çocuk fotoğrafçılığı olur.

Kullanıcı hazırlanan alfabetik konu kataloglarını hiçbir aracı ve yardımcıya ihtiyaç duymadan doğrudan ulaşır ve aradığı konuya dair bilgi ve belgelerin bibliyografik künyelerine erişir. Dolayısıyla alfabetik katalogların öğrenilebilirliği çok yüksektir. Sistematik sınıflama düzenlerine göre oluşturulan sistematik katalogların bir ön bilgi almadan kullanılamaması durumu göz önüne alındığında alfabetik konu kataloglarının kullanım kolaylığının çok fazla olduğu ortaya çıkar (m. 6).

Madde 7, 8, 9:

Sistematik sınıflama düzenleri, bilgi ve belgenin içerdiği konuyu bir nevi sembol, işaret sistemi olan, rakam, harf ve çeşitli işaretlerden oluşan notasyon ile temsil eder. Sınıflama düzenlerinin anahtarı olarak nitelendirilebilecek notasyon, tabi olduğu sistemin sembolik gösterimidir (m. 7). Genelde bilgi ve belgenin içerdiği konuların sadece bir tanesine konusal erişim olanağı sağlamaktadır. Bunun en temel sebebi bu düzenlerin yerleştirme düzeni olarak kullanılıyor olmasıdır. Ancak EOS gibi bazı sistematik sınıflama sistemleri, yerleştirme düzeni olarak tasarlanmadıklarından ve sahip oldukları notasyon sisteminden dolayı bir eserin kapsadığı birkaç konuyu temsil edebilmekte, bunların sembolik gösterimini yapabilmektedir (m. 8).

Sistematik sınıflama düzenlerinin genelde yerleştirme düzeni olarak kullanılmasından kaynaklanan, yani bir eserin sadece tek bir yerde bulunma zorunluluğundan dolayı o eserin ana konusunu gösterme zorunluluğu, bilgi kaybı tehlikesini ortaya çıkarmaktadır (m. 9). Çünkü bir eser bazen birkaç konuyu eşit düzeyde ele alabilmekte veya farklı düzeylerde ele alsa bile ana konu haricinde işlenen birkaç konu konusal erişim ucu olarak kullanılabilecek nitelikte, önemde olabilmektedir. Ancak sistematik sınıflama düzenlerinin bu özelliğinden dolayı bu eşit düzeydeki ve/veya tali konular, sistemde belirtilemeyecektir. Dolayısıyla bilgi ve belgeye hem göz atma yolu ile hem de sistematik konu kataloglarıyla konusal erişim sağlanamayacaktır. Böylece sadece sistematik sınıflama düzenlerini kullanarak yapılan taramalarda kullanıcı birçok bilgi ve belgeye konusal erişim sağlayamayacaktır.

Alfabetik sınıflama düzenlerinde bilgi ve belgenin içerdiği konuyu ve/veya konuları daha önceden belirli kurallara göre hazırlanmış bir listede yer alan konu başlıkları, konusal erişim uçları olarak temsil eder (m. 7). Dolayısıyla kullanıcıların yatkın olduğu alfabetik düzende, neredeyse aranılan konunun birebir aynısı olan erişim uçlarıyla bilgi ve belgeye konusal erişim sağlanır. Bu, alfabetik sınıflama düzenlerinin konusal erişim açısından sistematik sınıflama düzenlerine nazaran çok daha kullanışlı olduğuna işaret eden temel bir özelliktir. Daha önceden belirli kurallara göre hazırlanmış listeden kastedilen ise kullanılan konu başlıkları listelerinin, thesaurusların, başlangıçta belirlenen ilkeler doğrultusunda hazırlanmasıdır. Böylece özellikle kendi içinde bir tutarlılık, standartlaşma sağlanmak istenmektedir. Cutter ve Haykin'in belirlediği bu ilkeler şunlardır: Okura yönelik olma ilkesi, Tek'lik ilkesi, Özgüllük-Spesifiklik ilkesi, Kullanışta yaygınlık ilkesi ve Yabancı terim kullanmama ilkesidir (Pakin, 1990: 13).

Alfabetik sınıflama düzenleri bilgi ve belgenin içerdiği konuların hemen hepsine konusal erişim imkanı sağlamaktadır (m. 8). Tabi, özellikle yukarıda belirtilen ilkeler doğrultusunda ve belli sınırlar çerçevesinde (kütüphanenin türü, dermenin büyüklüğü, teknolojik imkanların yeterliliği vb.) olmak kaydı ile bu geniş imkandan faydalanılır. Dolayısıyla sistematik sınıflama düzenlerinde var olan; bilgi ve belgenin içerdiği konuların sadece bir tanesine konusal erişim sağlamasından kaynaklanan bilgi kaybı tehlikesi bu açıdan burada söz konusu değildir. Bilgi ve belgede ele alınan konuların hepsine istenildiği kadar, ihtiyaç duyulduğu kadar konusal erişim ucu sağlanabilir. Eskiden, özellikle bilgisayar teknolojilerinin ve internetin olmadığı, yaygınlaşmadığı dönemlerde yani çevrimiçi kütüphane otomasyon programlarının olmadığı, özellikle fiş katalogların hazırlandığı dönemlerde bu işin uzmanları ortalama olarak 2 adet, en fazla 3 adet konu başlığının konusal erişim ucu olarak bilgi ve belgeye verilmesini önerirlerdi. Bunun iki temel sebebi vardı: İlki; çok ilgili olmayan konuların gösterilmesine mani olmak dolayısıyla kullanıcıların vaktini boşa harcamasını önlemek; ikincisi ise teknik yetersizliklerden dolayı üçten fazla konu başlığı verilmesinin kataloğu fazlasıyla şişireceği ve bu yüzden kataloğun işlevselliğini kaybedeceği düşüncesiydi. Ayrıca manuel ortamda çalışıldığından üçten fazla konu başlığı verilmesi çok fazla iş gücü sarfını ortaya çıkarabilirdi. Ancak günümüzde bu sebeplerden ikincisi anlamını ve gerekliliğini kaybetmiştir. Çünkü bilgi ve belge hizmetlerinde elektronik ortam hakim olmuştur. Elektronik ortamda kataloğun şişmesi bu açıdan söz konusu değildir. Tez kapsamında incelenen literatürde bu yönde yani 3'ten fazla konu başlığı kullanılabilir şeklinde bir ifadeye rastlanmamakla birlikte uygulama alanında birçok büyük ve önemli kütüphanenin çevrimiçi kataloğunda bilgi ve belgeye 3'ün üstünde konu başlığı verildiği bilinen bir gerçektir. Bunun faydalı ve doğru bir uygulama olduğu açıktır. Amaç bilgiye, belgeye konusal erişimi eksiksiz ve isabet oranını yüksek bir şekilde sağlamak ise gereken eserlere üçten fazla konu başlığı verilebilir.

Alfabetik sınıflama düzenlerinde özellikle yukarıda açıklanan nedenden dolayı bilgi kaybı tehlikesi sistematik sınıflama düzenlerine nazaran çok daha azdır (m. 9). Bu ise konusal erişimde alfabetik sınıflama düzenlerinin ne kadar etkin olduğunu gösteren bir işarettir.

Madde 10, 11, 12:

Sistematik sınıflama düzenlerinin büyümesi, genişlemesi, yeni konuları bünyesine dahil etmesi (hospitality) sınırlıdır, zordur. Yani yapılmak istenen değişiklikler, eklemeler temelde zorlukla gerçekleştirilebilir (m. 10). Çünkü geleneksel sınıflama sistemleri olarak da adlandırılan bu sınıflama düzenlerinin hemen hemen hepsi (tezde incelenenlerin hepsi: DOS, LCC, EOS) 19. yy. sonlarıyla 20. yy.'ın başlarından itibaren ortaya çıkmış ve geliştirilmiştir. Dolayısıyla o dönemin entelektüel havasını yansıtan yani o dönemin anlayışına, bilgi birikimine ve büyük ölçüde bu güne göre çok az olan bilgi ve belge üretimindeki artışa göre tasarlanan sistematik sınıflama düzenleri yetersiz kalabilmektedir. Endüstri toplumundan bilgi toplumuna geçişin olduğu, uzay çağı, bilgi çağı, internet çağı vb. birtakım nitelemelerle adlandırılan yaşadığımız dönemde birçok yeni bilim disiplininin (Bilgi erişimi, Elektronik vb.) ve birçok alanda derinlemesine yapılan araştırmalar sonucunda birçok yeni bulgunun ortaya çıkmasını hep birlikte izlemekteyiz. Dolayısıyla birçok yeni konu alanının sınıflandırılması ihtiyacı ortaya çıkmaktadır. Ancak iki önemli sebepten dolayı bunun gerçekleştirilmesi zor olmaktadır. Bunların ilki kullanılan notasyonun buna izin vermemesi; özellikle DOS'ta ana sınıflarla birlikte en fazla 1000 tane farklı konunun belirli bir hiyerarşik düzende gösterilebilir olması ve bunların çok büyük çoğunluğunun dolmuş olması, yeni konuların girmesini zorlaştırır. Bunun sonucunda ise alakasız konuların bir arada bulunması ve bazı konuların hiyerarşik düzende olması gereken yerinin dolu olmasından dolayı bir alt düzeyde yer alması gibi istenmeyen durumlar ortaya çıkar. İkinci olarak; bazı değişiklikler, eklemeler sistemde geriye dönük geniş çaplı değişikliklere yol açabilmektedir. Bu duruma özellikle uygulama alanında yani kütüphane vb. bilgi ve belge merkezlerinde oluşacak mali külfetten ve iş gücü külfetinden dolayı pek sıcak bakılmamaktadır. Bu yüzden sistematik sınıflama düzenlerini geliştiren kurumlar çok gerekmedikçe kolay kolay değişiklik yapmamaktadır. Büyük çapta değişiklikler yapılmak istendiğinde ise bunu zamana yayarak olabildiğince olumsuz etkilerinin minimuma indirilmesi sağlanmaktadır. Sistematik sınıflama düzenlerinin değişime, yeniliklere çok sınırlı bir şekilde açık olması bu düzenlerin standart haline gelmesinde etkendir (m. 11). Diğer etken olan faktörler ise kullanılan notasyon sisteminin kullanılan her yerde aynı olması ve konu listelerinin genelde hiyerarşik düzende oluşturuluyor olmasıdır. Ayrıca notasyonun, herkes tarafından anlaşılabilir, mantıksal, çözülebilir olmasına dikkat edilmeye çalışılır. Standartlaşmanın yüksek olmasında; sistematik sınıflama düzenlerinin dünya çapında yaygınlaşması, evrensel geçerliliğinin ve kullanımının olması büyük rol oynamaktadır (m. 12).

Alfabetik sınıflama düzenlerinin büyümesi, genişlemesi, yeni konuları bünyesine katması, değişikliklere uyum sağlaması sistematik sınıflama düzenlerine göre çok daha kolaydır, belirlenen ilkeler doğrultusunda sınırsızdır (m. 10). Özellikle bilgi belge hizmetlerinde elektronik ortama geçildikten sonra bu kolaylık, esneklik çok daha belirginleşmiştir.

Alfabetik sınıflama düzenlerinde standartlaşma, büyük ölçüde kendi içinde olmakla birlikte dışa dönük standartlaşma nispeten azdır (m. 11). Çünkü kullanılan dili temel alması, büyük ölçüde onun özelliklerine göre yapısını belirlemesi gerçek anlamda alfabetik sınıflama düzenlerinin standartlaşmasına mani olan en önemli faktördür. Kendi içinde de tam anlamıyla standarttır diyemeyiz. Çünkü kültürün en önemli unsuru olan kullanılan dil, zaman ilerledikçe yavaş da olsa sürekli değişebilmektedir. Ancak bu durum kontrol edilebilir olmadığı için doğal olarak göz ardı edilerek dikkate alınmaz. Dolayısıyla konu başlıkları listeleri ve thesauruslar, standart konu dizinleri, otorite dizinleri olarak da adlandırılır. Son dönemlerde özellikle bilgi ve belge hizmetlerinde elektronik ortama geçilmesi, internetin yaygınlaşması ve kültürler arası etkileşmenin artmasından dolayı yanlış da olsa dünya çapında belli bazı büyük alfabetik sınıflama düzenlerinin (örneğin LCSH ve SLSH'nin) standart konu başlıkları dizini olarak görülme eğilimi vardır. Ülkemizde de maalesef bu eğilim güçlenerek varlığını sürdürmektedir. Tabi, burada kendimizin bu nitelikte, kalitede konu başlıkları listeleri yapmamamız, yapamayışımız dolayısıyla büyük ölçüde kolaycılığa kaçmamız belirleyici rol oynar. Örneğin Orta Doğu Teknik

Üniversitesi ve Bilkent Üniversitesi kütüphaneleri bağlı oldukları kurumun eğitim dili İngilizce olduğu için alfabetik konu kataloglarında LCSH'yi orijinal haliyle kullanmaktadırlar. Hacettepe Üniversitesi kütüphanesi ise LCSH'den Türkçeye çevrilen başlıklarla birlikte İngilizce karşılıklarını da vererek İngilizce başlıkları bilen kullanıcıların Türkçe başlıklara yönlendirilmesi sağlanır (Özer, 2001: 53-54). Koç Üniversitesi kütüphanesi ise sadece İngilizce olarak konusal erişimi mümkün kılmaktadır. Buradan gelinmek istenen nokta ise şudur: Kütüphaneler vb. bilgi ve belge merkezlerinde konu başlıkları, dermenin önemli bir kısmının yabancı dilde eserlerden oluşması durumunda ve bağlı olunan kurumun amaçları doğrultusunda yabancı dilde hazırlanabilir. Ancak mutlaka kullanılan ana dile göre de konu başlıklarının oluşturulup kullanılması gerekir. Bu yapılmadığı takdirde dermenin kullanım oranı, yararlanan kullanıcıların sayısı ve konusal erişimin etkinliği çok düşük seviyelerde kalır. Elbette bu kurumlarda ana dilde yayınlar da olacağından bunlara erişebilmek için yabancı dilde konu başlığı kullanmak zorunluluğu ortaya çıkar. Bunlar bilinmediği takdirde bu eserlere konusal erişim sağlamak mümkün olmaz.

Konu başlıkları listelerinin olduğu gibi alınıp kullanılması en başta bu listelerin varlık nedenine, amaçlarına büyük ölçüde aykırıdır. Bu listelerin konusal erişimdeki kullanım kolaylığı, işlevselliği önemli ölçüde zarar görür. Çünkü konu başlıkları listelerinde yaşanılan yerde kullanılan dil esastır. Sefercioğlu, 1968 yılında hazırladığı doktora tezinde konuya bir başka açıdan bakarak konu başlıklarının bir dilden diğerine çevrilmesindeki güçlükleri ve bazı hallerdeki imkansızlıkları vurgulamış, bire bir çeviri yapmaya çalışmak yerine her milletin kendi öz diline ve bu dilin edebi özelliklerine uygun biçimde, bizzat hazırlaması gerektiğini belirtmiştir (Sefercioğlu, 1968: 49-50). Bu şekilde kendimize ait standart konu başlıkları listemiz/listelerimiz vardır diyebiliriz. Ancak bu konuda ülkemizde yeteri kadar çalışma yapıldığını, yapılanların uygulama alanına geçtiğini, bunların geliştirildiğini söylemek bir hayli güçtür. Tez kapsamında yapılan literatür taraması sonucunda iki önemli konu başlığı listesi çalışmasını burada belirtmek yerinde olacaktır. İlki, Erol Pakin'in 1990 yılında yayınlanan "Dil ve Edebiyat Alanı için Türkçe Konu Başlıkları Listesi" adlı doktora çalışması (Pakin,1990), ikincisi ise Şeyhmuz Ortaç'ın 1992 yılında hazırladığı "Ekonomi Alanı için Türkçe Konu Başlıkları Listesi" adlı yüksek lisans tezidir (Ortaç, 1992).

Alfabetik sınıflama düzenleri yukarıda da (11. madde) kısmen açıklandığı üzere yerele hitap eder. Kullanılan dile (Türkçe, İngilizce vs.) göre hazırlanması genele hitap etmesini, evrensel olmasını önemli ölçüde engeller (m. 12). Ancak Tıp Konu Başlıkları Listesi (Medical Subject Headings) bunun dışında tutulabilir. Çünkü tıp dili dünyada nerede ise ortak bir dil haline gelmiştir. Bu alanda bilinen, en geniş liste olduğu için ve Tıp dizininin (Medical Index) hazırlanmasında büyük rolü olduğu için bu listeyi büyük ölçüde dünya çapında standart bir liste olarak görebiliriz.

Madde 13:

Bilgi evrenini (kayıtlı bilgi ve belgenin hepsi) sınıflamak amacında olan sistematik sınıflama düzenleri, bunu yaparken hiyerarşik ve mantıksal düzende geniş konu alanlarını, bilimsel disiplinleri temel alır ve bunların alt sınıflarını, bölümlerini sistemde yansıtmaya çalışır. Bu da az sayıda konusal erişim ucuna sahip olduğuna işaret eder. Teorik olarak spesifik, dar konular dahi sistemde gösterilebilmekle birlikte pratikte bu durum pek mümkün olamamaktadır. Olduğu takdirde istenmeyen bir durum olan çok uzun notasyonlarla karşılaşılabilmektedir.

Alfabetik sınıflama düzenleri ise geniş konu alanlarıyla birlikte çok spesifik konuları kolaylıkla bünyesinde bulundurabilir. Bu düzenler kullanılan dile göre alfabetik olarak hazırlandıkları için hem teorik hem de pratik olarak istenildiği kadar spesifik, dar konuları gösterilebilmektedir. Dolayısıyla bilgi ve belgeye erişmek isteyen kullanıcıların hizmetine çok sayıda konusal erişim ucu (konu başlıkları) sunulmuş olur.

Madde 14:

Sistematik sınıflama düzenlerinde konular arasındaki ilişki, hiyerarşik yapı sayesinde gerçekleştirilmeye çalışılır. Bu ise iki yolla yapılır: İlki, bilgi evrenini hiyerarşik yapıda yani genelden özele doğru sistematik olarak düzenler. Dolayısıyla konuları benzer olan, ilişkili olan eserler bir arada, birbirine yakın yerde gruplandırılır ve yerleştirilir. İkincisi ise notasyonun hiyerarşik bir yapıyı gösterebilmesidir. Bu ise bilgi ve belgeye verilen notasyonun uzunluğuyla belirlenir. Örneğin DOS'ta aynı ana sınıfa ait üç eserden biri 700 Sanatlar, Güzel sanatlar, ikincisi 780 Müzik, üçüncüsü 720 Mimarlık notasyonları ile gösterildiğinde anlaşılması gereken ilişkiler şunlardır. 780 ve 720 notasyonları birbiriyle eşittir. Bu ikisi, 700 notasyonunun astıdır. Çünkü

700 notasyonu diğerlerine göre bir basamak daha kısadır (sıfırlar doldurmadır). Ayrıca tersini düşündüğümüzde 700 notasyonu diğer iki notasyonun üstüdür. Yani daha geniş konu alanını, disiplini temsil ettiğini anlarız. Bunların sonucunda konular arasındaki hiyerarşiyi göstermesi bakımından alfabetik sınıflama düzenlerine nazaran daha etkin olduğu kabul edilmektedir.

Alfabetik sınıflama düzenlerinde ise konular arasındaki ilişki yöneltmeler (göndermeler ve kapsam notları) aracılığıyla yapılır. Bu yöneltmeler ile konu başlıklarının eşanlamlılarını, ilişkili olduğu konuları (aynı seviyedeki ve alt konuları) ve gerek duyulduğunda kapsam sınırlarını belirtmeye çalışır. bkz., ayr. bkz. gibi kısaltmaların kullanılmasıyla yapılan yöneltmeler, yer aldığı sisteme bir bütünlük kazandırarak sistemin daha kullanışlı hale gelmesini sağlamaktadır. Ancak bu sistemlerin kullanılan dili temel alarak alfabetik yapıda hazırlanması yani mantıksal ve hiyerarşik bir düzenden yoksun olması, yöneltmelerin konu başlıkları arasındaki ilişkileri, hiyerarşiyi gösterebilecek tek unsur olduğu gerçeğini ortaya çıkarmakla birlikte sistematik sınıflama düzenlerine nazaran pek etkin değildir. Çünkü çok kesin kuralları ve sınırları olmadığı için kişiden kişiye, kurumdan kuruma farklı uygulamalar olabilmektedir. Kimisi çok fazla yöneltme kullanmakta kimisi az kullanmaktadır.

Madde 15:
Sistematik sınıflama düzenlerinde konusal erişimi destekleyen, kolaylaştıran, artıran ilişki dizinleri vardır. Bu ilişki dizinleriyle bir şekilde bu düzenlere alfabetik yaklaşım sağlanır. Bu düzenlerin kullanışlılığını artırarak konusal erişimi daha etkin hale getirir.

Alfabetik sınıflama düzenleri, alfabetik olarak hazırlandığından dolayı ilişki dizini gibi yardımcı unsurlara ihtiyaç duymaz.

Madde 16:
Sistematik sınıflama düzenlerinde kullanıcıların sınıflama düzenini ve notasyonunu öğrenmesi, anlaması gerekmektedir. Bunun da zaman alan bir durum olması kullanışlılığını azaltır. Kullanıcı alternatif erişim yollarını bulması durumunda böyle bir öğrenme, anlama sürecine pek girmek istemez.

Alfabetik sınıflama düzenlerinde ise kullanıcıların öğrenmesi, bilmesi gereken pek bir şey yoktur. Sadece okuma yazma bilmesi ve araştırdığı konuya ait önemli, yaygınlaşmış terimleri bilmesi yeterli olabilmektedir. Ayrıca konu başlıkları arasındaki ilişkileri gösteren yöneltmeler de (genellikle kısaltmalardan oluşur) büyük ölçüde kolaylıkla anlaşılır. Bu da alfabetik sınıflama düzenlerinin sistematik sınıflama düzenlerine nazaran çok daha kullanışlı olduğuna işaret eder.

SONUÇ

Sistematik ve alfabetik sınıflama düzenlerinin bilgiye, belgeye konusal erişim açısından karşılaştırılmasının yapıldığı bu tezde elde edilen sonuçların önemli bir kısmı bu araştırmanın doğası gereği karşılaştırmanın yapıldığı 4. bölümde yer almaktadır. Dolayısıyla burada tekrar ele almanın bir anlamı yoktur. Öyle ki, 4. bölümün Karşılaştırma kısmı, birkaç eklemeyle Sonuç yerine Karşılaştırma başlığı altında da ele alınabilirdi. Ancak tezde biçim veya mantık hatası olabilir kaygısıyla bundan vazgeçilmiştir. Bu yüzden karşılaştırma sonuçlarının bir kısmını özlü bir biçimde tekrardan tezin amacıyla, hipoteziyle ilişkilendirerek daha net bir sonuç elde etmek, araştırmanın bütünlüğü açısından önemli ve faydalı olacaktır.

Girişte de belirtildiği üzere tezin amacı; kütüphanelerde, bilgi ve belge merkezlerinde bilginin, belgenin düzenlenmesinde kullanılan sistematik ve alfabetik sınıflama düzenlerinin özelliklerini irdelemek, bu düzenlerin konusal erişim açısından yarar ve sakıncalarını teorik olarak ortaya çıkarmaktır. Burada yarar ve sakınca demekle tezde kullandığımız karşılaştırma kriterlerine (kullanışlılık, etkinlik ve öğrenilebilirlik) göre çıkan sonuçlardır. Örneğin bu araştırmada alfabetik sınıflama düzenlerinin özellikle alfabetik yapısından dolayı sistematik sınıflama düzenlerine nazaran daha kullanışlı olduğu bulunmuştur. Dolayısıyla alfabetik sınıflama düzenlerinin kullanışlılık temel kriterine göre sistematik sınıflama düzenlerinden daha yararlı olduğu sonucu çıkar. Bu da bizim belirlediğimiz hipotezi destekler mahiyetteki önemli sonuçların başında gelmektedir. Çünkü hipotezimiz "Kütüphanelerde, bilgi ve belge merkezlerinde konusal erişimin daha isabetli ve eksiksiz olması açısından sistematik sınıflama düzenlerine nazaran alfabetik konu başlıklarına dayalı bir sınıflama düzeninin kullanılması kullanıcı açısından daha uygundur." şeklinde belirlenmiştir.

Kullanışlılık temel kriterinin alt kriterleri olarak etkinlik ve öğrenilebilirlik belirlenmiştir.

Öğrenilebilirlik kriterinde; kullanıcı bilgi ve belgeye erişmek için kullanması gereken sınıflama düzenlerini kolayca kullanabiliyor mu, bir aracı veya yardımcıya ihtiyaç duyuyor mu gibi soruların cevapları aranmaktadır. Örneğin alfabetik sınıflama düzenlerinde (LCSH, SLSH, thesauruslar vb.) yine alfabetik yapısından dolayı kullanım kolaylığı çok fazladır. Ayrıca herhangi bir aracıya, yardımcıya ihtiyaç duyulmaz. Kullanıcının sadece okuma yazma bilmesi ve az da olsa ilgilendiği, aradığı konuyla alakalı önemli ve yaygınlaşmış terimleri bilmesi yeterlidir. Ancak sistematik sınıflama düzenlerinde durum farklıdır. Kullancının bilgi ve belgeye konusal erişimi sağlayabilmesi için sistemin yapısını, notasyonunu bir ölçüde anlaması, çözebilmesi gerekmektedir. Bu durumu nispeten azaltan yine alfabetik yapıda hazırlanmış ilişki dizinleridir. İlişki dizini sistematik sınıflama düzenlerinin öğrenilebilirliğini, etkinliğini ve kullanışlılığını artırmakla birlikte nihayetinde bilgi, belge ve kullanıcı arasında bir aracı, yardımcı konumunda bir unsurdur. Bu da zaman kaybına yol açar. Bu ve benzeri nedenlerden dolayı alfabetik sınıflama düzenlerinin sistematik sınıflama düzenlerine nazaran öğrenilebilirliği daha yüksektir.

Etkinlik kriterinde ise örnek olarak bilgi ve belgeye erişim oranını ele alabiliriz. Burada erişim oranından kastedilen şudur; bir eserde bir veya birden çok konu ele alınabilir, önemli olan sınıflama düzenleri bunların ne kadarına erişim ucu sağlıyor sorusunun cevabını belirleyebilmektir. Sistematik sınıflama düzenlerinin çoğu yerleştirme düzeni olarak da kullanıldıkları için bir esere ancak ana konusuyla erişim imkanı tanır. Halbuki bir eser tek bir konuya ağırlık verebileceği gibi eşit seviyede olan birkaç konuya veya farklı seviyelerde olan konulara da yer verebilir. Bu durum ise konusal erişimde kayba yol açar. Bu da erişim oranını düşürerek sistematik sınıflama düzenlerinin konusal erişimde etkinliğini zayıflatır. Alfabetik sınıflama düzenlerinde ise bilgi ve belgenin içerdiği konuların hemen hepsine, belirlenen sınırlar ve ilkeler çerçevesinde konusal erişim imkanı sağlanmaktadır. Bu ise alfabetik sınıflama düzenlerinin konusal erişimde çok etkin olduğuna işaret eden bir durumdur. Yani konusal erişimi, sistematik sınıflama düzenlerine nazaran daha eksiksiz ve isabet oranı yüksek bir şekilde sağlar, sonucunu çıkarabiliriz. Bu durum, hipotezimizde yer alan ifadeyle uyuşarak, bir kez daha kullanıcılara alfabetik sınıflama düzenlerinin konusal erişim açısından daha uygun olduğu önermemizi doğrular ve netleştirir. Karşılaştırmada kullanışlılık, temel kriter; etkinlik ve öğrenilebilirliğin alt kriterler olarak belirlenmesi bu araştırmanın amacına ve hipotezine göre olmuştur. Etkinlik ve öğrenilebilirlik kriterleri doğrudan kullanışlılığı etkileyen bir nitelikte olduğu için araştırmadan çıkarılan sonuçlar birkaç kritere bağlı olarak değerlendirilebilir. Yani konusal erişimde daha etkin olan bir sınıflama düzeninin kullanışlılığı da yüksektir, sonucuna büyük ölçüde varılabilir. Araştırmada başka kriterlerin kullanımı; örneğin memnuniyet (satisfaction), esneklik, etkililik (effectiveness) gibi kriterler özellikle uygulamaya ve sayısal değerlere dayandığı için teorik olarak incelediğimiz konuya dahil edilmedi. Ayrıca bu türden veriler; işlenen konuda uygulamaya yönelik bir çalışmaya, yaptığım literatür taraması ve okuması çerçevesinde yeterince rastlanmadığı için tezde destekleyici bir unsur olarak kullanılmamıştır.

KAYNAKÇA

Alakuş, Meral: "Bilgi Evreninden Evrensel Bilgi Merkezine: İnternet'in Düzenlenmesi", (Çevrimiçi) http://inet-tr.org.tr/inetconf10/bildiri/52.doc, 20.08.2008.

Alakuş, Meral: **Bilgi Toplumu**, Ankara, Kültür Bakanlığı Kütüphaneler Genel Müdürlüğü, 1991.

Alakuş, Meral: "Bilimsel İletişim Ortamında Kitap Dizinleri", ÜNAK'06: Bilimsel İletişim ve Bilgi Yönetimi: 12-14 Ekim 2006, Ankara, (çevrimiçi) http://kaynak.unak.org.tr/bildiri/unak06/u06-9.pdf, 19.08.2008, s. 63-79.

Alakuş, Meral: "Kil Tabletlerden Sanal Ortama– Bilginin Düzenlenmesi ve Pazarlanması" ÜNAK'05: Bilgi Hizmetlerinin Organizasyonu ve Pazarlaması: 22-24 Eylül 2005, İstanbul, (çevrimiçi) http://kaynak.unak.org.tr/bildiri/unak05/u05-16.pdf, 20.08.2008, s. 144-161.

Alakuş, Meral: "Sağlık Bilimlerinde Bilgi Yönetimi", Sağlık Bilimlerinde Süreli Yayıncılık Sempozyumu, 2007, Ankara, 5. Ulusal Sempozyum Bildirileri, (çevrimiçi) http://www.ulakbim.gov.tr/cabim/vt/uvt/tip/sempozyum5/page201-211.pdf, 19.08.2008, s. 201-211.

Arıkan, Aykut: "Bilgi Erişimde Dil Sorunları", İstanbul Üniversitesi Sosyal Bilimler Enstitüsü Bilgi ve Belge Yönetimi Anabilim Dalı, Yayımlanmamış Doktora Tezi, İstanbul, 2005.

Arslantekin, Sacit: "İndeks, İndeksleme Teknikleri ve Bilgisayar Uygulaması", Ankara Üniversitesi Sosyal Bilimler Enstitüsü, Yayımlanmamış Doktora Tezi, Ankara, 1991.

Artukoğlu, Adil, Aslan Kaplan ve Ali Yılmaz: **Tıbbi Dokümantasyon**, Ankara, Türk Sağlık Eğitim Vakfı, 2002.

Aslan, Selma (Alpay): "İngiliz Kültür Heyeti Ankara Kütüphanesi Okuyucuları ve Çevrimiçi Okuyucu Kataloğu", **Türk Kütüphaneciliği**, c. 7, No. 1 (1993), s. 3-16.

Atkinson, Hugh C.: "Classification in an Unclassified World", **Classification of Library Materials: Current and Future Potential for Providing Access**, ed. Betty G. Bengtson, Janet Swan Hill, New York, Neal-Schuman Publishers, Inc., 1990, s. 1-15.

Bağış, Ahmet: "Arayüz Tasarımlarının Karşılaştırmalı Değerlendirilmesinde Kullanılabilirlik Yaklaşımı", **Mühendis ve Makina**, No. 522, 2003, (çevrimiçi) http://www.mmo.org.tr/muhendismakina/arsiv/2003/temmuz/tasarim.htm, 10.01.2005.

Bloomberg, Marty ve G. Edward Evans: **Kütüphane Teknisyenleri için Teknik Hizmetlere Giriş**, çev. Nilüfer Tuncer, Ankara, Türk Kütüphaneciler Derneği, 1989.

Broadbent, Elaine: "The Online Catalog: Dictionary, Classified, or Both?", **Subject Control in Online Catalogs**, ed. Robert P. Holley, New York, Haworth Press, 1989, s. 105-124.

Broughton, Vanda: "Notational Expressivity; the Case for and against the Representation of Internal Subject Structure in Notational Coding", **Knowledge Organization**, c. 26, No. 3, (1999), s. 140-147.

Chan, Lois Mai: **Cataloging and Classification: an Introduction**, 2nd ed., New York, Mc Graw Hill Inc., 1994.

Chan, Lois Mai: "Library of Congress Classification in a New Setting", (çevrimiçi) http://www.loc.gov/cds/chanarticle.html, 28.02.2005.

Comaromi, John P.: "Dewey Decimal Classification: History and Continuing Development", **Classification of Library Materials: Current and Future Potential for Providing Access**, ed. Betty G. Bengtson, Janet Swan Hill, New York, Neal-Schuman Publishers, Inc., 1990, s. 52-59.

Çakın, İrfan: "Karşılaştırmalı Kütüphanecilik: Yöntemi ve Özellikleri", **Türk Kütüphaneciliği**, c. 3, No. 1, (1989), s. 3-18.

(Çevrimiçi) http://www.hwwilson.com/print/searslst_19th.cfm, 11.09.2008.

(Çevrimiçi) http://www.kutuphane.istanbul.edu.tr/istatistik.htm, 07.10.2008.

(Çevrimiçi) http://www.loc.gov/cds/lcsh.html#lcsh20, 11.09.2008.

(Çevrimiçi) http://www.oclc.org/dewey/versions/ddc22print/, 12.09.2005.

(Çevrimiçi) http://www.udcc.org/bibliography.htm, 12.09.2008.

Dewey, Melvil: **Dewey Onlu Sınıflama ve Bağıntı Dizini: 20. Basımın Türkçe Çevirisi ve Uyarlaması: 1. cilt**, ed. Uğur Okman, Ankara, Milli Kütüphane, 1993.

Erdoğan, Semra: "Standart ve Ortak Dil Kullanmak Hemşireliğin Geleceği için Fırsat mı?" **HD: Hemşirelik Dergisi**, c. 13, No. 50 (2003), s. 1-13.

Harrod's Librarians' Glossary, 6th ed., compiled by Ray Prytherch, Aldershot, Gower Publishing, 1987.

Herdman, Margaret M.: **Classification: an Introductory Manual**, 2nd ed., Chicago, American Library Association, 1947.

Garshol, Lars Marius: "Metadata? Thesauri? Taxonomies? Topic Maps! : Making Sense of It All", (çevrimiçi) http://www.ontopia.net/topicmaps/materials/tm-vs-thesauri.html, 05.09.2008.

Glossary, (çevrimiçi) www.oclc.org/dewey/versions/abridgededition14/glossary.pdf, s. XLVIII, 28.04.2004.

Glossary of Archaic Chemical Terms, (çevrimiçi)
http://web.lemoyne.edu/~giunta/archemm.html, 28.07.2005.

Guinchat, Claire ve Michel Menou: **Bilgi ve Dokümantasyon Çalışma Tekniklerine Giriş**, çev. Sönmez Taner, Ankara, Kültür Bakanlığı, 1990.

Introduction to Dewey Decimal Classification, (çevrimiçi) http://www.oclc.org/dewey/versions/ddc22print/intro.pdf, 12.09.2005, s. 1-37.

Jeng, Judy: "What is Usability in the Context of the Digital Library and How Can it be Measured ?", **Information Technology and Libraries**, Haziran 2005, s. 47-56.

Kayaoğlu, Hülya Dilek: "Cumhuriyetin İlk Üniversite Kütüphanesinde Katalog-Derme İlişkisi", **Kütüphanecilik Dergisi: Belge Bilgi Kütüphane Araştırmaları**, No. 6 (2000), s. 93-115.

Keseroğlu, Hasan S.: **Kütüphane Bilgi Belge Merkezi Kurma, Kütüphane Programı Yazma Kılavuzu**, İstanbul, Çantay Kitabevi, 2004.

Keseroğlu, Hasan S. ve Aynur Dursun: "Kataloglama Politikası", **Kütüphanecilik Dergisi: Belge Bilgi Kütüphane Araştırmaları**, No. 3, (1992), s. 135-174.

LC Classification Schedules and Manuals from CDS, (çevrimiçi) http://www.loc.gov/cds/classif.html, 30.03.2005.

Library of Congress Online Catalog, (çevrimiçi) http://catalog.loc.gov/cgi-bin/Pwebrecon.cgi?DB=local&PAGE=First, 07.07.2005.

Library of Congress Subject Headings, volume 1, 10th ed., Washington, Library of Congress, 1986.

Maltby, Arthur: çev. Ayşe Işın, "Sınıflandırma: Mantığı, Sınırları ve Düzeyleri", 1972, **Kütüphanecilikle İlgili Seçme Metinler**, haz. Aysel Yontar, İstanbul Türk Kütüphaneciler Derneği İstanbul Şubesi, 1989, s. 67-82.

Mann, Margaret: **Introduction to Cataloging and the Classification of Books**, 2nd ed., Chigago, American Library Assocation, 1943.

McIlwaine, I. C.: "Classification Schemes: Consultation with Users and Cooperation between Editors", **Cataloging and Classification: Trends, Transformations, Teaching and Training**, ed. James R. Shearer ve Alan R. Thomas, New York, Haworth Press, 1997, s. 81-95.

"Melvil Dewey", (çevrimiçi) http://www.accessgenealogy.com/scripts/data/database.cgi?ArticleID=43097&report=SingleArticle&file=Data, 09.10.2008.

Mortimer, Mary: **Learn Dewey Decimal Classification (edition 21)**, Maryland, Scarecrow Pres, Inc., 2000.

"Omurgalılar", **Büyük Larousse: Sözlük ve Ansiklopedisi: cilt 17**, İstanbul, Milliyet, 1992, s. 8840.

Ortaç, Şeyhmuz: "Ekonomi Alanı için Türkçe Konu Başlıkları Listesi", İstanbul Üniversitesi Sosyal Bilimler Enstitüsü, Yayımlanmamış Yüksek Lisans Tezi, İstanbul, 1992.

Özer, Canan: "Türkiye'de Konu Başlıkları Çalışmaları", Ankara Üniversitesi Sosyal Bilimler Enstitüsü Kütüphanecilik Anabilim Dalı, Yayımlanmamış Yüksek Lisans Tezi, Ankara, 2001.

Pakin, Erol: "Dewey Tasnif Sisteminin Türkiye'deki Uygulaması", **Türk Kütüphaneciler Derneği Bülteni**, c. 21, No. 3, 1972, s. 150-158.

Pakin, Erol: **Dil ve Edebiyat Alanı için Türkçe Konu Başlıkları Listesi**, İstanbul, Türk Kütüphaneciler Derneği İstanbul Şubesi, 1990.

Pakin, Erol: "Sınıflama Düzenleri Arasındaki Etkiler", **Prof. Dr. Osman Ersoy'a Armağan**, Ankara, Türk Kütüphaneciler Derneği, 1990, s. 122-131.

Pakin, Erol: "Sınıflandırma Düzenlerinde Konular Arasındaki İlişkiler ve Bu İlişkiler Kurulurken Kullanılan Yöntemler", **Kütüphanecilik Dergisi: Belge Bilgi Kütüphane Araştırmaları**, No. 3, (1992), s. 117-134.

Pakin, Erol: "Sınıflandırma Sistemlerinden Hangisi Seçilmelidir?", **Kütüphanecilik Dergisi: Belge Bilgi Kütüphane Araştırmaları**, No. 1, (1987), s. 157-161

Pakin, Erol: "Thesaurus", **Kütüphanecilik Dergisi: Belge Bilgi Kütüphane Araştırmaları**, No. 2, (1989), s. 27-41.

Phillips, W. Howard: **A Primer of Book Classification**, London, Association of Assistant Librarians, 1951.

Püsküllüoğlu, Ali: **Türkçe Sözlük**, güncellenmiş 4. bs., İstanbul, Doğan Kitapçılık, 2002.

Reitz, Joan M.: ODLIS– Online Dictionary for Library and Information Science, (çevrimiçi) http://lu.com/odlis/odlis_c.cfm, 09.08.2005.

Richmond, Phyllis A.: "General Theory of Classification", **Classification of Library Materials: Current and Future Potential for Providing Access**, ed. Betty G. Bengtson, Janet Swan Hill, New York, Neal-Schuman Publishers, Inc., 1990, s. 16-26.

Rowley, Jennifer: **Bilginin Düzenlenmesi: Bilgi Erişime Giriş**, çev. Sekine Karakaş...[ve öte.], Ankara, Türk Kütüphaneciler Derneği Ankara Şubesi, 1996.

Satija, Mohinder P.: "Library Classification: an Essay in Terminology", **Knowledge Organization**, c. 27, No. 4 (2000), s. 221-229.

Sayers, W.C. Berwick: **An Introduction to Library Classification Theoretical, Historical and Practical with Readings, Exercises and Examination Papers**, 6th ed., London, Grafton&Co., 1943.

Sears, Minnie Earl: **Sears List of Subject Headings**, ed. Carmen Rovira, Caroline Reyes, 13th ed., New York, H.W. Wilson Company, 1986.

Sefercioğlu, Necmeddin: "Türk Kütüphanecileri için Konu Başlıkları", Ankara Üniversitesi Dil ve Tarih-Coğrafya Fakültesi, Yayımlanmamış Doktora Tezi, Ankara, 1968.

"Sınıflandırma", **Büyük Larousse: Sözlük ve Ansiklopedisi: cilt 20**, İstanbul, Milliyet, 1992, s.10461-10463.

Stone, Alva T.: "The LCSH Century : A Brief History of the Library of Congress Subject Headings, and Introduction to the Centennial Essays", **Cataloging & Classification Quarterly**, c. 29, No. 1-2 (2000), s. 1-15.

Tez Hazırlama Yönergesi, Aysel Yontar...[ve öte.], İstanbul, İstanbul Üniversitesi Sosyal Bilimler Enstitüsü, 2001.

Tonta, Yaşar: "Bilgi Erişim Sorunu", 21. Yüzyıla Girerken Enformasyon Olgusu konulu sempozyumda sunulan bildiri, 19-20 Nisan 2001, Hatay, (çevrimiçi) http://yunus.hacettepe.edu.tr/~tonta/yayinlar/tonta-hatay-2001-bildiri.htm, 23.8.2005.

Türkçe Sözlük ve Yazım Kılavuzu, haz. Hüseyin Kuşçu, [İstanbul], Sabah, t.y.

Uçak, Nazan Özenç: "Bilimadamlarının Bilgi Arama Davranışları ve Bunları Etkileyen Nedenler", Hacettepe Üniversitesi Sosyal Bilimler Enstitüsü, Yayımlanmamış Doktora Tezi, Ankara, 1997.

Yalvaç, Mesut: **Kütüphane ve Bilim Merkezlerinde Sistem Analizinin Önemi ve Uygulanabilirliği: Bir Örnek: İstanbul Üniversitesi Kütüphane ve Dokümantasyon Daire Başkanlığı Bağlı Birimlere Yayın Sağlama Alt Sistemi'nde Sistem Analizi Çalışması**, İstanbul, Çantay Kitapevi, 2000.

Yurdadoğ, Berin U.: **Kitaplık Bilim Terimleri Sözlüğü**, Ankara, Türk Dil Kurumu, 1974.

DÜZELTME HAKKINDA

10.07.2008 tarihinde yapılan tez savunma sınavında verilen tez düzeltme kararından sonra tezin üzerinde yapılan düzeltmeler şunlardır:

Dil ve anlatım yanlışları tezin genelinde düzeltilmiştir. Bunların içinde noktalama işaretleri, cümle bozuklukları, yazım yanlışları vardır.

Önsöz tekrar düzenlenmiştir.

İçindekiler kısmında sayfa numaraları değiştirildi.

Daha önce kitaplar, tezler, makaleler ve çevrimiçi yayınlar şeklinde ayrı ayrı listelenen kaynakça, tek bir düzende alfabetik olarak sıralandı. Dipnotlar ile kaynakça kısmı arasında olması gereken bağ, metin içinde verilen dipnotların yapısından ötürü (kitap, tez veya makale ayrımı yapılamıyor) tam anlamıyla kurulamadığından dolayı bu değişiklik yapılmıştır.

Kaynakçaya düzeltmeden sonra eklenen dipnotların bibliyografik künyeleri eklenmiştir.

Çevrimiçi kaynakların dipnotlarda gösterimi standartlaştırılmaya çalışılmıştır.

Kayda değer önemli değişiklikler ve tezi destekleyen eklemeleri sayfa numaralarıyla kısaca belirtmek gerekirse;

s. 14: "Konusal erişim, genel olarak aşağıda...gözardı etmek oldukça güçtür (Rowley, 1996: 131)." paragraf olarak eklenmiştir.

s. 14-15: "Sistematik ve alfabetik düzenlerde konular arasındaki ilişkileri... kullanılan sınıflandırma düzenleri (Pakin, 1992: 117) incelendiğinde örneklerle ayrı ayrı açıklanacaktır." paragrafı eklendi.

s. 16-18: 10. maddenin çevirisi düzeltildi. Meral Alakuş'un iki makalesinden, internet ortamında bilgiye erişimi sağlayan Web dizinleri, Web haritaları ve Portallar ile ilgili aktarmalar eklendi.

s. 20: (Phillips, 1951: 23-24; Herdman, 1947: 15-18) ve (Rowley, 1996: 182) dipnotları eklendi. (Maltby, 1972: 69) dipnotunda tarih 1989 olarak değiştirildi.

s. 21: Düzeltmeden önce "Sınıflandırmanın konusal erişimde kullanılması konusunu 1985'te yayınlanan makalelerinde işleyen Markey ve Cochrane'in araştırması (Karen Markey, Pauline Cochrane "Preparing for use of classification in online cataloging system and in online catalogs" Information tecnology and libraries, 4, June 1985, s. 91-111) Atkinson'un ilgisini çekmiştir ve çok etkilendiğini de belirterek ilginç sayılabilecek yorumlarda bulunmuştur." şeklinde başlayıp devam eden paragrafın bu kısmı "Sınıflandırmanın konusal erişimde kullanılması konusunu 1985'te yayınlanan "Preparing for use of classification in online cataloging system and in online catalogs" adlı makalelerinde işleyen Karen Markey ve Pauline

Cochrane'in araştırması, Atkinson'un ilgisini çekmiştir. Ayrıca çok etkilendiğini de belirterek ilginç sayılabilecek yorumlarda bulunmuştur." şeklinde değiştirildi.

s. 22: "Bütün sistemlerde olduğu gibi evrensel sınıflama sistemlerinin... zor ve zaman alıcı olmaktadır (Alakuş, 2005, çevrimiçi: 153)" aktarması eklendi.

s. 23-24: "Konusal erişimle sistematik sınıflama düzenlerindeki hiyerarşik..." şeklinde başlayan paragrafın içine (Çevrimiçi, http://www.kutuphane.istanbul.edu.tr/istatistik.htm) dipnotu eklendi.

s. 29: "17. yüzyıl Norveç kırsal mimarisinden... Zaman - 17. yy." örneği eklendi.

s. 30: "Notasyon, konuları daha açıkça tanımlanmış..." şeklinde başlayan paragrafta yer alan (Rowley, 1996: 453) dipnotunda sayfa numarası 153 olarak değiştirildi. Düzeltilmiş dipnot bir sonraki paragrafa da eklendi.

s. 32-34: DOS'un tarihçesi kısaltılmaya çalışıldı.

s. 37: 9. maddenin çevirisi düzeltildi. "DOS'ta temel sınıflar, geleneksel... disipline göre..." şeklinde başlayan alıntı, normal yazı karakterinden küçük yazı karakterine çevrilmiştir.

s. 40-41: DOS'un yardımcı tablolarının sayısının 22. basımla birlikte 7'den 6'ya düştüğü ve tabloların yeni halinin ne şekilde olduğu bilgisi düzeltilerek verilmiştir. (Rowley, 1996: 162) dipnotuna Mortimer, 2000: 53 ve Introduction to Dewey Decimal Classification, çevrimiçi: 12-13 dipnotları eklenmiştir. Ayrıca "Tabloların içeriği Evrensel Onlu Sınıflama...ana sınıfında kullanılması amaçlanmıştır (Rowley, 1996: 162)." alıntısının yer aldığı paragraf, birtakım değişikliklerle (7. tablo bilgisinin çıkartılması gibi) aktarmaya çevrildi.

s. 47: "Dewey; şemadaki kendi orijinal katkısı..." başlayan paragrafın sonuna (Melvil Dewey, çevrimiçi) dipnotu eklendi.

s. 49: "DOS'un 20. basımıyla birlikte ilişki dizininde..." şeklinde başlayan paragrafın sonundaki (Dewey, 1993: XXIII-XXIV) dipnotuna Introduction to Dewey Decimal Classification, çevrimiçi: 12-13 dipnotu eklendi.

s. 54-55: "LCC sisteminde bulunan her sınıfın kendi..." şeklinde başlayan paragrafın içine; "...Daha açık bir ifade ile birkaç istisna dışında, her bir yayınlanmış konu listesinin (schedule) kendine ait dizini vardır...(...; Chan, 1994: 340)." ifadesi ve dipnotu eklendi.

s. 63: EOS'un hazırlanma tarihi 1985 yerine 1895 olarak düzeltildi.

s. 64-65: "DOS'un EOS'a temel oluşturmasının en önemli nedeni..." şeklinde başlayan paragrafın içine (Kayaoğlu, 2000: 94) dipnotu eklendi ve bu paragraf yeniden düzenlendi. "EOS'un başka yerlerdeki kullanımında..." şeklinde başlayan paragrafın içinde yer alan "DOS'un kullanımı azalmıştır." ifadesi "EOS'un kullanımı azalmıştır." şeklinde düzeltildi.

s. 67: (Rowley, 1996: 173-178) dipnotunda sayfalar 173, 176 biçiminde değiştirilmiştir. Devamında yer alan tablonun altındaki (Rowley, 1996: 173) dipnotunda sayfa numarası 176 olarak değiştirildi.

s. 72, 73: Sırasıyla, Alakuş; Pakin; Artukoğlu ve ark.'nın makalelerinden aktarmalar yapıldı.

s. 77-78: "Anahtar kelime kataloğu içerisinde... göndermelerden oluşur (Pakin, 1990: 4)" şeklindeki paragraf eklendi.

s. 82: 2. maddenin içersine "...başlıklara yakın olması istendiğinde sıfat veya isim tamlaması biçimindeki..." ifadesi eklendi.

s. 85: "Şimdiye kadar anlatılan "bkz." ve..." şeklinde başlayan paragrafın sonuna (Pakin, 1990: 18) dipnotu eklendi.

s. 88-89: "Tıp konularının dizinlenmesinde çok önemli bir araç olan MeSH, alanında... MeSH listesindeki terimlerden arama yapmak mümkündür (Alakuş, 2007, çevrimiçi: 204)." paragrafı eklendi.

s. 90: LCSH'nin en son basım bilgisi verilmiştir. Sonraki paragrafta (Chan, 1994: 173) dipnotunda sayfa numarası 171 olarak değiştirildi. Ayrıca "Birçok kütüphanenin temel konu sınıflandırma aracı olan LCSH... göndermeler yaparak bağlantılar kurar (Alakuş, 1991: 90)." paragrafı eklendi.

s. 99: "SLSH'de ana konu başlıklarını değişik açılardan..." şeklinde başlayan paragrafın sonuna (Sears, 1986: XVII-XVIII) dipnotu eklendi.

s. 100-101: "Bu dört alt başlık türüne ek olarak..." şeklinde başlayan paragrafın sonunda yer alan (Sears List of Subject Headings, 1986: XVII-XIX) dipnotu değiştirilerek (Sears, 1986: XIX) biçiminde düzeltildi. Bu kaynağın yer aldığı diğer dipnotlar da bu şekilde yani yazar adı verilerek düzeltildi. "Aynı şekilde serbest alt başlıklar..." şeklinde başlayan paragrafın sonuna (Sears, 1986: XXXVII-XXXVIII) dipnotu eklendi. "Böylece katalogcuya, bazı popüler..." şeklinde başlayan paragrafın içindeki (Sears List of Subject Headings, 1986: XXXVII-XXXVIII) dipnotu (Sears, 1986: XXXVII) biçiminde düzeltildi. Ayrıca "SLSH'nin yöneltmeler olarak da adlandırılan gönderme ve..." şeklinde başlayan paragrafın sonuna (Chan, 1994: 214-215) dipnotu, verilen örneklerin sonundan alınarak konuldu.

s. 102 "SLSH'de yoğun bir şekilde kullanılan..." şeklinde başlayan paragrafın içine (Sears, 1986: XXV-XXVI) dipnotu eklenmiştir. Aynı paragrafın sonundaki (Sears List of Subject Headings, 1986: XXVI) dipnotu (Sears, 1986: XXVI) şeklinde düzeltilmiştir.

s. 103: SLSH'nin yeni basım bilgisi verilmiştir. Ayrıca "Alfabetik sınıflama düzenleri arasında..." şeklinde başlayan paragrafın sonuna; "Alakuş, thesaurusu basılı ya da sanal ortamda olsun, belge... bilgiye erişim daha kolaylaşır (Alakuş, çevrimiçi)." aktarması eklenmiştir.

s. 109:
Industrial management
SN – Yönetim ilkelerinin endüstriye uygulanması   yerine
Industrial management
SN – Application of the principles of management to industries
konularak düzeltildi.

s. 110: "Yalnız Pakin'in çalışmaları... adlı makalesi istisna olarak görülebilir (Pakin, 1992)." ifadesi eklendi.

s. 120: Madde 2,3,4,5'e 6 rakamı da eklendi.

s. 123-124: "Alfabetik sınıflama düzenlerinde bilgi ve belgenin içerdiği konu..." şeklinde başlayan paragrafın sonuna (Pakin, 1990: 13) dipnotu eklendi.

s. 140: (Stone, 2000: 2, 6) dipnotu metinde gösterilmesine rağmen kaynakçaya konmayan makalenin bibliyografik künyesi eklendi.

[Düzeltilmiş tez nüshasında iç kapaktan sonra sayfa numarasız olarak yer alıyordu.]

EK: 2005 VE 2008 TARİHLİ YÜKSEK LİSANS TEZİNİN REDDEDİLME SÜRECİ

14.12.2005'te yapılan tez savunma sınavında tez savunmam alınmadan, engellenerek reddedildi. Bu hukuksuzluğu Enstitüye bildirdiğimde yeniden tez savunma sınavı yapılmasına karar verildi. Ancak aynı tez jürisi görevlendirilerek (itiraz etmeme rağmen) 23.02.2006'da yapılan sonucu belli formalite tez savunma sınavında tezim yine reddedildi.

Yapılan hukuksuzlukların tespiti ve telafisi için 30.03.2006'da açtığım ilk mahkeme lehime sonuçlandı. Ancak Enstitü yeniden yapılacak tez savunma sınavında yaptıkları hukuksuzluklar sabit olan eski tez jürisinden dört kişiyi 19.02.2007 tarihinde tez savunma sınavı için tekrar görevlendirdi. Bu yanlış, hukuk dışı ve anlamsız karara uymayacağımı gerekçeleriyle belirten 13.02.2007 tarihli dilekçemi Enstitüye verdim. Sonrasında açtığım 23.02.2007 tarihli Mahkeme dilekçesinde bunları belirttim. Tez savunma jürisine yaptığım itiraz mahkeme tarafından uygun bulunduğundan (Yürütmeyi durdurma kararı) yeni tez jürisi kuruldu ancak içinde tez danışmanı dahil iki eski jüri üyesi bulunuyordu. Bunun hukuk dışı olduğunu belirterek bu karara uymayacağımı Enstitüye dilekçeyle bildirdim. Bu arada lehime sonuçlanan Mahkeme esas kararı da tebliğ edilince Enstitü yeni bir tez jürisi kurdurdu. 10.07.2008 tarihinde tez savunma sınavı yapıldı ve düzeltme kararı verildi.

15.07.2008 tarihinde Enstitüye "sınav esnasında karşılaştığım tutum, tezin değerlendiriliş şekli ve sonrasında öğrendiğim tez jürisinin tezde düzeltilmesini istediği şeyler ayrıca teze eklenmesi istenilen yeni bir bölüm bende tezin her halükarda reddedileceği izlenimini doğurdu. Daha doğrusu bu tezin hiçbir şekilde kabul edilmeyeceği sonucu apaçık ortaya çıktı. İstenilen şekilde teze düzeltmeler, eklemeler de yapılsa (yapılması mantıken mümkün değildir) akıbetin değişmeyeceği ortadadır. Çünkü tezin bir bütünlüğü, mantığı, hukukiliği ve kimliği olmayacaktır. Böyle bir tezin Yönetmeliğe de aykırı olacağı, tez hazırlama amacına ters düşeceği açıktır. Böyle bir tezi de hiçbir jüri kabul etmez ve edemez. Bu aykırılığa neden olan bahsi geçen üç ana konunun öncelikle tarafınızca incelenmesini, sonrasında uygun gördüğünüz takdirde tarafımca önerilen kişi ve kurumlar da dikkate alınarak; anlaşmazlıkların giderilmesine yönelik, alanında söz sahibi yetkin kişilerden görüş alınmasını; Enstitünün vereceği karar doğrultusunda bu sürecin işlemesini ve sonrasında yapılacak olan tez savunma sınavının sağlıklı, güven içinde bir ortamda olması için gereğinin yapılmasını arz ederim." şeklindeki bir sonuçla bitirdiğim bir dilekçe yazdım. Enstitü bu talebimi reddetti. Bu kararı doğru bulmamakla birlikte 15.07.2008 tarihinde yazdığım dilekçede belirttiklerime ve öngörülerime uygun hareket ederek üzerime düşenleri layıkıyle yapmaya çalıştım. 27.01.2009 tarihli tez savunma sınavı da başından sonuna kadar sonucu belli formalite sınavı olmaktan öteye geçemeyerek, ayrıca hukuk dışı, bilim dışı ve terbiye dışı bir muameleye maruz bırakılarak tezimin reddiyle sonuçlanmıştır.

27.03.2009'da açtığım üçüncü Mahkeme bana tebliğ edilmeyen bilirkişi raporuna dayanarak 04.06.2010 tarihli Yürütmeyi durdurma isteğimin reddi kararı ile birlikte 07.06.2010 tarihli Bilirkişi raporunu 25.06.2010 tarihinde tebliğ etti. 01.07.2010'da Bölge İdare Mahkemesine bilirkişi raporunu çürüten bir dilekçeyle itiraz ettim. 15.07.2010'da itirazım reddedildi. 22.10.2010'da Mahkeme esas kararı aleyhime sonuçlandı. Tek dayanağı tamamen çürüttüğüm bilirkişi raporu olan bu

Mahkeme kararını doğru ve yerinde bulmadığım için 17.01.2011'de temyiz ettim. Usule ve esasa dair ihlalleri çok açık ve net delillerle belirtmeme rağmen Danıştay 8. Dairesi verdiği 27.04.2015 tarihli kararla talebimi reddederek Mahkeme kararını onamıştır.

30.01.2009 tarihinde Enstitüye verdiğim dilekçede belirttiğim üzere "Hukukun egemen, bilimin yol gösterici olduğu hiçbir düzende, ülkede böyle bir tezin bu şekilde reddedilmesi mümkün değildir." 17.01.2011 tarihli Temyiz dilekçemde bu durumu daha da açarak netleştirdim. "Anlaşılan Yüce Mahkeme bu egemenliğini kullanırken yapmakla yükümlü olduğu doğru-yanlış, tutarlı-tutarsız (zaman boyutunu da katarak), gerçekleri yansıtıp yansıtmadığı, işin doğal akışına uygun olup olmadığı ayrımını yapmamıştır. Yapmışsa da yanlış yapmıştır, eksik yapmıştır. Öyle ki hukuku sağlamak bir yana dursun hukukun kurallarını işletmeyerek hukuk dışı bir karar vererek hak arayan kişinin hakkının çiğnenmesini onaylamıştır. Bu ayrımı yapmasını sağlayacak verilerden bir tanesi olan Bölge İdare Mahkemesine verdiğim 01.07.2010 tarihli itiraz dilekçemi Yüce Mahkeme, "bilirkişi raporunu kusurlandırmaya yeterli olmadığı görülen" şeklindeki kabul edilemez, hiçbir şeye dayanmayan (mantığa, bilgiye), gerekçesiz ifadesiyle gerçeklerden, hukuktan tamamen sapmıştır. Halbuki egemenlik hakkına sahip devlet ve onun adına yargı yetkisini kullanan Mahkemeler adaleti sağlamak için her türlü imkanı belli kurallar çerçevesinde kullanma gücü ve yükümlülüğü vardır. Ki varlık sebebi gerçekleşsin."

Bu çalışmada; fiilen gerçekleşen üç tez savunma sınavına giren on bir tez jüri üyesi (önsözde de adları geçen iki tez danışmanı dahil) ve üç bilirkişinin adları X1-X14 arası bir gösterimle kodlanmıştır.

EK 1. 27.03.2009 Tarihli İdare Mahkemesi Dilekçesi [s. 147-165]

(YÜRÜTMENİN DURDURULMASI İSTEKLİDİR)
İDARE MAHKEMESİ BAŞKANLIĞINA
İSTANBUL

DAVACI : Sedat AKSOY, İstanbul Üniversitesi Kütüphane ve Dokümantasyon Daire Başkanlığı, Beyazıt/İstanbul

DAVALI : İstanbul Üniversitesi Rektörlüğüne izafeten Sosyal Bilimler Enstitüsü Müdürlüğü, Beyazıt/İstanbul

TALEP KONUSU : Tez savunma sınavımda; yasa, uygulama norm ve kriterlerine aykırı bir şekilde, İstanbul Üniversitesi Lisans Üstü Eğitim ve Öğretim Yönetmeliğinin 15. maddesi uyarınca: 27.01.2009 tarihi itibariyle Sosyal Bilimler Enstitüsü ile ilişiğimin kesildiğine ilişkin işlem kararının iptaline ve son karardan önce yürütmenin durdurulmasına karar verilmesi dileğidir.

KARAR TARİHİ : 05.02.2009

TEBLİĞ TARİHİ : 16.03.2009

HUKUKSAL NEDENLER : 2577 sayılı İdari Yargılama Usulü Yasası'nın 12. maddesine istinaden iptal ve tam yargılama, 27. maddesine istinaden yürütmenin durdurulmasıdır.

KANITLAR : 2547 sayılı Yükseköğretim Kanunu'ndaki temel amaçlar, İstanbul Üniversitesi Lisansüstü Eğitim ve Öğretim Yönetmeliği'nde yer alan amaç, İstanbul Üniversitesi Sosyal Bilimler Enstitüsü Tez hazırlama Yönergesi doğrultusunda bilimsel kaidelere uygun olarak hazırladığım tez; 7201 sayılı Tebligat Kanunu 1. maddesinin ihlal edilmesi, tez savunma sınavı öncesinde ve esnasında maruz kaldığım hukuk dışı, terbiye dışı, bilimsellikten uzak muameleden, tez değerlendirmesinden dolayı İstanbul Üniversitesi Sosyal Bilimler Enstitüsü Müdürlüğüne yazdığım dilekçe suretleri; Yönetmeliğin amacın belirlendiği 8. maddesi ve yüksek lisans tezinin sonuçlanmasına dair 15. maddesinin ihlali; farklı tarihlerde 3. ve 5. İdare Mahkemelerinde lehime sonuçlanan Mahkeme kararları (şu an iki karar da İstanbul Üniversitesi tarafından Danıştay'da temyiz edilmiş olup, Yürütmeyi durdurma talepleri ikisinde de reddolunmuştur); 10.07.2008 tarihinde düzeltme kararı verilen tez savuma sınavından sonra 15.07.2008 tarihli sağlıklı, güven içinde bilimsel kaideler doğrultusunda tez savunması yapılması isteğim hakkındaki dilekçem, bu dilekçeme cevaben mevzuat bakımından uygun bulmadıklarına dair 24.07.2008 tarihli Enstitü Yönetim Kurulu kararı, tez savunma tarihi hakkında herhangi bir tebligat yapılmadan (sınav anında çağrıldım) 27.01.2009 tarihinde hukuk dışı, bilimsellikten uzak ve terbiye dışı bir muameleye maruz bırakılarak gerçekleştirilen sınavda verilen ret kararının geçersiz sayılarak iptal edilmesine, yeni bir tez jürisi oluşturulmasına ve jüri üyeleri hakkında idari ve disiplin soruşturmasına dair isteğimden ibaret olan 30.01.2009 tarihli dilekçem, Enstitü Yönetim Kurulunun, tezimin reddedilmesi ve jüri üyelerinin verdiği kararın değiştirilmesinin mümkün olmadığı gerekçesiyle ilişiğimin kesilmesine dair 05.02.2009 tarihli kararı.

OLAYLAR : 27.09.2002 tarihinde İstanbul Üniversitesi Sosyal Bilimler Enstitüsü'nde Bilgi Belge Yönetimi Anabilim Dalında ... numaralı yüksek lisans öğrencisi olarak kesin kaydımı yaptırdım. Bu programın bir senelik ders aşamasını başarıyla bitirerek tez hazırlama aşamasına geçmeye hak kazandım. Tez danışmanı olarak X1 belirlendi. 30.09.2005 tarihinde tezimi Enstitüye teslim ettim. 14.12.2005'te saat 10.30'da belirlenen tez savunma sınavında tez savunmam alınmadan, engellenerek ret kararı verilmiştir.

Böylece İstanbul Üniversitesi Sosyal Bilimler Enstitüsü Müdürlüğüne 19.12.2005 tarihli ilk dilekçemi verdim. Bu dilekçemde kısaca; tez savunma sınavına girmem tez jürisi tarafından engellenerek savunmam alınmadan tezimin reddedilişinin yanlışlığını, İstanbul Üniversitesi Lisansüstü Eğitim ve Öğretim Yönetmeliği'ne aykırılığını, üzücü ve küçük düşürücü bir durum olduğunu, bunun da kabul edilemez bir uygulama, tutum olduğunu, sonuçta ise tezimin reddedilme kararının geçersiz sayılarak iptalini; bu apaçık ve belirgin hatayı yapan jüri üyelerine güvenimi sorguladığımdan dolayı üzerimde oluşan tedirginliğin yeni oluşturulacak bir tez jürisi ile giderilmesi için gereğini arz ettim. 02.02.2006 tarihli Enstitü Yönetim Kurulu kararında tez savunmasına alınmadığım bildirildiğinden, benim tez savunma sınavımın daha önce belirlenen öğretim üyeleri tarafından tebliğ tarihinden itibaren bir ay içinde yapılması şeklindedir. Bu kararı öğrendikten sonra durumun vahametini, hassasiyetini yeteri kadar netlikte, açıklıkta anlatamadığım kanaatine vararak 14.02.2006 tarihinde Enstitüye ikinci dilekçemi verdim. Bu dilekçemde kısaca; tez jüri üyelerine neden güvenmediğimi, haklarımın korunmasının, burada güven içinde sağlıklı bir ortamda tez savunması yapabilme hakkımın güvencesi olan Enstitünün hükmi şahsiyetinin yükümlülüğünde olduğunu; Enstitü Müdür Yrd. Doç. Dr. Mahmut Ak ile görüşmemi ve bu görüşmeden çıkardığım sonuçları gerekçeleriyle birlikte belirttim. Ayrıca jüri üyesi X2 ile tez savunmamı almadıkları günün akşamı serviste yapılan görüşmeyi ve tez hazırlama sürecini ek olarak dilekçeme iliştirdim. Enstitü Yönetim Kurulu 16.02.2006 tarihli kararında bu dilekçemi incelediklerini, jüri üye değişikliğine gerek olmadığına ve daha önce alınan karar gereği aynı jüri üyelerini tez savunmamda görevlendirmiştir. Herhangi bir gerekçe gösterilmemiştir.

Daha sonra, 13.02.2007 tarihli Enstitüye verdiğim dilekçemde de Mahkemeye verdiğim dilekçeye atfen belirttiğim üzere "Bu durumda 23.02.2006'da belirlenen tez savunma sınavına girmek mecburiyetinde kaldım. Bu tez savunma sınavı, öncesinde iki kere dilekçeyle, sonrasında 01.03.2006 tarihindeki dilekçemde çok açık gerekçelerle belirttiğim üzere sonucu belli bir formalite sınavından öteye geçememiştir.

23.02.2006'da Enstitü Yönetim Kurulu kararına uyarak sonucu belli formalite sınavına girip ret kararını aldıktan sonra bu kararın geçersiz sayılmasını ve yeni bir tez jürisi oluşturulması istekli 01.03.2006 tarihli dilekçeme yine gerekçe gösterilmeden olumsuz cevap verilmiş ve Enstitüyle ilişiğim 09.03.2006 tarihinde kesilmiştir. Böylece 30.03.2006'da İdare Mahkemesine yürütmeyi durdurma ve iptal davası açtım. Buraya kadar olanların hepsi 5. İdare Mahkemesinde görülen 2006/1100 sayılı dava dilekçemde teferruatlı bir şekilde anlatılmıştır. Dava sürecinde 01.06.2006 tarihinde Yürütmeyi durdurma kararı çıkmıştır. 27.07.2006 tarihinde

Enstitü Yönetim Kurulu Mahkeme kararına uyarak kaydımı açmıştır. Daha sonra, İstanbul Üniversitesi'nin Yürütmeyi durdurma kararına yapmış olduğu itiraz Bölge İdare Mahkemesi tarafından 15.08.2006 tarihinde reddedilmiştir. Enstitü Yönetim Kurulu 23.11.2006 tarihli kararında ise Anabilim Dalı Başkanından içinde tez danışmanının da bulunduğu tez savunma jürisi teklifinin istenmesine karar vermiştir. 18.01.2007 tarihli Enstitü Yönetim Kurulu kararında Anabilim Dalı Başkanından gelen 11.01.2007 tarihli (kararda bir yazım hatası nedeniyle benden gelen yazı olarak geçiyor fakat bu hata 13.02.2007 tarihli 2146 sayılı yazı ile düzeltiliyor) yazı incelenerek tez savunma jüri üyeliğine X7, X2, X1 (Danışman), X3 ve X4 (Marmara Üniv.) atanmıştır. 07.02.2007 tarihinde bana tebliğ edilen 18.01.2007 tarihli Enstitü Yönetim Kurulu Kararında tez savunma sınavıma ataması yapılan tez jürisinin daha önce görevlendirilen ve hukuk dışı, mantık dışı, meslek dışı ve insanlık onuruna aykırı yollara sapan aynı tez jürisi olduğunu (biri hariç; en az 6 ay önce X5 İstanbul Üniversitesi'nden istifa etmek durumunda kalmış, mecburiyetten yerine X7 gelmiştir) üzüntüyle öğrenmiş bulunuyorum. Böyle bir tez jürisinin atanması hukuka, mantığa ve Yükseköğretim kurumu olan Üniversitenin dolayısıyla Enstitünün temel amaçlarına aykırıdır. Bunu birçok defa dilekçelerimde gerekçeleriyle belirtmeme rağmen herhangi bir gerekçe belirtmeden yeni tez jürisi oluşturulması isteğim anlamsız bir şekilde kabul görmemiştir. Ben de bu yanlış, hukuk dışı ve anlamsız karara uymayacağımı gerekçeleriyle belirten 13.02.2007 tarihli dilekçemi Enstitüye teslim ettim. 16.02.2006 tarihinde bana tebliğ edilen 15.02.2007 tarihli Enstitü Yönetim Kurulu kararında ise talebimin reddine ve onaylanan tez savunma jürisi ile 19.02.2007 tarihinde saat 11.00'de Edebiyat Fakültesi 403/C numaralı odada tez savunma sınavına girmem oybirliğiyle kabul edilmiştir. Karar yukarıda belirttiğim şekilde olup 18.01.2007 tarihli kararınıza uymayacağım şeklindeki beyanıma rağmen 19.02.2007 tarihinde tez savunma sınavına girmem istenmiştir. Bu kararı da benim kabul etmem mümkün değildir. Bunu da gerekçeleriyle 13.02.2007 tarihli dilekçemde ve sonrasında 23.02.2007 tarihli Mahkeme dilekçemde belirttim. Bu dilekçelerimde yer alan X7 ve tezde yapılması istenen değişiklikler ve sınav tarihi tebliğ edilmeden sınava, sınav vaktinde çağrılmamla ile ilgili iki konuyu şimdiki dava konusuna yardımcı olacağı, fikir vereceği düşüncesiyle tekrar belirtmekte fayda görüyorum. Bunlardan birincisi:

"12.02.2007 tarihinde tez jürisinde X5 yerine geçme durumunda kalan Bilgi Belge Yönetimi Anabilim Dalı Başkanı X7 (bütün bu hukuksuzlukların, anormalliklerin yaşandığı süreçte de Bilgi Belge Yönetimi Anabilim Dalı Başkanlığı görevini yürütmekte idi) bana iş telefonumdan ulaşarak Enstitü Yönetim Kurulu kararının bana geç ulaşabileceği düşüncesiyle beni aradığını, kendisine tezimin ulaşmadığını, 19.02.2007'de tez savunmamın yapılacağını belirtti. Ben de ona kararı geçen hafta öğrendiğimi, bugün veya yarın Enstitüye bu konuyla ilgili bir dilekçe yazacağımı ayrıca sınav tarihi ile ilgili hiçbir bilgimin olmadığını belirttim. O da bana Enstitünün karar verdiğini, bu aşamada bir dilekçe yazılmaması gerektiğini belirterek tezi kendisine teslim etmemi çünkü tez savunma sınavına kadar inceleme sürecine ihtiyaç duyduğunu, bugün olmazsa en geç yarın (13.02.2007) getirmemi istedi. Ben de kendisine bu sürecin ne kadar içindesiniz-dışındasınız tam olarak bilmiyorum ama aynı tez jürisinin görevlendirilmesini doğru bulmadığımı, hukuk dışı olduğunu belirttim. Kendisi bu konulara girmek istemediğini, Enstitünün kararını vermiş olduğunu belirterek tekrar tezimi getirip getirmeyeceğimi sordu. Ben de bir tek tezimin kendisinde olmadığını, diğerlerinde zaten olduğunu belirttim. Ancak hazırladığım dilekçemi verip Perşembe günü Enstitü Yönetim Kuruluna girmesini beklediğimi söyledim. O da tezim diğer jüri üyelerinde zaten var şeklindeki ifademden anlamış olacak ki anlaşılan tezin üzerinde düzeltme yapmadın şeklinde bir ifade kullanarak devamında 19.02.2007'de tez savunma sınavının yapılacağını en geç yarın tezi getirmemi isteğini yineledi. Ben de net bir cevap vermedim ve bu şekilde konuşmamız bitti. Burada yukarıda belirttiğim X2'nin meslektaşım Selçuk Süzmetaş aracılığıyla bana ilettiklerini ve 23.02.2006'da Yapılan Tez Savunmasının son dakikasında olanları 01.03.2006 tarihli dilekçemin 23.02.2006'da Yapılan Tez Savunması başlıklı EK 1'inden yaptığım alıntı ile karşılaştırılıp değerlendirilirse bazı hususlar netleşecektir. **"X5 son olarak tez savunmasında geçen konuşmaları da dikkate alarak tezim hakkında ne düşündüğümü, ne söylemek istediğimi, bir değişiklik yapıp yapmayacağımı sordu. O esnada ben çıkmak üzere hala ayakta idim. Bir nevi son şans gibi ve geri adım atıp atmayacağımı merak eder tarzda sormuştu. Doğal olarak bu sorunun gerçekle ve tez savunmasında geçen konuşmalarla bağdaşır bir tarafı yoktu. Çünkü tez jüri üyelerinin hepsi X2'nin belirttiklerinden de anlaşılacağı üzere zorunlu olarak bu tez savunmasını alıyorlardı ve tez savunması sürecinde de hep olumsuz görüş belirterek tezin reddedilmesine gerekçe arıyorlardı ve yanlış gördükleri yerlerde herhangi bir çözüm önerme gereği duymuyorlardı. Dolayısıyla bu sorunun samimi bir soru olarak da algılanması yanlış olurdu. Bu düşüncelerle ve en önemlisi hazırladığım tezime olan güvenimden dolayı kendisine tezimin temel, esas unsurlarında yapısında bir değişiklik yapamayacağımı, dil ve anlatım bozukluklarının ve diğer birtakım eksiklikleri, yanlışları 2-3 saatlik bilgisayarda yaptığım düzeltme ile giderdiğimi (bu haliyle de yanımda getirdiğim teze hiç bakmadılar) belirttim. Sonrasında kararın görüşülmesi için dışarı çıkmam istendi ve çıktım. Yaklaşık 15 dakika sonra odaya çağrıldığımda X1 tezimi oybirliği ile reddettiklerini söyledi. Ben de teşekkür ederek çıktım."** Dolayısıyla benden istenen veya yapıp yapmadığım öğrenilmek istenen düzeltmelerin çok büyük çoğunluğu hazırladığım tezin temeline aykırı olan bir nevi yeniden bir tez yapma durumu söz konusudur. Yoksa dil ve anlatım bozukluğuna dair birçok düzeltmeyi ve birtakım eksikliklerle, yanlışlarla ilgili düzeltmeyi yaptığımı ve yanımda da bu düzeltilmiş tezi getirdiğimi söyledim. Ancak tez jürisi bir kere olsun açıp da bakma gereğini duymamıştır. Buradan şöyle bir net sonuç çıkartabiliriz: 23.02.2006'da yapılan ve sonucu belli formalite sınavı olarak nitelediğim tez savunma sınavının aynısını yapma yoluna, belirlenmiş 19.02.2007 tarihli sınavda da gideceklerdir. Ne acıdır ki, ne yazıktır ki Enstitü Yönetim Kurulu da bu hukuksuzluğa, mantıksızlığa ortak olmaktadır. Hatta bu durumdan başta Enstitü Yönetim Kurulu sorumludur. Çünkü değerlendirme, yönetme ve onay yeridir, hükmi şahsiyettir." Burada netleştirmek amacıyla, X7'ye tezimi teslim etmediğimden dolayı tez teslim tutanağı tarafımdan Enstitüye verilmemiştir. Bu yüzden yukarıda tez teslim tutanağı teslim edilmeden belirlenen tez savunma tarihi tebliği usulsüzdür, geçersizdir. Tez jürisinin o gün toplanması da anlamsızdır, mantıksızdır, hukuksuzdur. Daha sonra da Enstitü Yönetim Kurulu aşağıda da bahsedeceğim 22.02.2007 kararında tez teslim tutanağını teslim etmemi istemiştir.

İkinci konu ise şöyledir: "Yukarıda anlattıklarımda da kısmen anlaşılacağı üzere bu süreç usulen bile doğru-düzgün işlememiştir. Birkaç örnek verecek olursam: Atanan tez jürisinden iki öğretim görevlisiyle temasım olmuştur (yukarıda değindiğim üzere birinde bir meslektaşım aracı yapılmış, diğerinde ise bir telefon görüşmesi). 18.01.2007 tarihli Enstitü Yönetim Kurulu kararında yer alan tez savunma sınavıma ataması yapılan tez jürisinin bilgisi 07.02.2007 tarihinde bana tebliğ edilmiştir. 12.02.2007'de yukarıda bahsettiğim X7 ile yaptığım telefon görüşmesinde 19.02.2007'de tez savunma sınavının yapılacağı bildirildi. Normalde tez nüshaları tez jürisine imza karşılığı dağıtılır ve o kağıt Enstitüye teslim edilir ve bir süre sonra Anabilim Dalı Başkanlığından sınav tarihi yazısı Enstitüye verilir. Sınav tarihi kabul edildikten sonra tez danışmanı sınav tarihi ve yapılacağı yer hakkında tezi hazırlayan kişiye bilgi verir. Ancak ben sınav tarihini daha kendisine tez dahi teslim etmediğim X7'den öğreniyorum. 15.02.2007 tarihli Enstitü Yönetim Kurulu kararında (16.02.2007'de öğleden sonra tebliğ edilmiştir) ise bu tarihle birlikte tez savunmasının yapılacağı yeri ve saati de öğrenmiş oldum. Üç gün sonra 19.02.2007 tarihinde ise saat 11.10 civarında cep telefonumu arayan Araş. Gör. Fatih Canata (lisans ve yüksek lisans eğitimini birlikte yapmış olduğum, çalıştığım kurumda da bir süre görev yapmış olan bir arkadaşım) nerede olduğumu sorarak tez savunma sınavımın olduğunu hatırlattı. Ben de işyerinde olduğumu aynı tez jürisinin görevlendirilmesinden dolayı bu sınava katılmayacağımı söyledim. Kendisi hiç üzerine vazife değilken tez jürisini bilgilendirdin mi şeklinde bir soru sordu. Ben de kısa keserek Enstitüye bildirdiğimi, gerekli bilgilendirmeyi yapacaksa oranın yapacağını söyledim. Bu şekilde de görüşme son buldu. Bir nevi tez jürisi üyeleri biz geldik sen gelmedin demek ister gibi veya orada olduklarını kanıtlama ihtiyacı duyar gibi bir düşünceye kapılmış olacaklar ki Araş. Gör. Fatih Canata'yı da aracı olarak kullanmaktan çekinmemişlerdir (eğer, düşük bir ihtimal de olsa Araş. Gör. Fatih Canata işgüzarlık edip üzerine hiç vazife olmayan böyle çirkin bir işe kendi iradesiyle kalkışmamışsa). Böyle bir hareketin, davranışın mantık dışı olduğu açıktır. Kaldı ki X7'de benim tezim dahi yok. Ama yine de beni tez savunma sınavına bekliyorlar."

22.02.2007 tarihli Enstitü Yönetim Kurulu kararında "... Sedat Aksoy hakkında tez savunma jüri üyelerinden gelen 19.02.2007 tarihli tutanak incelendi. Yapılan görüşmeler sonunda adı geçen öğrencinin tezini tez savunma jüri üyelerine teslim etmediği anlaşıldığından, tebliğ tarihinden itibaren yedi (7) gün içinde tezini jüri üyelerine teslim ederek tez teslim tutanağını Enstitümüze tevdi etmesi gerektiğinin, aksi takdirde Enstitü ile ilişiğinin kesileceğinin bildirilmesine oybirliğiyle karar verildi." 28.06.2007 tarihli Enstitü Yönetim Kurulu kararı ile Enstitü ile ilişiğim kesildi. Daha sonra 3. İdare Mahkemesi'nin 05.06.2007 tarihli Yürütmeyi Durdurma Kararına (tebliğ tarihi 09.08.2007) göre çıkan 07.09.2007 tarihli Enstitü Yönetim Kurulu kararında "... Enstitü ile ilişiği kesilen Sedat Aksoy hakkında İstanbul Üniversitesi Rektörlüğü Hukuk Müşavirliğinden gelen 13.08.2007 tarihli yazı ve ekindeki İstanbul 3. İdare Mahkemesinin 2007/443 Esas numaralı kararı incelendi. Yapılan görüşmeler sonunda mahkeme kararına uyularak adı geçenin kaydının açılmasına ve tez savunma jürisine yaptığı itiraz mahkeme tarafından uygun bulunduğundan Bilgi ve Belge Yönetimi Anabilim Dalı Başkanından yeni jüri teklifinin istenmesine oybirliğiyle karar verildi." 22.11.2007 tarihli Enstitü Yönetim Kurulu kararına göre "... tez savunma jüri üyeliğine X7, Doç. Dr. Oğuz İçimsoy (Marmara Üniv.), X1 (Danışman), X8 ve X4'ün (Marmara Üniv.) atanmalarına oybirliğiyle karar verildi." Bu kararı 28.12.2007 tarihinde tebliğ ettikten sonra Enstitüye 02.01.2008 tarihinde Mahkeme kararlarına rağmen 2 eski jüri üyesinin jüride yeniden yer aldığını, bunun da hukuk dışı olduğunu belirterek bu karara uymayacağımı bildirdim. Daha sonra lehime sonuçlanan 3. İdare Mahkemesinin 19.12.2007 tarihli 2007/3147 nolu kararı taraflara tebliğ edildikten (teb. tar. 04.03.2008) sonra Enstitünün 27.03.2008 tarihli kararı "İstanbul Üniversitesi Hukuk Müşavirliğinden gelen 07.03.2008 tarihli yazı ve ekleri incelendi... Sedat Aksoy hakkındaki mahkeme kararına uyularak Anabilim Dalı Başkanından tez savunma jürisi teklifinin istenmesine oybirliği ile karar verildi." şeklindedir. 17.04. 2008 tarihli Enstitü Yönetim Kurulu kararı "... Mahkeme kararı doğrultusunda tez savunma jüri üyeliğine X7, Doç. Dr. Oğuz İçimsoy (Marmara Üniversitesi- Fen Edebiyat Fakültesi), X9, X8 ve X6'nın atanmalarına oybirliği ile karar verildi." İnsanın aklına 3. İdare Mahkemesinin verdiği 05.06.2007 tarihli Yürütmeyi durdurma kararı (Esas kararla hemen hemen aynı) Mahkeme kararı değil miydi diye sormak geliyor? Sonrasında 02.01.2008 tarihinde 8 sayfalık Enstitüye dilekçe mi yazmam gerekiyordu? Eksiklikler, yanlışlar burada da bitmiyor. Şöyle ki tez jürisi içinden bir öğretim görevlisi Yönetmeliğe aykırı olacak şekilde tez danışmanı olarak belirlenmemiştir. Bu eksikliği gidermek için yine Enstitüye dilekçe yazmam gerekmiştir. 09.05.2008 tarihli 4 sayfalık dilekçem sonrasında 15.05.2008 Enstitü Yönetim Kurulu kararında "... Sedat Aksoy'dan gelen 09.05.2008 tarihli dilekçe ve Doç. Dr. Oğuz İçimsoy'dan gelen 07.05.2008 tarihli yazı incelendi. Yapılan görüşmeler sonunda, a) Mahkeme kararı gereği, yeniden yapılacak tez savunma sınavına halihazır Danışmanın katılması mümkün olmadığından, bu aşamadan itibaren danışman sıfatı ile X7'nin görevlendirilmesine, b) Sağlık sorunları nedeniyle jüri üyeliğinden çekilen Doç. Dr. Oğuz İçimsoy'un yerine Yrd. Doç. Dr. Muhammet Hanefi Kutluoğlu'nun atanmasına... oybirliği ile karar verildi." Ancak eksik burada da son bulmamıştır. Çünkü yeni atanan Yrd. Doç. Dr. Muhammet Hanefi Kutluoğlu diğer jüri üyeleri gibi aynı üniversitenin ve aynı anabilim dalı öğretim görevlisidir. Bu da Yönetmeliğe aykırıdır. Çünkü en az bir üye farklı bir üniversite veya farklı bir anabilim dalından olmalıydı. Bu yüzden 19.06.2008 tarihli dilekçeyi yazdım. Bunun sonucunda 26.06.2008 tarihli Enstitü Yönetim Kurulu kararında "Sedat Aksoy'dan gelen 19.06.2008 tarihli dilekçe ve danışmanı X7'den gelen 20.06.2008 tarihli yazı incelendi... a) Danışmanı X7'nin danışmanlıktan çekilme talebinin kabulüne, yerine danışman olarak X6'nın atanmasına, b) Jüri üyeliğine İstanbul Üniversitesi Lisansüstü Yönetmeliği'nin 15. maddesi uyarınca Yrd. Doç. Dr. Muhammet Hanefi Kutluoğlu'nun yerine X10'un (Marmara Üniversitesi) atanmasına ve tez savunmasının X7, X6, X8, X9 ve X10'dan oluşan jüri tarafından yapılmasına oybirliğiyle karar verildi."

10.07.2008 tarihinde tez savunma sınavı yapıldı ve düzeltme kararı verildi. Akabinde 15.07.2008 tarihinde Enstitüye "sınav esnasında karşılaştığım tutum, tezin değerlendiriliş şekli ve sonrasında öğrendiğim tez jürisinin tezde düzeltilmesini istediği şeyler ayrıca teze eklenmesi istenilen yeni bir bölüm bende tezin her halükarda reddedileceği izlenimini doğurdu. Daha doğrusu bu tezin hiçbir şekilde kabul edilmeyeceği sonucu apaçık ortaya çıktı. İstenilen şekilde teze düzeltmeler, eklemeler de yapılsa (yapılması mantıken mümkün değildir) akıbetin değişmeyeceği ortadadır. Çünkü tezin bir bütünlüğü, mantığı, hukukiliği ve kimliği olmayacaktır. Böyle bir tezin Yönetmeliğe de aykırı olacağı, tez hazırlama amacına ters düşeceği açıktır. Böyle bir tezi de hiçbir jüri kabul etmez ve edemez. Böyle bir sonuca nasıl vardığımı ilk önce dilekçenin bütününü etkileyecek Yönetmelikteki amacın belirlendiği 8. maddeyi verip konuyu açıklamaya çalışacağım." şeklinde başlayıp "**10.07.2008 tarihinde yapılan tez savunma sınavı sonunda verilen düzeltme kararına göre tarafımdan yapılması istenenler mantığa, hukuka, tez hazırlama sürecinin doğasına ve yüksek lisans tezi hazırlama amacına aykırıdır. Bu aykırılığa neden olan bahsi geçen üç ana konunun öncelikle tarafınızca incelenmesini, sonrasında uygun gördüğünüz takdirde tarafımca önerilen kişi ve kurumlar da dikkate alınarak; anlaşmazlıkların giderilmesine yönelik, alanında söz sahibi yetkin kişilerden görüş alınmasını; Enstitünün vereceği karar doğrultusunda bu sürecin işlemesini ve sonrasında yapılacak olan tez savunma sınavının sağlıklı, güven içinde bir ortamda olması için gereğinin yapılmasını arz ederim.**" şeklindeki bir sonuçla bitirdiğim bir dilekçe yazdım. Dilekçenin ekleri arasında tez savunma sınavında geçen konuşmaların yer aldığı 4 sayfalık metin de vardır. Bu dilekçeme cevaben Enstitü Yönetim Kurulunun

24.07.2008 tarihli kararı aynen şöyledir "Sedat AKSOY'dan gelen 15.07.2008 tarihli dilekçe ve ekleri incelendi. Yapılan değerlendirmeler sonunda adı geçen öğrencinin jüri değerlendirmesine müdahalemiz hakkındaki talebi mevzuat bakımından mümkün görülmediğinden talebinin reddine oybirliğiyle karar verildi." Ben de bu kararı doğru bulmamakla birlikte 15.07.2008 tarihinde yazdığım dilekçemde belirttiklerime ve öngörülerime uygun hareket ederek üzerime düşenleri layıkiyle yapmaya çalıştım.

Enstitü Müdür Yardımcısı Yrd. Doç. Dr. Gökhan Karabulut imzalı 8935 sayılı 16.07.2008 tarihli "Düzeltilmiş 1 adet (spiral cilt) tezinizi en geç 10.10.2008 tarihine kadar Enstitümüze teslim etmeniz ve teslim tarihinden itibaren 1 ay içersinde tez savunma sınavına girmeniz gerektiğini belirtir, bilgilerinizi ve gereğini rica ederim." şeklindeki yazı geldi. Tezi teslim etmemden bir gün önce 08.10.2008 tarihinde tez danışmanı olan X6'ya saat 15.00'ten hemen sonra telefonla ulaşabildim (07.10.2008 tarihinde başladı kendisini arayışım, halbuki kendisi o vakte kadar beni arayıp, elindeki düzeltilmiş tez nüshası müsveddesini incelediğini söyleyip beni çağırabilirdi). Kendisine tezin üzerinde yaptığım son değişiklikler, düzeltmelerin yer aldığı tezi gösterip bilgilendirmek ve kendisinin 23.09.2008 tarihinden beri incelediği düzeltilmiş tez nüshası müsveddesini alıp üzerindeki notları değerlendirmekti. Ancak görüşme talebimi aktardığımda kendisi bana tez jürisi üyeliği ve tez danışmanlığından çekileceğini, bu yönde bir dilekçe Enstitüye vereceğini söyledi. Ben sebebini sorunca kendisinin yaptığı önerileri dikkate almadığımı bu yüzden böyle bir karar verdiğini söyledi. Ben de belirttikleri yerlerin hepsini dikkate aldığımı, çoğunu da yaptığımı belirttim. Kendisi tezin girişinde yer alan çıkartılmasını istediği yerleri çıkartmadığımı söyleyince, ben de tezin girişinde bulunan o yerleri çıkartmadığımı ancak tezin genelinde bu isteklerin dikkate alınıp değerlendirildiğini söyledim. Sonrasında bu isteğinin bireysel olup olmadığını, bunda diğer tez jüri üyelerinin isteklerinin gerçekleştirilip gerçekleştirilmediğinin bir etkisi var mı diye sordum. Bireysel olmadığını, diğer tez jüri üyelerinin de isteklerinin çoğunun dikkate alınmadığını söyledi. Ben de hepsini dikkate aldığımı ve çoğunu tezime yansıttığımı söyledim. Kendisi tekraren tez jüri üyeliğinden ve tez danışmanlığından çekileceğini, bende bulunan bir kitabını kendisine teslim etmemi ve 23.09.2008 tarihinde kendisine verdiğim düzeltilmiş tez metni müsveddesini teslim alabileceğimi söyledi. Ben de cevaben; tezi 09.10.2008'de Enstitüye teslim edeceğimi, sonrasını Enstitü Yönetim Kurulunun karar vereceğini; kitabını teslim edeceğimi, verdiğim müsveddeyi de almayacağımı belirttim ve teşekkür ederek görüşmeye son verdik. Düzeltilmiş tez nüshasını süresinde Enstitüye 09.10.2008 tarihinde teslim ettim. Daha sonra jüri üyelerine süresinde düzeltilmiş tez nüshalarını teslim etmeye çalıştım. Ancak tez danışmanı X6 ve X7 haksız bir şekilde tezimi teslim almadı. X6, tez danışmanlığı ve tez jüri üyeliğinden çekilmek istediğine dair Enstitüye dilekçe yazdığını bu yüzden de tezi almayacağını söyledi. Bu esnada Enstitü daha kararını vermediğinden tezi teslim almak zorunda idi. X7 ise Enstitü bana yazı göndermedi diyerek ve Enstitü ile de görüştüğünü belirterek tezimi teslim almadı. Halbuki Enstitüdeki görevliler bana tam tersini söylüyorlardı yani tezi teslim etmem gerektiğini. X7'nin tezi teslim alması için Enstitüden yazı beklemesinin ve bu yüzden tezimi teslim almamasının ise hiçbir tutar tarafı yoktur. Yani daha önce eski tezi teslim almış, tez savunma sınavına girmiş, o sınavda düzeltme kararı verilmiş, bunların sonucunda yapılacak tez savunma sınavı için teslim alması gereken düzeltilmiş tez için Enstitüden bir yazı bekliyor. Enstitü ise böyle bir yazıya gerek olmadığını aynı gün belirtmişti. Odalarının önüne kadar gittiğim X7'nin ve X6'nın getirdiğim tezleri almayarak sergiledikleri iş ahlakına uygun olmayan, hukuk dışı bu mantıksız tutum ve davranışları kabul edilemez bulup takdirlerinize bırakıyorum. Sonrasında bu üç aylık tez düzeltme süresinde olanları anlattığım, tez danışmanı X6'nın iş ahlakıyla bağdaşmayan tutum ve davranışlarıyla birlikte görevini layıkiyle yapmadığına dair 15.10 2008 tarihli dilekçeyle bu teslim alınmayan tezleri sahiplerine teslim edilmek üzere Enstitüye verdim. 16.10.2008 tarihinde tez teslim tutanağını Enstitüye teslim ettim. Sonuç olarak Enstitü Yönetim Kurulu 23.10.2008 tarihli kararında "...Sedat AKSOY'dan gelen 15.10.2008 tarihli dilekçe ve danışmanı X6'dan gelen 09.10.2008 tarihli yazı incelendi. Yapılan görüşmeler sonucunda adı geçen öğrencinin, a) Danışmanı ve tez jüri üyesi X6'nın talebinin reddine ve adı geçenin tezinin Enstitümüz tarafından X7, X6'ya gönderilmesine, b) tez savunmasının X7, X6, X8, X9 ve X10 oluşan jüri üyeleri tarafından yapılmasına oybirliği ile karar verildi."

Daha sonra Enstitü Müdür Yardımcısı Yrd. Doç. Dr. Ayşe Danışoğlu imzalı 13.11.2008 tarihli "Tez savunma sınavınızın 20.11.2008 Perşembe günü saat 15.00'te yapılacağı tez danışmanınız X6'dan alınan 05.11.2008 tarihli yazı ile bildirilmiştir. Bilgilerinizi ve gereğini rica ederim." şeklindeki yazıya göre sınavı beklerken, sınav günü olan 20.11.2008 tarihinde saat 14.00'te, yani sınav saatinden 1 saat önce, ben son hazırlıklarımı yapıp sınav yerine hareket etmek üzere iken tez danışmanı cep telefonumdan beni aradı ve tez jüri üyesi X10'un jüri üyeliğinden çekildiğini belirterek sınavın olmayacağını söyledi. O gün sınav bu şekilde yapılmadı. Daha sonra 27.11.2008 tarihli Enstitü Yönetim Kurulu kararında "tez savunma jüri üyesi X10'dan gelen 19.11.2008 tarihli feragat yazısı incelendi. Yapılan görüşmeler sonunda adı geçen öğrencinin tez savunma jüri üyeliğine X10'un yerine X11'in atanmasına ve tez savunmasının X7, X6, X8, X9 ve X11 tarafından yapılmasına karar verildi."

Yeni belirlenen jüri üyesi X11'e düzeltilmiş tez nüshasını 08.01.2009 tarihinde teslim edip, aynı gün içinde tez teslim tutanağını Enstitüye teslim ettim. Sonraki süreçte ise tez danışmanının belirlediği tez savunma günü tarihinin bildirilmesiyle tez savunma sınavına girmeyi bekliyordum. Ancak genelde olduğu gibi bu süreç de çok sorunlu ve hukuk dışı geçmiştir. Tez savunma sınavının tarihi, yeri ve saati bana Enstitü tarafından tebliğ edilmemiş, tez danışmanı tarafından da bildirilmemiştir. Sonuçta 27.01.2009 tarihinde saat 11.01'de Araş. Gör. Fatih Canata (kendisi lisans ve yüksek lisansta sınıf arkadaşım, bir süre Merkez Kütüphanede iş arkadaşım olmuştu. Bu durumun aynısı yani yine tez savunma tarihini bu şekilde öğrenmem daha önce de olmuştu. Daha önceki durumu önceki dilekçelerimde ve yukarıda belirttim) cep telefonumdan beni arayıp nerede olduğumu sordu. Kütüphanede olduğumu söyleyince, tez jürisinin beni beklediğini, şu anda tez savunma sınavında olmam gerektiğini söyledi. Ben de bana ne Enstitünün ne de tez danışmanının böyle bir bilgiyi bildirmediğini söyledim. X6 beyin (tez danışmanı, kendisinde benim cep ve iş telefonum vardır) yanında olduğunu ona vereceğini söyledi. X6, 15 gün önce Enstitüye tez savunma tarihini bildirdiğini sanki üzerindeki sorumluluk bitmiş gibi söyledi. Ben de dedim ki Enstitü bana böyle bir şey tebliğ etmedi. Ayrıca normalde sizin en az üç gün önce, bir hafta önce bana bildirmeniz gerekirdi dedim. O da cevaben Enstitüden benim öğreneceğimi düşünerek haber vermediğini söyledi. Devamında tez savunma sınavına beni beklediklerini söyleyerek, gelip gelmeyeceğimi sordu. Ben de böyle bir şey nasıl olur. Bu şekilde tez savunma sınavı olabilir mi diye sitemkarane sordum. Tekrar gelip gelmeyeceğimi sordu. Ben de bir Enstitüyle görüşeyim ondan sonra belli olur dedim ve cevaben bekleyeceklerini söyledi. Sonrasında Enstitüde görevli Erdin beye telefon açtım. Kendisine böyle bir şeyin nasıl olabildiğini, hiçbir kimsenin bana tez savunma tarihini bildirmediğini belirttim. Kendisi bana Enstitünün tez savunma tarihini tez hazırlayana bildirme gibi bir yükümlülüğünün olmadığını, bunu tez danışmanının yapması gerektiğini söyledi. Daha önceki tez savunma sınavı tarihini ise durumun özelliğinden dolayı bana da ayrıdan yazı gönderdiklerini, ancak bu sefer gözden kaçtığını belirtti. Ancak yine de böyle yükümlülüklerinin olmadığını, böyle bir uygulama yapmadıklarını, tez danışmanının bildirmesi gerektiğini söyledi. Ben de tez danışmanının ise tam tersini söylediğini söyleyerek, beni tez savunma sınavına beklediklerini söyledim. Yalnız düzeltilmiş tez nüshasının dahi yanımda olmadığını söyledim. Erdin bey Enstitüye teslim ettiğim tez nüshasını alabileceğimi ve ondan sonra tez savunma sınavına girebileceğimi söyledi. Ben de Enstitüye gittim ve Erdin beyden düzeltilmiş tez nüshasını aynı şekilde teslim etmek kaydıyla aldım. Orada kendisi X6'yı telefonla aradı ve Enstitüdeki düzeltilmiş tez nüshasını bana verdiğini ve tez savunma sınavına geleceğimi söyledi. O şekilde kütüphaneye geldim. Odamda bulunan eski tez nüshasını da alarak Edebiyat Fakültesinin 4. katına çıktım. Daha önceki tez savunma sınavının yapıldığı (X8'in odası) oda kilitli, X6'nın odasında da jüri yoktu. En son X7'nin odasında tez jürisini bulabildim ve içeri girdim. Saat 11.30 idi. Tez danışmanı X6 yaşanılan anormalliklere açıklama getirmeye çalıştı. Yine 15 gün önce Enstitüye tez savunma tarihini bildirdiğini söyledi. Bana Enstitü tarafından bildirilmesi gerektiğini söyledi. Ben Enstitünün öyle bir yükümlülüğü olmadığı bilgisini aldığımı, tez savunma tarihini tez danışmanının öğrenciye bildirmesi gerektiğini Enstitünün söylediğini belirttim. En az üç gün önce, bir hafta önce bildirmesi gerekir ki tezi hazırlayan tez savunmasına hazırlık yapabilsin. Bu savunmanın da beş öğretim görevlisinin önünde yapıldığını hatırlatarak, ben böyle bir sınava konuyu çok iyi bilsem de en az üç gün çalışırım dedim. Olması gereken de budur dedim. X11, 15 gün önce Enstitüye teslim edilmiş, aradaki mesafe 400 metre, bu kadar günde Enstitü nasıl tez savunma tarihini tebliğ etmez diye kendi kendine sordu. Bu konu böyle kapandı.

Burada şunu belirtmekte fayda vardır ki tez danışmanı X6 tez savunma sınavı tarihini belirlemiş ve bunu Enstitüye bildirmiş ve bunun Enstitüce kabul edildiğini bilerek veya bilmeyerek veya bir tebliğ yazısı beklemeyerek diğer tez jüri üyelerine o tarihte tez savunma sınavının yapılacağını bildirmiştir. Bütün jüri üyesi de o gün o saatte orada toplanmıştır. Uygulamada bütün tez danışmanları tezi hazırlayan öğrenciye tez savunma tarihini, saatini ve yerini en az üç gün önce bildirir. Kendisi ne gariptir ki bana bildirme gereği duymamıştır.

27.01.2009 tarihli bu tez savunma sınavı da başından sonuna kadar sonucu belli formalite sınavı olmaktan öteye geçemeyerek, ayrıca hukuk dışı, bilim dışı ve terbiye dışı bir muameleye maruz bırakılarak tezimin reddiyle sonuçlanmıştır. Bu şekilde yapılan tez savunma sınavını ve bunun sonucunda verilen ret kararını kabul etmem haklı olarak, doğal olarak mümkün değildir. Bunun niçin mümkün olmadığını gerekçeleriyle ve tez savunma sınavında olanları açıkladığım 30.01.2009 tarihli dilekçemi Enstitüye teslim ettim. Bunların önemli bir kısmını bu Mahkeme dilekçemde de belirteceğim. Öncelikle bu dilekçemin sonuç kısmını aynen belirtip sonrasında Enstitünün bu dilekçeme verdiği cevabı aynen aktaracağım. 30.01.2009 tarihli dilekçemin sonuç bölümü "Sonuç olarak, herhangi bir tebliğ yapılmadan 27.01.2008 [doğrusu 27.01.2009] tarihinde saat 11.30'da (normalde 11.00'de başlaması gerekirdi) yapılan tez savunma sınavı, 15.10.2008 [doğrusu 15.07.2008] tarihinde Enstitüye verdiğim dilekçede belirttiklerime, öngörülerime uygun bir şekilde gerçekleşip başından sonuna kadar tezimin reddedilmesi için yapılan formalite sınavı olmuştur. Bu sınavı gerçekleştiren tez jürisi iş ahlakından yoksun bir şekilde, bilimsellikten uzak olacak şekilde hukuk dışı tutum ve davranış sergileyerek tezimi reddetmişlerdir. Hukukun egemen, bilimin yol gösterici olduğu hiçbir düzende, ülkede böyle bir tezin bu şekilde reddedilmesi mümkün değildir. Bu haksız, anlamsız ve terbiye dışı muamelenin sonucunda verilen ret kararının geçersiz sayılarak iptal edilmesi, uygun göreceğiniz yeni bir tez jürisinin kurularak tez savunma sınavının yapılması, bu haksız, terbiye dışı muameleyi yapan tez jürisinin bütün üyeleri hakkında idari ve disiplin soruşturması açılması için gereğinin yapılmasını arz ederim." şeklindedir. 05.02.2009 tarihli (tebliğ tarihi 16.03.2009) Enstitü Yönetim Kurulu kararı ise şöyledir: "Enstitümüz Bilgi ve Belge Yönetimi Anabilim Dalında ... numara ile kayıtlı yüksek lisans öğrencisi Sedat Aksoy'dan gelen 30.01.2009 tarihli dilekçe ve ekleri ve tez savunma jüri üyelerinden gelen 27.01.2009 tarihli tez savunma tutanağı incelendi. Yapılan görüşmeler sonunda adı geçen öğrencinin, tez savunma sınavında tezi red edildiğinden ve tez savunma jüri üyelerinin verdiği kararın değiştirilmesi mümkün olmadığından, İstanbul Üniversitesi Lisansüstü Eğitim ve Öğretim Yönetmeliği'nin 15. maddesi hükmü uyarınca 27.01.2009 tarihi itibariyle Enstitü ile ilişiğinin kesilmesine oybirliği ile karar verildi."

Enstitü Yönetim Kurulunun aldığı bu kararlardan net olarak anlaşılabilecek birkaç husus vardır. Öncelikle Enstitü 2547 sayılı Yükseköğretim Kanununa, İstanbul Üniversitesi Lisansüstü Eğitim ve Öğretim Yönetmeliğine ve 7202 sayılı Tebligat Kanununa aykırı hareket etmiştir. Bunların bir kısmına dilekçe içersinde zaten yer verdim. Benim burada bahsedeceğim konu ise Enstitünün uymak zorunda olduğu bu hukuk düzenlemelerini tam anlamıyla dikkate alıp uygulamaması, hatta yanlış verdiği kanaatinde olduğum kararları bunlara dayandırarak yaptığını belirtmesidir. 24.07.2008 ve 05.02.2009 tarihli kararları sırasıyla şöyledir: "... adı geçen öğrencinin jüri değerlendirmesine müdahalemiz hakkındaki talebi mevzuat bakımından mümkün görülmediğinden talebinin reddine oybirliğiyle karar verildi.", "... tez savunma sınavında tezi red edildiğinden ve tez savunma jüri üyelerinin verdiği kararın değiştirilmesi mümkün olmadığından, İstanbul Üniversitesi Lisansüstü Eğitim ve Öğretim Yönetmeliğinin 15. maddesi hükmü uyarınca 27.01.2009 tarihi itibariyle Enstitü ile ilişiğinin kesilmesine oybirliği ile karar verildi." Toplumumuzda yaygın olarak kullanıldığından neredeyse deyim haline gelmiş "Mevzuat hazretleri" şeklinde bir ifade vardır. Bu ifadenin karşıladığı anlamlardan bir tanesi de benim durumumla örtüşmektedir. Yani talebimin doğruluğu-yanlışlığı, ortada bir hukuksuzluğun olup olmadığı veya Yasada, Yönetmelikte amacın da yer aldığı var olan diğer maddeler doğrultusunda bir çözüm bulunup bulunmayacağı önemli değil, Yönetmelikte birebir konuyla ilgili ifadeler geçiyor mu geçmiyor mu o önemlidir, şeklindeki bir mantıktır. Biraz daha açacak olursam tez savunma sınavlarında yapılmaması gereken her ne varsa, bunlar dilekçeyle belirtilmiş de olsa hükmi şahsiyet olan Enstitü Yönetim Kurulu, mevzuat bakımından mümkün görülmediğinden veya tezi red edildiğinden ve tez jüri üyelerinin verdiği kararın değiştirilmesi mümkün olmadığından gibi ifadeler kullanarak kararlar alabiliyorsa, Enstitünün nasıl bir mantığa, iş yapma anlayışına sahip olduğu bir ölçüde ortaya çıkar. Önceliklerin ne olduğu konusunda, yasaların, tüzüklerin, yönetmeliklerin uygulanması konusunda verilen bu kararlarlar hukuk dışıdır, mantık dışıdır. Enstitü Yönetim Kurulu verdiği kararlarla hukuk dışı olarak kendi yetkisini kısıtlamış ve sonrasında da hukuka uygun olmayan ve kolaycı bir şekilde hareket etmiştir. Vurgulayarak tekrar ediyorum, hükmi şahsiyete sahip olan Enstitü uygulamakla yükümlü olduğu ilgili hukuki metinleri olması gerektiği gibi ele alıp, yorumlayıp işleme koymamıştır. Tam aksine mekanik, sığ ve yanlış bir biçimde hukuki metinleri kararlarında kullanmıştır.

Enstitü Yönetim Kurulunun verdiği kararlardan çıkarılabilecek sonuçlardan bir tanesi de Enstitünün varlık sebebinin sorgulanması olabilir. Şöyle ki: Enstitü Yönetim Kurulu ve hükmi şahsiyet özelliği ortadan kalksın, sadece memurların görev yaptığı bir birim olsun ya da buna da gerek yok sadece anabilim dalları bu işi yürütebiliyorsa yürütsün gibi düşünceler üretilebilir. Bu saydıklarımın ne kadar yanlış, mantısız ve işlevsiz olduğunu anlatmama gerek yok. Ancak bizzat Enstitü kendisini kurum olarak işlevsiz, yetkisiz göstermekte bu da sorumlu olduğu öğrencilere karşı yapmakla yükümlü olduğu görevleri hukuka, mantığa uygun olarak layıkıyle yapmamasına yol açmaktadır. Böyle bir durum Enstitünün, kendi içinde yetersiz bir sistem, düzen olduğuna işaret eder ki bu da kabul edilebilir bir durum değildir. Bu da doğal olarak öğrencilerin haklarının yenmesi gibi olumsuz durumlar çıkartır.

Tez jüri üyeleri hakkında açılmasını talep ettiğim idari ve disiplin soruşturmasının gereğinin yapılmaması ayrı bir hukuksuzluktur. Daha önceki tez jüri üyelerine de soruşturma açılmamıştı. Kaldı ki lehime sonuçlanan iki Mahkeme kararı da ortadaki hukuksuzlukları sabit kılmakta iken jüri üyeleri hakkında soruşturma açılmaması ayrıca düşündürücüdür. Son durumda ise Enstitü, bizzat 30.01.2009 tarihli dilekçemde "bu haksız, terbiye dışı muameleyi yapan tez jürisinin bütün üyeleri hakkında idari ve disiplin soruşturması açılması için gereğinin yapılmasını arz ederim." şeklinde bir ifadeyle ve öncesinde gerekçelerini verdiğim talebimi hukuka aykırı bir şekilde gerçekleştirmemiştir.

30.01.2009 tarihli dilekçemde belirttiğim, 27.01.2009 tarihli tez savunma sınavında tez jürisi tarafından maruz bırakıldığım hukuk dışı, bilimsellikten uzak, terbiye dışı muameleden birkaç örnek vermek konuyu daha da netleştirecektir. Bunlar:

X9, önsözde hayat hikayeni anlatmışsın şeklinde gerçekle bağdaşmayan çirkin bir ifadeyle giriş yaptı. Akademik tezlerde bu tip kişisel bilgilerin verilemeyeceğini söyledi. Ben de hayat hikayemi anlatmadığımı, tez konusunun oluşumuna etkisi olan birbiriyle ilişkili 3 hususutan sadece giriş mahiyetinde bilgi olarak verdiğimi belirttim. Bunun da yanlış olmadığını belirttim. O da karşılık olarak akademik tezlerde böyle yapılmadığını belirtti. Ben de yapıldığını belirterek bunun örneklerinin çok olduğunu söyledim.

X9 tez savunması boyunca sık sık gayrıciddi bir tutum (gülerek) sergilemiştir. Hatta bir keresinde aniden ona dönerek suratına niye gülüyorsun edasıyla sert bir şekilde bakınca birden toparlandı, yüzü asıldı, pardon benzeri (kısık sesle konuştu, en azından ben o şekilde anladım) bir kelime ağzından çıktı.

Tez danışmanı X6 tez danışmanlığından ve jüri üyeliğinden çekilmesini ve sonradan tekrar kabul etmesini bir lütufmuş gibi söyledi. Şöyle ki kendisi ben isteseydim şu an burada bulunmazdım. Enstitü tekrar bu görevi kabul edip etmeyeceğimi sordu ben de kabul ettim şeklinde bir ifadede bulundu. Ben de etmeseydiniz dedim. Sanki bir lütufta bulunuyormuş gibi burada bulunduğunuzu söylüyorsunuz. Sizin tezin tesliminden 1 gün önce Enstitüye yaptınız çekilme talebiniz Enstitüce haklı olarak reddolunmuştur. Ayrıca daha Enstitü karar vermeden, karar vermiş gibi hareket edip tezimi teslim almamanız da yanlıştı ve haksızdınız çünkü. Sonra Enstitü kanalıyla tezimi almak zorunda kaldınız (X7 ile beraber). Dolayısıyla burada benim hak ettiğim ve görev olarak gördüğüm bir konuyu lütuf olarak kabul etmem mümkün değildir. Kaldı ki Enstitü sizin çekilme talebinizi reddetti (bu karar yazısı bana da geldi). Başlangıçta haksızdınız çünkü. Sonrasında tezimi almayarak da haksızlık, yanlış yaptınız. Bu esnada hiç ilgisi yokken ve muhatabım olan X6 tek bir kelime bile söyleyemezken X11 tabiî ki lütuf diye lafa girdi. Senin hocan büyüklük gösterip ayrılmak istediği jüriye Enstitünün isteğini (talebinin reddi yazısı ortada dururken) kırmayarak tekrar kabul ediyor. Teşekkür etmen lazım dedi. Taban tabana zıt olduğum bu çarpık zihniyete hak olarak gördüğüm, görev olarak gördüğüm bir şeyi lütuf olarak kabul etmeyeceğimi net bir şekilde tekrarladım. Enstitünün, X6 ile şifahi olarak böyle bir görüşme yapıp yapmadığını, yaptıysa rica-minnet mi kendisini tez danışmanlığı ve tez jüri üyeliğinde tuttuklarını öğrenmem bu saatten sonra benim hakkımdır. Bu durum tezin sağlıklı ve güven içinde bir ortamda savunulması ilkesine aykırıdır. Çünkü tez jüri üyelerinden en az birinin yaptığı görevin mahiyetini, sorumluluklarını bilmemekte olduğu açıktır veya art niyetle hareket ettiği açıktır. Kanun, hukuk, hak devletinde yaşıyoruz; suçluların ve haksızların diledikleri gibi rahat hareket ettikleri rica-minnet, lütuf devletinde değil. Ayrıca oturuşumu, konuşma tarzımı kastederek öne doğru hareketlenip neredeyse saldıracakmışsın (veya atlayacakmışsın gibi bir kelime kullandı) gibi konuşuyorsun. Tez danışmanına etmeseydin diyemezsin. Kolların yanında dursun gibi terbiye dışı kabul edilebilecek ifadelerde bulundu (karşılarında bir nevi put gibi oturmamı bekliyordu). Kendisine öncelikle X6'ya etmeseydin demediğimi, etmeseydiniz (kendisi lütufmuş gibi orada bulunmayı kabul ettiğini söyleyince) dediğimi belirttim. Böyle bir şeyin sözkonusu bile olamayacağını, her zaman saygı çerçevesinde anlatış tarzımın bu olduğunu net bir şekilde belirttim.

Tez danışmanı X6 15.07.2008 tarihinde Enstitüye verdiğim dilekçeyi kastederek tez savunma sınavında olanları anlattığın, tez jürisi hakkında yazdıklarından dolayı ben daha o zaman çekilmek istemiştim ancak yapmadım deyince X9 birden araya girerek ne dilekçesi, ben bilmiyorum, benim hakkımda ne yazmış tarzında ve pek doğru bulmadığım bir üslupla konuşmaya girdi. Ben de bu tez savunma sınavı, eğer geçmişe dönülmek isteniyorsa döneriz, benim için bir mahsuru yok dedim. Burada bu konuşma kesildi ve başka bir konuya geçildi. Bu konuda şöyle bir açıklamada bulunmak yerinde olacaktır. Anladığım ve tespit ettiğim kadarıyla bu yazdığım dilekçeden rahatsız olmuşlar. Halbuki rahatsız olunacak hiçbir şey yok. Çünkü hiçbirisi benim ne akrabam, ne de arkadaşımdır. Kendileriyle irtibatım sadece bu tez dolayısıyladır. Bu da kendileri için bir görevdir. Bu ve diğer görevlerinden dolayı Devletten maaş alan kişilerdir. Bu durum Enstitü personeli için de geçerlidir. Bu görev kapsamında yaptıkları her türlü iş ve konuşmalardan sorumludurlar. İlk önce bu gerçeğin idrakinde olmaları gerekirdi. Kapalı kapılar arkasında da iş yapmadığımıza göre, dilekçeyi de Enstitüye teslim ettiğime göre, bu yazılanların değerlendirilmesinin açık olacağı kesindir. Yanlış bir şey yazılırsa müdahale edileceği de açıktır. Neyin tartışmasını yapıyorlar, anlamak pek mümkün değil. Ayrıca konunun detayını bilmemekle birlikte, hatırladığım kadarıyla bundan birkaç sene evvel televizyonda çıkan şöyle bir habere şahit olmuştum. Bu haberde artık bütün tez savunma sınavlarının kameraya çekileceği, gerektiğinde bu görüntülere erişilebileceği şeklinde bir bilgi vardı. Bunun ne kadarının gerçekleştiği veya gerçekleşmediği konumuz açısından çok önemli değil. Önemli olan böyle bir ihtiyacın birçok açıdan ortaya çıkmasıdır. Ve bunda hem insani hem de hukuki olarak herhangi bir sakınca yani bizim konuşlarımız kayıt altına alınıyor şeklinde bir rahatsızlığın görülmemesidir.

X6 çocukça ifadeler var tezinde diye söyleyince ben kendisine bu çocukça ifadeler nerededir acaba diye sorunca kendisi bana yine girişte yer alan bebek örneğini gösterdi. Neresi size çocukça ifadeler olarak geldi diye sorunca, kendisi bana son kısmı tekrar ettiğimi söyledi. Ben de oranın tekrar olmadığını, paragrafa bütün olarak bakmak gerektiğini, her paragrafın bir başlangıcının, gelişmesinin ve sonucunun olduğunu ve o paragrafta birkaç cümle okudum kendisine ve bunlar mı tekrar diye sordum. Ayrıca bazen anlatımı kuvvetlendirmek amacıyla aynı olmamak kaydıyla benzer şeyler tekrar edilebilir. Bir şey söyleyemedi. Ayrıca çocukça ifadelerden neyi kastettiğini ısrarıma rağmen bir türlü söyleyemedi (Dediği gibi tekrar olsa da bu, çocukça ifadeler şeklinde nitelenemez. Anlaşılan, metinde geçen bebek, çocuk kelimeleri herhalde çocukça ifadeler var yargısına kapılmasına yol açmıştır.).

X7'ye sizin belirttiğiniz iki temel düzeltmeyi gerekçeleriyle yapmadığımı, tezin genelinde ise birçok değişiklik yaptığımı söyledim ve bunu kabul etti. 3. Bölümün altında incelediğim Thesaurusları nasıl sınıflama düzeni olarak gördüğümü, bunların konu başlıkları olduğunu söyledi. Ben de 3. Bölümün ilk sayfalarında bu konuyu irdelediğim bilgilerin bir özetini kendisine yapmaya çalıştım. Sadece 3-4 cümle söyledikten; yani Burada konu başlıkları nedir. Ne amaçla yapılır ve kullanılır. Sınıflama nedir ve ne amaçla yapılır sorularına cevap bulmamız gerekir dedim ve konu başlıklarının bilgiye, belgeye konusal erişimi sağlamak için oluşturulduğunu söyledim. Sınıflamanın da aynı temel amaçla yapıldığını söyledim. Ama sonra lafımı kesip ben bir şey anlamadım dedi ve herkes bunun böyle olmadığını biliyor şeklinde bilimsellikten uzak ve gerçeği yansıtmayan bir ifade kullandı. Sonrasında da konuyu değiştirdi. Bu en temel, en önemli düzeltme sorunda yapılan bir muameleydi. Takdirlerinize bırakıyorum (ayrıca önsöz gibi bir yerde yaklaşık 10 dakika konuşulduğunu hatırlatmamda fayda vardır).

Tezimi anlatmamı istemediler (Yönetmeliğe aykırıdır). Direkt tezde yaptığım veya yapmadığım düzeltmelerden bahsetmemi istediler. Ben yeni belirlenen tez jüri üyesi X11'i de dikkate alarak tezi anlatabileceğimi söyledim. X7 kabul etmedi. Düzeltmelerden bahsetmemi istedi. Ben de öyle yaptım.

Tezde yararlandığım temel kaynaklardan Pakin, Artukoğlu ve arkadaşlarının kaynaklarından dipnot göstererek yararlandığımı, bu yazarların konu başlıkları düzenlerini ve thesaurusları sınıflama düzenleri olarak kabul ettiklerini ve bunları açık ve net olarak tezimde belirttiğimi söyledim. Ayrıca Pakin'in Konu başlıkları üzerine doktora çalışması hazırladığını söyledim. Tez jürisi bu anlattıklarımı dikkate almadı. Karşılığında X7 sadece şunu söyleyebildi "herkes bunun böyle olmadığını biliyor". Hiçbir kaynağa dayanmadan, herhangi bir akla, mantığa yatkın açıklama getirmeden böyle bir cümle sarfetmesi bana kimler tarafından tezimin değerlendirildiğini tekrar tekrar düşündürtmüştür. Bir bilim insanı olarak görülen bir kişinin ağzından böyle bir cümle çıkabilir mi? Ki öncesinde muhatabı kendisine yararlandığı kaynakları belirtiyor ve verdiği bilgileri dipnotlarıyla gösterdiğini bildiriyor. Bunun kabul edilebilir, akla sığabilir, bilime, mantığa uyan hiçbir tarafı yoktur.

X7 korktun mu şeklinde haksız ve terbiye dışı bir söz sarfetti. Ben de bunun böyle olmadığı benim şimdiye kadar tezde yaptıklarımla belli değil mi diye sordum. Ayrıca yapılması istenenlerin de yapılmasının imkansız olduğunu, buraya gelmemin mümkün olmadığını söyledim. Bir şey diyemediler.

Bir avukatın bakmakla yükümlü olduğu davanın görüleceği tarih, avukata mahkemenin yapılacağı gün ve saatte bildirilmesi ne kadar yanlışsa, ne kadar mümkün değilse, ne kadar hukuk dışıysa; benim tez savunma sınavına daha önce belirlenmiş gün ve saatte, herhangi bir tebligatta, bildirimde bulunmadan, sınav anında çağrılmam bir o kadar yanlış ve hukuk dışıdır. Ayrıca bu şartlar altında dahi tez savunma sınavına girip, tezimi savunmaya çalışsam da bu hukuk dışılığı ortadan kaldırmamaktadır.

Tez savunma sınavı tarihinin belirlenmesi ve bunun öğrenciye ve ilgili kişilere ne şekilde bildirilmesi gerektiği hakkındaki sürecin nasıl işlediğinin ve tez danışmanının bu süreçteki rolünün ne olduğunun Enstitü tarafından net bir şekilde açıklanması gerekir ki yapılan yanlışların boyutu ortaya çıksın.

Şu anda Enstitü ile ilişiğimin kesildiğine dair Enstitü Yönetim Kurulu Kararı olmakla birlikte, tez savunma sınavının tarihi, yeri ve saatini tebliğ eden karar hiç gönderilmemiştir.

X7, hazır bulunduğu 27.01.2009 tarihli tez savunma sınavını bildiren herhangi bir yazı Enstitüden almış mıdır acaba? Çünkü daha önce düzeltilmiş tez nüshasını kendisine teslim etmeye gittiğimde kendisi bana Enstitüden yazı gelmedi diyerek tezimi haksız bir şekilde teslim almadı. Halbuki bilindiği üzere düzeltme kararının verildiği tez savunma sınavına girmişti. Böyle bir yazıya gerek de yok, uygulamada da yok. Enstitü de yok diyor zaten. Ancak kendisine ve tezimi teslim almayan diğer jüri üyesi tez danışmanı X6'ya düzeltilmiş tez nüshalarını 15.10.2008 tarihli dilekçemle sahiplerine teslim edilmek üzere Enstitüye verdim. İş ahlakıyla bağdaşmayan tutum ve davranışlarına da dilekçede değindiğim bu iki jüri üyesi tezlerini Enstitü aracılığıyla teslim almışlar ve sonrasında diğer üç jüri üyesiyle birlikte sonucu belli formalite tez savunma sınavını yapmışlardır. Böyle bir sınavdan çıkan bilimsellikten uzak, sağlıksız ve güvensiz bir ortamda yapılan, subjektif değerlendirmeden ibaret olan; maruz kalınan hukuk dışı, terbiye dışı bir muameleden sonra alınan bu ret kararını Enstitüye verdiğim 30.01.2009 tarihli dilekçeme rağmen oybirliğiyle kabul eden Enstitü Yönetim Kurulu kararının ne kadar hukuk dışı ve mantıksız olduğu sonucu ortaya çıkar.

Acaba X10 (Marmara Üniversitesi), düzeltme kararının verildiği tez savunma sınavına katılıp, ikinci sınavın yapılacağı 20.11.2008 tarihinden bir gün önce niçin tez jüri üyeliğinden feragat etme gereği duymuştur. Bu feragat yazısında gerekçe göstermiş midir (tez savunma sınavından bir saat önce sınavın yapılmayacağını öğrendiğim zaman Enstitü ile yaptığım görüşmede hangi gerekçeyle çekildiğini sorunca 19.11.2008 tarihli yazıda herhangi bir gerekçe olmadığı söylenmiştir)? Gerekçe göstermemişse Enstitü bu şekilde bir feragat etmeyi normal bulup nasıl hemen kabul etmiştir? Bunun nedenlerini takip etme gereği duymamıştır. Sonuçta zarar gören her halükarda ben oluyorum. Benim haklarımı da Enstitünün koruması gerektiği gerçeği ortada apaçık durmaktadır. Ancak geçen süreçte de sabit olduğu üzere Enstitü genelde yaptığı gibi hiçbir şey olmamış gibi yoluna devam etmektedir. Bu da kabul edilebilir bir durum değildir. Soruları çoğaltabiliriz ama buradan gelmek istediğim nokta X10'un yerine görevlendirilen X11'in ne şekilde bir jüri üyeliği yaptığını 30.01.2009 tarihli dilekçemde belirtmiş olup bu olumsuz durumun değerlendirmesini takdirlerinize bırakıyorum.

Timuçin Muşul'un 2005 yılında Legal Yayıncılık tarafından çıkarılan "Gerekçeli-notlu-içtihatlı-açıklamalı Tebligat Kanunu ve ilgili mevzuat" adlı eserinde 7201 sayılı Tebligat Kanununun 1. maddesi şöyledir: "Kazai merciler, genel ve katma bütçeli daireler, belediyeler, köy hükmi şahsiyetleri, barolar ve noterler tarafından yapılacak bilcümle tebligat, bu Kanun hükümleri dairesinde Posta ve Telgraf Teşkilatı Genel Müdürlüğü veya memur vasıtasıyla yapılır." (Muşul, 2005: 67)

Tebliğ (=tebligat), hukuki işlemlerin kanunda öngörüldüğü şekilde nuhatabına veya muhatap adına kabule kanunen yetkili şahıslara yazılı olarak bildirimi ve bu bildirimin yapıldığının, kanunda öngörüldüğü şekilde belgelendirilmesi işlemidir (bkz. Moroğlu/ Muşul, s. 19-20).

Bir hukuki işlemin tebligat olarak nitelendirilebilmesi için, iki unsura ihtiyaç vardır. Bu unsurlar, kanunda öngörüldüğü şekilde; yazılı bildirim ve belgelendirmedir. Bu iki unsurun veya birinin mevcut olmaması halinde, tebligatın usulsüzlüğü değil, yokluğu söz konusudur. Bu iki unsur mevcut olmakla beraber kanuna uygun değilse, usulsüz tebliğ var demektir. Tebliğin usulüne uygun olması için kanunda öngörüldüğü şekilde yapılması gerekir. Teb.K. hükümleri şekle ilişkin olduğundan, en ufak ayrıntısına kadar uyulması gerekir. Aksi halde, tebliğ kanunda öngörülen şekilde yapılmamış, diğer bir deyişle usulsüz olur." (Muşul, 2005: 70)

Aynı eserin Tebligat esasları kısmında yer alan Müddet tayini başlığı altında yer alan "Madde 12- Tüzüğün 8'inci maddesinde sayılan vasıtalarla yapılanlar dışındaki her nevi tebliğ evrakı ve davetiyelerin alakalılara ulaşması ve alakalıların, tebliğin veya davetiyenin icaplarını yerine getirebilmesi için bu evrakı çıkaran merci tarafından tayin edilecek müddetin hesabında; evrakın gönderileceği mahallin yakınlık veya uzaklığı, mevsimin yaz veya kış olması, nakil vasıtalarının durumu gibi hususlar nazara alınır. Bu suretle tayin edilecek müddet, tebliği çıkaran merciin bulunduğu köy ve belediye hududu dahilinde tebligat yapılacaksa 3 günden, köyde veya ayni vilayetin diğer bir kazasında tebligat yapılacaksa 15 günden, diğer bir vilayet içinde tebligat yapılacaksa bir aydan az olamaz." (Muşul, 2005: 476-477)

"... yasa, sürelerin başlangıcını bir tebligat veya bildirime bağlı kıldığı durumlarda tebligat veya bildirimin mutlaka 7201 sayılı Yasa hükümlerine göre yapılması zorunludur." (Muşul, 2005: 82)

Muşul, tebligatın, bilgilendirme yanında, belgelendirme özelliği de bulunan bir usul işlemi olduğu, Tebligat Kanununun ve tüzük hükümlerinin en ufak ayrıntılarına kadar uygulanmasının zorunlu olduğu hakkında Yargıtay 1. Hukuk Dairesinin verdiği bir karardan alıntı yapmaktadır: "... tebligat, bilgilendirme yanında, belgelendirme özelliği de bulunan bir usul işlemidir. Bu nedenle tebliğ ile ilgili 7201 sayılı Tebligat Kanunu ve Tüzüğü hükümleri tamamen şeklidir. Kanun ve Tüzüğün amacı, tebliğin muhatabına ulaşması, konusu ile ilgili olarak kişilerin bilgilendirilmesi ve bu hususun belgeye bağlanmasıdır. Hal böyle olunca, kanun ve tüzük hükümlerinin en ufak ayrıntılarına kadar uygulanması zorunludur..." (Yarg. 1. HD., 7.6.2000, E.2000/7264, K.2000/7421 – YKD., Şubat 2001/2, s. 175) (Muşul, 2005: 83).

Muşul, tebliğ olunmayan bir kararın, hukuki sonucu da olamayacağı için mahkeme kararının şekli anlamda kesinleşmeyeceği, hakimin kesinleştirme şerhi vermiş olmasının, bu hukuki olguyu değiştiremeyeceği hakkında Yargıtay 16. Hukuk

Dairesinin verdiği bir karardan bir alıntı yapmaktadır: "Mahkemece taraflar arasında kesin hüküm bulunduğu kabul edilerek hüküm kurulmuştur. Maddi anlamda kesin hüküm ve sonuçları Hukuk Usulü Muhakemeleri Kanununun 237. maddesinde düzenlenmiştir. Maddi anlamda kesin hükmün taraflar yönünden bağlayıcılığı tartışmasızdır. Ancak, maddi anlamda kesin hükmün varlığını kabul edebilmek için, hükmün şekli anlamda kesinleşmesi gerekir. Şekli anlamda kesinlik, maddi anlamda kesinliğin ön ve temel şartını oluşturur. Bu şart oluşmadıkça, maddi anlamda kesin hükmün varlığından söz edilemez. Mahkeme kararın gerekçe bölümünde, maddi anlamda kesin hükme dayandığına göre kararın şekil olarak da kesinleşip kesinleşmediğini incelemekle yükümlüdür. Hükme dayanak yapılan kesin hüküm Asliye Hukuk Mahkemesi tarafından verilmiştir. Asliye Hukuk Mahkemeleri yazılı usule tabi olup, kararların ilgililerce Tebligat Kanunu ve Tüzüğü hükümlerine göre usulen tebliğ olunması gerekir..." (Yarg. 16.HD., 15.7.1991, E.1990/12819, K.1991/10931 – YKD., Mayıs 1992/5, s.741-742 ; Muhalefet şerhi için bkz. s. 743) (Muşul, 2005: 85-86).

Yine Muşul, davacı, davalının temyizine karşı verdiği cevapta, dava dilekçesi tebligatını kendisinin aldığını açıkladığına göre, dava ve duruşma günü tebliğinin geçersiz olduğu hakkında Yargıtay 2. Hukuk Dairesinin verdiği bir karardan alıntı yapmaktadır: "Hukuk Usulü Muhakemeleri Kanununun 73. maddesine göre taraflara tebligat yapılmadan hüküm kurulamaz ve gene 7201 sayılı Tebligat Yasasının 39. maddesine göre hasma tebligat yapılamaz. Davacı davalının temyizine karşı verdiği cevapta dava dilekçesi tebligatını kendisinin aldığını açıkladığına göre dava ve duruşma günü tebliği geçersizdir. Davalıya tebligat yapılmadan yargılamaya devam olunup hüküm kurulması doğru görülmemiştir. SONUÇ: Temyiz edilen kararın gösterilen sebeple BOZULMASINA..." (Yarg. 2.HD., 23.5.2002, E.2002/5937, K.2002/6872) (ÖA) (Muşul, 2005: 447-448).

Son olarak Muşul, kişinin hangi yargı merciinde duruşmasının bulunduğunu, hakkındaki iddia ve isnatların nelerden ibaret olduğunu bilebilmesinin, usulüne uygun olarak tebligat yapılması ile mümkün olabileceği hakkında verdiği örneklerden ikincisi olan Yargıtay 17. Hukuk Dairesi kararından bir alıntı yapmaktadır: "Bir davada, aleyhine dava açılan kişilere usulüne uygun biçimde dava dilekçesiyle duruşma gün ve saatinin tebliğ edilip davadan haberdar edilmeleri yasa gereği olup, bu husus davanın görülebilme koşullarındandır. Somut olayda, ... Neşe ile ... Asiye ve Emine dışındaki tespit maliki olan davalılara usulüne uygun olarak dava dilekçesi tebliğ olunmamış ve davadan haberdar edilmemişlerdir. Bu durumda, adı geçen davalılar yönünden anayasal bir hak olan savunma hakkının kısıtlandığından duraksamamak gerekir. Mahkemece bu yönler gözardı edilmek, işin esasına gidilerek yazılı olduğu şekilde karar verilmiş olması doğru değildir." (Yarg. 17. HD., 26.9.1996, E.1996/4020, K.1996/4309 – YKD., Kasım 1996/11, s.1775-1776) (Muşul, 2005: 84-85).

İstanbul Üniversitesi'nin bu Kanuna tabi hareket edeceğinden, bu Kanunun kapsamında olduğundan bir şüphe yoktur. Ancak bu Kanuna da uygun hareket etmekle yükümlü olan İstanbul Üniversitesi Sosyal Bilimler Enstitüsü Müdürlüğü 30.01.2009 tarihinde verdiğim dilekçeye rağmen diğer hususlar yanında usul yönünden tebligattaki (yapılmamıştır) bu hukuksuzluğu görmezden gelebilmiştir.

Tezimin bütün bu olanlardan sonra bilirkişi/ler tarafından incelenmesi gereği doğmuştur. Buna benzer bir isteği, öneriyi daha Mahkeme aşaması olmadan

10.07.2008 tarihli ve düzeltme kararı verilen tez savunma sınavından sonra yazdığım 15.07.2008 tarihli dilekçemde de yetkin ve konunun uzmanı kişiler tarafından anlaşmazlık konusu olan üç temel sorunun incelenmesi önerim yukarıda da değindim üzere mevzuat öne sürülerek reddolunmuştur. Bilirkişi görevlendirmesiyle ilgili bir ölçüde örnek olabilir düşüncesiyle Danıştay 8. Dairenin verdiği, karar yılı 1990, karar no 580, esas yılı 1990, esas no 336 ve karar tarihi 15/05/1990 olan kararın metnini aynen aşağıda veriyorum.

Yüksek lisans tezinin kabul edilmeyerek ilişiğin kesilebilmesi için olayda bilimsel olduğu anlaşılan tezin ayrıca savunulması için öğrencinin savunmaya çağrılması ve sonucunun buna göre değerlendirilmesi gerekeceği hk.:

Davacının yüksek lisans tezinin kabul edilmemesi ve sonuçta öğrencilikle ilişiğinin kesilmesi yolundaki Yönetim Kurulu kararının iptali istemiyle açılan davada; bilirkişi incelemesi yaptırılarak davacı tezinin bilimsel açıdan yeterli olduğunun saptandığı, bilimsel yönden yeterli tezin yeterince savunulmamış olmasının tezin başarısız olduğu yolundaki gerekçesine değer verilemeyeceği gerekçesiyle dava konusu işlemi iptal eden İdare Mahkemesi kararının bozulması istemidir. Dava yüksek lisans tezinin kabul edilmemesi sonucu ilişiğin kesilmesine ilişkin işlemi iptal eden mahkeme kararının bozulması istemine ilişkin olup; uyuşmazlığın özünü, bu tezlerin başarı incelemesini tek bir sözlü sınavında mı, yoksa, önce tezin bilimsel açıdan yeterliliğinin saptanması sonra savunulması gibi iki aşamada mı yapılması gerektiği oluşturulmaktadır. 2547 sayılı Yasanın 65. maddesi kuralına göre çıkarılan Lisans Üstü Yönetmeliğin 9. maddesinde, Enstitü Yönetim Kurulunun tezi tamamlanan öğrenci için jüri oluşturacağı, bu jürinin öğrenciyi 45 dakika ile 1.5 saat arasında tez savunmasına tabi tutacağı, sınav sonunda tez başarısız görülürse düzeltilmesi veya yeniden hazırlanması için süre verileceği, yinelemede başarısızlık durumunda Üniversite ile ilişiğinin kesileceği kuralı yer almıştır. Maddede tez ilk kez başarısız görülürse düzeltilmesi veya yeniden hazırlanması öngörülmüştür. Bu kural savunulmasından önce tez içeriğinin incelenmesine, yani bilimsel olup olmadığına yöneliktir. Olayda dava dosyasının incelenmesinden tezin başarısızlığının idarece savunulduğu anlaşılmaktadır. Oysaki İdare Mahkemesince yaptırılan bilirkişi incelemesi sonucu düzenlenen bilirkişi raporu ile bu rapora ek raporda söz konusu tezin incelenmesi sonucu tezin bilimsel yönden yeterli olduğu saptanmıştır. Buna göre bilimsel olduğu anlaşılan tezin ayrıca savunulması için öğrencinin savunmaya çağrılması ve sonucunun ayrıca değerlendirileceği doğaldır. Açıklanan nedenlerle İdare Mahkemesi kararı usul ve yasaya uygun olup, bozulmasını gerektiren başka bir neden de bulunmadığından temyiz isteminin reddine karar verildi. AZLIK OYU: Uyuşmazlık, yüksek lisans tezi iki kez başarısız görülen davacının öğrencilikle ilişiğini kesen işlemin yasa ve yönetmeliğe uygun olup olmadığına ilişkindir. Yükseköğreniminde tezle ilgili tüm düzenlemelerde, doktora, doçentlik vb. tez incelemesinin nasıl ve ne şekilde yapılacağı ayrıntılı bir biçimde düzenlenmiştir. Lisans Üstü Öğrenim Yönetmeliğinin 9. maddesinde de tezi tamamlanan öğrencinin jüri önünde tez savunmasına alınacağı öngörülmüştür. Yönetmeliğin sözü edilen maddesi ile birlikte hiçbir maddesinde tezin önce bilimsel açıdan inceleneceği daha sonra öğrencinin tez savunmasına alınacağı gibi ikili bir aşamanın yer almadığı görülmektedir. Yönetmeliğin, yalnızca tezin savunulacağı ve sonuçta tezin başarılı olup olmadığının belirleneceğine ilişkin bu kuralı karşısında, yüksek lisans tezinin başarısının ikili aşamada inceleme gibi bir ayrıma bağlanamayacağı, tezin tek bir değerlendirme sonucunda başarı durumunun belirleneceği açıktır. Olayda, davacının tezi iki kez başarısız görüldüğüne göre, tezin bu başarısızlığının, sözlü savunma öncesinde tez incelenerek başarısız bulunduğu şeklinde yorumlanması olanağı yoktur. Kaldı ki, dosya içeriğinden, idarenin tezi ayrı değerlendirmeye almadığı anlaşılmaktadır. Tez incelemesi ve savunulması bir bütün olup, değerlendirmesinin de birlikte yapılması yönetmelik gereğidir. Bu nedenle Yerel Mahkeme kararının bozulması gerektiği oyuyla karara katılmıyoruz. (DAN-DER; SAYI:81) BŞ/YÖ

SONUÇ ve İSTEM : 15.07.2008 ve 30.01.2009 tarihli dilekçelerime rağmen Dava konusu 05.02.2009 tarihli Enstitü Yönetim Kurulu kararının iptaline son karardan önce yürütmenin durdurulması ile özgün ve pozitif bilim doğrultusunda, bilimsel olarak hazırladığım tez üzerinde bilirkişi incelemesi yaptırılarak verilen ret kararının Yükseköğretimin dolayısıyla Enstitünün temel amaçlarına (özellikle İstanbul Üniversitesi Lisansüstü Eğitim ve Öğretim Yönetmeliği 8. maddesi) aykırı olarak hukuk ve bilim çerçevesinde tez jürisi tarafından alınmadığının tespiti, ayrıca verilen ret kararının 7201 sayılı Tebligat Kanunu 1. maddesine göre usulen de geçersiz olduğu yolunda ve yargılama giderlerinin davalıya yükletilmesine Yüce Mahkemenizce karar verilmesini arz ve talep ederim. 27.03.2009.

Sedat AKSOY
Davacı

EKLER :
Ek a ("Sistematik ve Alfabetik Sınıflama Düzenlerinin Bilgiye, Belgeye Konusal Erişim Açısından Karşılaştırılması" adlı hazırladığım düzeltilmiş yüksek lisans tezi, X, 140 sayfa)
Ek b (30.01.2009 tarihli dilekçem, 9 sayfa)
   Ek 1: Düzeltilmiş tezde Önsöz (2 s.)
   Ek 2: Düzeltilmiş tezde Giriş kısmının ilk iki sayfası, 2 s.)
   Ek 3: X6'nın Giriş kısmında yapılmasını istediği değişiklik (inceleme tez nüshasından alınmıştır, 2 s.)
   Ek 4: X9'un bana teslim ettiği inceleme tez nüshasındaki değişikliklerin fotokopisinin önemli bir kısmı, 7 s.)
   Ek 5: X7'nin bana teslim ettiği inceleme tez nüshasındaki değişikliklerin fotokopisinin önemli bir kısmı, 16 s.)
   Ek 6. Prof. Dr. İrfan Çakın'ın "Karşılaştırmalı kütüphanecilik" adlı makalesi (9 s.)
Ek c (15.10.2008 tarihli dilekçem, 3 s.)
Ek ç (15.07.2008 tarihli dilekçem, 6 s.)
   Ek 1 (10.07.2008 tarihinde yapılan tez savunma sınavı, 4 s.)
   Ek 2 (Konu başlıkları düzenlerinin sınıflama olarak adlandırılabileceğine dair tezde yer alan bilgiler, 5 s.)
   Ek 3 (Artukoğlu ve ark. Konu başlıklarının verilmesini sınıflandırma olarak adlandırması, kabul etmesi, 10 s.)
   Ek 4 (Tezde düzeltilmesi istenen yerler, 1 s.)
   Ek 5 (Dipnot konulması istenen, Tablo 8 Sınıflandırma düzenleri arasındaki farklar, 2 s.)
Ek d (19.06.2008 tarihli dilekçem, 2 s.)
Ek e (09.05.2008 tarihli dilekçem, 4 s.)
Ek f (02.01.2008 tarihli dilekçem, 8 s.)
Ek g (22.02.2007 tarihli Enstitü Yönetim Kurulu Kararı)

Ek ğ (28.06.2007 tarihli Enstitü Yönetim Kurulu Kararı)
Ek ı (07.09.2007 tarihli Enstitü Yönetim Kurulu Kararı)
Ek i (22.11.2007 tarihli Enstitü Yönetim Kurulu Kararı)
Ek j (27.03.2008 tarihli Enstitü Yönetim Kurulu Kararı)
Ek k (17.04.2008 tarihli Enstitü Yönetim Kurulu Kararı)
Ek l (15.05.2008 tarihli Enstitü Yönetim Kurulu Kararı)
Ek m (26.06.2008 tarihli Enstitü Yönetim Kurulu Kararı)
Ek n (24.07.2008 tarihli Enstitü Yönetim Kurulu Kararı)
Ek o (16.07.2008 tarihli 8935 sayılı Enstitüden gelen yazı)
Ek ö (23.10.2008 tarihli Enstitü Yönetim Kurulu Kararı)
Ek p (13.11.2008 tarihli 15112 sayılı Enstitü yazısı)
Ek r (27.11.2008 tarihli Enstitü Yönetim Kurulu Kararı)
Ek s (05.02.2009 tarihli Enstitü Yönetim Kurulu Kararı)
Ek ş (30.04.2007 tarihli Esas no: 2006/1100, Karar no: 2007/1148 5. İdare Mahkemesi Kararı, 2 s.)
Ek t (05.06.2007 tarihli 3. İdare Mahkemesinin Yürütmeyi Durdurma Kararı, 3 s.)
Ek u (19.12.2007 tarihli Esas no: 2007/443, Karar no: 2007/3147 3. İdare Mahkemesi Kararı, 3 s.)
Ek ü (28.08.2007 tarihli Esas no: 2007/5506 Danıştay 8. Dairesi Yürütmenin Durdurulması isteğinin reddi kararı)
Ek v (21.08.2008 tarihli Esas no: 2008(6278 Danıştay 8. Dairesi Yürütmenin Durdurulması isteğinin reddi kararı)
Ek y (23.02.2007 İdare Mahkemesine sunduğum dilekçe, 9 sayfa, 63 sayfa ek, yüksek lisans tezi, IX, 134 sayfa)

EK 2. 01.07.2010 Tarihli İstanbul Bölge İdare Mahkemesi Dilekçesi [Bilirkişi Raporu, s. 181-182] [s. 166-190]

BÖLGE İDARE MAHKEMESİ BAŞKANLIĞINA
Sunulmak Üzere
10. İDARE MAHKEMESİ BAŞKANLIĞINA
İSTANBUL
DOSYA NO: 2009/453

YÜRÜTMENİN DURDURULMASI
İSTEMİNİN REDDİ KARARINA
İTİRAZ EDEN (DAVACI) : Sedat Aksoy, İstanbul Üniversitesi Kütüphane ve Dokümantasyon Daire Başkanlığı, Beyazıt/İstanbul T.C. Kimlik no: ...

DAVALI : İstanbul Üniversitesi Rektörlüğüne izafeten Sosyal Bilimler Enstitüsü Müdürlüğü, Beyazıt/İstanbul

İTİRAZ KONUSU : İstanbul 10. İdare Mahkemesinin 2009/453 esas sayılı ve 04.06.2010 tarihli Yürütmenin durdurulması istemimin reddi kararının kaldırılarak Yürütmenin durdurulması istemimin kabulünden ve 07.05.2010 tarihli Bilirkişi raporuna (tebliğ tarihi 25.06.2010) itirazdan ibarettir.

TEBLİĞ TARİHİ : 25.06.2010

İTİRAZ NEDENLERİ :

04.06.2010 tarihli Yürütmeyi durdurma isteğimin reddi kararı ile birlikte 07.06.2010 tarihli Bilirkişi raporunu 25.06.2010 tarihinde tebliğ ettim. Mahkeme kararıyla yüksek lisans tezimin "bilimsel yönden yeterli olup olmadığının tespiti hususunda" yapılan Bilirkişi incelemesinde hazırlanan raporun bütünü şekil ve içerik bakımından eksik, yanlış, yanlı ve düşük seviyeli (ilköğretim okulu veya lise öğrencisinin ödevini değerlendiren bir rapordan öteye gidememiş; halbuki bilimsel kurallara göre hazırlanmış yüksek lisans tezinin değerlendirilmesi bilimsel (nesnel, sebep-sonuç ilişkisi kurulu, olgusal olması gibi özelliklere sahip olmalı) mantıksal bütünlüğü olan, gerçeklerle bağdaşan ve Mahkeme ara kararında da istendiği üzere detaylı olarak incelenmesi zorunluluğu vardır. Bu da bilimsel kurallar çerçevesinde olmalıdır. Yani benim kaynaklara dayanarak ve dipnot göstererek hazırladığım tezin yanlışı varsa ilk önce bunlar bilimsel olarak çürütülmelidir.

30.01.2009 tarihinde Enstitüye verdiğim dilekçede de belirttiğim üzere "Hukukun egemen, bilimin yol gösterici olduğu hiçbir düzende, ülkede böyle bir tezin bu şekilde reddedilmesi mümkün değildir." Ancak burada bilim adına bilim katledilerek kişinin hukuku ayaklar altına alınmaktadır.

Bilirkişi raporunda, tez jürisi tarafından tezimin reddedilmesine bahane olarak gösterilen en önemli üç sebepten birini tamamen geçersiz (tereddüte mahal bırakmayacak şekilde), birini zımnen geçersiz kılmıştır. Son olarak sebep bile olmaması gereken üçüncü sebebi gerekçesiz, somut ve soyut verilere dayanmadan anlamsız bir şekilde yarım yargıyla ("tartışmalı görünmektedir" ifadesiyle) uygun bulmuştur. Bu tespitimin gerekçelerinin hepsini bu dilekçede açıklamaya çalışacağım. İlk önce bu üç önemli sebebin ne oluğunu belirtmek yerinde olur. 1. Tez jürisi konu başlıkları listeleri gibi konusal erişim araçlarını, alfabetik sınıflama düzenleri olarak kabul etmediler. 2. Alfabetik sınıflandırma düzenleri ile sistematik sınıflama düzenlerinin karşılaştırılamayacağını ifade ettiler. 3. Tezde konu sınırlandırması dışında tutulan "Sınıflama ve Web" başlıklı yeni bir bölüm açmam (adeta yeni bir tez yazmam) istendi.

Bilirkişi raporunun 2. maddesinin ilk paragrafı aynen şöyledir: "Tezde ele alınan sistematik ve alfabetik sınıflama düzenleri birbiriyle karşılaştırılabilir ve birbirlerinin yerine kullanılabilecek alternatif düzenler değil, tam aksine bütüncül bir sistemin parçalarıdır. Dolayısıyla bu iki sistemin birbiri ile konusal erişim açısından karşılaştırılmak ve birinin diğerinden daha fazla avantaja ya da dezavantaja sahip olmasını bir üstünlük olarak görmek bilimsel olarak uygun değildir." Bu açıklama her şeyden önce bilimsel değildir. Bütünü, varılan netice itibariyle mantık dışıdır, gerçeği yansıtmaz. Birbirinin alternatifi değildir ifadesinden bunlar arasında karşılaştırma yapılamaz sonucu çıkarılamaz. Ortak noktaları, işlevleri var ise bu yönleriyle birbirlerinin alternatifi olma durumları vardır. Örnek olarak İstanbul Üniversitesi Merkez Kütüphanesinde kullanılan Evrensel Onlu Sınıflama Sistemi (sistematik sınıflama düzeni) 2004 yılında bırakılıp, bu yıldan itibaren sadece elektronik ortamda bulunan konu başlıkları ile sınıflanan eserlere konusal erişim sağlanmaktadır.

Bilirkişi heyetinde de olan X12'nin Türk kütüphaneciliği—c. 3, s. 1 (1989)'da yayınlanmış "Karşılaştırmalı kütüphanecilik : yöntemi ve özellikleri" adlı makalesinden (tezimde yararlandığım temel kaynaklardandır) konuyla ilgili bir alıntı yapacak olursam:
"Karşılaştırmaya konu olacak olguların kabul edilebilir bir düzeyde benzerlik göstermesi, araştırıcının gözönünde bulundurması gereken bir diğer husustur. Sadece yuvarlak olmaları nedeni ile benzerlik gösteren bir portakalla bir futbol topunu karşılaştırma ne kadar anlamsızsa, örneğin bir kataloglama kuralı ile ödünç verme sistemini karşılaştırma da, her ikisininde kütüphaneciliğin çalışma alanı içinde olmasına karşın, o denli anlamsızdır. Çünkü bu iki olgunun yapısal ve işlevsel özellikleri itibariyle birbirlerinden oldukça farklı konumlarda olması, bunlar arasında paralelliklerin oluşturulmasına olanak tanımaz. Karşılaştırmaya konu olan olgular arasında kabul edilebilir düzeyde benzerlikler olduğunun saptanmasından sonra araştırmacının yükümlülüğü, farklılığın nedenlerini açıklamaktır." Buradan bir çıkarımda bulunmak gerekirse; X12, sadece yuvarlak olmaları nedeni ile benzerlik gösteren portakalla futbol topunu karşılaştırmayı ne kadar anlamsız görüyorsa; en temel özelliklerinden biri olan konusal erişim açısından alfabetik sınıflama düzenleriyle sistematik sınıflama düzenlerinin de karşılaştırılmasını aynı veya yakın nispette anlamsız görüyor anlaşılan. Bu kadar açık ve net bir konuda bu derecede mantık dışı, bilimsellikten uzak, yanlış bilgilerden oluşan bilirkişi raporunun geçerliliğini kabul etmem katiyetle mümkün değildir.

Bilirkişi raporunun 3. maddesi şöyledir:
"Yukarıdaki değerlendirmemize karşın yine de iki sistem arasında bir karşılaştırma yapılmak istenirse, bu sistematik sınıflama düzenlerinin "raf düzenleme" işlevini kapsam dışı tutarak sadece "konusal erişim" işlevinin alfabetik sınıflama düzeninin aynı işlevi ile karşılaştırılması düşünülebilir. Ancak, birinin diğerine üstünlüğünü ortaya koymayı hedefleyen böyle bir karşılaştırmanın tezde yapıldığı üzere, sadece literatüre dayalı kuramsal değerlendirmelerle

gerçekleştirilmesi de bilimsel bir araştırma için uygun değildir. Bu karşılaştırmanın doğru belirlenmiş belirli bir örneklem grubu ile yapılacak deneysel ve/veya betimleme yöntemi ve anket veri toplama tekniğine dayalı bir alan uygulaması ile gerçekleştirilmesi gereklidir. Bir başka deyişle, bizzat bu sistemlri kullanan kullanıcıların görüşlerinden elde edilen verilere dayalı bir avantaj/dezavantaj/üstünlük değerlendirilmesi yapılabilir. Tezde böyle bir uygulama gerçekleştirilmemiştir."

Alfabetik ve sistematik sınıflama düzenlerinin karşılaştırılabileceğini, zımnen kabul etmişler dediğim husus ise; "Yukarıdaki değerlendirmemize karşın yine de iki sistem arasında bir karşılaştırma yapılmak istenirse," ifadesinin kullanılmış olmasından bu zımnen kabulü kolayca çıkarabiliriz. Öncelikle şunu belirteyim ki böyle bir ifadenin bilimsel olmadığı kuşku götürmez bir gerçektir. Çünkü yukarıda (2. maddede) karşılaştırma yapılamaz dediği alfabetik ve sistematik sınıflama düzenlerinden birinin şu özelliğini görmezden gelip kapsam dışı tutarsan karşılaştırma yapabilirsin diyorlar. Böyle bir düşüncenin (gerçekleri örten ve farazi bir yaklaşımın) bilimde açık ve net olarak yeri yoktur. Yani bilirkişi kendi yazdıkları 2. maddeyi, 3. maddeyle tamamen geçersiz kılmışlardır. Burada hemen şunu belirteyim her iki durumda da yani istedikleri sistematik sınıflama düzenlerinin "raf düzenleme" işlevi kapsam dışı tutulmuş olsa da olmasa da bu 2. madde geçersiz kılınmıştır. İlkini açıklamama gerek yok (kapsam dışı tutulursa yapılabileceğini kendileri kabul etmişler zaten) ikincisinde ise bilirkişi, sistematik sınıflama düzenlerinin "raf düzenleme" (eserlerin yerleştirilmesi) özelliğinin eserlere göz atma (browsing) yoluyla doğrudan konusal erişim olanağı sağladığını göz ardı ederek; işin, bilimin, karşılaştırmanın doğası gereği kullanmak, belirtmek zorunda olduğum sistematik sınıflama düzenlerinin en önemli özelliklerinden biri olan raf düzenleme özelliğinden dolayı bu karşılaştırmanın yapılamayacağını söylemeleri kadar mantık dışı, gerçeklerle bağdaşmayan ve bilimsel olmayan bir ifade olabilir mi? Pek tabiî ki olamaz. Ayrıca, konu başlıkları listeleri gibi düzenleri alfabetik sınıflama düzenleri olduğu gerçeğini (tez jürisinin görüşünün aksine) tereddütsüz kabul ettiklerini de tekrar hatırlatmam gerekirse ve bu kabulden sonra olayın (karşılaştırmanın yapılamayacağını söylemenin) vahametinin boyutları daha net anlaşılır. Bu bilim adına bilimi katletmek anlamına gelmektedir.

Bilirkişi raporunda "Yukarıdaki değerlendirmemize karşın yine de iki sistem arasında bir karşılaştırma yapılmak istenirse, bu sistematik sınıflama düzenlerinin "raf düzenleme" işlevini kapsam dışı tutarak sadece "konusal erişim" işlevinin alfabetik sınıflama düzeninin aynı işlevi ile karşılaştırılması düşünülebilir." diyerek öncelikle tezin reddedilmesine bahane olan en önemli üç sebebinden ikisini devre dışı bıraktığını söylememiz yerinde olacaktır. Burada sorun olarak ise sistematik sınıflama düzenlerinin raf düzenleme işlevinin kapsam dışı tutulmamasını görmüşler. Halbuki sistematik sınıflama düzenlerinin hepsinde bu raf düzenleme işlevi yoktur. Evrensel Onlu Sınıflama Sisteminde olduğu gibi. Ama genelinde vardır. Benzer bir durum alfabetik sınıflama düzenlerinde de vardır. Şöyleki alfabetik sınıflama düzenlerinin çoğunluğunun raf düzenleme özelliği yoktur. Ama eserleri kabaca konularına göre yapılan sınıflandırma neticesinde yapılan raf düzenlemesi alfabetik sınıflama düzenidir. Bunun örneği İstanbul Üniversitesi Merkez Kütüphanesinde vardır. Şöyleki yirmi civarında fakültesi olan İstanbul Üniversitesi'nin yayınladığı eserler, ilgili fakültenin adı altında raflara yerleştirilmektedir. Ancak burada asıl önemli olan konu ise bilirkişi raf düzenleme işlevinin tezimde belirttiğim üzere konusal erişimde de kullanıldığını görmezden gelmektedir. Sistematik sınıflama düzenlerinin genel özelliklerinden birisi raf düzenlemesidir. Bu raf düzenlemesi eserlerin yerleştirilmesini sağladığı gibi eserlerin konusal erişimini de sağlamaktadır. Tezimin adı da "Sistematik ve alfabetik sınıflama düzenlerinin bilgiye, belgeye konusal erişim açısından karşılaştırılması" olduğuna göre sistematik sınıflama düzenlerinin genel bir özelliği olan raf düzenlemesi ve bunun neticesinde sağlanan konusal erişim işlevini kapsam dışı tutmak gibi mantık dışı, bilim dışı bir yargıya varılabilir mi? Pek tabiiki varılamaz. Fakat bilirkişi herhangi bir gerekçe göstermeden bu mantıksız yargıya varmıştır. Bu yargının bilimsel hiçbir geçerliliği yoktur (nedeni, nasılı, dayandığı mantıksal temeli olmadığından). Ayrıca karşılaştırmalı çalışmalarda karşılaştırılan nesnelerin, olguların genel özellikleri her daim belirtilir ve hangi açıdan karşılaştırılıyorsa ilgili her özelliği (detaylı, büyük-küçük) mutlaka belirtilir. Benim de yaptığım budur. Yani sistematik sınıflama düzenlerinin raf düzenleme özelliğinin eserlerin konusal erişiminde katkısı tereddüte mahal bırakmayacak şekilde olduğu için bilirkişi raporunda gerekçesiz söylendiğinin aksine sistematik sınıflama düzenlerinin "raf düzenleme" işlevi yapılacak karşılaştırmada belirtilir. Bu husus açıktır, nettir, mantıkidir, bilimseldir.

Tezimi hukuk dışı, bilim dışı reddeden tez jürisi tarafından bile uygulama yapılması yönünde istek olmamakla birlikte uygulama konusunun lafı bile geçmemiştir (düzeltme kararı verilen tez savunma sınavında ve sonraki sınavda). Daha önceki eski tez jürisi tarafından 23.02.2006 tarihinde yapılan tez savunma sınavında ise eski tez danışmanı 01.03.2006 tarihli Enstitü dilekçemin Ek1 (23.02.2006 tarihinde yapılan Tez Savunması, 9 s.) ekinde bu konu aynen ve sadece şu şekilde geçmiştir "X1 ilk belirlenen konuda yer alan uygulamayı neden yapmadığımı sordu. Ben de ilk belirlenen konunun yapılamayacağına karar verdikten sonraki süreçte bu uygulamanın yapılması yönünde bir konuşma geçmediğini ve konunun zorluğu ve genişliğinden ötürü bu uygulamanın yapılamayacağının kendiliğinden ortaya çıktığını belirttim." 16.01.2004 tarihli Enstitü Yönetim Kurulu kararıyla kabul edilen ilk tez konusu tarafımdan (altı aydan fazla bir süre sonra) tez danışmanı X1'e ve tezle ilgilenen X2'ye gerekçeleriyle (eksik bilgiden ve mantık hatasından dolayı konu yürütülemeyecek, sonuçlandırılamayacak şekilde yanlış belirlenmiştir) kendilerine kabul ettirdim. Bu yanlış konu ise şöyledir: "Sayısal Sınıflandırma Sistemi ile Konusal Sınıflandırma Sistemi Arasındaki Fark ve Benzerlikler: Bir Uygulama". Daha sonra bırakın uygulamanın yapılmasını, doğal olarak lafı bile geçmemiştir. Tez savunma sınavında eski tez danışmanının yukarıdaki sorusunda bile "ilk belirlenen konu" ibaresi vardır. Sonrasında hiçbir şey ne belirlenmiş ne de konuşulmuştur. Taki bilirkişi raporunun farazi ve bilim dışı görüşlerine kadar bu durum böyle sürmüştür. Bilirkişi raporunun genelinde olduğu gibi bu konuda da çelişkili, eksik ve bilim dışı bilgiler bilim diye verilmeye çalışılmıştır. Burada asıl konuya geçmeden bir önceki konuyla olan ilgisini belirteyim: Yine bilirkişi (ikinci defa) 2. maddede yapılamaz dediği karşılaştırmanın yapılabileceğini hatta kullanılacak yöntemleri dahi belirterek kabul etmiştir. Bilirkişi bir gerçeği örtmeye çalışırken başka bir gerçeğin ortaya çıkmasına mani olamamıştır. Uygulama konusuna geri dönecek olursak; bilirkişi, betimleme ve karşılaştırma yöntemlerini kullanarak tamamen bilimsel kurallara riayet ederek hazırladığım tezin "sadece literatüre dayalı kuramsal değerlendirmelerle gerçekleştirilmesi"ni bilimsel bir araştırma için uygun görmüyor. Bu yargıları da bilim dışıdır, mantık dışıdır ve gerçekleri saptırmaya çalışmaktır. Tezin girişinde ve sonuç bölümünde belirttiğim "tezin amacı; kütüphanelerde, bilgi ve belge merkezlerinde bilginin, belgenin düzenlenmesinde kullanılan sistematik ve alfabetik sınıflama düzenlerinin özelliklerini irdelemek, bu düzenlerin konusal erişim açısından yarar ve sakıncalarını teorik olarak ortaya çıkarmaktır." Kaldı ki çok geniş ve zor sayılabilecek bir konunun kapsamı sınırlandırılmaya, bir bütünlük içinde belirlenen amaca odaklanıp hipotezin doğrulanmasına çalışılır. Zaten teorik bir çalışma yapacağımı belirtmişim ve buna uygulama alanındaki tecrübelerimi ve gözlemlerimi yansıtmışım. Dolayısıyla burada neden şunu seçtin de bunu seçmedin, yani neden kuramsal bir çalışma yaptın da uygulamalı bir çalışma yapmadın gibi cevapları belli olan soruları sormanın, ve bunları hata olarak görmenin hiçbir anlamı yoktur. Bilirkişi bütün bu gerçekleri görmezden gelerek tezimi "sadece literatüre dayalı kuramsal değerlendirmelerle" yaptığımı bir kabahatmiş gibi söylemesi başlı başına bilim dışı bir anlayışın ürünüdür. Böyle bir yargı sakattır, eksiktir, mantık dışıdır, genel uygulamaya terstir ve yanlıdır. "Ancak, birinin diğerine üstünlüğünü ortaya koymayı hedefleyen böyle bir karşılaştırmanın tezde yapıldığı üzere, sadece literatüre dayalı kuramsal değerlendirmelerle gerçekleştirilmesi de bilimsel bir araştırma için uygun değildir. Bu karşılaştırmanın doğru belirlenmiş belirli bir örneklem grubu ile yapılacak deneysel ve/veya betimleme yöntemi ve anket veri toplama tekniğine dayalı bir alan uygulaması ile gerçekleştirilmesi gereklidir. Bir başka deyişle, bizzat bu sistemleri kullanan kullanıcıların görüşlerinden elde edilen verilere dayalı bir avantaj/dezavantaj/üstünlük değerlendirilmesi yapılabilir. Tezde böyle bir uygulama gerçekleştirilmemiştir." görüşü tamamen bilim dışıdır, mantık dışıdır. Ayrıca yukarıda belirtildiği üzere bilirkişi gerçekleri örtmeye çalıştığı gibi kendilerini bağlayacak konularda olabildiğince açık kapı bırakmaya çalışmışlar, yuvarlak ve geniş kapsamlı cümleler kurmuşlardır. Burada öncelikle şu tespiti yapmak yerinde olur: Bilirkişi, ağırlıkla (ağırlıkla diyorum, çünkü ilgili konunun yer aldığı mesleği İstanbul Üniversitesi Merkez Kütüphanesinde kütüphaneci olarak bilfiil icra etmekte olup, sınıflama ve kataloglama işi ağırlıklı olmakla birlikte kullanıcılarla iç içe olan yararlandırma hizmetini de vermekte olduğumdan tecrübelerimi ve gözlemlerimi tezime yansıttım). Bir de bu konuda son olarak şunu belirtmek isterim ki; kütüphanecilik disiplininin en önemli inceleme konu alanlarından bir tanesi sınıflama olmakla birlikte zorluk derecesi yüksek olduğundan bu konunun araştırmacıları çok azdır. Öyleki ülkemizde birebir sınıflama konusunda akademik tez senelerdir (en yenisi 15-20 sene önce olmak üzere) yapılmamıştır.

Hülya Dilek Kayaoğlu, Türk Kütüphaneciliği—c. 23, s. 3 (2009)'da yayınlanan "İstanbul Üniversitesi Bilgi ve Belge Yönetimi Bölümü'nde Araştırma Eğilimleri 1967-2008: Lisansüstü Tezlerinin İçerik Analizi" adlı makalede şu tespiti yapmış: "Az incelenmiş bir ana konu olan 'Bilgi Depolama ve Erişim'in en çok incelenen alt konusu 'Bilgi Erişim'dir (%5.2). 'Kataloglama' ise çok az incelenmiştir (%1.7). 'Sınıflama ve Dizinleme', 'Bibliyografik Veritabanları ya da Bibliyografyalar' ve 'Bibliyografik Olmayan Veritabanları' konuları ise incelenmemiştir." Tezimde yer alan birkaç tez haricinde diğer üniversitelerde de (Ankara, Hacettepe ve Marmara Ü.) durum bundan pek farklı değildir. Kısmen bu kötü durumun sonuçlarından da olsa gerek, yaşadığım bu olumsuz süreçte tez jürisini oluşturan öğretim görevlileri tarafından konu başlıkları listeleri gibi düzenlerin alfabetik sınıflama düzenleri olarak bile görülmediği, bilinmediği anlaşılmıştır. Böyle bir ortamda, uygulama ağırlıklı araştırmalara nazaran literatüre dayalı kuramsal araştırmaların öncelikle yapılması mantığın gereğidir. 2005 yılında Enstitüye teslim ettiğim eski tez metninin sonuç kısmının son cümlesi şöyledir: "Hazırladığım bu tezin kütüphanecilik, bilgi ve belge yönetimi alanında faydalı olması ayrıca uygulamalarla desteklenmesi dileğiyle araştırmamı bitiriyorum." 2008'de teslim ettiğim düzeltilmiş tezin (eski tezde de var) sonuç kısmının son iki cümlesi ise şöyledir: "Araştırmada başka kriterlerin kullanımı; örneğin memnuniyet (satisfaction), esneklik, etkililik (effectiveness) gibi kriterler özellikle uygulamaya ve sayısal değerlere dayandığı için teorik olarak incelediğimiz konuya dahil edilmedi. Ayrıca bu türden veriler; işlenen konuda uygulamaya yönelik bir çalışmaya, yaptığım literatür taraması ve okuması çerçevesinde yeterince rastlanmadığı için tezde destekleyici bir unsur olarak kullanılmamıştır." Bütün bu açıklamalarımdan sonra bilirkişi raporunda yer alan "Bu karşılaştırmanın doğru belirlenmiş belirli bir örneklem grubu ile yapılacak deneysel ve/veya betimleme yöntemi ve anket veri toplama tekniğine dayalı bir alan uygulaması ile gerçekleştirilmesi gereklidir. Bir başka deyişle, bizzat bu sistemleri kullanan kullanıcıların görüşlerinden elde edilen verilere dayalı bir avantaj/dezavantaj/üstünlük değerlendirilmesi yapılabilir. Tezde böyle bir uygulama gerçekleştirilmemiştir." ifadelerinin ne kadar yanlış olduğu, gerçeği yansıtmadığı, nesnel olmadığı, mantık dışı ve yanlı olduğu dolayısıyla bilimsel olmadığı açık ve net bir şekilde ortaya çıkar.

Raporun 2. maddesinde alfabetik ve sistematik sınıflama düzenlerinin birbirlerinin alternatifi olmadığı dolayısıyla karşılaştırılamayacağı gerçekle bağdaşmayacak şekilde söylenmektedir. Raporun 3. maddesinde sistematik sınıflama düzenlerinin raf düzenlemesi özelliğinin karşılaştırma dışı (kapsam dışı) tutulması isteniyor. Bunun mantık dışı, bilim dışı, dayanağı olmayan usulsüz bir istek olduğu açıktır. En başta kullanılan karşılaştırma yönteminin kurallarına aykırıdır. Hem bilim yapıyoruz denilecek, hem de bilimin yapılması için kullanılan yöntemin en temel kuralları ihlal edilecek. Kabul edilebilir bir durum değildir. Tam olarak uyuşmasa da maksada ulaşan bir benzetme yapacak olursam; Bilindiği üzere halkın emniyetini, güven içinde yaşamasını sağlayan polis teşkilatı vardır. Bu teşkilatın istihbarat şubesinde çalışan iki polis ortak (partner) olarak görev yapmakta olsunlar. Bunlardan biri terörle mücadele veya özel harekat eğitimi (kurs) de almış olsun. Diğerinin de istihbarat alanında tecrübesi çok olsun. Bu kişiler ortak iş yaptıkları için birbirlerini bütünleyen destekleyen bir role de sahiptirler. İstihbarat görev alanı içerisinde operasyonel faaliyetlerde terörle mücadele kursu olan kişi daha aktif görev alacaktır doğal olarak. Diğeri ise işin mutfağı diye nitelenebilecek kısmında tecrübesini kullanarak daha etkili olacaktır. Şimdi bu iki istihbaratçıyı performansları açısından karşılaştırdığımızda terörle mücadele eğitimi almış olan kişinin bu durumunu ve göreve katkısını görmezden gelemeyiz. Kapsam dışı tutulsun diyemeyiz. Ayrıca bu iki kişi ortak çalışıyorlar, birbirlerini bütünlüyorlar, destekliyorlar dolayısıyla bu kişileri performansları (yaptıkları görev) açısından karşılaştıramayız diyemeyiz, bunlar birbirlerinin alternatifi değiller diyemeyiz. Yani nesnelerin karşılaştırılabilmesi için birbirinin alternatifi mi olması gerekir. Böyle bir zorunluluk kesinlikle yoktur. Bu polislerin doğal olarak kendilerine sicil verecek amirleri de olacaktır. Yani özellikle yaptıkları görev kapsamında değerlendirilecekler hatta karşılaştırılacaklardır. Biri birinden üstün görülebilir veya eşit kabul edilebilir. Buna göre de sicil puanı verilir. Tek kişinin yapabileceği çok önemli bir görev çıktığında veya bir kişinin terfi etmesi gerektiğinde amirleri tarafından bu kişilerin özellikleri ve yaptıkları işler değerlendirilir. Bu karşılaştırma sonucunda bir kişi o göreve veya terfiye layık görülür. İşin doğası budur. Dolayısıyla bu kişiler ortak iş yapıyorlar, birbirlerini bütünlüyorlar, bu kişiler birbirinin alternatifi değiller denemez. Bilirkişi raporuna dönecek olursak; bilirkişi "sistematik sınıflama düzenlerinin "raf düzenleme" işlevini kapsam dışı tutarak sadece "konusal erişim" işlevinin alfabetik sınıflama düzeninin aynı işlevi ile karşılaştırılması düşünülebilir." diyerek yine mantık dışı, bilim dışı bir görüş ortaya koyuyor. Çünkü raf düzenlemesinin eserlere konusal erişim işlevini (göz atma 'browsing') anlamsız bir şekilde görmezden gelebilmişlerdir.

171

Tezimin 73. sayfasında konuya yeterince açıklık getirecek şu ifadeler yer almaktadır:

"Bütün bu açıklamalardan sonra konu başlıkları listeleri ve thesauruslar gibi konusal erişim araçlarının alfabetik sınıflama düzenleri olarak adlandırılabileceği büyük ölçüde netlik kazanmıştır, diyebiliriz. Bununla birlikte konu başlıkları listeleri kütüphanelerin çok büyük çoğunluğunda kullanılan sistematik sınıflama sistemlerinin (LCC, DOS vs.) önemli bir şekilde destekleyici unsurlarıdır. Örneğin LCSH'de olan başlıkların çoğunun LCC'nin numaralarını göstererek bir nevi genel dizin olarak kullanıldığını söyleyebiliriz. Başlıkların yaklaşık %36-40'ı LCC sınıf numaralarını gösterir (Rowley, 1996: 172)." Yani konu başlıkları listeleri gibi konusal erişim araçları, alfabetik sınıflama düzeni olmakla birlikte (kendine has işlevleri olan bağımsız bir düzen olmakla birlikte) bünyesinde bulunan konu başlıklarının bir kısmı sistematik sınıflama düzenlerinde de kullanılır. Buradan hiçbir şekilde; Bilirkişi raporunda denildiği üzere, alfabetik ve sistematik sınıflama düzenleri bütüncül sistemin parçalarıdır, dolayısıyla birbirleriyle karşılaştırılabilir birbirlerinin yerine kullanılabilecek alternatif düzenler değildir, şeklindeki bir yargıya varılamaz. Çünkü birbirlerinden bağımsızdırlar (birinin işlevleri arasında diğerine destek olması bu bağımsızlığı ortadan kaldırmaz). Bilirkişi de bu gerçeğin kapatılamayacak kadar önemli olduğunu görmüş olacak ki bilginin düzenlenmesinde kullanılan sistematik ve alfabetik sınıflama düzenlerin belirli ölçülerde farklı işlevlere sahip olduğunu kabul etmişlerdir. Ancak bu işlevleri eksik ve kısa bir şekilde belirtip sonrasında yine bunlar birbirlerinin alternatifi sistemler değildir; dolayısıyla konusal erişim açısından hangisinin daha fazla avantaja sahip olduğu ya da bu açıdan hangisinin daha üstün olduğu yönünde bir karşılaştırma yapılması uygun ve anlamlı görünmemektedir, demişlerdir. Bu sonucun aynısını raporlarındaki bir üst paragrafta da tekrarlamışlar farklı olarak bilimsel olarak uygun değildir diyerek tekrar etmişlerdir. Ben de raporun 2. maddesi için yukarıda bahsettiklerimi dikkate alarak şöyle bir yargıya açık ve net bir şekilde varırım: Bilirkişinin gerçekle, bilimle bağdaşmayan, mantık dışı görüşlerini kabul ettirebilmek için söylemekten çekinmediği "bilimsel olarak uygun değildir" ve "uygun ve anlamlı görünmemektedir." şeklindeki ifadelerini aynen bu 2. madde için hatta 3. ve 4. madde için gerekçelerini de belirterek ben de söylüyorum. Bu kadar bilim dışı, mantık dışı olup da tam aksini kanıtlamaya çalışmanın ne demek olduğunu bu madde bize göstermektedir. Ayrıca "Bunlar birbirlerinin alternatifi sistemler değildirler." yargısında bulunulduğunda sormazlar mı insana; kime göre, neye göre bunlar alternatif düzenler değildir diye. Bütün olarak bakıldığında birbirlerinin alternatifi değildirler ancak konusal erişim açısından birbirlerinin alternatifi olarak görülebilirler. Çünkü iki sınıflama düzeni de kullanıcılar tarafından eserlere konusal erişim aracı olarak kullanılır. Bir kullanıcı kütüphaneye geldiğinde aradığı eserlere konusal olarak birkaç yoldan erişim sağlayabilir. Bunlar: elektronik ortamda yapılan katalog taramasında; konu başlıklarını kullanarak (alfabetik sınıflama düzeni), sınıflama numarasını kullanarak (sistematik sınıflama düzeni) yapılan dolaylı erişim veya göz atma (browsing) yoluyla raflardan (sistematik sınıflama düzeni) yapılan direkt erişimdir. Bu durum ortadayken, böyle bir gerçek yokmuş gibi bunlar "birbirlerinin yerine kullanılabilecek alternatif düzenler değil" demenin bir anlamı ve geçerliliği yoktur. Bu açık ve nettir.

Bilirkişi raporunun 4. maddesi şöyledir: "Ayrıca, bilgi kaynaklarına erişim ve düzenlemenin büyük ölçüde elektronik ortamda gerçekleştiği günümüz dünyasında bu karşılaştırmanın geçerliliği de tartışmalı görünmektedir." Öncelikle şunu belirtmekte fayda vardır: bilirkişi, 1. maddede alfabetik ve sistematik sınıflama sistemlerinin karşılaştırılamayacağını belirtmişlerdi ancak sonraki maddelerde, sonuncusu bu maddede olmak üzere üç defa bu sınıflama düzenlerinin karşılaştırılabileceğini kabul etmişlerdir. Bu maddenin asıl değinmek istediğine gelirsek; bilirkişi gerçeklerle bağdaşmayan, yanıltıcı bilgiler vererek "karşılaştırmanın geçerliliği de tartışmalı görünmektedir." diyerek hazırladıkları raporun seviyesini, niteliğini, yanlılığını bir kere daha açık ve net bir şekilde ortaya koymuşlardır. Öncelikle şekil itibariyle raporda yazılabilecek, kabul edilebilecek bir madde değildir. Yani "tartışmalı görünmektedir" diyemezler (bunu da aleyhime kullanamazlar). İş ahlakına sığmayan, gerçeklerden uzak tamamen yanlış bir düşüncedir (tespit değil de düşüncedir diyorum çünkü kendileri bir bilirkişi raporu hazırladıklarını unutarak veya görmezden gelerek "tartışmalı görünmektedir" demişlerdir). Ayrıca işin doğası gereği ve Mahkeme ara kararına göre değinilen konuların detaylı olarak açıklanması mecburiyetine rağmen bilirkişi detaya inmek şöyle dursun ele alınan konunun ana hatlarını bile yazıya dökmemişlerdir. Bunu yapmadıkları gibi kurdukları tek cümle içinde kesin yargıya varmadan "tartışmalı görünmektedir" diyerek yine net bir bilgi vermemişlerdir. Şimdi bilirkişinin bu maddede ne demek istediğini ifade etmeye çalışacağım. Bilirkişi bu maddeyi büyük ihtimalle tez jüri üyesi X8'in tez düzeltme sınavından sonra tezde "Sınıflama ve Web" başlıklı yeni bir bölüm eklenmesi şeklindeki isteğini dikkate alarak yazma gereğini duymuş olmalı. Çünkü Mahkemeye ve Enstitüye verdiğim dilekçelerde de (bu dilekçenin başında da belirttim) yer alan en önemli üç ihtilaflı konudan biri budur. X8'in 27.01.2009 tarihinde tapılan tez savunma sınavından sonra Enstitü Müdürlüğüne gönderdiği Tez Kişisel Değerlendirme Raporuna ek olarak hazırladığı raporda şunları belirtmektedir: "1-... 10 Temmuz 2008 tarihinde gerçekleşen ilk sözlü sınavında web içeriklerinin konusal erişimi konusunun mutlaka teze dahil edilmesi gerektiği belirtilerek teze tarafımca düzeltme verilmiş idi. Lakin ilk sözlü sınav raporunda tezde ya ayrı bir bölüm olarak "Sınıflama ve Web" başlığının yer alması ya da sadece ilgili kısımda bu konunun ayrıntılı bir biçimde değinilmesinin anlamlı olacağı belirtilmişti. Söz konusu bu başlık altında, web üzerindeki bilgi kaynaklarının düzenlenmesinde ve(ya) birçok web sitesine konusal erişimin sağlanmasında kullanılan sınıflama şemaları irdelenerek örnek web sitelerinin incelenmesi tavsiye edilmişti. Böylece söz konusu web sitelerinde ne tür bir konusal erişim modellerinin kullanıldıkları ve bunların artıları ve eksileri karşılaştırılarak tezde tartışılması gerektiği belirtilmişti. Bu yeni bilgiler ışığında tez öğrencisinin hipotezi dahi değişime uğrayabileceği düşünülebilir. Çünkü "Sınıflama ve Web" başlığı altında aktarılması gereken sınıflama sistemlerine yönelik düzenler arasında tez öğrencisinin hipotezinde belirttiği ve alfabetik sınıflama düzenine nazaran uygun olmadığını iddia ettiği sistematik sınıflama düzenlerinin web tabanlı bilgi sistemlerinden yararlanan bilgi kullanıcıları açısından konusal erişimde isabetsizlikler yaratacağını düşünmek rasyonel görünmeyebilir. Bunun için şekil 1 ve şekil 2 incelenebilir." X8, tamamen konu sınırlandırması dışında bulunan konuyu yeni bir bölüm açarak (zaten dört bölüm olan teze yeni bölüm açılması isteniyor. Veya ilgili kısımda ayrıntılı incelensin diyor ama hiçbir ilgili kısım yapılması isteneni kaldıramaz. Tezin bütünlüğü diye bir şey kalmaz.) incelememi istemesi mantık dışıdır, bilimsellikten uzaktır. Ayrıca kendisinin de kabul ettiği üzere ("bu tezin başlangıcından itibaren böyle bir bölüm açılmalıydı" ifadesi) üç aylık düzeltme süresinde böyle bir istek gerçekleştirilemezdi. Yukarıdaki rapor maddesinin içeriği daha detaylı incelendiğinde yeni bir tez veya tez üstüne tez istediği gerçeği açık ve net olarak ortaya çıkmaktadır. Bu da kabul edilebilecek bir durum değildir. Bu konu geniş olarak 30.01.2009 tarihli Enstitüye verdiğim dilekçede şöyle geçmektedir:

"X8, bu tezi kaç senede hazırladın diye sordu. Ben de bir senesi ders aşaması olmakla birlikte üç senede, yani 2002-2005 arasında dedim. O yeni bölümün bu esnada yani tezin başlangıcında eklenmesi gerekirdi dedi. Ben de dedim ki sizin istediğiniz yeni bölüm benim yaptığım tezin konu sınırlaması dışında kalmaktadır. Tezin konusunu okudum ve girişte 3. sayfada yer alan ilk iki paragrafı okudum. Böyle yeni bir bölüm açacak derecede eksikliğin olmadığını, bahsettiğiniz konuda farklı tez/ler yapılabileceğini net bir şekilde izah ettim. Ayrıca 5-10 sayfalık bir makale yazarken bile birkaç sayfalık kaynakça oluşabildiğini ve bayağı bir süre (aylarca) geçebildiğini belirttim. Benden istenen yeni bölümün ise en az 20-30 sayfa sürebilecek bir metinden oluşabileceğini ve sayısız kaynaktan yararlanılması gerektiğini, bu durumun ise hem zaman hem de işlenen konunun sınırlarının buna uygun olmaması nedeniyle mümkün olamayacağını söyledim. Kendisi cevaben ben de o yüzden diyorum bu tezin başlangıcından itibaren böyle bir bölüm açılmalıydı dedi. Ben de kendisine bu konuda sizinle anlaşamayacağız, mutabık olamadık dedim (kendisiyle konuşmamızda birkaç kere aynı cümleyi söyledim. Çünkü akşama kadar konuşsam, farklı farklı şeyler söylesem, ne kadar doğru olursa olsun kabul etmeyeceği intibaını net olarak almıştım, diğer jüri üyelerinde olduğu gibi). Burada şöyle bir açıklama yapmakta yarar görmekteyim: X8 belki de hiç farkında olmadan tez düzeltmesi sürecinde istediği yeni bölüm isteğinin kendisi tarafından geçersiz kılmıştır. Mantıksız, yapılamaz bir istek olduğunu kendi sözleriyle ortaya çıkarmıştır. Ama gelin görün ki ne kendisi ne de diğer jüri üyeleri bu gün gibi açık gerçeği görmek istemediler. Hatta bir ara X8'e bu isteğin olamayacağını net bir şekilde anlattıktan sonra kendisi yine kabul etmeyince biraz da gayriihtiyari diğer tez jüri üyelerine dönerek bu kadar anlattım siz de mi bu şekilde düşünüyorsunuz diye sordum. Yüzüme anlamsız anlamsız bakmaya başladılar. Ben de sanki X8 beyin dedikleri yanlıştır demenizi bekler gibi sormuyorum. Sizin görüşünüz nedir diye sordum. Yine cevap alamadım. Bu konu böyle kapandı.

X8 yine yukarıdaki konuyla bağlantılı, yani yeni bölüm açma isteğiyle, tezin hipotezinde alfabetik sınıflama düzenlerini mutlaka sistematik sınıflama düzenlerine tercih edin diyorsun dedi. Tezin hipotezinde elma, armut var. Ben armut yemek istiyorum. Sen diyorsun ki elma ye. Şeklinde tezi ne şekilde anladığını güzel bir şekilde ifade eden bir benzetme yaptı. Ben ilk önce kendisinin ve diğer tez jüri üyelerin yer almadığı tez jürisinden bir üyenin "Sen elmayla armutu karşılaştırmışsın" demesini hatırladım bunu ifade ederek siz de mi bunu böyle yanlış (Elmayla armutu karıştırma olacaktır. Yoksa elma ile armut karşılaştırılabilir.) söylüyorsunuz deyince yukarıdaki ifadesini biraz daha yüksek sesle (tez boyunca kısık sesle konuştu, duymakta zorlandım) söyledi yani "Tezin hipotezinde elma, armut var. Ben armut yemek istiyorum. Sen diyorsun ki elma ye." şeklindeki ifadesi. Buna bir de mutlaka kelimesini de vurgulayarak konuşmanın birkaç yerine ekledi. Ben de cevaben dikkatli okursanız ben 'mutlaka' diye bir kelime kullanmıyorum, bilimsel bir tezin hipotezinde böyle çok kesin ifadelerin kullanılması da pek doğru değildir dedim. Siz mutlaka ile daha kelimesini bir mi tutuyorsunuz diye sordum. Kendisi soruma tam olarak cevap vermemekteydi ancak mutlaka kelimesinde anlamsız şekilde yine ısrar ediyordu. Ben de mutlaka ve daha sözcükleri aynı anlamda değildirler, mutlaka kesinlik ifade eder, daha ise karşılaştırmada azlık-çokluk bildiren bir sözcüktür (zarf). Yani ben demiyorum ki alfabetik sınıflama düzenlerini kullanın, sistematik sınıflama düzenlerini kullanmayın. Kendisi bir kere daha müdahale ederek öyle söylüyorsun deyince ben de hayır öyle söylemiyorum. Ben diyorum ki alfabetik sınıflama düzenleri sistematik sınıflama düzenlerine nazaran kullanıcı açısından daha uygundur, bunu da konusal erişim açısından diye de sınırlıyorum dedim. Ve tezin sonucunda da bu hipotezimi doğruluyorum. Dolayısıyla temel amaçlarından biri yerleştirme olan sistematik sınıflama düzenleri kalsın, kullanılmasın anlamı hiçbir şekilde çıkmaz. Çünkü böyle bir boşluğu dolduracak yeni bir düzen yoktur. Böylece benim hipotezimde mutlaka şunu kullanın, kullanacaksınız şeklinde bir anlam hiçbir şekilde çıkartılamaz. Yani ben kendisine yukarıdaki benzetmesine dayanarak şöyle bir açıklama yapabilirim: armut yeme, elma ye demiyorum. Böyle bir anlamın çıkarılabileceğini bu açıklamanın doğru olduğunu gösterecek, açıklayacak, ben bilim adamıyım diyebilen tek bir kişinin veya aklı başında herhangi bir kişinin çıkacağını düşünmüyorum, inanmıyorum. Çünkü mantıksızdır. Bu kadar açık söylüyorum. Aşağıda bilgi olması düşüncesiyle tezimin hipotezi "Kütüphanelerde, bilgi ve belge merkezlerinde konusal erişimin daha isabetli ve eksiksiz olması açısından sistematik sınıflama düzenlerine nazaran alfabetik konu başlıklarına dayalı bir sınıflama düzeninin kullanılması kullanıcı açısından daha uygundur." şeklindeki bir önerme belirlenmiştir."

X8'in, ek raporunun 4. maddesi aynen şöyledir: "Şekil 3 ve şekil 4'te ise web sitelerinin konusal düzenlenmesi belli konu başlıkları verilerek gerçekleştirilmiştir. Örneğin şekil 3'te Accidents (Kazalar) konusunda 8 web sitesi yer almaktadır. Şekil 4'te ise Education (Eğitim) konusunda sınıflandırılmış web siteleri görülmektedir.
Şekil 3: Bilgi Kaynaklarını Alfabetik Sınıflama sistemiyle (konu girişleriyle) Düzenlemiş Web Sitesi" şekillerin ardından şöyle devam etmiş: "Bu da bize web tabanlı kütüphane ve bilgi-belge merkezlerinde konusal erişimin, hem sistematik sınıflama düzenleri ile hem de alfabetik sınıflama düzenleri ile rahatlıkla gerçekleştirilebileceğini göstermektedir. Böylece, öğrencinin hipotezinde belirttiği ve savunduğu sınıflama sistemi yerine sistematik sınıflama sistemi tercih edilebilir."

Yukarıda en başta dikkat edilmesi gereken husus; konu başlıkları düzenlerini alfabetik sınıflama sistemi olarak ifade eden, yazıya döken X8, 10.07.2008 ve 27.01.2010 tarihlerinde yapılan iki tez savunmasında da en önemli anlaşmazlık konularından biri olan konu başlıkları düzenlerinin alfabetik sınıflama düzenleri olduğu (dolayısıyla sistematik sınıflama düzenleriyle konusal erişim açısından karşılaştırılabilir) yönündeki ifadelerimi kabul etmeyen X7'nin bu yanlış görüşüne tek bir kelime bile karşı söz söylememiştir. Bu tutumun bilimle, mantıkla, iş ahlakıyla ve insanlıkla bağdaşır hiçbir tarafı yoktur. Bu hususun 15.07.2008 tarihli Enstitü dilekçemin Ek 1 (10.07.2008 tarihinde yapılan tez savunma sınavı, 4 s.)'inde şöyle ele alınmıştır:

"X7 ilk soruları sordu. Ağırlıklı olarak üzerinde durduğu iki konu vardı. İlki, dizinleme (faaliyeti), dizin olarak adlandırdığı konu başlıkları düzenlerini sınıflama düzenleri olarak görmüyordu. Dolayısıyla sistematik sınıflama düzenleriyle alfabetik sınıflama düzenlerini (konu başlıkları düzenleri) karşılaştıramayacağım şeklindeydi. Burada kendisi örneğin sistematik sınıflama düzenlerinden olan Dewey Onlu Sınıflama Sistemi ile alfabetik sınıflama düzenlerinden biri olan Sears Konu Başlıkları Listesini (SLSH) karşılaştırılmasının doğru olmayacağını; sadece bu iki düzenin temel amacının bilgiye ve belgeye konusal erişimi sağlamak (temel amacı belirtmemden sonra) olmasının bunların karşılaştırılabilmesi için yeterli olmadığını ayrıca konu başlıkları düzenlerini alfabetik sınıflama düzeni olarak incelememi doğru bulmadığını belirtmekteydi. Ben de bu karşılaştırmanın yapılabileceğini, aralarında ortak noktası olan hemen her şeyi karşılaştırabileceğimizi, kaldı ki burada iki sınıflandırma düzeninin de temel amacının konusal erişimi sağlamak olduğu gerçeği ortadayken (ayrıca tezimde de belirttiğim üzere başka ortak noktalar da var) bu karşılaştırmanın yapılabileceğini ve de yaptığımı söyledim. Bunu yaparken de Prof. Dr. İrfan Çakın'ın makalesini temel aldığımı ayrıca Judy Jeng ve Ahmet Bağış'ın makalelerinden yararlandığımı söyledim. Burada kendisi müdahale ederek İrfan Çakın'ın makalesini burada kullanamazsın, orada karşılaştırmalı kütüphanecilikten bahsetmiş gibi pek de anlam veremediğim bir cümle sarf etti. Ben de kullanabileceğimi ifade ettim."

Tez danışmanı X6 27.01.2009 tarihin de tapılan tez savunma sınavından sonra Enstitü Müdürlüğüne gönderdiği Tez Kişisel Değerlendirme Raporunda yer alan "Düzeltilmiş tezle ilgili kişisel değerlendirme" başlıklı yazısında, tezde düzeltilmesini istediği hiçbir şey makul ve yapılabilir değildi. O kadar mantık dışı ve bilimsellikten uzak isteklerdi ki bunları ne için istediği, bunlar eksik ve yanlış bilgiler mi?, bunların teze faydası yok mu? Veya bunlar kaldırıldığında şöyle faydası olacak şeklinde hiçbir sorunun yanıtı verilemiyor. Ancak sırf bu haliyle bakıldığında, incelendiğinde tezin aleyhine çalışıldığı, bu isteklerin yapılmasıyla tezin zararına iş yapmakla eşdeğer olduğu ortaya çıkar. Bu kadar açık ve net söylüyorum. Ayrıca tez savunma sınavı esnasında verdiği "İstenen yeni bir bölüm yazılması yerine aday, 1. Bölümde tek kaynakla ve yetersiz bilgi girişiyle konuyu geçiştirmiştir." şeklindeki yanlış bilgiyi tespit etmemize rağmen bunu raporunda düzeltme gereği duymamıştır. 30.01.2009 tarihli Enstitü dilekçemde bu durum şöyle geçmektedir: "X8 kendisinin yeni bölüm açılması isteği hakkında bana tezde 16 ve 17 sayfalarda, [doğrusu 16, 17 ve 18. sayfalar] toplam 2 sayfada yeni bölüm isteğimi karşılamaya çalışmışsın (ek bilgiyi konuyla ilgili olan daha önce verilmiş olan bir başlığın altında verdim) dedi. O esnada X6 tek kaynaktan yararlanmışsın dedi. Ben de tek kaynaktan değil dedim. Meral Alakuş'un sadece bir makalesinden yararlanmışsın dedi. Ben de hayır diyerek daha çok kaynaktan yaralandım dedim. Saydık Meral Alakuş'un iki farklı makalesinden yararlanmışım."

Bilirkişi raporunun 4. maddesinde geçen "Bilgi kaynaklarına erişim ve düzenlemenin büyük ölçüde elektronik ortamda gerçekleştiği günümüz dünyasında" şeklindeki ifadesi de gerçekle bağdaşmaz ve bilim dışıdır. Maksada ulaşmak için öncesinde eksik ve yanlış bilgi veren bilirkişi sonrasında "bu karşılaştırmanın geçerliliği de tartışmalı görünmektedir" diyerek maksadını ortaya çıkartır. Sadece bu durum bile bilirkişinin yanlılığını ortaya çıkarmaya yeter. Biraz daha açacak olursam, bilirkişi yine yuvarlak, net olmayan ifadeler ve geniş bir kapsamda görüş oluşturmaya çalışmakta ancak yine de kesin yargıya varmadan "tartışmalı görünmektedir" diyerek işin içinden çıkmaktadır. Bilim adamının söylemi böyle olmasa gerek. İçeriğine geçecek olursam; günümüz dünyasında bilgi kaynaklarına (doğrudan) erişim büyük ölçüde elektronik ortamda olmamaktadır. Bunu derken internette yapılan, herhangi basılı kaynağa dayanmayan, güvenilirliği şüpheli bilgilerden oluşan aramalardan bahsetmiyorum. Günümüzde, 2010 yılında kitap üretiminin çok az bir bölümü elektronik ortamda yapılmakta, var olan, yayınlanmış (milyarlarca eserden söz ediyorum) eserlerin de çok az bir bölümü elektronik ortama aktarılmış olup, bunlara elektronik ortamda erişim sağlanır. Bu durum her geçen süre artma eğilimindedir ancak bilirkişinin vardığı sonuca gelebilmesi için onlarca senenin geçmesi gerekir. Bunu derken ayrıca eserlerin basılı formatına erişiminin de çok daha uzun zaman süreceği gerçeğini de belirtmek gerekir. Ayrıca duvarsız kütüphane , elektronik kütüphane gibi bilgi merkezlerinin geleneksel anlamda hizmet veren kütüphanelere nazaran kullanım oranı çok çok düşüktür. Bu da bilinen bir gerçektir. Bilgi kaynaklarının düzenlemesinin zaten çok uzun senelerden beridir elektronik ortamda gerçekleştiği ise bilinen bir gerçektir. İnternet ortaya çıkmadan önce de zaten bilgisayar ortamında bilgi kaynaklarının verileri düzenlenmekteydi. İnternetle birlikte bu düzenleme işi (bilginin örgütlenmesi, kataloglama–sınıflama faaliyeti) çok daha yaygınlaştı ve işlevselliği arttı. Yapılan bu düzenlemenin sonucunda bilgi kaynaklarına erişim oranı da arttı. Ancak kaynaklara dolaylı erişimi (farklı ortamlarda) artırdı. Yani eserlerin bibliyografik künyelerine elektronik ortamda erişim sağlanmakta, daha sonra eserin kendisine değişik yollarla ulaşılmaktadır. Ki benim tezimde ağırlıkla durduğum düzenleme ve erişim de elektronik ortamda olmakta, internet aracılığıyla, oluşturulan bütün kataloglar taranmakta, var olan bilgilerin künyelerine ulaşılmakta, sonrasında bunlara istendiğinde değişik yollarla ulaşılabilmektedir. Örneğin kütüphaneye gelerek, fotokopisini veya elektronik kopyasını hazırlattırarak vs. yollarla eserlere doğrudan ulaşılabilir. Dolayısıyla eserlerin düzenleme faaliyeti olarak zaten elektronik ortamda yapılan sınıflamanın tezimde yer aldığı ortadayken, bilirkişi eksik ve yanlış bilgiyle yukarıdaki yarım yargıya niçin varıyor diye doğal olarak sorulabilir. Bunun cevabı yanlı olmalarında yatmaktadır. Yapılan tezi reddetmek için bahane arayan tez jüri üyesi X8, tez konu sınırlandırması dışında tutulan, ayrıca üç ayda yapılması ve tezle bütünleştirilmesi mümkün olmayacak "Web ve Sınıflama" adlı yeni bir bölümün teze eklenmesini istedi. Bu ihtilaflı konuyu, açıklığa ve netliğe kavuşturmayan bilirkişi tam aksini yaparak eksik ve yanlış bilgi vererek, muhtemelen "Web ve Sınıflama" bölümünü yapmadığım bahanesine dayanarak, "karşılaştırmanın geçerliliği de tartışmalı görünmektedir" diyerek yanlı hareket etme yanlışına düşmüştür.

Değerlendirme biçimi eksik, yanlış ve yanlıdır. Bilirkişi, Hacettepe Üniversitesi'nde akademik tezleri bu şekilde mi değerlendiriyorlar acaba. Pek tabiî ki bu mümkün değildir. Çünkü bilimden bahsediyoruz; birikimli bilgi sonucunda oluşan kurallar bütününden, standartlardan, değerlendirme yöntemlerinden bahsediyoruz. Hadi diyelim kendi Üniversitelerinin tez değerlendirme yöntemini kullanmadılar; niçin dava konusu tezin yapıldığı İstanbul Üniversitesi tez değerlendirme yöntemini (içinde 20 civarında soru bulunan matbu evrak) kullanarak tezi değerlendirip bilimsel olup olmadığına karar veren rapor hazırlamadılar. Çünkü biliyorlardı ki olması gerektiği gibi (Yasa hükmünce, bilimsel kurallar çerçevesinde) bir bilirkişi raporu hazırlasaydılar bu tezin bilimsel kurallar çerçevesinde hazırlandığı gerçeği ortaya çıkacaktı. Raporun kendisi bilimsel bir değerlendirme yöntemiyle yapılmadığı ve bilimsel kurallar çerçevesinde kaynaklara dayanılarak hazırlanmış tez metnini hiçbir şeye dayanmadan sadece kişisel görüşlerle değerlendirilmesi, bunun sonucunda da tezin bilimsel olmadığı tespitinde bulunmak hukuk dışıdır, mantık dışıdır ve bilim dışıdır.

Tezin alan kodunun sorulması gibi birtakım aşamaların olduğu Mahkeme sürecinde belirlenen bu kod sadece tezin Bilgi Belge Yönetimi alanında yapıldığını, dolayısıyla bu alandaki öğretim görevlileri tezi değerlendirsin şeklinde midir. Yoksa bununla birlikte tezde işlenen konunun kapsamı ve bu kapsama bağlı olarak incelenecek kaynakların yer aldığı disiplinlerin sınırını da çizmekte midir? Pek tabiî ki çizmektedir. Yani tez jürisinde bulunan X8'in jüri tutanağında bahsettiği yeni bölüm açılması hakkındaki isteği ve bilirkişi raporundaki bu konuyla ilgili 4. madde bir arada incelendiğinde bu hususun dikkate alınmadığı birçok açıdan ortaya çıkacaktır. Öncelikle X8'in eklenmesini istediği "Sınıflama ve Web" konulu bölüm benim başlangıçtan beri tez konu sınırlamam içinde olmamıştır. Ayrıca farklı tezlerde işlenmesi gereken bir konudur. Üç aylık tez düzeltme sürecinde istenebilecek bir husus ise hiç değildir. Bunu kendisi de tez savunma sınavındaki ifadeleriyle kabul etmiştir. Burada hemen Bilirkişi raporunun 4. maddesine dönecek olursak bilirkişi heyetinin kendi değerlendirmesiyle birlikte dava dosyasındaki dilekçelerde yer alan bu durumu dahi dikkate almadıkları anlaşılıyor. İkinci olarak X8'in hem bu konuyla bağlantılı olarak (aşağıda bahsi geçen derginin içeriğinden dolayı) hem de gerçeği yansıtmayan ve iş ahlakıyla uyuşmayan, tezde güncel kaynakların ve konuyla birebir ilgili en önemli kaynakları kullanmadığımı tutanakta belirtmesidir. Bu konuda hemen şunu söyleyeyim ki böyle bir tespiti benim için hiçbir şekilde yapamaz. Çünkü kaynak taraması ve okuması gibi bütün aşamalarda ne yapılması gerekiyorsa onu layıkiyle yapmaya çalıştım. Bahsedilen LISA'da (Library and Information Science Abstracts) bu dergilerin makalelerinin abstractları, hazırladığım tezin konusuyla ilgili olsaydı bu makaleleri temin edip tezime katacağım muhakkaktır (kaldı ki birçok kaynağa LISA'da yaptığım tarama sonucu ulaştım). Böyle bir şeyi söyleyebilmesi için de ayrıca tezdeki kaynakların yetersiz olması gerekirdi. Ama zengin ve güncel diyebileceğim bir kaynakçaya sahibim. Ancak anlaşılıyor ki (tutanaktan) kendisi kaynakçanın yetersiz olduğunu güncel olmadığını düşünerek şu ifadeyi kullanmıştır: "Tez konusuyla doğrudan ilişkili olan, hatta sadece tez konusunu içeren makalelere yer veren dergilerin yer aldığı LISA isimli danışma kaynağının tez için tarandığı, tezin 5. sayfasında ifade edilmişken; maalesef tezin kaynakçasında yukarıdaki dergilerin hiçbirine rastlanamamıştır." Bahse konu dergiler ise şunlardır: Journal of classification ve Catalogue & index.

Journal of classification adlı derginin tezimle hiç mi hiç ilgisi yoktur (derginin adında sınıflama kelimesi geçmesi haricinde; hayatın her alanında olan sınıflama, bilimin birçok disiplininde sınıflama kavramı vardır (bazılarında taksonomi adı altında) : Biyoloji, Felsefe, Bilgi Belge Yönetimi, Eczacılık, İstatistik, Bilgisayar vs.) Aşağıda bu derginin künyesine ve içeriğine Springer veritabanında ulaşarak aynen aktarıyorum (aşağıda derginin ilgilendiği konu alanı Subject başlığı yanında yazmaktadır).

Journal of Classification

Publisher	Springer New York
ISSN	0176-4268 (Print) 1432-1343 (Online)
Subject Collection	Mathematics and Statistics
Subject	Computer Science, Mathematics and Statistics, Statistics, Statistical Theory and Methods, Pattern Recognition, Bioinformatics, Signal,Image and Speech Processing, Psychometrics and Marketing
SpringerLink Date	Friday, April 05, 2002

http://www.springerlink.com/content/101794/ 25.6.2010 tarihinde alınmıştır.

Volume 27, Number 1 / March, 2010

Journal	Journal of Classification
Publisher	Springer New York
ISSN	0176-4268 (Print) 1432-1343 (Online)
Pages	1-133
Subject Collection	Mathematics and Statistics
SpringerLink Date	Tuesday, May 25, 2010

9 Articles

Article   1
Editorial
Willem J. Heiser
PDF (724.4 KB)

Article   2
Winner of the Classification Society Distinguished Dissertation Award 2009
PDF (86.1 KB)

Article   3-40
Intelligent Choice of the Number of Clusters in K-Means Clustering: An Experimental Study with Different Cluster Spreads
Mark Ming-Tso Chiang and Boris Mirkin
PDF (898.6 KB)

Article   41-53
Selection of a Representative Sample
Herbert K. H. Lee, Matthew Taddy and Genetha A. Gray
PDF (390.2 KB)

Article   54-88
A Fuzzy Clustering Model for Multivariate Spatial Time Series
Renato Coppi, Pierpaolo D'Urso and Paolo Giordani
PDF (1.2 MB)

Article   89-110
Parsimonious Classification Via Generalized Linear Mixed Models
G. Kauermann, J. T. Ormerod and M. P. Wand
PDF (591.6 KB)

Article   111-128
Anisotropic Orthogonal Procrustes Analysis
Mohammed Bennani Dosse and Jos Ten Berge
PDF (410.5 KB)

Article   129-131
J. M. Horgan, *Probability with R: An Introduction with Computer Science Applications*, John Wiley & Sons, 2008, pp. 393, ISBN 978-0-470-28073-7
Michael S. Pratte
PDF (648.3 KB)

Catalogue & index adlı diğer dergi ise ağırlıkla kataloglama ile ilgili, tezimde yer verecek kadar önemli bir makaleye rastlamadığım onlarca dergiden biridir. Buradan çıkarılacak sonuçlara gelir isek; X8'in tezi reddetmesini gerekçelendirmek için gerçekle bağdaşmayan bilgiler verdiği, bilimsellikten uzak, mantık dışı yollara saptığı açık ve net olarak ortaya çıkmaktadır. Bağlantılı olarak bilirkişinin de raporunda X8'in bölüm eklenmesi önerisini haklı çıkarır mahiyetteki yarım, eksik, sakat (raporda tartışmalı dendiği için ve gerçekle bağdaşmadığı için söylüyorum) tespitiyle ne kadar yanlış ve yanlı olduğunu ortaya çıkarmış oluruz. Şöyleki; bilirkişi görevini üstlenen kişilerin kullandıkları bilim adamı, Prof. Dr. titrinin yanında bu kişiler bilimin vücut bulmuş hali şeklinde de nitelenebilir mi? Bu rapordan anlaşılan nitelenebileceğidir. Ancak gerçekte ise bu şekilde nitelenen tek bir kişi bile ne geçmişte olmuştur ne de gelecekte olacaktır. Çünkü bilimin bilim olması için, bilimsel bilginin ortaya çıkması için birtakım aşamaların geçilmesi gerekir. Bilirkişiyi oluşturan kişilerin bunu böyle yapmadığı açıktır, sabittir. Tezimde geçen bilimsel bilgilere rağmen hatta bunların çoğunu dilekçelerimde de belirtmeme rağmen bilirkişi tezi değerlendirirken bilimsel kurallara riayet etmemiş, raporda bilime dayanarak görüş oluşturmamışlardır. Bu konuyla ilgili 15.07.2008 tarihli Enstitü dilekçemde şunları ifade ettim: "Tez savunması sınavında tezimi savunurken öne sürdüğüm bilgiler doğru değilse, bilimsel verilere ve mantığa dayanmıyorsa tez jürisi bu tespitlerini belirtip hiçbir şey açıklamadan yani doğrusu şudur, şu şekilde yapılması gerekir, şu kaynaklar kullanılmalıdır gibi açıklamalar yapmadan da tezi reddedebilir. Çünkü tez jürisinin birinci görevi yapılanı inceleyip, tezin doğruluğunu, bilimselliğini, bütünlüğünü vb. kontrol eder. Buna göre de tezin kabul edilip edilmeyeceği veya düzeltme verilip verilmeyeceği tez savunma sınavı sonucunda netliğe kavuşur. Ama tez hazırlayan kişi ben tezimi bilimsel kurallara, tez hazırlama yönergesine uygun hazırladım dediğinde ve tezindeki veriler de bunu doğruluyorsa, tez jürisi bunları yok sayarak, kabul etmeyerek sadece kendi kişisel görüşleriyle, herhangi bir bilimsel veriye dayanmadan bu olmamış, yanlış yapmışsın türünden ifadelerle tezi reddetme veya düzeltme yoluna gidemezler. Bu işin doğasına, bilimsel sürecin mantığına aykırıdır. Dolayısıyla bilimsel de değildir. İş ahlakına da uymaz. Bu durumu örnekleyecek olursam; tezimde konu başlıkları düzenlerini sınıflama düzeni olduğunu, bilimsel verilere dayanarak ve kaynağını göstererek yapıyorsam tez jürisi bana hayır öyle değil, kabul etmiyoruz dediğinde ardından çünkü diye başlayan ve bilimsel verilere dayanan bir açıklama getirmesi şarttır. Aksi kabul edilemez. Çünkü mantıkla, bilimle, hukukla bağdaşmaz."

X7'nin karşılaştırma yapamazsın, benzer veya ortak yanları yok gibi ifadeleri, sonradan bu iki düzenin ortak ve temel amaçlarının bilgi ve belgeye konusal erişimi sağlamak olduğunu kabul etse de karşılaştırma yapılabilmesi için yeterli bulmaması kişisel görüşten öteye geçememektedir. Böyle bir şeyi de benim kabul etmem mümkün değildir." Dilekçemde bahsettiğim bu tespitler ve bilim dışı, mantık dışı tutumun aynısını maalesef Bilirkişi raporunda tekrar görmekteyiz.

Bilirkişiyi oluşturan kişiler alenen, bilerek, isteyerek görevlerini kötüye kullanmışlardır. İş ahlakına sığmayan hizmet anlayışına sahip bu kişilerin hazırlamış oldukları gerçekle bağdaşmayan, eksik, yanlış ve yanlı bilirkişi raporunu katiyetle kabul etmiyorum. Bakkal defteri gibi bir şey mi incelediklerini sanıyorlar. Bakkal defterlerini (devlete olan vergi mükellefiyetleri gibi şeylerin yer aldığı ticari defterler) bile muhasebeciler tarafından belirli kurallar çerçevesinde incelenip ona göre gereği yapılırken, benim durumumda ise bilimsel kurallara riayet edilerek hazırlanan tezi bilirkişi bilime dayanmadan kişisel görüşlerine göre tezi yanlış, yanlı ve eksik değerlendirmişlerdir. Bu da kabul edilebilir bir durum değildir.

X7'nin Tez Kişisel Değerleme Tutanağındaki yazısı aynen ve sadece şöyledir: "Tarafımdan incelenen Sedat Aksoy'un yüksek lisans tezinde aşağıdaki hususlar tespit olunmuştur.

Daha önce adaya verilen "düzeltme" süresi sonunda, tarafımdan düzeltmesini istediğim, ciddi boyuttaki yanlışların hiçbirinin düzeltilmediği, sadece birkaç cümle bozukluklarının giderilmiş olduğu saptanmıştır. Dolayısıyla bu yazıların bir tez olarak Kabul edilmesi mümkün görülmemektedir. İçinde yoğun olarak yanlış bilgiler yer almaktadır. Bilgilerinize arz ederim." Böyle bir metin içinde bilimsel hiçbir şey yoktur demekle yetineceğim.

Bir seneden fazla bir süre boyunca beklediğim bilirkişi raporu işin niteliğine, önemine, kapsamına uygun olmayan çok düşük seviyede (akademik tez değerlendirmesi hukuka ve bilime aykırı olarak bu şekilde yapılamaz) hazırlanmış, daha önemlisi gerçeği yansıtmayan bilimsellikten, mantıktan, iş ahlakından uzak bir metinden oluşmaktadır. Böyle bir metni hiçbir zaman ve yerde kabul etmem mümkün değildir.

Hacettepe Üniversitesi Edebiyat Fakültesi Bilgi Belge Yönetimi Bölümü öğretim görevlileri olan X12, X14 ve X13 tarafından hazırlanan 07.05.2010 tarihli bilirkişi raporunda dava konusu tezin bilimsel yönden yeterli olmadığı görüşüne şu şekilde varılmıştır:

Bilirkişi raporu; "... adlı yüksek lisans tezinin bilimsel yönden yeterli olup olmadığına dair görüşlerimiz aşağıdadır:

1. Davaya konu olan tez adı "Sistematik ve Alfabetik Sınıflama Düzenlerinin Bilgiye, Belgeye Konusal Erişim Açısından Karşılaştırılması" olup en son danışmanı X6'dır.

2. Tezde ele alınan sistematik ve alfabetik sınıflama düzenleri birbiriyle karşılaştırılabilir ve birbirlerinin yerine kullanılabilecek alternatif düzenler değil, tam aksine bütüncül bir sistemin parçalarıdır. Dolaysıyla bu iki sistemin birbiri ile konusal erişim açısından karşılaştırmak ve birinin diğerinden daha fazla avantaja ya da dezavantaja sahip olmasını bir üstünlük olarak görmek bilimsel olarak uygun değildir.

Sistematik ve alfabetik sınıflama düzenleri bilginin düzenlenmesinde belirli ölçülerde farklı işlevlere sahip sistemlerdir. Alfabetik sınıflama sistemi doğrudan bilgi erişim için kullanılırken, sistematik sınıflama sistemi bunun yanı sıra bilgi kaynaklarının raf/kütüphane düzenlemeleri için de kullanılmaktadır. Bunlar birbirlerinin alternatifi sistemler değildirler. Dolayısıyla, konusal erişim açısından hangisinin daha fazla avantaja sahip olduğu ya da bu açıdan hangisinin daha üstün olduğu yönünde bir karşılaştırma yapılması uygun ve anlamlı görünmemektedir.

3. Yukarıdaki değerlendirmemize karşın yine de iki sistem arasında bir karşılaştırma yapılmak istenirse, bu sistematik sınıflama düzenlerinin "raf düzenleme" işlevini kapsam dışı tutarak sadece "konusal erişim" işlevinin alfabetik sınıflama düzeninin aynı işlevi ile karşılaştırılması düşünülebilir. Ancak, birinin diğerine üstünlüğünü ortaya koymayı hedefleyen böyle bir karşılaştırmanın tezde yapıldığı üzere, sadece literatüre dayalı kuramsal değerlendirmelerle gerçekleştirilmesi de bilimsel bir araştırma için uygun değildir. Bu karşılaştırmanın doğru belirlenmiş belirli bir örneklem grubu ile yapılacak deneysel ve/veya betimleme yöntemi ve anket veri toplama tekniğine dayalı bir alan uygulaması ile gerçekleştirilmesi gereklidir. Bir başka deyişle, bizzat bu sistemleri kullanan kullanıcıların görüşlerinden elde edilen verilere dayalı bir avantaj/dezavantaj/üstünlük değerlendirilmesi yapılabilir. Tezde böyle bir uygulama gerçekleştirilmemiştir.

4. Ayrıca, bilgi kaynaklarına erişim ve düzenlemenin büyük ölçüde elektronik ortamda gerçekleştiği günümüz dünyasında bu karşılaştırmanın geçerliliği de tartışmalı görünmektedir.

Yukarıda sıralanan gerekçeler temelinde sonuç olarak; söz konusu yüksek lisans tezinin bilimsel yönden yeterli olmadığı görüşünü taşıdığımızı belirtmek isteriz."

Tez danışmanı X6 Tez Kişisel Değerlendirme Raporunda (tutanak) yer alan 3. soruya (bu soruyu sadece tez danışmanının doldurması istenmektedir) aşağıdaki şekilde cevap vermiştir. **Sayfa sayıları aleyhime olacak şekilde tamamen yanlıştır.**

GİRİŞ	BÖLÜM ADI	SAYFA SAYISI
1. BÖLÜM	SINIFLAMA VE KONUSAL ERİŞİM İLİŞKİSİ – KAVRAMSAL YAKLAŞIM	12
2. BÖLÜM	SİSTEMATİK SINIFLAMA DÜZENLERİ VE KONUSAL ERİŞİM	50
3. BÖLÜM	ALFABETİK (KONU BAŞLIKLARI DÜZENİ) SINIFLAMA DÜZENLERİ VE KONUSAL ERİŞİM	37
4. BÖLÜM	ALFABETİK VE SİSTEMATİK SINIFLAMA DÜZENLERİNİN KARŞILAŞTIRILMASI	5

Doğrusu ise aşağıdaki gibidir:

GİRİŞ	BÖLÜM ADI	SAYFA SAYISI
1. BÖLÜM	SINIFLAMA VE KONUSAL ERİŞİM İLİŞKİSİ – KAVRAMSAL YAKLAŞIM	**13**
2. BÖLÜM	SİSTEMATİK SINIFLAMA DÜZENLERİ VE KONUSAL ERİŞİM	**51**
3. BÖLÜM	ALFABETİK (KONU BAŞLIKLARI DÜZENİ) SINIFLAMA DÜZENLERİ VE KONUSAL ERİŞİM	**40**
4. BÖLÜM	ALFABETİK VE SİSTEMATİK SINIFLAMA DÜZENLERİNİN KARŞILAŞTIRILMASI	**21**

İstanbul Üniversitesi Sosyal Bilimler Enstitüsü Tez Kişisel Değerlendirme Raporunun Tablosu

		X6 (dnş.)	X7	X8	X9	X11
1	Tezin konusu Anabilim Dalı içeriği ile uyumlu mudur?	Evet	Kısmen	Evet	Evet	Evet
2	Tezin içeriği ile başlığı birbiriyle uyumlu mudur?	Kısmen	Hayır	Kısmen	Kısmen	Kısmen
3	Tezin bölümleri hangileridir? (Sadece danışman dolduracaktır)	4 bölümün adı, sayfa sayıları: 12, 50, 37, 5				
4	Tezin planı konunun incelenmesi açısından uygun mudur? Varsa yorumunuzu yazınız:	Hayır *	Hayır Tutanak ektedir.	Hayır tutanak ektedir (5 sayfa) (rapor)	Olabilir	Hayır
5	Bölümler arasında denge gözetilmiş midir? Varsa yorumunuzu yazınız:	Hayır	Hayır	Hayır	Hayır	Hayır
6	Tez istatistiksel bir araştırma içermekte midir?	Kısmen, Hayır [doldurduğu diğer formda belirtmiş]	Kısmen	Kısmen	Kısmen	Kısmen
7	6. soruya cevabınız evet veya kısmen ise uygulanan istatistik yöntemler bu araştırma için uygun mudur?					
8	Kaynaklar güncel midir?	Evet	Kısmen	Hayır	Kısmen	Evet
9	Uluslararası kaynaklardan yararlanılmış mıdır?	Evet	Evet	Sayılabilir	Sayılabilir	Evet
10	Kaynaklar yeterli midir? (Konu açısından temel nitelik taşıyan eserler arasında yer almakta mıdır?)	Evet	Evet	Kısmen	Kısmen	Evet
11	10. soruya yanıtınız "Hayır" ise eksik olan temel kaynakların adlarını ve yayım tarihlerini belirtiniz.					
12	Kaynakçada yer alan eserler dipnotta	Evet	Evet	Evet	Evet	Evet

	zikredilmiş midir? Cevabınız "Hayır" ise hangi eserin dipnotta yer almadığını belirtiniz.					
13	Dipnotta yer alan kaynaklar kaynakçada yer almakta mıdır?	Evet	Evet	Evet	Evet	Evet
14	Dipnotlar, bilimsel kurallara uygun mudur?	Evet	Evet	Evet	Evet	Evet
15	Tezin biçimi bilimsel kurallara uygun mudur?	Hayır	Hayır	Hayır	Tamamı değil	Tamamı değil
16	Kaynaklardan yararlanmada bilimsel etik gözetilmiş midir? (1)	Evet	Evet	Evet	Evet	Evet
17	16. soruya yanıtınız hayır ise ayrıntılı bilgi veriniz.					
18	Tez İstanbul Üniversitesi Lisansüstü Eğitim Öğretim Yönetmeliği'nin 8., 24. ve 25. maddelerinde (2) belirtilen koşulları sağlamakta mıdır?	Hayır	Hayır	Hayır	Hayır	Evet
19	Varsa raporlandırılması gereken diğer hususlar:		Tutanak ektedir.	Ekteki rapora bakınız (5 sayfa)		
20	Tez konusundaki kanaatiniz:	Red	Red	Red	Red	Red
21	Tez konusundaki kanaatiniz "Düzeltme" ise hangi bölümlerde hangi hususların düzeltilmesi gerektiğini belirtiniz.					

*X6, 4. sorudaki "Varsa yorumunuzu yazınız" kısmına şunları yazmıştır: "Tezin planı konunun incelenmesi açısından yetersizdir. Ele alınan konunun tam anlamıyla incelenmiş olması için, elektronik ortamdaki belge ve bilginin erişiminde nasıl bir sistem kurulacağının, hangi erişim sisteminin daha yararlı olacağı konusunun incelendiği yeni bir Bölüme ihtiyaç vardır. Bu eksiklik, 10 Temmuz 2008 tarihinde yapılan tez savunma sınavında da belirtilmiş ve adaya söylenmiştir."

Bu tutanağı kısaca değerlendirmek gerekirse:
Bu tutanağı inceleyen bir kişinin çıkaracağı sonuçların başında; tez jürisini oluşturan kişiler yaptıkları işi ya bilmiyorlar ya da kasıtlı ve haksız bir şekilde tezi reddetme yoluna gitmeye çalışıyorlar, çıkarımında kolayca bulunulabilir. Ancak ne kadar aleyhime olacak şekilde uğraşsalar da tutanağın genelinde lehime olan

cevaplar vermek zorunda kalmışlardır. Ayrıca kendi aralarında dahi net cevabı olan (olması gereken sorularda) çok farklı cevaplar vermişlerdir (8, 18, 2, 4. sorular gibi). Bu sonuca varmamı sağlayan nedenlerden birkaçı şöyledir: 3. soruya tez danışmanı kasıtlı olarak (Yapılan işin önemi, niteliği ortadayken; başka türlü anlaşılabilir mi? Sadece hata olarak görülebilir mi? Takdirlerinize bırakıyorum.) sadece kendisinin doldurması gereken yere bölüm sayfa sayılarını aleyhime olacak şekilde tamamen yanlış yazmıştır. Bu soruyla bağlantılı olarak görülebilecek "Bölümler arasında denge gözetilmiş midir?" şeklindeki 5. soruya anlaşmışcasına hepsi "Hayır" cevabını vermişlerdir. Burada şunu da söylemekte fayda vardır: Tez jüri üyeleri sadece bu soruda ve ret kararını verdikleri soruda aleyhime olacak şekilde hepsi aynı cevabı verebilmişlerdir. Halbuki tezde işlenen konunun özelliğine göre bölümler arasında denge gözetilmiştir. Tez incelendiğinde kolayca anlaşılabilecek bir durumdur.

Yüce Mahkemenin ihlal ettiği 1086 sayılı Hukuk Usulü Muhakemeleri Kanununda yer alan bilirkişilikle ve konumuzla ilgili fıkralar aşağıda aynen belirtilmiştir:
(MADDE 282)
Ehlivukuf raporunu mahkeme kalemine verir. Verildiği tarihi başkatip rapora işaret eder ve mahkemeden evvel suretlerini iki tarafa tebliğ eder.
(MADDE 283)
Hakim raporda noksan ve müphem gördüğü cihetleri itmam ve izah için ehlivukufa yeni sualler tertip edebilir. İki taraf dahi noksan ve müphem cihetler hakkında ehlivukuftan izahat alınmasını raporun kendilerine tebliği tarihinden bir hafta zarfında hakimden tahriren talep edebilirler...
(MADDE 284)
Hakikatın tezahürü için lüzum görürse tahkikat hakimi veya esas davayı rüyet edecek mahkeme evvelki veya yeniden intihap edeceği ehlivukuf vasıtasıyla tekrar tetkikat icra ettirebilir.
(Ek fıkra: 12/12/2003-5020/1 md.)
Mahkemeye sunulan bilirkişi raporunun maddî olgu ve fiilî gerçeklerle bağdaşmadığı yönünde kuvvetli emare ve şüphelerin bulunduğu kanaatine ulaşıldığı takdirde, bu bilirkişiler hakkında diğer kanunlardaki hukukî ve cezaî sorumluluklar saklı kalmak şartıyla 19.4.1990 tarihli ve 3628 sayılı Mal Bildiriminde Bulunulması, Rüşvet ve Yolsuzluklarla Mücadele Kanunu hükümleri uyarınca işlem yapılmak üzere dava dosyasının tasdikli bir örneği yetkili Cumhuriyet savcılığına gönderilir.
http://www.bilirkisiler.org.tr/index.php?option=com_content&task=view&id=18&Itemid=45 al.tar. 26.6.2010

Yüce Mahkeme, yukarıda belirttiğim 1086 sayılı Yasada yer alan fıkraların hiçbirisini 04.06.2010 tarihli (tebliğ tarihi 25.06.2010) Yürütmeyi durdurma istemimin ret kararından anlaşılacağı üzere uygulamamıştır. Yani bilirkişi raporuyla Yürütmeyi durdurma kararı isteğimin reddi kararını Yasa maddesine aykırı olacak şekilde aynı tarihte tebliğ ettim. Neticede her ikisine de şimdiye kadar belirttiğim gerekçeler ve öncesinde Mahkemeye verdiğim dilekçeler çerçevesinde itiraz ediyorum.

Yaşar Aslan "Bilirkişi raporuna itiraz ve uzman mütalaası" adlı makalesinde genellikle bilirkişi raporuna hangi gerekçelerle itiraz edildiğini saymıştır. Ben de bu dava konusuyla ilgili olanlarını kısa ve öz olması nedeniyle belirtmek isterim:
a) Bilirkişi raporunun gerçeği yansıtmaması,
b) Bilirkişi raporunda bilirkişiden istenen hususların net olarak ortaya konulmamış olması,

c) Bilirkişi raporunda dava ile ilgili bazı konuların atlanmış olması,
d) Bilirkişi raporunun taraflı olması,
e) Bilirkişi hakkında hakimin reddini gerektirecek sebeplerin mevcut olması
http://www.bilirkisiler.org.tr/index.php?option=com_content&task=view&id=67&Itemi
d=45 al. tar. 26.6.2010

Birkaç açıdan örnek alınabilir düşüncesiyle Danıştay 8. Dairede görülen, Esas: 1995/3742, Karar: 1997/2289, Tarih: 25.06.1997 şeklinde kodlanan davanın kararı "... **Hukuk Usulü Muhakemeleri Yasası hükümleri uyarınca bilirkişi raporunun taraflara tebliği ile tebliğden itibaren bir haftalık itiraz süresi verilmesi gerekli bulunduğundan, aksi yöndeki mahkeme kararının bozulması gerekmektedir...**" şeklindedir.
Kaynak : DKD. Sayı 95 s: 534
http://www.turkhukuksitesi.com/showthread.php?t=26268 al.tar. 6.5.2010

Dilekçelerimde geçen, konuyla ilgili önemli bilgilerin, tespitlerin birkaçını faydalı olacağı düşüncesiyle aşağıda belirtmek istiyorum.
27.03.2009 tarihli mahkeme dilekçemde:
"X7'ye sizin belirttiğiniz iki temel düzeltmeyi gerekçeleriyle yapmadığımı, tezin genelinde ise birçok değişiklik yaptığımı söyledim ve bunu kabul etti. 3. Bölümün altında incelediğim Thesaurusları nasıl sınıflama düzeni olarak gördüğümü, bunların konu başlıkları olduğunu söyledi. Ben de 3. Bölümün ilk sayfalarında bu konuyu irdelediğim bilgilerin bir özetini kendisine yapmaya çalıştım. Sadece 3-4 cümle söyledikten; yani Burada konu başlıkları nedir. Ne amaçla yapılır ve kullanılır. Sınıflama nedir ve ne amaçla yapılır sorularına cevap bulmamız gerekir dedim ve konu başlıklarının bilgiye, belgeye konusal erişimi sağlamak için oluşturulduğunu söyledim. Sınıflamanın da aynı temel amaçla yapıldığını söyledim. Ama sonra lafımı kesip ben bir şey anlamadım dedi ve Herkes bunun böyle olmadığını biliyor şeklinde bilimsellikten uzak ve gerçeği yansıtmayan bir ifade kullandı. Sonrasında da konuyu değiştirdi. Bu en temel, en önemli düzeltme sorunda yapılan bir muameleydi. Takdirlerinize bırakıyorum (ayrıca önsöz gibi bir yerde yaklaşık 10 dakika konuşulduğunu hatırlatmamda fayda vardır)."

"Tezde yararlandığım temel kaynaklardan Pakin, Artukoğlu ve arkadaşlarının kaynaklarından dipnot göstererek yararlandığımı, bu yazarların konu başlıkları düzenlerini ve thesarusları sınıflama düzenleri olarak kabul ettiklerini ve bunları açık ve net olarak tezimde belirttiğimi söyledim. Ayrıca Pakin'in Konu başlıkları üzerine doktora çalışması hazırladığını söyledim. Tez jürisi bu anlattıklarımı dikkate almadı. Karşılığında X7 sadece şunu söyleyebildi "herkes bunun böyle olmadığını biliyor". Hiçbir kaynağa dayanmadan, herhangi bir akla, mantığa yatkın açıklama getirmeden böyle bir cümle sarfetmesi bana kimler tarafından tezimin değerlendirildiğini tekrar tekrar düşündürtmüştür. Bir bilim insanı olarak görülen bir kişinin ağzından böyle bir cümle çıkabilir mi? Ki öncesinde muhatabı kendisine yararlandığı kaynakları belirtiyor ve verdiği bilgileri dipnotlarıyla gösterdiğini bildiriyor. Bunun kabul edilebilir, akla sığabilir, bilime, mantığa uyan hiçbir tarafı yoktur."

15.07.2008 tarihli Enstitüye verdiğim dilekçenin "10.07.2008 tarihinde yapılan tez savunma sınavı" adlı ekinde:

"X7 yapılan karşılaştırma sonucunda alfabetik sınıflamanın daha kullanışlı çıkmasını kendi ifadesi ile yararlı çıkmasını yani kullanıcı için daha uygundur hipotezinin gerçekleşmesini kabullenemeyerek sanki bu sonuca göre sistematik sınıflama düzenlerini yok sayıyormuşum veya ortadan kalkacakmış gibi bir sonuç çıkardığımı düşündürecek ifadelerde bulundu. Ben de biri diğerinin yerine geçecek şeklinde bir sonucun çıkarılamayacağını yani Kongre Kütüphanesi Sınıflama Sistemini kaldıralım yerine Kongre Kütüphanesi Konu Başlıkları Listesini koyalım demiyorum. İkisi de olacak ve kullanılacak. En azından Kongre Kütüphanesi Sınıflama Sisteminin yerleştirme düzeni olma özelliği ortadan kalkmadıkça bu durum böyle devam edecektir. Dolayısıyla iki düzende konusal erişimi sağlamaya devam edecektir şeklinde açıklamam oldu.

Sistematik sınıflama düzenlerinin evrensel olması, alfabetik sınıflama düzenlerinin (konu başlıkları düzenleri) evrensel olmaması yani yerel olması konusunda anlaşamadık. Halbuki bu durum çok bilinen ve kabul edilen bir gerçektir.

Konu başlıkları düzenlerinde konusal erişim uçlarının çok daha fazla olabileceğini söyledim. Fakat bu da X7 tarafından pek kabul görmemiştir. Kongre Kütüphanesi katalog taramasında eserlere 5-10 civarı konu başlığı verilebildiğini, geçmişte (elektronik ortamın yoğun olarak kullanılmadığı zamanlarda) ise bunun 3'le sınırlandırıldığını çünkü fiş katalogların kullanıldığını, her bir konu için ayrı bir fiş hazırlanması gerektiğini belirttim. Ancak şimdi böyle bir sınırlandırmanın söz konusu olmadığını dolayısıyla erişim uçları sayısı da bir hayli artmıştır. Ancak X7 bunu sınıflandırma numaralarındaki genişlemeyle, detaya inmesiyle karıştırmıştır. Yani sistematik sınıflandırma düzenleri de istenildiği kadar konusal erişim ucu sağlar demeye getirdi. Halbuki ilgisi yoktur. Sadece Evrensel Onlu Sınıflandırmada (EOS) ilişkili konu işareti olan iki nokta (:) ile birkaç konu bir arada gösterilebilir. 3'ten 4'ten fazla olduğunda uzun hatta satırlar süren notasyonlarla karşılaşılacağından 2'yi 3'ü pek geçmez."

15.07.2008 tarihli Enstitü dilekçemde:
"Tez savunma sınavında jüri üyesi X7 birbiriyle bağlantılı iki konuda ağırlıkla durdu (bkz. Ek 1). Bu iki konuda da kendisiyle mutabık olamadık. Kendisinin temel olarak söylediği şundan ibaretti: Tezde konu başlıkları düzenlerini alfabetik sınıflama düzenleri olarak kabul etmiyor; sonrasında benzer özelliklerinin olmadığını düşündüğü bu düzenlerin karşılaştırılamayacağını söylemektedir. Ancak kendisinin söyledikleri bunlarla sınırlı kalmakta, herhangi bir bilimsel veriye, kaynağa dayanan hiçbir ifadesi olmamıştır. Benim ise bu söylediklerine karşı tezimdeki bilimsel verilere dayalı ifadelerimi dikkate almama yolunu seçmiştir. Bu konuda tezimde geçen verileri sayfa numaralarıyla birlikte Ek 2'de verdim. Ayrıca Prof. Dr. M. Adil Artukoğlu, Yrd. Doç. Dr. Aslan Kaplan, Öğr. Gör. Ali Yılmaz'ın "Tıbbi Dokümantasyon" adlı eserinde (tezde bu kaynak yer almıyor) konu başlıkları düzenlerini sınıflandırma sistemi olarak nitelendiriyor. Şöyle ki eserde "C. BİLGİ KAYNAKLARINI SINIFLANDIRMA SİSTEMLERİ" genel başlığı altında açılan alt başlıkların 5.si (ilk dört başlık: Dewey Onlu Sınıflandırma Sistemi- DDC, Kongre Kütüphanesi Sınıflandırma Sistemi- LC, Evrensel Onlu Sınıflandırma Sistemi- UDC, Özel Sınıflandırma Sistemleri) "5. Bilgi Kaynaklarının Konu Başlıklarına Göre Sınıflandırılması" kapsamında şu ifadeler yer almaktadır: "Kütüphanelerde ve bilgi merkezlerinde yer alan belgelerin bir başka sınıflandırılma yöntemi de konu başlıkları verilerek yapılan sınıflandırmadır. Konu başlıkları verilerek uygulanan bu

yöntemin amacı, belirli bir koleksiyonda, kitap veya süreli yayının içinde yer alan bilginin standart sözcük veya terimlerle tanımlanmasını yapmak ve bu bilgiye erişimi gerçekleştirmektir. Kitap ve belgeleri sınıf numaralarına göre düzenlemek, bunların raflarda sıralanmasını ve kolaylıkla bulunmasını sağlar. Ancak konu analizi yaparak indeksleme yöntemi, o alana özel (spesifik) bir bilginin tam olarak nerede olduğunu, hangi yayının içinde yer aldığını gösterir." (Artukoğlu ve ark., 2002 : 14) (bkz. Ek 3)"

Yine 15.07.2008 tarihli Enstitü dilekçemde;
"Bahsetmek istediğim bir başka önemli husus ise üçüncü anlaşmazlık konusu (tez savunma sınavından sonra) olan 4 bölümlük teze ve konuyla birebir örtüşmeyen, konu sınırlandırması dışında bulunan bir konuda yeni bir bölüm açmam istenmesidir. Bu durum herhalde düzeltme isteği şeklinde nitelendirilemez, adlandırılamaz. Sınıflama ve elektronik bilgi merkezleri adlı bu yeni bölüm ekleme isteği, konuyla birebir ilgili değil, konu sınırlandırmasının dışında yer alabilecek bir konu. Böyle bir istek herhalde hukuka, mantığa aykırıdır. Uygulanabilir, gerçekleştirilebilir de değildir. Bu gerçek tezin incelenmesinden pekala kolayca çıkarılabilir. Şöyle ki, üç ay verilen tez düzeltme süresinde konuyla uyuşmayan (zaten çok geniş ve zor olan halihazırdaki konunun sınırları dışında tutulan) yapılması istenen yeni bölüm için sanki yeni bir tez hazırlanıyormuş gibi bir çalışma yapmak gerekir. Yani kaynak taraması, okumalar, metin yazma ve tezin genel yapısıyla, diğer bölümleriyle uyum sağlayacak hale getirmeye çalışmak (tabi bu şekilde tezim 5 bölümden oluşacaktır) gerekir. Bu da olacak iş değildir. İşin doğasına aykırıdır, dolayısıyla mantıkla bağdaşmaz, hukuka da uygun değildir. Yukarıdaki iki hususla (X7'nin yapılmasını istediği düzeltmeler) bu yeni konu ekleme isteği birleştirildiğinde ise direkt reddedilemeyen tezin her halükarda reddedilecek, kabul edilmeyecek bir duruma getirilmesi sonucu ortaya çıkmaktadır bu düzeltme kararı ile birlikte. Ayrıca konunun uzmanı bir öğretim görevlisine, böyle bir isteğin hali hazırdaki tez için istenip istenmeyeceği ayrıca üç aylık periyotta bunun gerçekleştirilip gerçekleştirilmeyeceği sorulabilir. Böyle bir usulsüz, mantıksız, hukuk dışı isteğin olup olamayacağı hakkında Enstitü Yönetim Kurulunuz karar verecektir elbette.

Bir yüksek eğitim kurumunda ben yaptım oldu, ben söylüyorum öyleyse doğrudur ve uyman, kabul etmen gerekir; herhangi bir kaynağa dayanmak, gerekçe göstermek mecburiyetinde değilim (birebir böyle ifadeler kullanılmamıştır) türünden bir anlayışı kabul etmem mümkün değildir. Bu anlayışın hakim olduğu tez jürisi kararını da takdirlerinize bırakıyorum."

Yine 15.07.2008 tarihli Enstitü dilekçemde;
"Bu aşamada olan bir anlaşmazlığın daha da büyümeden giderilmesi yoluna hukuk, mantık çerçevesinde gidilmesi gerekir. Bu yüzden Enstitü Yönetim Kurulu kararıyla uygun görülecek kişilere, kurumlara konuyla ilgili görüş belirtmesi talebinde bulunulabilir düşüncesindeyim. Benim önerebileceğim üç kişi vardır: Birincisi, en önemli anlaşmazlık konusu olan karşılaştırma yönteminin kullanılıp kullanılmayacağının tespiti için, tezimde yararlandığım temel kaynak olan "Karşılaştırmalı Kütüphanecilik : yöntemi ve özellikleri" adlı makalenin yazarı olan Hacettepe Üniversitesi Öğr. Gör. Prof. Dr. İrfan Çakın'a ulaşılabilir. Yine aynı konuda İstanbul Üniversitesi'nde sosyal bilimler alanında karşılaştırmalı çalışmalar, karşılaştırma yöntemi konusunda fikir beyan edebilecek uygun göreceğiniz bir öğretim görevlisi olabilir. İkincisi ve üçüncüsü, anlaşmazlık konusu olan konu başlıkları düzenlerinin bir sınıflama faaliyeti olduğunu, sınıflama düzenleri olarak

kabul edilebilip edilmeyeceğini belirlemek için kendisinin eserlerini kaynak gösterdiğim Dr. Erol Pakin'e ve emekli Prof. Dr. Necmettin Sefercioğlu'na ulaşılabilir. Dr. Erol Pakin 1980'li yıllarda İstanbul Üniversitesi'nde öğretim görevlisi olmuş ve Kütüphane ve Dokümantasyon Daire Başkanlığı yapmıştır. Yine sizin uygun göreceğiniz sınıflama konusuna hakim bir öğretim görevlisini Ankara Üniversitesi, Hacettepe Üniversitesi ve Marmara Üniversitesi'nden ulaşılabilir. Ayrıca teze konu sınırlaması dışında tutulan yeni bir bölüm (Sınıflama ve elektronik bilgi merkezleri) ekleme konusu hakkında da görüş alınabilir."

Yine 15.07.2008 tarihli Enstitü dilekçemde:
"X8'in sınav esnasında Colon sınıflandırma sistemi ile ilgili ilk sorusuyla bağlantılı olduğu sonradan anlaşılan ikinci sorusunu sordu. Soruya başlangıcı pek doğru bulmadığım bir şekilde oldu. Ancak müdahale etmedim. Sorusu şu şekildeydi: yüksek lisans, master yaptınız. Yani bu konunun, sınıflamanın uzmanısınız (vurgulu bir söyleyiş). Şöyle bir soru sormak istiyorum diyerek elektronik bilginin sınıflandırılmasını yani internet ortamında sınıflama ne şekilde yapılıyor? Gibi bir soru sordu. Ben de genelde konu başlıklarına dayalı alfabetik sınıflandırmanın yapıldığını belirttim. O da benim demek istediğim binlerce site içersinden aradığım bir konu hakkındaki bilgilere nasıl ulaşabilirim dedi. Ben de o zaman Google gibi arama motorlarından tarama yapılabileceğini söyledim. Onu kastetmiyorum dedi. Tabi kendisi bu arada sorduğu soruyu açmaya çalıştığında lafını keserek tamam şeyi demek istiyorsunuz dedim. Ancak o esnada anlatmak istediğim konunun içeriğini bilmeme rağmen o kelimeyi aklıma getiremedim. X7 metadata mı dediğinde evet metadata (üst bilgi) diyerek sözüme devam ettim ancak sınıflamayla, bilgi belge merkezlerinde yapılan düzenlemeyle ilişki kurmak pek doğru olmasa gerek. Çünkü internet ortamında yapılan sınıflandırma tez konu sınırlandırmasının dışında tutulan bir konudur. Başlı başına bir tez(ler) konusudur. X8 bu sınıflamanın daha önce sorduğu soruda geçen Colon sınıflama sisteminde kullanılan konusal sınıflamadan burada yararlanıldığını söylemiştir. Halbuki ilk soruda da söylediğim gibi Colon sınıflama sisteminden bahsettim ama kütüphanelerde kullanımı yaygın olmadığı için geniş olarak, ayrı bir başlık açmadım. Ayrıca diğer sınıflama sistemlerini de etkilediğini de tezimde belirttim. X8'in etik bulmadığım bu tutumunu da takdirlerinize bırakıyorum. Ayrıca tez sınavından sonra yukarıda bahsi geçen ve tez konusuyla birebir örtüşmeyen (konu sınırları dışında tutulan) Sınıflama ve elektronik bilgi merkezleri adlı yeni bir bölüm eklemem istenmiştir. Bu yeni konu eklenmesi isteğinde bulunanın, tez savunmasında bu konuyla ilgili soru soran olması ve diğer jüri üyelerinin bu konuyla ilgili tek bir kelime dahi kullanmamalarından dolayı X8'in olduğu anlaşılabilir. Bu iki konu bir arada düşünüldüğünde yani X8'in sınav esnasında sorduğu ikinci soru ve sorma şekli ile düzeltme kararından sonra öğrendiğim yeni konu ekleme isteği genel uygulamaya, mantığa, işin doğasına, hukuka, iş ahlakına uygun değildir."

Son olarak 15.07.2008 tarihli Enstitü dilekçemde;
"Tez jürisini oluşturan beş kişiden bir tek X7 tez savunma sınavı boyunca tezde karşılaştırma yöntemini kullanamayacağımı ve konu başlıkları düzenlerini sınıflama düzenleri olarak göremeyeceğimi, adlandıramayacağımı söyledi. Tezde düzeltilmesi istenen yerlerin başında ve çoğunluğunu da tez savunma sınavı esnasında mutabakata varamamamıza rağmen bunlar oluşturmaktadır. Yani bir tek o mu anladı tezin bütününü ilgilendiren büyük yanlışları. Zor olsa da böyle bir durum olabilir diyebiliriz. Fakat benim tezimde anlattıklarımı (kaynaklara dayanılarak ve mantık yürütülerek) çürütecek hiçbir şey söyleyememiştir. Konu başlıkları düzenleri,

dizindir, dizinlemedir demek ve sonrasında dolayısıyla sınıflama değildir, sınıflama düzeni olarak adlandırılamaz demek bilimsel bir ifade değildir. Gerçeği yansıtmaz. Konuyu çok çok basite alıp indirgemekten başka bir şey de değildir. Çünkü konu başlıkları düzenlerinin dizin olduğunu söylemesinden başka ki bu da savunduğu konunun doğruluğuna kanıt değildir, bu yönde bir ifade de sarf etmemiştir. Sadece olmaz diyerek, bunların benzer yanları yok diyerek, kabul etmeyerek sonuca varmak, dediklerini kabul ettirmek istedi. Bu da entelektüel, bilimsel bir faaliyette kabul edilebilir bir tutum değildir. Ayrıca Ek olarak da vereceğim bilgiler arasında X7'nin Konu başlıkları dizindir, dizinlemedir ifadesinin ne kadar yanıltıcı ve eksik olduğunu tezimde 70. sayfada dipnot bilgisiyle yer alan şu bilgi açık ve net bir şekilde gösterecektir:

"Dokümantasyon dilleri olarak da adlandırabileceğimiz kontrollü-denetimli dizinleme dili, kütüphane gibi bilgi merkezleri tarafından, bilginin depolanması (düzenlenmesi) ve erişilmesi amacıyla belgelerin içerik tanımını yapmak üzere kullanılan itibari (resmi) dildir. Ayrıntı düzeyi kapsamı, yapısı, kullanımı vb. bakımlardan birbirlerinden farklı, çeşitli kontrollü-denetimli dizinleme dilleri vardır. Tarihsel olarak, sınıflama sistemleri ve konu başlıkları, bilgi merkezleri tarafından uzun bir süreden beri kullanıla gelmektedir. Ancak, gelişen yeni teknikler ve yeni ihtiyaçlar daha önceki yaklaşımla çelişen, pek çok yeni denetimli-kontrollü dizinleme dillerinin ortaya çıkmasına yol açmıştır. Bununla birlikte, sınıflama sistemi, konu başlıkları, anahtar sözcükler, tanıtaç listeleri, thesauruslar olsun, bütün bu kontrollü-denetimli dizinleme dilleri aynı aileye mensuptur, aynı amaca hizmet eder ve hepsinin özellikleri vardır (Guinchat ve Menou, 1990: 101)."

Yani sınıflama düzenleri de dizindir, dizinlemedir. Dolayısıyla X7'nin dayandığı hiçbir nokta kalmamıştır. Ancak, durum bu iken dayanağı olmayan görüşün sonucunda tezin bütünü ilgilendiren, tezi tamamıyla değiştirecek bir düzeltme yapılmak isteniyor. Bu durum da maalesef iki kere mahkemeye taşınan sürecin olumsuz olarak devam ettiği izlenimini vermektedir. Dolayısıyla gelinen nokta maalesef hukuksuzlukların devam ettiği sonucunu ortaya çıkarmaktadır."

SONUÇ VE İSTEM:

Yukarıda ayrıntısıyla açıklamış olduğum gerekçelerle 10. İdare Mahkemesinin YÜRÜTMENİN DURDURULMASI istemime ilişkin vermiş olduğu 2009/453 esas sayılı 04.06.2010 tarihli RET kararının kaldırılarak istem gibi karar verilmesini; yürütmenin durdurulması istemimin reddi kararıyla aynı anda (1086 sayılı Yasaya aykırı olacak şekilde) tebliğ ettiğim Bilirkişi raporunu, eksik, yanlış, 15.01.2010 tarihli Mahkeme ara kararına aykırı (rapor, ayrıntılı hazırlanmamış), bilimsellikten uzak, mantık dışı, gerçeklerle bağdaşmayan ve iş ahlakından yoksun olarak yanlı hareket eden bilirkişinin hazırlamış olmasından dolayı İTİRAZ, 1086 sayılı Hukuk Usulü Muhakemeleri Kanununun (Ek fıkra: 12/12/2003-5020/1 md.) amir hükmü uyarınca bilirkişi (X12, X13, X14) hakkında İŞLEM yapılmasını saygı ile arz ve talep ederim. 01.07.2010

Sedat AKSOY
Davacı

EK 3. 17.01.2011 Tarihli Danıştay Temyiz Dilekçesi [s. 191-200]

(YÜRÜTMENİN DURDURULMASI İSTEKLİDİR)
**DANIŞTAY BAŞKANLIĞINA
SUNULMAK ÜZERE
İSTANBUL 10. İDARE MAHKEMESİ BAŞKANLIĞINA**

DOSYA NO : Esas No: 2009/453 Karar No: 2010/1533 sayılı karar

TEMYİZ EDEN (DAVACI) : Sedat AKSOY, İstanbul Üniversitesi Kütüphane ve Dokümantasyon Daire Başkanlığı, Beyazıt/İstanbul T.C. Kimlik No: ...

DAVALI : İstanbul Üniversitesi Rektörlüğüne izafeten Sosyal Bilimler Enstitü Müdürlüğü, Beyazıt/İstanbul

TEMYİZ KONUSU : İstanbul 10. İdare Mahkemesinin 22.10.2010 tarih ve 2009/453 Esas, 2010/1533 Karar sayılı kararının Bozulması dileğiyle temyiz sebeplerimizin sunulmasından ve temyiz süreci sonuçlanıncaya kadar Yürütmeyi Durdurma isteminden ibarettir.

KARAR TARİHİ : 22.10.2010

TEBLİĞ TARİHİ : 03.01.2011

TEMYİZ TARİHİ : 17.01.2011

TEMYİZ GEREKÇELERİ :

Bütünü kapsayıcı genel ve temel gerekçeleri öncelikle belirtmek gerekirse;

a) Karar, esas yönünden; esasa yönelik somut delillerin, iddiaların, itiraz sebeplerinin çok büyük ölçüde değerlendirilmediği (sadece dikkate alınan, tamamen çürüttüğüm yanlı bilirkişi raporudur), gözardı edildiği, gerekçelendirilmediği tespitinden hareketle eksik, yetersiz yargılama yapıldığı için tamamen hukuka aykırıdır.

b) Karar, usul hükümlerine uyulmamasından dolayı hukuka aykırıdır: Tez savunma sınavı (düzeltme) sözlü ve yazılı tebligat yapılmadan (sınav anında telefonla çağrıldım) gerçekleştirildi. Bilirkişi raporu, Yürütmeyi durdurma isteğimin reddi kararıyla birlikte hukuka aykırı şekilde tebliğ edildi.

2577 sayılı İdari Yargılama Usulü Kanununun 49. maddesi uyarınca bu iki genel ve temel temyiz gerekçesini aşağıda vereceğim alt gerekçelerle detaylandıracağım:

1.) Anayasanın 141. maddesinde yer alan "Bütün mahkemelerin her türlü kararları gerekçeli olarak yazılır." hükmüne aykırı hareket edilmiştir. Kararda esas olan tek bir gerekçe vardır: O da delilleriyle çok açık ve net bir şekilde çürüttüğüm yanlı bilirkişi raporudur. Bununla bağlantılı olarak da yürütmeyi durdurma kararı istemimin reddine ve bilirkişi raporuna yaptığım itiraz dilekçesine atıfta bulunarak "bilirkişi raporunu kusurlandırmaya yeterli olmadığı görülen bilirkişi raporunun Mahkememizce karara esas alınabilecek verilere dayalı olarak düzenlendiği görülmüştür." şeklindeki mesnetsiz yargısı vardır. Bu konuda sadece şunu söylemek isterim: Bahsi geçen bilirkişi raporu ve bahsi geçen itiraz dilekçem ayrı ayrı ve/veya bağlantılı incelendiğinde Yüce Mahkemenin vardığı yargıya hiçbir şekilde varılamaz. Aklın, mantığın ve hukukun gereği böyle yanlış bir karar verilemez. Tamamen hukuka aykırı bir karar. Ayrıca şunu da açık, seçik ve net olarak ifade etmek isterim ki; bahsi geçen bilirkişi raporu ve itiraz dilekçesinde neyin ne olduğunu anlamak, içeriği hakkında değerlendirme yapmak, hüküm vermek için mesleki bilgi sahibi olmak şart değildir, gerekli değildir. Belli bir seviyede (üniversite bitirmiş), okuduğunu anlayan, yorumlayabilen ve ortalama muhakeme yetisine sahip herkes ama herkes bu konuda eğriyle doğruyu ayırt edebilir. Son olarak mahkeme dilekçemde sunduğum somut delillerin, iddiaların hiçbirine değinilmemiş, olumlu veya olumsuz bir değerlendirme yapılmamış dolayısıyla bunların hepsi hukuk dışı olarak gözardı edilmiş olup; bağlantılı olarak alınan kararın gerekçeli olacağı şeklindeki Anayasal yükümlülük de yerine getirilmemiştir.

2.) Tebligat hukukuna, 7201 sayılı Tebligat Kanunu 1. maddesine aykırı hareket edilmiştir; tez savunma sınavı (düzeltme) tarihi tebliğ edilmemiştir. 27.01.2009 tarihinde saat 11.01'de, sınav anında telefonla çağrıldım (30.01.2009 tarihli Enstitü ve 27.03.2009 tarihli Mahkeme dilekçemde detaylı olarak bahsedilmiştir). Ayrıca yine tebligat hukukuna aykırı olacak şekilde Yüce Mahkeme 1086 sayılı Hukuk Usulü Muhakemeleri Kanununun 282, 283, 284. ve Ek fıkra maddelerini de ihlal ederek bilirkişi raporunu gereğince tebliğ etmemiştir (yürütmeyi durdurma talebimin reddi kararıyla birlikte tebliğ edilmiştir). Bu ikinci husus aşağıda tekrar ele alınacaktır.

3.) 2577 sayılı İdari Yargılama Usulü Kanunu madde 27'nin 2. fıkrasına göre yürütmenin durdurulmasını istemekteyim. Çünkü maruz kaldığım idari işlem defalarca belirttiğim ve kanıtladığım üzere açıkça hukuka aykırıdır. Bu idari işlemin uygulanması telafisi güç veya imkansız zararların doğmasına sebep olacağı da açıktır. Konuyla ilgili-sorumlu kişiler yaklaşık altı senemi, hukukun bilimin mantığın dışına çıkarak elimden almışlardır. Şöyle ki 2005 yılından beri hak ettiğimi düşündüğüm yüksek lisans mezunu diplomasını alamadım. Çok büyük ölçüde bu durumdan kaynaklı sebeplerle Doktora çalışması yapmadım. Dolayısıyla akademik kariyer yapmam engellenmiştir. Mesleki kariyerime de (yükselme, kurum değiştirme vs.) olumsuz etkisi olmuştur. Bütün bunların neticesinde maddi ve manevi olarak olumsuz etkilendim, etkileniyorum. Bu dilekçem ve öncesinde verdiğim (Mahkemeye ve Enstitüye) bütün dilekçeleri, maruz bırakıldığım hukuksuzluklara, akıl-mantık-bilim dışı uygulama ve kararlara delil olarak sunuyorum. Bu görüşümü destekler mahiyette bir bilgi vermek isterim: 14.02.2006 tarihinde Enstitüye verdiğim dilekçede yer alan, Enstitü Müdür Yardımcısı Doç. Dr. Mahmut Ak ile yaptığım görüşmeden bir kesit şöyledir: "Ardından yaşadığım bütün bu haksızlıklardan her bakımdan aşırı derecede zarar gördüğümü belirttim. O da zarar görmediğimi çünkü yeniden savunmamın alınacağını söyledi. Ben de sahip olduğum en değerli şeyin yani zamanımın hiçbir değeri yokmuş gibi elimden alınmasından dolayı kahrolduğumu ve bunun sonucunda ise Doktora programına girmek, iş ve sosyal hayatımda ilerlemeler kaydetmek vb. gibi birtakım elde edebileceğim olanaklardan yararlanamadığımı üzüntü ile belirttim. Ardından da Enstitünün bir öğrencisi olarak haklarımın korunmasının güvencesinin Enstitünün emanetinde (hükmi şahsiyetinde) olduğunu belirttim. O da bana katıldığını belirtti. Son olarak da tez savunmama hazırlanmamı salık verirken ben tez danışmanı ve Enstitüden kaynaklanan beklemeler, gecikmeler olmayacak herhalde diye sorunca normal prosedürün işleyeceğini belirtti."

4.) Büyük ölçüde kendi içinde geçen ifadelerden, açık-net ve somut bir şekilde çürüttüğüm bilirkişi raporuna yaptığım itiraz dilekçesine (İstanbul Bölge İdare Mahkemesine sunulan) atfen Kararda yer alan "bilirkişi raporunu kusurlandırmaya yeterli olmadığı görülen" ibaresi mantıki, hukuki değildir. Yüce Mahkeme dayanak noktalarını belirtmediği böyle bir ibarenin geçtiği bir karar alamaz. Çünkü böyle bir yargıya varabilmesi için itiraz dilekçesinde öne sürülen delillerin, iddiaların, sebeplerin gerçeği yansıtmaması, mantık dışı olması, tutarsız olması gibi nitelikte olması gerekir (bu durum söz konusu olduğunda bile yapılan tespit kararda açık olarak belirtilir, yani yanlış, eksik bilgi verilmiştir gibi bir ifade). Ancak dilekçem bu saydıklarımın tam aksi niteliğe sahiptir. Şimdiye kadar, bu karar da dahil olmak üzere hiçbir kararda ifade ettiklerimin gerçekleri yansıtmadığı, yanlış olduğu veya iftira olduğu yönünde tek bir ifade olmamıştır (olması da mümkün değildir). Bu durum da ortadayken mahkemenin beyan edilen ifadeleri, iddiaları, somut delilleri görmezden gelerek, yok sayarak bunlara değinmeden (haklı veya haksız bularak) gerekçesiz bir karar veremez. Verirse, hukuku sağlamakla yükümlü olmasına rağmen hukuku çiğnemiş olur. Bu da kabul edilemez. Dolayısıyla itiraz dilekçesinde ve öncesinde mahkeme dilekçesinde yazılanların gerçeği yansıttığı ve net olarak hukuk dışı işlerin yapılmış olduğu anlaşıldığında mahkeme tarafından böyle bir yargıya varılamaz. Buna rağmen varıldığı takdirde kararda gerekçe sunulmuyorsa/sunulamıyorsa hukuka aykırı iş yapmış olunur.

5.) 01.07.2010 tarihli Bölge İdare Mahkemesine verdiğim dilekçede "30.01.2009 tarihinde Enstitüye verdiğim dilekçede de belirttiğim üzere "Hukukun egemen, bilimin yol gösterici olduğu hiçbir düzende, ülkede böyle bir tezin bu şekilde reddedilmesi mümkün değildir." Ancak burada bilim adına bilim katledilerek kişinin hukuku ayaklar altına alınmaktadır." demiştim. Şimdi bu son verilen mahkeme kararından sonra şunu da eklemekte fayda vardır: Taraflardan birinin beyan ettiği, iddia ettiği, kanıtladığı çok açık-net, somut gerçeklere (görmezden gelinemeyecek netlikte, inkar edilemeyecek açıklıkta) rağmen bilim adına bilimi katledenleri, iş ahlakından yoksun olan kişileri yol gösterici olarak kabul eden hukuk (burada son kararı veren mahkeme) egemenliğini hukukun dışına çıkarak gerçekleştirmiştir. 'İki kere iki dört eder' gibi kesinlikte, netlikte kararların verilebildiği çağdaş hukuk anlayışına ters bir şekilde yanlış bir karar Yüce Mahkeme tarafından verilmiştir. Anlaşılan Yüce Mahkeme bu egemenliğini kullanırken yapmakla yükümlü olduğu doğru-yanlış, tutarlı-tutarsız (zaman boyutunu da katarak), gerçekleri yansıtıp yansıtmadığı, işin doğal akışına uygun olup olmadığı ayrımını yapmamıştır. Yapmışsa da yanlış yapmıştır, eksik yapmıştır. Öyle ki hukuku sağlamak bir yana dursun hukukun kurallarını işletmeyerek hukuk dışı bir karar vererek hak arayan kişinin hakkının çiğnenmesini onaylamıştır. Bu ayrımı yapmasını sağlayacak verilerden bir tanesi olan Bölge İdare Mahkemesine verdiğim 01.07.2010 tarihli itiraz dilekçemi Yüce Mahkeme, "bilirkişi raporunu kusurlandırmaya yeterli olmadığı görülen" şeklindeki kabul edilemez, hiçbir şeye dayanmayan (mantığa, bilgiye), gerekçesiz ifadesiyle gerçeklerden, hukuktan tamamen sapmıştır. Halbuki egemenlik hakkına sahip devlet ve onun adına yargı yetkisini kullanan Mahkemeler adaleti sağlamak için her türlü imkanı belli kurallar çerçevesinde kullanma gücü ve yükümlülüğü vardır. Ki varlık sebebi gerçekleşsin.

6.) Yüce Mahkemenin, "bilirkişi raporunu kusurlandırmaya yeterli olmadığı görülen" şeklinde bir ifadeyle atıfta bulunduğu itiraz dilekçemde bilirkişi raporunun her bir maddesini (3 madde) teker teker çok açık-net bir şekilde, örnekler vererek, benzetmeler yaparak, alıntılar yaparak, mantıken çürüttüm. Bunun inkarı mantıken, hukuken mümkün değildir. Mümkün olduğu iddia edilirse bunun gereği nedenini-nasılını, gerekçelerini açıklamak mecburiyeti vardır. Sağlıklı, adil yargılamanın gereği, şartı budur. Nasıl ki çürük yumurtadan omlet olmaz ise çürüklüğü tarafımdan delilleriyle çok açık bir şekilde beyan edilerek gösterilen bilirkişi raporu da tezimin değerlendirilmesinde Mahkeme tarafından kullanılamaz. Yumurtanın çürüklüğünü kokmasından, görüntüsünden ve yapılırsa tadından anlarız. Benim durumumda sürecin nasıl geliştiği (2005 yılından beri) bellidir. Lehime sonuçlanan iki mahkeme kararı (birisinde Danıştay süreci de lehime bitti, diğeri devam ediyor), Enstitüye ve Mahkemelere verdiğim bütün dilekçeler ve en önemlisi tezim ortadadır. Jüri heyetlerinin yaptığı hukuksuzluklar, gerçek dışı, mantık dışı, bilimdışı değerlendirmeler, iş ahlakından yoksun hizmet anlayışları, terbiye dışı davranış biçimleri; Enstitü Yönetim Kurulunun hukuksuzlukları delilleriyle sabittir. Bilimsel kurallara göre hazırlanmış yüksek lisans tezinin değerlendirilmesi bilimsel (nesnel, sebep-sonuç ilişkisi kurulu, olgusal olması gibi özelliklere sahip olmalı) mantıksal bütünlüğü olan, gerçeklerle bağdaşan ve Mahkeme ara kararında da istendiği üzere detaylı olarak incelenmesi zorunluluğu olmasına rağmen Bilirkişi raporunun bütünü, şekil ve içerik bakımından eksik, yanlış, yanlı ve düşük seviyeli hazırlanmıştır. Bunu da 01.07.2010 tarihli dilekçemde delilleriyle çok açık-net ve inkar edilemeyecek bir şekilde kanıtladım. Bütün bu gelişim sürecine rağmen adeta bu süreç görmezden gelinerek, doğru-yanlış, tutarlı-tutarsız ayrımı yapılmadan ve son olarak tamamen çürüttüğüm yanlı hazırlanan bilirkişi raporu temel alınarak aleyhime Mahkeme karar veriyor. Nasıl çürük yumurtayla yapılan omlet yenmez ise bu anlattığım şekilde verilen yanlış kararın sonunda da hukuk gerçekleşmiş olmaz, adalet tecelli etmez.

7.) Yüce Mahkemenin kararındaki "bilirkişi raporunu kusurlandırmaya yeterli olmadığı görülen" ibaresinden net olarak çıkarılacak (mantığın gereği) şöyle bir sonuç vardır: Bilirkişi raporunu kusurlandıracak dikkate değer, bahse değer (bahsedilme gereği duyulmamış) en az bir sebep vardır. Ancak bu sebep/ler bilirkişi raporunu geçersiz kılacak, yanlı olduğunu ispat edecek kadar kuvvetli değildir, yargısına varılıyor. Yargı kararlarının açık, anlaşılır tereddüte mahal vermeyecek kesinlikte, hukuk kuralları çerçevesinde verilmesi zorunluluğu vardır. Bu karar böyle bir niteliğe sahip değildir. Bu kararda, Mahkeme dilekçesinde öne sürülen deliller, iddialar hiçbir şekilde değerlendirilmemekte; bilirkişi raporunda kusurlu görülen yerler belirtilmemektedir ki muhatap olan taraf bunun üzerine görüş belirtsin, hakkını aramaya çalışsın. Böylelikle ileri sürülen delillerin, iddiaların hangilerinin dikkate alındığı hangilerinin alınmadığı ortaya çıksın. Bunun sonucunda da eğer gerek görülürse bir üst mahkemeye yapılacak müracaatta kişi verdiğim şu somut deliller hukuka aykırı şekilde değerlendirilmeyerek, görmezden gelinerek yanlış karar verilmiştir diyebilsin. Veyahut öne sürülen deliller, iddialar, itiraz sebepleri gerçeği yansıtmamaktadır, yanlıştır, mesnetsizdir hatta iftiradır şeklinde bir yargıya varılabiliyorsa varılsın. Kişi yine ona göre hareket etme tasarrufuna yani üst mahkemeye temyize gitme hakkına sahiptir. Ama şimdiki durumda ne öyle ne böyle bir durum söz konusudur. Tamamen aleyhime olacak şekilde esas ve usul yönünden eksik, yanlış bir karar verilmiştir. Aklın, hukukun, mantığın delillerini net olarak vermeme rağmen işleyen, gelişen süreci dikkate almayan bir karardır. O zaman dilekçelerde sürecin nedenini-nasılını, olaylarını anlatmayalım. İşin mantığına, temeline aykırı bir durumdur.

8.) İtiraz dilekçeme atfen Kararda geçen "bilirkişi raporunu kusurlandırmaya yeterli olmadığı görülen" ifadesinin kusurlandırmıştır olabilmesi için daha ne yapmam gerekir acaba? Niyet okuyuculuğu yapmayacağıma göre bu öğretim görevlileri hatır gönül için vb. sebeplerle bu yanlışı yapmışlardır şeklinde ifadelerde bulunmam, bir anlamı da yoktur. Bilirkişilerin ne yaptığını, ne yapmaya çalıştıklarını bilen kişileri mi bulup konuşturmak gerekiyor; veyahut bu kişilerin kendi aralarındaki konuşmaların yer aldığı kasetler mi sunmak gerekiyor; hatta bu kişilerin yaptıklarını itiraf etmelerini mi beklemem veya sağlamam gerekiyor? Ki bunları değerlendirecek Yüce Mahkeme, bilirkişi raporunu kusurlandırmada yeterli bulsun. Anlam vermek mümkün değildir. Ancak bilirkişiyi oluşturan bu kişilerin iş ahlakından, meslek ahlakından yoksun hizmet anlayışına sahip olduklarını; kişiliklerinden, onurlarından feragat ederek gerçeği inkar edebileceklerini, doğruyu yanlış olarak gösterebileceklerini; nesnel olacakları yerde yanlı hareket edebileceklerini hazırladıkları bilirkişi raporundan açık ve net olarak çıkartabiliriz.

9.) Yüce Mahkemenin kararının ilk iki sayfasının büyük bölümünden bir şey çıkartmak istenirse sadece İstanbul Üniversitesi Lisansüstü Eğitim ve Öğretim Yönetmeliğinin yüksek lisans tezinin sonuçlanması başlıklı kısmında yer alan 15. maddenin d fıkrasında geçen "Tezi hakkında düzeltme kararı verilen öğrenci ise, en geç üç ay içinde gereğini yaparak, tezini aynı jüri önünde yeniden savunur. Bu savunma sonunda da tezi kabul edilmeyen öğrencinin yükseköğretim kurumu ile ilişiği kesilir." ifadesini temel alarak; Karar metninde geçen Savunmanın özeti kısmında yer aldığı gibi "tezin düzeltilmesi yönündeki jüri görüşüne rağmen gereğini yerine getirmediği, sunmuş olduğu tezin yetersiz görülmesi nedeniyle ilişiğinin kesilmesine" şeklindeki anlayışla, bu 'gereği' yapmadınız dolayısıyla teziniz reddedildi ve ilişiğiniz kesildi, denmek isteniyorsa, gerekçe olarak öne sürülüyorsa o zaman dava dosyasını ortadan kaldırmanın yeridir. Böyle bir ortamda hak hukuk aramanın anlamı da yoktur. Çünkü davanın kendisi 'gerek' denilen şeyin yanlışlığı, hukuksuzluğu, mantıksızlığı, bilim dışılığı üzerine açılmıştır.

10.) 22.10.2010 tarihli Esas No: 2009/453, Karar No: 2010/1533 sayılı Mahkeme kararının en önemli ve özgün (Kararın başlangıç kısmı Yönetmelik maddeleridir ki bu kısımda aleyhime hiçbir sonuç çıkarılamaz. Tersine başta amacın belirtildiği madde olmak üzere bu maddelerden lehime sonuç çıkarılır. Tabii mahkeme açılmasına sebep olan düzeltme kararının gereği yapılmamıştır söylemini dikkate almıyorum. Çünkü dava konusu budur. Mahkeme de bu davayı doğal olarak kabul etmiştir.) kısmı aynen şöyledir: "Uyuşmazlığın çözümünün teknik bilgi gerektirmesi nedeniyle Mahkememizin 29.05.2009 tarihli ara kararı ile davacıya ait 'Sistematik ve Alfabetik Sınıflama Düzenlerinin Bilgiye, Belgeye Konusal Erişim Açısından Karşılaştırılması' isimli tezin bilimsel açıdan yeterli olup olmadığı hususunda bilirkişi incelemesi yaptırılmasına karar verilmiş ve Üniversitelerarası Kurul Başkanlığının 08.12.2009 gün ve 7900 sayılı yazısı ile bildirilen bilirkişi listesinden seçilmek üzere talimat yoluyla yaptırılan bilirkişi incelemesi sonucu hazırlanan ve Ankara 5. İdare Mahkemesinin 07.05.2010 gün ve 2010/1 sayılı yazısı ekinde gönderilen bilirkişi raporunda özetle; tezde ele alınan sistematik ve alfabetik sınıflama düzenlerinin birbirleriyle karşılaştırılabilir ve birbirlerinin yerine kullanılabilecek alternatif düzenler olmadığı tam aksine bütüncül bir sistemin parçası olduğu bu bağlamdan hareketle de birinin diğerine üstünlüğünü ortaya koymayı hedefleyen böyle bir karşılaştırmanın anılan tezde yapıldığı üzere sadece literatüre dayalı kuramsal değerlendirmelerle gerçekleştirmesinin bilimsel bir araştırma için uygun olmadığı, deneysel yahut betimleme yöntemi ve anket veri toplama tekniğine dayalı bir alan uygulaması ile gerçekleştirilmesi gerekli iken tezde böyle bir uygulamanın olmadığı belirtilerek sonuçta davacıya ait yüksek lisans tezinin bilimsel yönden yeterli olmadığı yönünde görüşe yer verilmiştir.

Söz konusu raporun taraflara tebliği üzerine yalnızca davacı tarafından itiraz edildiği görülmüş ise de ileri sürülen itirazın bilirkişi raporunu kusurlandırmaya yeterli olmadığı görülen bilirkişi raporunun Mahkememizce karara esas alınabilecek verilere dayalı olarak düzenlendiği görülmüştür.

Bu durumda, davacının 'Sistematik ve Alfabetik Sınıflama Düzenlerinin Bilgiye, Belgeye Konusal Erişim Açısından Karşılaştırılması' isimli tezinin bilimsel açıdan yetersiz olduğundan bahisle kurumla ilişiğinin kesilmesine dair davalı idarece tesis olunan işlemde hukuka ve mevzuata aykırılık bulunmamaktadır.

Açıklanan nedenlerle, **davanın reddine**... 22.10.2010 tarihinde oybirliğiyle karar verildi."

Bu Karar, daha önce verdiğim dilekçelerin karşılığı (olumlu veya olumsuz) olamaz. Çünkü; sürecin başlangıcı ve gelişimi tamamen gözardı edilmiştir, yok sayılmıştır. Bununla da bağlantılı olarak ve tamamen çürüttüğüm yanlı bilirkişi raporunu tek dayanak noktası kabul ederek verilen Kararda, sürecin sonu ise eksik ve tamamen yanlış bir değerlendirme ile hukuk dışı olarak aleyhime neticelenmiştir.

11.) Eksik, yetersiz inceleme yapılması, verilen delillerin ve itiraz sebeplerinin gözardı edilmesi yüzünden Yüce Mahkemenin verdiği kararın yanlış ve hukuka aykırı olduğunu göstermek, kanıtlamak için temel gerekçelerimden birkaçını daha sunmak isterim. 27.03.2009 tarihli Mahkeme dilekçemde; Kanıtlar başlığı altında: "2547 sayılı Yükseköğretim Kanunundaki temel amaçlar, İstanbul Üniversitesi Lisansüstü Eğitim ve Öğretim Yönetmeliğinde yer alan amaç, İstanbul Üniversitesi Sosyal Bilimler Enstitüsü Tez Hazırlama Yönergesi doğrultusunda bilimsel kaidelere uygun olarak hazırladığım tez; 7201 sayılı Tebligat Kanunu 1. maddesinin ihlal edilmesi, tez savunma sınavı öncesinde ve esnasında maruz kaldığım hukuk dışı, terbiye dışı, bilimsellikten uzak muameleden, tez değerlendirmesinden dolayı İstanbul Üniversitesi Sosyal Bilimler Enstitüsü Müdürlüğüne yazdığım dilekçe suretleri; Yönetmeliğin amacın belirlendiği 8. maddesi ve yüksek lisans tezinin sonuçlanmasına dair 15. maddesinin ihlali; farklı tarihlerde 3. ve 5. İdare Mahkemelerinde lehime sonuçlanan Mahkeme kararları (şu an iki karar da İstanbul Üniversitesi tarafından Danıştay'da temyiz edilmiş olup, Yürütmeyi durdurma talepleri ikisinde de reddolunmuştur); 10.07.2008 tarihinde düzeltme kararı verilen tez savuma sınavından sonra 15.07.2008 tarihli sağlıklı, güven içinde bilimsel kaideler doğrultusunda tez savunması yapılması isteğim hakkındaki dilekçem, bu dilekçeme cevaben mevzuat bakımından uygun bulmadıklarına dair 24.07.2008 tarihli Enstitü Yönetim Kurulu kararı, tez savunma tarihi hakkında herhangi bir tebligat yapılmadan (sınav anında çağrıldım) 27.01.2009 tarihinde hukuk dışı, bilimsellikten uzak ve terbiye dışı bir muameleye maruz bırakılarak gerçekleştirilen sınavda verilen ret kararının geçersiz sayılarak iptal edilmesine, yeni bir tez jürisi oluşturulmasına ve jüri üyeleri hakkında idari ve disiplin soruşturmasına dair isteğimden ibaret olan 30.01.2009 tarihli dilekçem, Enstitü Yönetim Kurulunun, tezimin reddedilmesi ve jüri üyelerinin verdiği kararın değiştirilmesinin mümkün olmadığı gerekçesiyle ilişiğimin kesilmesine dair 05.02.2009 tarihli kararı." Sonuç ve İstem kısmında ise "15.07.2008 ve 30.01.2009 tarihli dilekçelerime rağmen Dava konusu 05.02.2009 tarihli Enstitü Yönetim Kurulu kararının iptaline son karardan önce yürütmenin durdurulması ile özgün ve pozitif bilim doğrultusunda, bilimsel olarak hazırladığım tez üzerinde bilirkişi incelemesi yaptırılarak verilen ret kararının Yükseköğretimin dolayısıyla Enstitünün temel amaçlarına (özellikle İstanbul Üniversitesi Lisansüstü Eğitim ve Öğretim Yönetmeliği 8. maddesi) aykırı olarak hukuk ve bilim çerçevesinde tez jürisi tarafından alınmadığının tespiti, ayrıca verilen ret kararının 7201 sayılı Tebligat Kanunu 1. maddesine göre usulen de geçersiz olduğu yolunda ve yargılama giderlerinin davalıya yükletilmesine Yüce Mahkemenizce karar verilmesini arz ve talep ederim. 27.03.2009." ifadeleri vardır. Anlaşılacağı üzere Yüce Mahkemenin bu dilekçeyi gözardı ederek, delilleri, iddiaları yok sayarak (olumlu veya olumsuz hiçbir şekilde değinilmemiştir) verdiği 22.10.2010 tarihli Kararı hukuka aykırıdır.

12.) İstanbul Bölge İdare Mahkemesine verdiğim 01.07.2010 tarihli itiraz dilekçesinde (25.06.2010 tarihinde tebliğ ettiğim 04.06.2010 tarihli Yürütmenin durdurulması istemimin reddi Kararının kaldırılarak Yürütmenin durdurulması istemimin kabulünden ve 07.05.2010 tarihli Bilirkişi raporuna -tebliğ tarihi 25.06.2010- itirazdan ibarettir) ilk üç paragraf aynen şöyledir: "04.06.2010 tarihli Yürütmeyi durdurma isteğimin reddi kararı ile birlikte 07.06.2010 tarihli Bilirkişi raporunu 25.06.2010 tarihinde tebliğ ettim. Mahkeme kararıyla yüksek lisans tezimin "bilimsel yönden yeterli olup olmadığının tespiti hususunda" yapılan Bilirkişi incelemesinde hazırlanan raporun bütünü şekil ve içerik bakımından eksik, yanlış, yanlı ve düşük seviyeli (ilköğretim okulu veya lise öğrencisinin ödevini değerlendiren bir rapordan öteye gidememiş; halbuki bilimsel kurallara göre hazırlanmış yüksek lisans tezinin değerlendirilmesi bilimsel (nesnel, sebep-sonuç ilişkisi kurulu, olgusal olması gibi özelliklere sahip olmalı) mantıksal bütünlüğü olan, gerçeklerle bağdaşan ve Mahkeme ara kararında da istendiği üzere detaylı olarak incelenmesi zorunluluğu vardır. Bu da bilimsel kurallar çerçevesinde olmalıdır. Yani benim kaynaklara dayanarak ve dipnot göstererek hazırladığım tezin yanlışı varsa ilk önce bunlar bilimsel olarak çürütülmelidir.

30.01.2009 tarihinde Enstitüye verdiğim dilekçede de belirttiğim üzere "Hukukun egemen, bilimin yol gösterici olduğu hiçbir düzende, ülkede böyle bir tezin bu şekilde reddedilmesi mümkün değildir." Ancak burada bilim adına bilim katledilerek kişinin hukuku ayaklar altına alınmaktadır.

Bilirkişi raporunda, tez jürisi tarafından tezimin reddedilmesine bahane olarak gösterilen en önemli üç sebepten birini tamamen geçersiz (tereddüte mahal bırakmayacak şekilde), birini zımnen geçersiz kılmıştır. Son olarak sebep bile olmaması gereken üçüncü sebebi gerekçesiz, somut ve soyut verilere dayanmadan anlamsız bir şekilde yarım yargıyla ("tartışmalı görünmektedir" ifadesiyle) uygun bulmuştur. Bu tespitimin gerekçelerinin hepsini bu dilekçede açıklamaya çalışacağım. İlk önce bu üç önemli sebebin ne oluğunu belirtmek yerinde olur. 1. Tez jürisi konu başlıkları listeleri gibi konusal erişim araçlarını, alfabetik sınıflama düzenleri olarak kabul etmediler. 2. Alfabetik sınıflandırma düzenleri ile sistematik sınıflama düzenlerinin karşılaştırılamayacağını ifade ettiler. 3. Tezde konu sınırlandırması dışında tutulan "Sınıflama ve Web" başlıklı yeni bir bölüm açmam (adeta yeni bir tez yazmam) istendi."

Bu itiraz dilekçesinin Sonuç ve İstem kısmı ise şöyledir: "Yukarıda ayrıntısıyla açıklamış olduğum gerekçelerle 10. İdare Mahkemesinin YÜRÜTMENİN DURDURULMASI istemime ilişkin vermiş olduğu 2009/453 esas sayılı 04.06.2010 tarihli RET kararının kaldırılarak istem gibi karar verilmesini; yürütmenin durdurulması istemimin reddi kararıyla aynı anda (1086 sayılı Yasaya aykırı olacak şekilde) tebliğ ettiğim Bilirkişi raporunu, eksik, yanlış, 15.01.2010 tarihli Mahkeme ara kararına aykırı (rapor, ayrıntılı hazırlanmamış), bilimsellikten uzak, mantık dışı, gerçeklerle bağdaşmayan ve iş ahlakından yoksun olarak yanlı hareket eden bilirkişinin hazırlamış olmasından dolayı İTİRAZ, 1086 sayılı Hukuk Usulü Muhakemeleri Kanununun (Ek fıkra: 12/12/2003-5020/1 md.) amir hükmü uyarınca bilirkişi (X12, X13, X14) hakkında İŞLEM yapılmasını saygı ile arz ve talep ederim. 01.07.2010"

13.) 01.07.2010 tarihli Bölge İdare Mahkemesine verdiğim itiraz dilekçesinde bilirkişi raporunun usulüne uygun bir şekilde tarafıma tebliğ edilmediği, Yüce Mahkemenin ihlal ettiği 1086 sayılı Hukuk Usulü Muhakemeleri Kanununun ilgili maddeleri uzunca bir şekilde izah edilmeye çalışılmıştır. Burada ek olarak şunu da belirtmek isterim ki bu hatadan dolayı Mahkemenin seyri bile değişmiştir. Çünkü Yüce Mahkeme Yasa gereği alacağı ilk karardan önce (yürütmeyi durdurma istekli bir dava olduğu için bu karar temel alınır) bilirkişi raporunu taraflara tebliğ etmesi gerekirdi ve sonrasında yine Yasanın gereklerine göre hareket edebilsin. Maalesef süreçten anlaşılacağı üzere Yürütmeyi durdurma isteğimin reddi Kararıyla birlikte bilirkişi raporu tebliğ edilmiştir. Tabii bundan sonraki süreç de yanlış olarak devam etti. Şöyle ki Yüce Mahkemenin tarafıma tebliğ edilmeyen bilirkişi raporunu dikkate alarak verdiği Yürütmeyi Durdurma istemimin reddi kararından sonra bilirkişi raporuna yaptığım itirazı değerlendirmesi doğal olarak sakatlanmış olacaktır. Ayrıca esas karardan önce tebliğ edilmiştir, şeklinde bir düşünce de mantıklı değildir ve kabul edilemez. Yasa maddesi açıktır, esas karar alınmadan önce bilirkişi raporu taraflara tebliğ edilir, demiyor, 1086 sayılı Kanunun 282. maddesi aynen şöyledir: "Ehlivukuf raporunu mahkeme kalemine verir. Verildiği tarihi başkatip rapora işaret eder ve mahkemeden evvel suretlerini iki tarafa tebliğ eder." Bir de şunu belirtmemde fayda olabilir: Mahkeme sürecinde bilirkişi raporunun tebliği ve sonrasında itiraz edilip edilmeyeceği ile ilgili belirli bir mekanizma bile vardır. Bir haftalık bir süre içinde dilekçeyle Mahkemeye başvurularak, bilirkişi raporuna itiraz işlemi ve kaydı yapılır. Ancak ben bu işlemi anlaşılacağı üzere yapamadım. Sadece Yürütmeyi durdurma istemimin reddi kararına itiraz için Bölge İdare Mahkemesine yazdığım dilekçede ek olarak bilirkişi raporuna da itiraz ettiğimi yazmak mecburiyetinde kaldım (masraf olarak sadece Yürütmeyi Durdurma istemimin reddi kararı için yaptığım itiraz dikkate alındı). Bu konuda son olarak yine bahsi geçen itiraz dilekçesinde yer alan bir hususu da aynen arzetmek isterim: "Birkaç açıdan örnek alınabilir düşüncesiyle Danıştay 8. Dairede görülen, Esas: 1995/3742, Karar: 1997/2289, Tarih: 25.06.1997 şeklinde kodlanan davanın kararı "... **Hukuk Usulü Muhakemeleri Yasası hükümleri uyarınca bilirkişi raporunun taraflara tebliği ile tebliğden itibaren bir haftalık itiraz süresi verilmesi gerekli bulunduğundan, aksi yöndeki mahkeme kararının bozulması gerekmektedir..."**

14.) İtiraz dilekçem ve bilirkişi raporu bir arada incelendiğinde bilirkişi raporu bu tezin bilimsel olarak hazırlandığına kuvvetli bir delildir. İtiraz dilekçemde açıkladığım nedenler bu görüşümü destekler mahiyettedir.

15.) Yaklaşık 2500 yıl evvel Sokrates, Gorgias'ın tartışma üslubunu eleştirirken şöyle çıkışır büyük hatibe: "Sevgili Polos, beni mahkemelerde hatiplerin ileri sürdükleri kanıtlarla alt etmeye çalışıyorsun. Gerçekten de mahkemelerde, savundukları şeyleri destekleyecek birçok önemli tanık bulabilen hatipler, karşı taraf yalnızca bir tek tanık bulabildiği ya da onu bile bulamadığı zamanlar, rakiplerini fikirlerini çürüttüklerini sanırlar. Ama fikirleri bu biçimde çürütmek, gerçeği bulmayı sağlamaz." (Çataloluk, Gökçe "Platon'un Gorgias diyaloğunda hukuk ve retorik", İstanbul Üniversitesi Hukuk Fakültesi mecmuası—c. 66, s. 1, sf. 23-38 (2008)'den alınmıştır.)

Konunun anlaşılmasında faydalı olur düşüncesiyle yukarıda verdiğim alıntı ile ilintili olabilecek bir açıklamada bulunmak isterim. Kütüphanecilik ile ilgili mesleki tartışma listesi ve blogunda 26.11.2010 tarihinde farklı bir konuda yazdığım iletide "Halbuki biz kendimizi, mesleğimizi bilirsek, seversek, sayarsak; hakkımızı hukukumuzu koruyup kollamayı becerebilirsek istediğimizi almak bir yana (paralel olarak) önemli bir kesimin hakkımızdaki düşüncelerini bile değiştirmiş oluruz. Emin olunuz ki hakkın, gerçeğin peşinde koştuğunuzda karşınızdaki insanların hakkınızda ne düşündüğünün çok önemi olmuyor. Çünkü bu düşünce bu hakkın, gerçeğin varlığını hiçbir zaman ortadan kaldırmaz, kaldıramaz. Muhatap alınan kişiler de kurumlar da kafalarındaki doğru-yanlış düşüncelerden, önyargılardan ziyade gerçeklere, hakka göre hareket etme durumunda kalacaklardır. Dolayısıyla bu zihniyetle yapılan hak mücadelesinin eninde sonunda olumlu neticeleneceği açıktır." yazdığım gibi hakkımızı aradığımızda gerçeğin ortadan kalkması, inkar edilmesi hiçbir şekilde mümkün değildir. Hukuksuzluklar yapılmıyor mu? Yapılıyor. Yanlış kararlar verilmiyor mu? Veriliyor. Bu soruların cevabı bellidir. Ancak bu demek değildir ki hak, gerçek ortadan kalkar. En azından yapılan hukuksuzluklar kabullenilmemiş olur; bu hukuksuzluğun giderilmesi için mücadele verilmiş olur; ve de bu süreç sözlü ve yazılı olarak kayıt altına alınır. Böylece bu süreç gelecekte de değişik yollarla tartışılıp yargılanacaktır (hukuk çerçevesinde). Dolayısıyla yukarıda da bahsettiğim üzere eğer ortada bir gerçek varsa onu ortadan kaldırmayı hiçbir güç, kişi, kurum başaramaz. Buraya kadar bahsettiklerim somut gerçekliklerdir. Burada en önemli çözüm kapısı tabiiki mahkemelerdir. Verilen son karar aleyhime de olsa bu kapıyı sonuna kadar kullanacağım. Verilen kararın yanlışlığını, çok açık, net ve büyük bir hukuksuzluk yapıldığını bu dilekçemle kanıtlamaya çalışacağım. Sürecin soyut boyutuna gelecek olursam; vicdanlarda hem Yüce Mahkemenin verdiği bu yanlış karar hem de jüri heyetlerindeki öğretim görevlileri, bilirkişi raporunu hazırlayan üç kişi ve Enstitü Yönetimi layık oldukları yeri hiç çıkmamacasına alacaklardır. Vicdan deyince sadece kendi vicdanımdan bahsetmiyorum. Bu hukuksuzluğun parçası olan herkes kendi değer yargıları, kişilikleri ölçüsünde yaptıklarının muhasebesini en azından vicdanlarında yapacaklardır.

16.) Yüce Mahkemenin verdiği karardan anlaşılacağı üzere Mahkeme dilekçesinde sunulan delillerin, iddiaların ve itiraz sebeplerinin derinliğine inilmediği gibi sığ bir değerlendirme bile yapılmamıştır. Amiyane tabirle 'kestirip atmak' olarak da anlaşılabilecek şekilde sadece bilirkişi raporunu (itiraz dilekçemde gözardı edilemeyecek şekilde açık ve net olarak tamamen çürüttüm) temel alarak esas hakkında verilen bu hukuka aykırı yanlış kararı kabul etmem mümkün değildir. Halbuki Mahkemeye (en son Bölge İdare Mahkemesine verdiğim itiraz dilekçesi) ve Enstitüye verdiğim dilekçelerimin ve itiraz sebeplerimin önemsenerek davanın görüşülmesi, iddia ve delillerin (her iki tarafın öne sürdüğü) sonucuna göre karar verilmesi gerekirdi. Buradan hareketle Yüce Mahkemenin ret kararı; olaya, davaya yetersiz yaklaşımının sonucu olarak yanlış bir tespit ve hukuka aykırı bir işlemdir.

SONUÇ ve İSTEM:

Temyiz dilekçesinde ileri sürdüğüm nedenler ve re'sen dikkate alınacak hususlar göz önüne alınarak İstanbul 10. İdare Mahkemesinin usul ve yasaya (Anayasa m. 141; 2577 s. İYUK m. 49; 7201 s. Tebligat K. m. 1; 1086 s. HUMK m. 282, 283, 284. ve Ek fıkra maddeleri) aykırı olan eksik incelemeye dayanan Esas No: 2009/453, Karar No: 2010/1533 sayılı kararının temyizen bozulmasına ve temyiz giderlerinin karşı taraf üzerine bırakılmasına, temyiz istemi karara bağlanıncaya kadar 2577 s. İYUK m. 27, 2. fıkrasına göre Yürütmenin durdurulmasına karar verilmesini saygıyla arz ve talep ederim. 17.01.2011

Sedat AKSOY

Temyiz eden (Davacı)

EK 4. 27.04.2015 Tarihli Danıştay, 22.10.2010 ve Öncesi Mahkeme Kararları [s. 201-203]

27.04.2015 tarihli Danıştay 8. Dairesi Temyiz Kararı (tebliğ tarihi 16.06.2015)

Esas no: 2011/873
Karar no: 2015/3557

İstemin Özeti: İstanbul 10. İdare Mahkemesinin 22.10.2010 gün ve E: 2009/453, K: 2010/1533 sayılı kararının hukuka aykırı olduğu öne sürülerek, 2577 sayılı Kanunun 49. maddesi uyarınca temyizen incelenerek bozulması istemidir.

Savunmanın Özeti: İstemin reddi gerektiği savunulmaktadır.

Danıştay Tetkik Hakimi Düşüncesi: İstemin reddi gerektiği düşünülmektedir.

"Hüküm veren Danıştay Sekizinci Dairesince işin gereği görüşüldü:
İdare ve vergi mahkemeleri tarafından verilen kararların temyiz yolu ile incelenip bozulabilmeleri 2577 sayılı İdari Yargılama Usulü Kanununun 49. maddesinin 1. fıkrasında yazılı nedenlerin bulunmasına bağlıdır.

İdare Mahkemesince verilen karar ve dayandığı gerekçe usul ve Kanuna uygun olup, bozulmasını gerektiren bir neden bulunmadığından, temyiz isteminin reddi ile anılan kararın **onanmasına** ve yargılama giderlerinin temyiz isteminde bulunan üzerinde bırakılmasına, bu kararın tebliğ tariğini izleyen 15 (on beş) gün içerisinde kararın düzeltilmesi yolu açık olmak üzere, 27.04.2015 tarihinde oybirliği ile karar verildi."

22.10.2010 Tarihli İstanbul 10. İdare Mahkemesi Kararı

Esas no: 2009/453
Karar no: 2010/1533

... "Uyuşmazlığın çözümünün teknik bilgi gerektirmesi nedeniyle Mahkememizin 29.05.2009 tarihli ara kararı ile davacıya ait 'Sistematik ve Alfabetik Sınıflama Düzenlerinin Bilgiye, Belgeye Konusal Erişim Açısından Karşılaştırılması' isimli tezin bilimsel açıdan yeterli olup olmadığı hususunda bilirkişi incelemesi yaptırılmasına karar verilmiş ve Üniversitelerarası Kurul Başkanlığının 08.12.2009 gün ve 7900 sayılı yazısı ile bildirilen bilirkişi listesinden seçilmek üzere talimat yoluyla yaptırılan bilirkişi incelemesi sonucu hazırlanan ve Ankara 5. İdare Mahkemesinin 07.05.2010 gün ve 2010/1 sayılı yazısı ekinde gönderilen bilirkişi raporunda özetle; tezde ele alınan sistematik ve alfabetik sınıflama düzenlerinin birbirleriyle karşılaştırılabilir ve birbirlerinin yerine kullanılabilecek alternatif düzenler olmadığı tam aksine bütüncül bir sistemin parçası olduğu bu bağlamdan hareketle de birinin diğerine üstünlüğünü ortaya koymayı hedefleyen böyle bir karşılaştırmanın anılan tezde yapıldığı üzere sadece literatüre dayalı kuramsal değerlendirmelerle gerçekleştirmesinin bilimsel bir araştırma için uygun olmadığı, deneysel yahut betimleme yöntemi ve anket veri toplama tekniğine dayalı bir alan uygulaması ile gerçekleştirilmesi gerekli iken tezde böyle bir uygulamanın olmadığı belirtilerek sonuçta davacıya ait yüksek lisans tezinin bilimsel yönden yeterli olmadığı yönünde görüşe yer verilmiştir.

Söz konusu raporun taraflara tebliği üzerine yalnızca davacı tarafından itiraz edildiği görülmüş ise de ileri sürülen itirazın bilirkişi raporunu kusurlandırmaya yeterli olmadığı görülen bilirkişi raporunun Mahkememizce karara esas alınabilecek verilere dayalı olarak düzenlendiği görülmüştür.

Bu durumda, davacının 'Sistematik ve Alfabetik Sınıflama Düzenlerinin Bilgiye, Belgeye Konusal Erişim Açısından Karşılaştırılması' isimli tezinin bilimsel açıdan yetersiz olduğundan bahisle kurumla ilişiğinin kesilmesine dair davalı idarece tesis olunan işlemde hukuka ve mevzuata aykırılık bulunmamaktadır.

Açıklanan nedenlerle, davanın reddine... kararın tebliğini izleyen günden itibaren 30 gün içerisinde Danıştay'a temyiz yolu açık olmak üzere 22.10.2010 tarihinde oybirliğiyle karar verildi."

15.07.2010 Tarihli İstanbul Bölge İdare Mahkemesi Kararı

"Hüküm veren İstanbul Bölge İdare Mahkemesince işin gereği görüşüldü:

Olayda; 2577 sayılı İdari Yargılama Usulü Kanununun 27. maddesinin 2. fıkrasında öngörülen idari işlemin uygulanması halinde telafisi güç veya imkansız zararların doğması ve idari işlemin açıkça hukuka aykırı olması şartlarının birlikte gerçekleşmediği dava dosyasının incelenmesinden anlaşıldığından itirazın reddine, dosyanın ilgili İdare Mahkemesine gönderilmesine, 15.07.2010 tarihinde oybirliğiyle karar verildi."

04.06.2010 Tarihli İstanbul 10. İdare Mahkemesi Yürütmeyi Durdurma İsteğini Ret Kararı

"Karar veren İstanbul 10. İdare Mahkemesince, 15.01.2010 tarihli talimat yazımız üzerine dosya üzerinde yaptırılan bilirkişi incelemesi sonucu sunulan 20.05.2010 havale tarihli rapor da dikkate alınarak işin gereği görüşüldü:

2577 sayılı İdari Yargılama Usulü Kanununun 27. maddesinin 2. fıkrasında idari mahkemelerin, idari işlemin uygulanması halinde telafisi güç veya imkansız zararların doğması ve idari işlemin açıkça hukuka aykırı olması şartlarının birlikte gerçekleşmesi durumunda, gerekçe göstererek yürütmenin durdurulmasına karar verebilecekleri hükme bağlanmıştır.

Dosyanın incelenmesinden, olayda yukarıda anılan kanun hükmünde öngörülen şartların birlikte gerçekleşmediği anlaşıldığından, yürütmenin durdurulması isteminin reddine, tebligatın tamamlanmasına, kararın tebliğinden itibaren 7 gün içerisinde İstanbul Bölge İdare Mahkemesine itiraz yolu açık olmak üzere 04.06.2010 tarihinde oybirliğiyle karar verildi."

EK 5. 15.07.2008 Tarihli Enstitü Dilekçesi [s. 204-209]

İSTANBUL ÜNİVERSİTESİ
SOSYAL BİLİMLER ENSTİTÜSÜ MÜDÜRLÜĞÜNE

Sosyal Bilimler Enstitüsünde, Bilgi Belge Yönetimi Anabilim Dalında ... numaralı yüksek lisans öğrencisiyim. 10.07.2008 tarihinde 2005 yılında bitirdiğim tezin savunmasını yaptım. Bu sınav sonucunda tez jürisi oybirliğiyle Düzeltme kararı vermiştir. Ancak sınav esnasında karşılaştığım tutum, tezin değerlendiriliş şekli ve sonrasında öğrendiğim tez jürisinin tezde düzeltilmesini istediği şeyler ayrıca teze eklenmesi istenilen yeni bir bölüm bende tezin her halükarda reddedileceği izlenimini doğurdu. Daha doğrusu bu tezin hiçbir şekilde kabul edilmeyeceği sonucu apaçık ortaya çıktı. İstenilen şekilde teze düzeltmeler, eklemeler de yapılsa (yapılması mantıken mümkün değildir) akıbetin değişmeyeceği ortadadır. Çünkü tezin bir bütünlüğü, mantığı, hukukiliği ve kimliği olmayacaktır. Böyle bir tezin Yönetmeliğe de aykırı olacağı, tez hazırlama amacına ters düşeceği açıktır. Böyle bir tezi de hiçbir jüri kabul etmez ve edemez. Böyle bir sonuca nasıl vardığımı ilk önce dilekçenin bütününü etkileyecek Yönetmelikteki amacın belirlendiği 8. maddeyi verip konuyu açıklamaya çalışacağım.

İstanbul Üniversitesi Lisansüstü Eğitim ve Öğretim Yönetmeliği

ÜÇÜNCÜ BÖLÜM
Tezli Yüksek Lisans Programı

Amaç
Madde 8 — Tezli yüksek lisans programının amacı, öğrencinin bilimsel araştırma yaparak yeni bilgilere erişme, bilgiyi değerlendirme, yorumlama ve özgün bilimsel bilgi üretme yeteneğini kazanmasını sağlamaktır.

Tez savunma sınavında jüri üyesi X7 birbiriyle bağlantılı iki konuda ağırlıkla durdu (bkz. Ek 1). Bu iki konuda da kendisiyle mutabık olamadık. Kendisinin temel olarak söylediği şundan ibaretti: Tezde konu başlıkları düzenlerini alfabetik sınıflama düzenleri olarak kabul etmiyor; sonrasında benzer özelliklerinin olmadığını düşündüğü bu düzenlerin karşılaştırılamayacağını söylemektedir. Ancak kendisinin söyledikleri bunlarla sınırlı kalmakta, herhangi bir bilimsel veriye, kaynağa dayanan hiçbir ifadesi olmamıştır. Benim ise bu söylediklerine karşı tezimdeki bilimsel verilere dayalı ifadelerimi dikkate almama yolunu seçmiştir. Bu konuda tezimde geçen verileri sayfa numaralarıyla birlikte Ek 2'de verdim. Ayrıca Prof. Dr. M. Adil Artukoğlu, Yrd. Doç. Dr. Aslan Kaplan, Öğr. Gör. Ali Yılmaz'ın "Tıbbi Dokümantasyon" adlı eserinde (tezde bu kaynak yer almıyor) konu başlıkları düzenlerini sınıflandırma sistemi olarak nitelendiriyor. Şöyle ki eserde "C. BİLGİ KAYNAKLARINI SINIFLANDIRMA SİSTEMLERİ" genel başlığı altında açılan alt başlıkların 5.si (ilk dört başlık: Dewey Onlu Sınıflandırma Sistemi- DDC, Kongre Kütüphanesi Sınıflandırma Sistemi- LC, Evrensel Onlu Sınıflandırma Sistemi- UDC, Özel Sınıflandırma Sistemleri) "5. Bilgi Kaynaklarının Konu Başlıklarına Göre Sınıflandırılması" kapsamında şu ifadeler yer almaktadır: "Kütüphanelerde ve bilgi merkezlerinde yer alan belgelerin bir başka sınıflandırılma yöntemi de konu başlıkları verilerek yapılan sınıflandırmadır. Konu başlıkları verilerek uygulanan bu yöntemin amacı, belirli bir koleksiyonda, kitap veya süreli yayının içinde yer alan bilginin standart sözcük veya terimlerle tanımlanmasını yapmak ve bu bilgiye erişimi gerçekleştirmektir. Kitap ve belgeleri sınıf numaralarına göre düzenlemek, bunların raflarda sıralanmasını ve kolaylıkla bulunmasını sağlar. Ancak konu analizi yaparak indeksleme yöntemi, o alana özel (spesifik) bir bilginin tam olarak nerede olduğunu, hangi yayının içinde yer aldığını gösterir." (Artukoğlu ve ark., 2002 : 14) (bkz. Ek 3)

Tez savunması sınavında tezimi savunurken öne sürdüğüm bilgiler doğru değilse, bilimsel verilere ve mantığa dayanmıyorsa tez jürisi bu tespitlerini belirtip hiçbir şey açıklamadan yani doğrusu şudur, şu şekilde yapılması gerekir, şu kaynaklar kullanılmalıdır gibi açıklamalar yapmadan da tezi reddedebilir. Çünkü tez jürisinin birinci görevi yapılanı inceleyip, tezin doğruluğunu, bilimselliğini, bütünlüğünü vb. kontrol eder. Buna göre de tezin kabul edilip edilmeyeceği veya düzeltme verilip verilmeyeceği tez savunma sınavı sonucunda netliğe kavuşur. Ama tez hazırlayan kişi ben tezimi bilimsel kurallara, tez hazırlama yönergesine uygun hazırladım dediğinde ve tezindeki veriler de bunu doğruluyorsa, tez jürisi bunları yok sayarak, kabul etmeyerek sadece kendi kişisel görüşleriyle, herhangi bir bilimsel veriye dayanmadan bu olmamış, yanlış yapmışsın türünden ifadelerle tezi reddetme veya düzeltme yoluna gidemezler. Bu işin doğasına, bilimsel sürecin mantığına aykırıdır. Dolayısıyla bilimsel de değildir. İş ahlakına da uymaz. Bu durumu örnekleyecek olursam; tezimde konu başlıkları düzenlerini sınıflama düzeni olduğunu, bilimsel verilere dayanarak ve kaynağını göstererek yapıyorsam tez jürisi bana hayır öyle değil, kabul etmiyoruz dediğinde ardından çünkü diye başlayan ve bilimsel verilere dayanan bir açıklama getirmesi şarttır. Aksi kabul edilemez. Çünkü mantıkla, bilimle, hukukla bağdaşmaz.

X7'nin karşılaştırma yapamazsın, benzer veya ortak yanları yok gibi ifadeleri, sonradan bu iki düzenin ortak ve temel amaçlarının bilgi ve belgeye konusal erişimi sağlamak olduğunu kabul etse de karşılaştırma yapılabilmesi için yeterli bulmaması kişisel görüşten öteye geçememektedir. Böyle bir şeyi de benim kabul etmem mümkün değildir.

Tezin konusunda/başlığında karşılaştırma çıksın yerine inceleme veya araştırma konsun, içerikte de aynı şekilde olsun düşüncesini, isteğini yanıltmacadan başka bir şey olarak görmüyorum. Çünkü her karşılaştırmalı çalışma bir incelemedir. Ancak her inceleme, karşılaştırmalı bir çalışma değildir. Yani burada inceleme/araştırma yöntemlerinden biri olan karşılaştırma kaldırılmak istendiğinde tezin bütünlüğü, yapısı pek tabiî ki bozulmaktadır.

Bahsetmek istediğim bir başka önemli husus ise üçüncü anlaşmazlık konusu (tez savunma sınavından sonra) olan 4 bölümlük teze ve konuyla birebir örtüşmeyen, konu sınırlandırması dışında bulunan bir konuda yeni bir bölüm açmam istenmesidir. Bu durum herhalde düzeltme isteği şeklinde nitelendirilemez, adlandırılamaz. Sınıflama ve elektronik bilgi merkezleri adlı bu yeni bölüm ekleme isteği, konuyla birebir ilgili değil, konu sınırlandırmasının dışında yer alabilecek bir konu. Böyle bir istek herhalde hukuka, mantığa aykırıdır. Uygulanabilir, gerçekleştirilebilir de değildir. Bu gerçek tezin incelenmesinden pekala kolayca çıkarılabilir. Şöyle ki, üç ay verilen tez düzeltme süresinde konuyla uyuşmayan (zaten çok geniş ve zor olan halihazırdaki konunun sınırları dışında tutulan) yapılması istenen yeni bölüm için sanki yeni bir tez hazırlanıyormuş gibi bir çalışma yapmak gerekir. Yani kaynak taraması, okumalar, metin yazma ve tezin genel yapısıyla, diğer bölümleriyle uyum sağlayacak hale getirmeye çalışmak (tabi bu şekilde tezim 5 bölümden oluşacaktır) gerekir. Bu da olacak iş değildir. İşin doğasına aykırıdır, dolayısıyla mantıkla bağdaşmaz, hukuka da uygun değildir. Yukarıdaki iki hususla (X7'nin yapılmasını istediği düzeltmeler) bu yeni konu ekleme isteği birleştirildiğinde ise direkt reddedilemeyen tezin her halükarda reddedilecek, kabul edilmeyecek bir duruma getirilmesi sonucu ortaya çıkmaktadır bu düzeltme kararı ile birlikte. Ayrıca konunun uzmanı bir öğretim görevlisine, böyle bir isteğin hali hazırdaki tez için istenip istenmeyeceği ayrıca üç aylık periyotta bunun gerçekleştirilip gerçekleştirilmeyeceği sorulabilir. Böyle bir usulsüz, mantıksız, hukuk dışı isteğin olup olamayacağı hakkında Enstitü Yönetim Kurulunuz karar verecektir elbette.

Bir yüksek eğitim kurumunda ben yaptım oldu, ben söylüyorum öyleyse doğrudur ve uyman, kabul etmen gerekir; herhangi bir kaynağa dayanmak, gerekçe göstermek mecburiyetinde değilim (birebir böyle ifadeler kullanılmamıştır) türünden bir anlayışı kabul etmem mümkün değildir. Bu anlayışın hakim olduğu tez jürisi kararını da takdirlerinize bırakıyorum.

Tez savunma sınavından sonra tez danışmanı X6 ile saat 16.00'da odasında düzeltme hakkında görüşmek ve tez jüri üyelerinin (X7, X9 ve kendisinin) tezlerini bana teslim etmek üzere buluştuk. Bana tez jürisinin düzeltilmesini istediği yerleri not aldırdı. Bunun bir listesini Ek 4'te verdim. Bu düzeltilmesi istenen yerlerin bir kısmına değinecek olursam; başlangıçta belirttiğim tez düzeltme (eğer mümkünse) yapıldıktan sonra da reddedilecektir şeklindeki düşüncemi doğrular niteliktedir. İlk önce X7'nin tez savunma sınavında dediklerinin hemen hemen hepsi vardı. Yani, karşılaştırma ifadeleri kalkacak, konu başlıkları düzenleri sınıflama olarak görülmeyecek, sayfa 108-109'daki farklar tablosundaki bilgilerin her birine dipnot konacak tezin konusu/başlığı'nda karşılaştırılması ibaresi yerine incelenmesi yazılacak. **Buraya kadar saydığım düzeltilmesi istenenlerden çıkacak tek bir sonuç var: tez baştan aşağı değişecek yani konu, amaç, hipotez ve içerik değişecek. Bölümler içindeki tezin bütününü, genel yapısını ilgilendiren temel cümleler çıkacak, karşılaştırmanın yapıldığı 4. bölüm ise tam bir muamma diyebileceğim bir hale girmiştir. Çünkü karşılaştırma kelimesi çıkacak, karşılaştırma yapılmayacak deniyor. Ancak bu bölüm tamamıyla karşılaştırmayla ilgili bir metin. İnceleme olacak demekle, karşılaştırma yapılmayacak demekle, 4. bölümün içeriği ne şekilde değişecek sorusunun cevabı pek tabiî ki verilemez. Çünkü metinde yararlanılan kaynaklar bellidir. Birebir karşılaştırmaya yönelik kaynaklar, yöntemler, terimler kullanılmıştır. Ayrıca çelişki olarak nitelendirebileceğim bir husus da şöyledir: Hem karşılaştırma yapılmasın isteniyor hem de 4. bölümde sayfa 108-109'da yer alan Sınıflandırma düzenleri arasındaki farklar tablosuna dipnotlar koymam isteniyor (bkz. Ek 5). Böyle bir durumu anlayabilmek ve gerçekleştirebilmek pek mümkün olmasa gerek.**

2005 yılında Enstitüye teslim ettiğim ve sonrasında maruz bırakıldığım hukuksuzluklar ortadadır. Geçen üç senede lehime sonuçlanan iki mahkeme ve Entitüye verdiğim 10'a yakın dilekçe var. Ancak bu süre zarfında tezimin içeriği ile ilgili hiçbir sorunu Mahkeme ve Enstitü haricinde kişi ve kurumlarla paylaşmadım. Daha açık bir ifade ile konu hakkında fikrini beyan edebilecek herhangi bir öğretim görevlisine (İstanbul Üniversitesi dahilinde ve haricinde) tezimi inceletmedim, sorunları anlatıp cevap almayı beklemedim. Çünkü hazırladığım teze güvenmekle birlikte sorun mahkemeye intikal etmiş, Enstitünün sorumluluğu devam etmekte ayrıca başvurulmak istenen alanında uzman öğretim görevlileri mevcut durumu göz önüne alarak fikir beyan etmek istemeyebilirler. Bu ve buna benzer nedenlerden dolayı tezin içeriğiyle ilgili herhangi bir görüş alma yoluna gitmedim. Ancak gelinen noktada böyle bir durum kanaatimce şart olmuştur. Herhangi bir sakınca da kalmamıştır. Çünkü bu yeni tez jürisi tezi görmüş, incelemiş ve sonucu düzeltme kararı olan bir tez savunması sınavı yapılmıştır. Arada bir mahkemelik durum da yoktur. Bu aşamada olan bir anlaşmazlığın daha da büyümeden giderilmesi yoluna hukuk, mantık çerçevesinde gidilmesi gerekir. Bu yüzden Enstitü Yönetim Kurulu kararıyla uygun görülecek kişilere, kurumlara konuyla ilgili görüş belirtmesi talebinde bulunulabilir düşüncesindeyim. Benim önerebileceğim üç kişi vardır: Birincisi, en önemli anlaşmazlık konusu olan karşılaştırma yönteminin kullanılıp kullanılmayacağının tespiti için, tezimde yararlandığım temel kaynak olan "Karşılaştırmalı Kütüphanecilik : yöntemi ve özellikleri" adlı makalenin yazarı olan Hacettepe Üniversitesi Öğr. Gör. Öğr. Gör. Prof. Dr. İrfan Çakın'a ulaşılabilir. Yine aynı konuda İstanbul Üniversitesi'nde sosyal bilimler alanında karşılaştırmalı çalışmalar, karşılaştırma yöntemi konusunda fikir beyan edebilecek uygun göreceğiniz bir öğretim görevlisi olabilir. İkincisi ve üçüncüsü, anlaşmazlık konusu olan konu başlıkları düzenlerinin bir sınıflama faaliyeti olduğunu, sınıflama düzenleri olarak kabul edilebilip edilmeyeceğini belirlemek için kendisinin eserlerini kaynak gösterdiğim Dr. Erol Pakin'e ve emekli Prof. Dr. Necmettin Sefercioğlu'na ulaşılabilir. Dr. Erol Pakin 1980'li yıllarda İstanbul Üniversitesinde öğretim görevlisi olmuş ve Kütüphane ve Dokümantasyon Daire Başkanlığı yapmıştır. Yine sizin uygun göreceğiniz sınıflama konusuna hakim bir öğretim görevlisini Ankara Üniversitesi, Hacettepe Üniversitesi ve Marmara Üniversitesi'nden ulaşılabilir. Ayrıca teze konu sınırlaması dışında tutulan yeni bir bölüm (Sınıflama ve elektronik bilgi merkezleri) ekleme konusu hakkında da görüş alınabilir.

Bu konu ile ilgili son olarak demek isteyeceğim; adı geçen kişilerin hiçbirisini şahsen tanımıyorum; konuyla ilgili veya ilgisiz hiçbir şekilde (e-posta, telefon, görüşme ve üçüncü kişiler aracılığı gibi) bir temasımız olmamıştır.

Böyle bir yol (görüş alma) denenmez ise ve Enstitü Yönetim Kurulu olarak da sorunu giderici, çözücü başka bir yol bulmadıkça olacak olan başlangıçta da belirttiğim üzere; ya yapılması nerede ise imkansız istekleri yerine getirip tez savunma sınavına girmek (böyle bir tezin bütünlüğü, mantıksal bir yapısı ve kimliği olmayacağından reddedilme ihtimali çok yüksektir) ya da istenen bu usulsüz, mantıksız düzeltmeleri kabul etmeyip tezi teslim etmemek. Bunun sonucu da ret kararıyla eş değerdir. Son ihtimal ise anlaşmazlık konularında yapılması istenenleri yapmayıp diğer dil ve anlatım bozukluklarını ve küçük değişikliklerin yapıldığı tezi teslim edip tekrar tez savunma sınavına girmektir. Bunun da sonucu ret kararı olacaktır. Böyle seçeneklerin olduğu ve hepsinin sonucunda tezimin reddi gibi bir durum söz konusu olunca benim sağlıklı, güven içinde bir ortamda tez savunması yapma hakkım ortadan kaldırılmış olmaktadır. Takdir edileceği üzere böyle bir durum kabul edilemez.

Tez jürisini oluşturan beş kişiden bir tek X7 tez savunma sınavı boyunca tezde karşılaştırma yöntemini kullanamayacağımı ve konu başlıkları düzenlerini sınıflama düzenleri olarak göremeyeceğimi, adlandıramayacağımı söyledi. Tezde düzeltilmesi istenen yerlerin başında ve çoğunluğunu da tez savunma sınavı esnasında mutabakata varamamamıza rağmen bunlar oluşturmaktadır. Yani bir tek o mu anladı tezin bütününü ilgilendiren büyük yanlışları. Zor olsa da böyle bir durum olabilir diyebiliriz. Fakat benim tezimde anlattıklarımı (kaynaklara dayanılarak ve mantık yürütülerek) çürütecek hiçbir şey söyleyememiştir. Konu başlıkları düzenleri, dizindir, dizinlemedir demek ve sonrasında dolayısıyla sınıflama değildir, sınıflama düzeni olarak adlandırılamaz demek bilimsel bir ifade değildir. Gerçeği yansıtmaz. Konuyu çok çok basite alıp indirgemekten başka bir şey de değildir. Çünkü konu başlıkları düzenlerinin dizin olduğunu söylemesinden başka ki bu da savunduğu konunun doğruluğuna kanıt değildir, bu yönde bir ifade de sarf etmemiştir. Sadece olmaz diyerek, bunların benzer yanları yok diyerek, kabul etmeyerek sonuca varmak, dediklerini kabul ettirmek istedi. Bu da entelektüel, bilimsel bir faaliyette kabul edilebilir bir tutum değildir. Ayrıca Ek olarak da vereceğim bilgiler arasında X7'nin Konu başlıkları dizindir, dizinlemedir ifadesinin ne kadar yanıltıcı ve eksik olduğunu tezimde 70. sayfada dipnot bilgisiyle yer alan şu bilgi açık ve net bir şekilde gösterecektir:

"Dokümantasyon dilleri olarak da adlandırabileceğimiz kontrollü-denetimli dizinleme dili, kütüphane gibi bilgi merkezleri tarafından, bilginin depolanması (düzenlenmesi) ve erişilmesi amacıyla belgelerin içerik tanımını yapmak üzere kullanılan itibari (resmi) dildir. Ayrıntı düzeyi kapsamı, yapısı, kullanımı vb. bakımlardan birbirlerinden farklı, çeşitli kontrollü-denetimli dizinleme dilleri vardır. Tarihsel olarak, sınıflama sistemleri ve konu başlıkları, bilgi merkezleri tarafından uzun bir süreden beri kullanıla gelmektedir. Ancak, gelişen yeni teknikler ve yeni ihtiyaçlar daha önceki yaklaşımla çelişen, pek çok yeni denetimli-kontrollü dizinleme dillerinin ortaya çıkmasına yol açmıştır. Bununla birlikte, sınıflama sistemi, konu başlıkları, anahtar sözcükler, tanıtaç listeleri, thesauruslar olsun, bütün bu kontrollü-denetimli dizinleme dilleri aynı aileye mensuptur, aynı amaca hizmet eder ve hepsinin özellikleri vardır (Guinchat ve Menou, 1990: 101)."

Yani sınıflama düzenleri de dizindir, dizinlemedir. Dolayısıyla X7'nin dayandığı hiçbir nokta kalmamıştır. Ancak, durum bu iken dayanağı olmayan görüşün sonucunda tezin bütünü ilgilendiren, tezi tamamıyla değiştirecek bir düzeltme yapılmak isteniyor. Bu durum da maalesef iki kere mahkemeye taşınan sürecin olumsuz olarak devam ettiği izlenimini vermektedir. Dolayısıyla gelinen nokta maalesef hukuksuzlukların devam ettiği sonucunu ortaya çıkarmaktadır. Bunun böyle olup olmadığını pek tabiî ki Enstitü Yönetim Kurulu belirleyecektir.

X7 tez savunma sınavında tezime emek verdiğimi kabul ettiğini ayrıca şimdiye kadar hiçbir teze içinde bulunduğu jürilerde ret kararı vermediğini bunda da vermek istemediğini belirterek (yani o aşamada kabul edilme ihtimali nerede ise yok, aslında reddedilmesi gerekir gibi düşüncede ortaya çıkıyor) bir nevi teze lütuf olarak düzeltme kararı verebiliriz demek ister gibiydi (en azından ben o şekilde anladım). 09.05.2008 tarihli yeni tez danışmanının belirlenmesi hakkında Enstitüye verdiğim dilekçede de belirttiğim üzere; Ben bulunduğum yere (burada yüksek lisans öğrencisi) kimsenin lütfuyla, kayırmasıyla gelmedim. Kendi hakkımla, birikimimle, çabalarımla geldim. Böyle bir durumda hak ettiğim muamelenin bir lütuf olarak verilmesini kabul etmemde pek tabiî ki mümkün değildir. Dolayısıyla verilen bu düzeltme kararını bir lütufmuş gibi görmem mümkün değildir. Aksine tezim direkt kabul edilmediği için büyük üzüntü duymama sebep olmuştur.

X8'in sınav esnasında Colon sınıflandırma sistemi ile ilgili ilk sorusuyla bağlantılı olduğu sonradan anlaşılan ikinci sorusunu sordu. Soruya başlangıcı pek doğru bulmadığım bir şekilde oldu. Ancak müdahale etmedim. Sorusu şu şekildeydi: yüksek lisans, master yaptınız. Yani bu konunun, sınıflamanın uzmanısınız (vurgulu bir söyleyiş). Şöyle bir soru sormak istiyorum diyerek elektronik bilginin sınıflandırılmasını yani internet ortamında sınıflama ne şekilde yapılıyor? Gibi bir soru sordu. Ben de genelde konu başlıklarına dayalı alfabetik sınıflandırmanın yapıldığını belirttim. O da benim demek istediğim binlerce site içersinden aradığım bir konu hakkındaki bilgilere nasıl ulaşabilirim dedi. Ben de o zaman Google gibi arama motorlarından tarama yapılabileceğini söyledim. Onu kastetmiyorum dedi. Tabi kendisi bu arada sorduğu soruyu açmaya çalıştığında lafını keserek tamam şeyi demek istiyorsunuz dedim. Ancak o esnada anlatmak istediğim konunun içeriğini bilmeme rağmen o kelimeyi aklıma getiremedim. X7 metadata mı dediğinde evet metadata (üst bilgi) diyerek sözüme devam ettim ancak sınıflamayla, bilgi belge merkezlerinde yapılan düzenlemeyle ilişki kurmak pek doğru olmasa gerek. Çünkü internet ortamında yapılan sınıflandırma tez konu sınırlandırmasının dışında tutulan bir konudur. Başlı başına bir tez(ler) konusudur. X8 bu sınıflamanın daha önce sorduğu soruda geçen Colon sınıflama sisteminde kullanılan konusal sınıflamadan burada yararlanıldığını söylemiştir. Halbuki ilk soruda da söylediğim gibi Colon sınıflama sisteminden bahsettim ama kütüphanelerde kullanımı yaygın olmadığı için geniş olarak, ayrı bir başlık açmadım. Ayrıca diğer sınıflama sistemlerini de etkilediğini de tezimde belirttim. X8'in etik bulmadığım bu tutumunu da takdirlerinize bırakıyorum. Ayrıca tez sınavından sonra yukarıda bahsi geçen ve tez konusuyla birebir örtüşmeyen (konu sınırları dışında tutulan) Sınıflama ve elektronik bilgi merkezleri adlı yeni bir bölüm eklemem istenmiştir. Bu yeni konu eklenmesi isteğinde bulunanın, tez savunmasında bu konuyla ilgili soru soran olması ve diğer jüri üyelerinin bu konuyla ilgili tek bir kelime dahi kullanmamalarından dolayı X8'in olduğu anlaşılabilir. Bu iki konu bir arada düşünüldüğünde yani X8'in sınav esnasında sorduğu ikinci soru ve sorma şekli ile düzeltme kararından sonra öğrendiğim yeni konu ekleme isteği genel uygulamaya, mantığa, işin doğasına, hukuka, iş ahlakına uygun değildir.

10.07.2008 tarihinde yapılan tez savunma sınavı sonunda verilen düzeltme kararına göre tarafımdan yapılması istenenler mantığa, hukuka, tez hazırlama sürecinin doğasına ve yüksek lisans tezi hazırlama amacına aykırıdır. Bu aykırılığa neden olan bahsi geçen üç ana konunun öncelikle tarafınızca incelenmesini, sonrasında uygun gördüğünüz takdirde tarafımca önerilen kişi ve kurumlar da dikkate alınarak; anlaşmazlıkların giderilmesine yönelik, alanında söz sahibi yetkin kişilerden görüş alınmasını; Enstitünün vereceği karar doğrultusunda bu sürecin işlemesini ve sonrasında yapılacak olan tez savunma sınavının sağlıklı, güven içinde bir ortamda olması için gereğinin yapılmasını arz ederim. 15.07.2008

Adres: ...

Yazışma adresim: ...

Sedat AKSOY

Ekler
Ek 1 (10.07.2008 tarihinde yapılan tez savunma sınavı, 4 s.)
Ek 2 (Konu başlıkları düzenlerinin sınıflama olarak adlandırılabileceğine dair tezde yer alan bilgiler, 5 s.)
Ek 3 (Artukoğlu ve ark. Konu başlıklarının verilmesini sınıflandırma olarak adlandırması, kabul etmesi, 10 s.)
Ek 4 (Tezde düzeltilmesi istenen yerler, 1 s.)
Ek 5 (Dipnot konulması istenen, Tablo 8 Sınıflandırma düzenleri arasındaki farklar, 2 s.)

EK 6. 30.01.2009 Tarihli Enstitü Dilekçesi [s. 210-219]

İSTANBUL ÜNİVERSİTESİ
SOSYAL BİLİMLER ENSTİTÜSÜ MÜDÜRLÜĞÜNE

Sosyal Bilimler Enstitüsünde, Bilgi ve Belge Yönetimi Anabilim Dalında ... numaralı yüksek lisans öğrencisiyim. 10.07.2008 tarihinde yapılan tez savunma sınavında verilen tez düzeltme kararından sonra süresi içerisinde düzeltilmiş tezi Enstitüye 09.10.2008 tarihinde teslim ettim. Bu tarihten sonra işleyen süreçte, tez danışmanı X6 tez danışmanlığı ve tez jüri üyeliğinden ayrılmak istediğine dair dilekçesi Enstitü Yönetim Kurulu tarafından reddedilmiştir. Daha sonra belirlenen tez savunma tarihinden bir gün önce 19.12.2008'de tez jüri üyesi X10 tez jüri üyeliğinden çekildiğine dair dilekçe vermiştir. Sınav saatinden yaklaşık bir saat önce tez danışmanı beni telefonla arayarak durumu anlatmış ve sonuçta o gün tez savunma sınavı yapılamamıştır. X10'un talebi Enstitü Yönetim Kurulunca uygun bulunmuş yerine X11 atanmıştır. Kendisine tezimi 08.01.2009 tarihinde teslim ettim ve tez teslim tutanağını aynı gün içinde Enstitüye teslim ettim. Bundan sonraki süreçte ise tez danışmanının belirlediği tez savunma tarihinin bildirilmesiyle tez savunma sınavına girmeyi bekliyordum. Ancak genelde olduğu bu süreç de çok sorunlu, hukuk dışı geçmiştir. Sonuçta tez savunma sınavının tarihini, belirlenen gün ve saatte öğrenip, yarım saat sonra Enstitüden aldığım düzeltilmiş tez nüshasıyla tez savunma sınavına girmek zorunda kaldım. Bu sınav da başından sonuna kadar sonucu belli formalite sınavı olmaktan öteye geçemeyerek, ayrıca hukuk dışı, bilim dışı ve terbiye dışı bir muameleye maruz bırakılarak tezimin reddiyle sonuçlanmıştır. Bu şekilde yapılan tez savunma sınavını ve bunun sonucunda verilen ret kararını kabul etmem haklı olarak, doğal olarak mümkün değildir. Bunun niçin mümkün olmadığını gerekçeleriyle ve tez savunma sınavında olanlarla aşağıda anlatmaya çalışacağım.

Araş. Gör. Fatih Canata (kendisi lisans ve yüksek lisansta sınıf arkadaşım, bir süre Merkez Kütüphanede iş arkadaşım olmuştu. Bu durumun aynısı yani yine tez savunma tarihini bu şekilde öğrenmem daha önce de olmuştu. Daha önceki durumu dilekçelerimde belirttim) saat 11.01'de cep telefonumdan beni arayıp nerede olduğumu sordu. Kütüphanede olduğumu söyleyince, tez jürisinin beni beklediğini, şu anda tez savunma sınavında olmam gerektiğini söyledi. Ben de bana ne Enstitünün ne de tez danışmanının böyle bir bilgiyi bildirmediğini söyledim. X6 beyin (tez danışmanı, kendisinde benim cep ve iş telefonum vardır) yanında olduğunu ona vereceğini söyledi. X6 bey, 15 gün önce Enstitüye tez savunma tarihini bildirdiğini sanki üzerindeki sorumluluk bitmiş gibi söyledi. Ben de dedim ki Enstitü bana böyle bir şey tebliğ etmedi. Ayrıca normalde sizin en az üç gün önce, bir hafta önce bana bildirmeniz gerekirdi dedim. O da cevaben Enstitüden benim öğreneceğimi düşünerek haber vermediğini söyledi. Devamında tez savunma sınavına beni beklediklerini söyleyerek, gelip gelmeyeceğimi sordu. Ben de böyle bir şey nasıl olur. Bu şekilde tez savunma sınavı olabilir mi diye sitemkarane sordum. Tekrar gelip gelmeyeceğimi sordu. Ben de bir Enstitüyle görüşeyim ondan sonra belli olur dedim ve cevaben bekleyeceklerini söyledi. Sonrasında Enstitüde görevli Erdin beye telefon açtım. Kendisine böyle bir şeyin nasıl olabildiğini, hiçbir kimsenin bana tez savunma tarihini bildirmediğini belirttim. Kendisi bana Enstitünün tez savunma tarihini tez hazırlayana bildirme gibi bir yükümlülüğünün olmadığını, bunu tez danışmanının yapması gerektiğini bildirdi. Daha önceki tez savunma sınavı tarihini ise durumun özelliğinden dolayı bana da ayrıdan yazı gönderdiklerini, ancak bu sefer gözden kaçtığını belirtti. Ancak yine de böyle yükümlülüklerinin olmadığını, böyle bir uyguma yapmadıklarını, tez danışmanının bildirmesi gerektiğini söyledi. Ben de tez danışmanının ise tam tersini söylediğini söyleyerek, beni tez savunma sınavına beklediklerini söyledim. Yalnız düzeltilmiş tez nüshasının dahi yanımda olmadığını söyledim. Erdin bey Enstitüye teslim ettiğim tez nüshasını alabileceğimi ve ondan sonra tez savunma sınavına girebileceğimi söyledi. Ben de Enstitüye gittim ve Erdin beyden düzeltilmiş tez nüshasını aynı şekilde teslim etmek kaydıyla aldım. Orada kendisi X6 beyi telefonla aradı ve Enstitüdeki düzeltilmiş tez nüshasını bana verdiğini ve tez savunma sınavına geleceğimi söyledi. O şekilde kütüphaneye geldim. Odamda bulunan eski tez nüshasını da alarak Edebiyat Fakültesinin 4. katına çıktım. Daha önceki tez savunma sınavının yapıldığı (X8'in odası) oda kilitli, X6 beyin odasında da jüri yoktu. En son X7'nin odasında tez jürisini bulabildim ve içeri girdim. Saat 11.30 idi. Tez danışmanı X6 yaşanılan anormalliklere açıklama getirmeye çalıştı. Yine 15 gün önce Enstitüye tez savunma tarihini bildirdiğini söyledi. Bana Enstitü tarafından bildirilmesi gerektiğini söyledi. Ben Enstitünün öyle bir yükümlülüğü olmadığı bilgisini aldığımı, tez savunma tarihini tez danışmanının öğrenciye bildirmesi gerektiğini Enstitünün söylediğini belirttim. En az üç gün önce, bir hafta önce bildirmesi gerekir ki tezi hazırlayan tez savunmasına hazırlık yapabilsin. Bu savunmanın da beş öğretim görevlisinin önünde yapıldığını hatırlatarak, ben böyle bir sınava konuyu çok iyi bilsem de en az üç gün çalışırım dedim. Olması gereken de budur dedim. X11, 15 gün önce Enstitüye teslim edilmiş, aradaki mesafe 400 metre, bu kadar günde Enstitü nasıl tez savunma tarihini tebliğ etmez diye kendi kendine sordu. Bu konu böyle kapandı.

X9, önsözde hayat hikayeni anlatmışsın şeklinde gerçekle bağdaşmayan çirkin bir ifadeyle giriş yaptı. Akademik tezlerde bu tip kişisel bilgilerin verilemeyeceğini söyledi. Ben de hayat hikayemi anlatmadığımı, tez konusunun oluşumuna etkisi olan birbiriyle ilişkili üç hususta sadece giriş mahiyetinde bilgi olarak verdiğimi belirttim. Bunun da yanlış olmadığını belirttim. O da karşılık olarak akademik tezlerde böyle yapılmadığını belirtti. Ben de yapıldığını belirterek bunun örneklerinin çok olduğunu söyledim.

X7 ise bu konuda bir şey söyleme gereği hissederek, önsöz baştan aşağı sen ve Meral Alpay üzerine kurulmuş dedi. Bu ifadesine cevap vermedim. Böyle bir cümleye cevap vermeye çalışmak da yanlış olurdu zaten. Ayrıca ne demek istediğini açıklamadı, soru da değildi zaten. Takdirlerinize bırakıyorum.

X9 tez savunması boyunca sık sık gayriciddi bir tutum (gülerek) sergilemiştir. Hatta bir keresinde aniden ona dönerek suratına niye gülüyorsun edasıyla sert bir şekilde bakınca birden toparlandı, yüzü asıldı, pardon benzeri (kısık sesle konuştu, en azından ben o şekilde anladım) bir kelime ağzından çıktı.

Tez danışmanı X6 tez danışmanlığından ve jüri üyeliğinden çekilmesini ve sonradan tekrar kabul etmesini bir lütufmuş gibi söyledi. Şöyle ki kendisi ben isteseydim şu an burada bulunmazdım. Enstitü tekrar bu görevi kabul edip etmeyeceğimi sordu ben de kabul ettim şeklinde bir ifadede bulundu. Ben de etmeseydiniz dedim. Sanki bir lütufta bulunuyormuş gibi burada bulunduğunuzu söylüyorsunuz. Sizin tezin tesliminden bir gün önce Enstitüye yaptınız çekilme talebiniz Enstitüce haklı olarak reddolunmuştur. Ayrıca daha Enstitü karar vermeden, karar vermiş gibi hareket edip tezimi teslim almamanız da yanlıştı ve haksızdınız çünkü. Sonra Enstitü kanalıyla tezimi almak zorunda kaldınız (X7 ile beraber). Dolayısıyla burada benim hak ettiğim ve görev olarak gördüğüm bir konuyu lütuf olarak kabul etmem mümkün değildir. Kaldı ki Enstitü sizin çekilme talebinizi reddetti (bu karar yazısı bana da geldi). Başlangıçta haksızdınız çünkü. Sonrasında tezimi almayarak da haksızlık, yanlış yaptınız. Bu esnada hiç ilgisi yokken ve muhatabım olan X6 tek bir kelime bile söyleyemezken X11 tabiî ki lütuf diye lafa girdi. Senin hocan büyüklük gösterip ayrılmak istediği jüriye Enstitünün isteğini (talebinin reddi yazısı ortada dururken) kırmayarak tekrar kabul ediyor. Teşekkür etmen lazım dedi. Taban tabana zıt olduğum bu çarpık zihniyete hak olarak gördüğüm, görev olarak gördüğüm bir şeyi lütuf olarak kabul etmeyeceğimi net bir şekilde tekrarladım. Enstitünün, X6 ile şifahi olarak böyle bir görüşme yapıp yapmadığını, yaptıysa rica-minnet mi kendisini tez danışmanlığı ve tez jüri üyeliğinde tuttuklarını öğrenmem bu saatten sonra benim hakkımdır. Bu durum tezin sağlıklı ve güven içinde bir ortamda savunulması ilkesine aykırıdır. Çünkü tez jüri üyelerinden en az birinin yaptığı görevin mahiyetini, sorumluluklarını bilmemekte olduğu açıktır veya art niyetle hareket ettiği açıktır. Kanun, hukuk, hak devletinde yaşıyoruz; suçluların ve haksızların diledikleri gibi rahat hareket ettikleri rica-minnet, lütuf devletinde değil. Ayrıca oturuşumu, konuşma tarzımı kastederek öne doğru hareketlenip neredeyse saldıracakmışsın (veya atlayacakmışsın gibi bir kelime kullandı) gibi konuşuyorsun. Tez danışmanına etmeseydin diyemezsin. Kolların yanında dursun gibi terbiye dışı kabul edilebilecek ifadelerde bulundu (karşılarında bir nevi put gibi oturmamı bekliyordu). Kendisine öncelikle X6'ya etmeseydin demediğimi, etmeseydiniz (kendisi lütufmuş gibi orada bulunmayı kabul ettiğini söyleyince) dediğimi belirttim. Böyle bir şeyin sözkonusu bile olamayacağını, her zaman saygı çerçevesinde anlatış tarzımın bu olduğunu net bir şekilde belirttim.

09.05.2008 tarihinde, yeni tez danışmanının belirlenmesine dair talebimin olduğu Enstitüye verdiğim dilekçedeki bir paragrafta lütufla ilgili görüşüm nettir. "İşleyen, devam eden bir süreçte yer alan bir kişinin, değişik sebeplerle görevinden el çektirilmesi sonucunda, üzerine almış olduğu görev bir başkası tarafından devam ettirilir. Bu çok açık bir kuraldır. Yani ataması yapılan jüri üyelerinden bir tanesi ya bundan sonraki süreçte tez danışmanı olarak belirtilir ya da tez danışmanının yapması gerekenleri üstlenen koordinatör vb. vasıflarla görevlendirilebilir. Ancak bu ve benzeri herhangi bir düzenleme yukarıda yer alan Enstitü kararında maalesef yoktur. Bu durum da beni olumsuz etkilemektedir. Çünkü çıkan sorunlarla ilgili bir muhatap bulamama sorunu ortaya çıkmıştır. Şu halde tez danışmanının görevleri orta malı haline gelmiş hatta daha kötü konuma düşmüştür. Orta malı deyince genelde ortak kullanıma açık, fayda sağlayan ve isteğe bağlı elde edilebilen nesneler anlaşılır. Benim durumumda tez danışmanının görevleri ek bir yük olarak algılanabileceğinden istenebilecek, fayda sağlayacak bir orta malı özelliği bile şüphelidir. Ben yine de bu belirsizliğin sonunda ortaya çıkan duruma orta malı görev olarak ifade edeyim. Yani orta malı görevi kimse kolay kolay kendiliğinden sahiplenmez. Sahiplenen bir kişi çıktığında ise alınan sorumluk, yapılan görev bana yapılmış bir lütuf olarak görülebilir, bunun sonucunda da minnet etmem beklenebilir. Böyle bir ortama, duruma en başta Enstitü mani olmalıdır. Çünkü temel amaçlarından biri kişilikli, haysiyetli, bilgili, saygın bireyler yetiştirmektir. Bunun sonucunda da sağlıklı, sağlam ve geleceğe emin adımlarla yürüyen bir toplum oluşturmakta önemli bir katkı sağlanır. Ben bulunduğum yere (burada yüksek lisans öğrencisi) kimsenin lütfuyla, kayırmasıyla gelmedim. Kendi hakkımla, birikimimle, çabalarımla geldim. Böyle bir durumda hak ettiğim muamelenin bir lütuf olarak verilmesini kabul etmemde pek tabiî ki mümkün değildir. Ben her defasında Enstitüye dilekçe yazıp sorunların çözümünü isteyeceksem bu sürecin sağlıklı işleyemeyeceği, olağan bir ortamın (başka insanların tez sınavlarında olduğu gibi) sağlanamayacağı net olarak ortaya çıkar."

Tez danışmanı X6 15.07.2008 tarihinde Enstitüye verdiğim dilekçeyi kastederek tez savunma sınavında olanları anlattığın, tez jürisi hakkında yazdıklarından dolayı ben daha o zaman çekilmek istemiştim ancak yapmadım deyince X9 birden araya girerek ne dilekçesi, ben bilmiyorum, benim hakkımda ne yazmış tarzında ve pek doğru bulmadığım bir üslupla konuşmaya girdi. Ben de bu tez savunma sınavı, eğer geçmişe dönülmek isteniyorsa döneriz, benim için bir mahsuru yok dedim. Burada bu konuşma kesildi ve başka bir konuya geçildi. Bu konuda şöyle bir açıklamada bulunmak yerinde olacaktır. Anladığım ve tespit ettiğim kadarıyla bu yazdığım dilekçeden rahatsız olmuşlar. Halbuki rahatsız olunacak hiçbir şey yok. Çünkü hiçbirisi benim ne akrabam, ne de arkadaşımdır. Kendileriyle irtibatım sadece bu tez dolayısıyladır. Bu da kendileri için bir görevdir. Bu ve diğer görevlerinden dolayı Devletten maaş alan kişilerdir. Bu durum Enstitü personeli için de geçerlidir. Bu görev kapsamında yaptıkları her türlü iş ve konuşmalardan sorumludurlar. İlk önce bu gerçeğin idrakinde olmaları gerekirdi. Kapalı kapılar arkasında da iş yapmadığımıza göre, dilekçeyi de Enstitüye teslim ettiğime göre, bu yazılanların değerlendirilmesinin açık olacağı kesindir. Yanlış bir şey yazılırsa müdahale edileceği de açıktır. Neyin tartışmasını yapıyorlar, anlamak pek mümkün değil. Ayrıca konunun detayını bilmemekle birlikte, hatırladığım kadarıyla bundan birkaç sene evvel televizyonda çıkan şöyle bir habere şahit olmuştum. Bu haberde artık bütün tez savunma sınavlarının kameraya çekileceği, gerektiğinde bu görüntülere erişilebileceği şeklinde bir bilgi vardı. Bunun ne kadarının gerçekleştiği veya gerçekleşmediği konumuz açısından çok önemli değil. Önemli olan böyle bir ihtiyacın birçok açıdan ortaya çıkmasıdır. Ve bunda hem insani hem de hukuki olarak herhangi bir sakınca yani bizim konuşlarımız kayıt altına alınıyor şeklinde bir rahatsızlığın görülmemesidir.

X11, önsözde yer alan KPSS açılımının ne olduğunu sordu. Bilmediğini de belirtti. Ben de Kamu Personeli Seçme Sınavı olduğunu, bunun da hemen hemen herkes tarafından bilindiğini ve bu kısaltmanın yerleştiğini söyledim. Kendisi bilmediğini tekrarladı ve kısaltmalar listesinde de göremediğini belirtti. Ben de burasının önsöz olduğunu hatırlattım ve bu türden şeylerin olabileceğini söyledim (TBMM, ÖSYM, TÜSİAD gibi birçok açılımı yapılmadan kullanılan yerleşen kısaltmalar vardır).

X11, önsözün olması gerektiği gibi olmadığını X9'un hayat hikayeni anlatmışsın şeklindeki çirkin ifadesine atfen belirtti. Başka birinin önsözünde eniştesinden bahsettiği için çok sıkıntılar çektiğini belirterek yaptığımın yanlış olduğunu söylemeye çalışıyordu. Ben de konuyla çok da ilgisi olmayan bu ifadeye karşılık ben daha yeni bir tez gördüm ve önsözünde kocasından bahsediyor deyince, biraz şaşırdılar sonra suimisal misal olmaz dendiğini duydum (X9 ve X11). Ben de örnek olarak değil de tespit olarak söylüyorum. Ben Merkez Kütüphanede çalışıyorum ve İstanbul Üniversitesi'nin bütün tezleri elimin altındadır. Konuyla ilgili ve ilgisiz çok fazla sayıda tez incelediğimi, ayrıca sırf önsöz için bile çok sayıda tezi incelediğimi belirttim. Önsözümün de normal sayılabilecek bir metin olduğunu belirttim. Sonuçta önsözün olabileceğine kanaat getirdiler (bu konu yaklaşık 10 dakika sürmüştür).

X11, jüri üyelerinden on keredir mantıksız ifadesini duyuyorum, sen hala şöyledir böyledir demeye çalışıyorsun. Tecrübeye, bilgiye saygılı olsana şeklinde bir ifadede bulundu (bu ifadenin birinci cümlesinin ikinci kısmı ve 2. cümle birebir aynı olmayabilir, ancak anlam büyük ölçüde aynıdır). Ben de cevaben (cevabım uzun sürememiştir, çünkü o esnada tez savunmasını bitirmeye karar veriyorlar) mantıksız bir şey söylemediğimi kaynaklara, dipnotlara dayanarak oluşturduğum metni savunmaya çalıştığımı belirttim. [on kere mantıksız lafını duyduğunu söyleyen X11, acaba bu mantıksız kelimesinin önünde arkasında bilimsel veriye dayalı bir bilgi tespit etti mi etmedi mi? Etmedi çünkü yoktu sokak tartışmalarında veya kahve muhabbetlerinde geçebilecek terbiye dışı ifadelerin yoğun olarak kullanıldığı bir ağızla, bilimsel bilgiye dayanmayan bir ifade tarzı benimsemişlerdir. Yani X7'nin tezin üçüncü bölümünde Thesaurusları nasıl alfabetik sınıflama düzenlerinde gösterirsin. Bunlar konu başlıklarıdır, sınıflama düzenleri değildir. Herkes bunun böyle olmadığını biliyor şeklindeki ifadesi kişisel sözlerden başka bir şey değildir. Herhangi bir kaynak, geçen tez savunmasında da göstermemiş, bu tez savunmasında da göstermemiştir. Böyle bir ortamda bilimsel kurallar doğrultusunda yapılan tez savunmasından bahsedilebilir mi?

X11'in odasına tezimi teslim etmeye gittiğimde merhabalaştıktan ve kendimi tanıttıktan sonra tezimi teslim etmeye geldiğimi belirttikten sonra bana X7 hocanın öğrencisi misin? şeklinde bir soru sorunca hayır X7 hanım jüri üyesi, tez danışmanı X6 bey dedim. O da tam olarak bilmediğini, masasının üzerinde bulunan Enstitüden gelen tebliğ yazısını buldu. X7 hocanın aklında kaldığını belirterek, tez konusu hakkında bilgisi olmadığını (kendisi İstanbul Üniversitesi Edebiyat Fakültesi Yakınçağ Tarihi Anabilim Dalında öğretim görevlisidir) ancak tezi okuyacağını belirtti. Son olarak da tez savunma tarihinin ne zaman olacağını bana sordu. Ben de herhalde X6 bey sizi arar ve uygun olduğunuz tarihe göre bir tarih belirlenir diye cevapladım. Buradan geleceğim nokta ise bu yeni belirlenen tez jüri üyesi X11'in nasıl ve kimin tarafından seçildiğidir? Daha önceki süreçte hep Enstitü, Anabilim Dalı Başkanlığına tez jürisi veya eksik olan jüri üyelerinin yerine yeni jüri üyesi belirlenmesi için yazı gönderirdi (bu yazı benim adıma da gelirdi). Bu son durumda böyle bir şey olmamıştır. Burada Enstitünün konunun özelliğine göre Yönetmeliğin ilgili maddesine dayanarak; iş ahlakına riayet eden, yansız ve bilimsel çerçevede hareket edebilecek yeni bir tez jüri üyesini direkt atadığı şeklinde bir sonuca varmıştım. Ancak yukarıda bahsettiğim tez teslim günü ve tez savunma sınavı gününden çıkardıklarım vardığım bu sonucun pek de böyle olmadığını ortaya çıkardı. X7'nin X11'in tez jüri üyesi olarak belirlenmesinde bir etkisinin olup olmadığını haklı olarak sorgulamaya başladım (X7 bu esnada Bilgi Belge Yönetimi Anabilim Dalı Başkanı değil, tez danışmanı da değil).

X6 çocukça ifadeler var tezinde diye söyleyince ben kendisine bu çocukça ifadeler nerededir acaba diye sorunca kendisi bana yine girişte yer alan bebek örneğini gösterdi. Neresi size çocukça ifadeler olarak geldi diye sorunca, kendisi bana son kısmı tekrar ettiğimi söyledi. Ben de oranın tekrar olmadığını, paragrafa bütün olarak bakmak gerektiğini, her paragrafın bir başlangıcının, gelişmesinin ve sonucunun olduğunu ve o paragrafta birkaç cümle okudum kendisine ve bunlar mı tekrar diye sordum. Ayrıca bazen anlatımı kuvvetlendirmek amacıyla aynı olmamak kaydıyla benzer şeyler tekrar edilebilir. Bir şey söyleyemedi. Ayrıca çocukça ifadelerden neyi kastettiğini ısrarıma rağmen bir türlü söyleyemedi (Dediği gibi tekrar olsa da bu, çocukça ifadeler şeklinde nitelenemez. Anlaşılan, metinde geçen bebek, çocuk kelimeleri herhalde çocukça ifadeler var yargısına kapılmasına yol açmıştır.)

X7 önsöz ile diğer dil ve anlatım yanlışlarında gerekli düzeltmelerin yapıldığını ancak kendi bahsettiği iki temel nokta (kendisinin belirlediği) ve X8'in yeni bir bölüm açılması isteklerinin yapılmadığını belirtti.

X7'ye sizin belirttiğiniz iki temel düzeltmeyi gerekçeleriyle yapmadığımı, tezin genelinde ise birçok değişiklik yaptığımı söyledim ve bunu kabul etti. 3. Bölümün altında incelediğim Thesaurusları nasıl sınıflama düzeni olarak gördüğümü, bunların konu başlıkları olduğunu söyledi. Ben de 3. Bölümün ilk sayfalarında bu konuyu irdelediğim bilgilerin bir özetini kendisine yapmaya çalıştım. Sadece 3-4 cümle söyledikten; yani Burada konu başlıkları nedir. Ne amaçla yapılır ve kullanılır. Sınıflama nedir ve ne amaçla yapılır sorularına cevap bulmamız gerekir dedim ve konu başlıklarının bilgiye, belgeye konusal erişimi sağlamak için oluşturulduğunu söyledim. Sınıflamanın da aynı temel amaçla yapıldığını söyledim. Ama sonra lafımı kesip ben bir şey anlamadım dedi ve Herkes bunun böyle olmadığını biliyor şeklinde bilimsellikten uzak ve gerçeği yansıtmayan bir ifade kullandı. Sonrasında da konuyu değiştirdi. Bu en temel, en önemli düzeltme sorununda yapılan bir muameleydi. Takdirlerinize bırakıyorum (ayrıca önsöz gibi bir yerde yaklaşık 10 dakika konuşulduğunu hatırlatmamda fayda vardır).

X8 kendisinin yeni bölüm açılması isteği hakkında bana tezde 16 ve 17 sayfalarda, [doğrusu 16, 17 ve 18. sayfalar] toplam 2 sayfada yeni bölüm isteğimi karşılamaya çalışmışsın (ek bilgiyi konuyla ilgili olan daha önce verilmiş olan bir başlığın altında verdim) dedi. O esnada X6 tek kaynaktan yararlanmışsın dedi. Ben de tek kaynaktan değil dedim. Meral Alakuş'un sadece bir makalesinden yararlanmışsın dedi. Ben de hayır diyerek daha çok kaynaktan yaralandım dedim. Saydık Meral Alakuş'un iki farklı makalesinden yararlanmışım. [Ayrıca tezin genelinde bu yazarın 5 farklı kaynağından bu düzeltmede yararlandım]. Tekrar X8'e döndüm ve daha önce X6'ya da anlattığımı fakat ikna edemediğim şeylerin aynısını anlatmaya başladım.

X8, bu tezi kaç senede hazırladın diye sordu. Ben de bir senesi ders aşaması olmakla birlikte üç senede, yani 2002-2005 arasında dedim. O yeni bölümün bu esnada yani tezin başlangıcında eklenmesi gerekirdi dedi. Ben de dedim ki sizin istediğiniz yeni bölüm benim yaptığım tezin konu sınırlaması dışında kalmaktadır. Tezin konusunu okudum ve girişte 3. sayfada yer alan ilk iki paragrafı okudum. Böyle yeni bir bölüm açacak derecede eksikliğin olmadığını, bahsettiğiniz konuda farklı tez/ler yapılabileceğini net bir şekilde izah ettim. Ayrıca 5-10 sayfalık bir makale yazarken bile birkaç sayfalık kaynakça oluşabildiğini ve bayağı bir süre (aylarca) geçebildiğini belirttim. Benden istenen yeni bölümün ise en az 20-30 sayfa sürebilecek bir metinden oluşabileceğini ve sayısız kaynaktan yararlanılması gerektiğini, bu durumun ise hem zaman hem de işlenen konunun sınırlarının buna uygun olmaması nedeniyle mümkün olamayacağını söyledim. Kendisi cevaben ben de o yüzden diyorum bu tezin başlangıcından itibaren böyle bir bölüm açılmalıydı dedi. Ben de kendisine bu konuda sizinle anlaşamayacağız, mutabık olamadık dedim (kendisiyle konuşmamızda birkaç kere aynı cümleyi söyledim. Çünkü akşama kadar konuşsam, farklı farklı şeyler söylesem, ne kadar doğru olursa olsun kabul etmeyeceği intibaını net olarak almıştım, diğer jüri üyelerinde olduğu gibi). Burada şöyle bir açıklama yapmakta yarar görmekteyim: X8 belki de hiç farkında olmadan tez düzeltmesi sürecinde istediği yeni bölüm isteğinin kendisi tarafından geçersiz kılmıştır. Mantıksız, yapılamaz bir istek olduğunu kendi sözleriyle ortaya çıkarmıştır.

Ama gelin görün ki ne kendisi ne de diğer jüri üyeleri bu gün gibi açık gerçeği görmek istemediler. Hatta bir ara X8'e bu isteğin olamayacağını net bir şekilde anlattıktan sonra kendisi yine kabul etmeyince biraz da gayriihtiyari diğer tez jüri üyelerine dönerek bu kadar anlattım siz de mi bu şekilde düşünüyorsunuz diye sordum. Yüzüme anlamsız anlamsız bakmaya başladılar. Ben de sanki X8 beyin dedikleri yanlıştır demenizi bekler gibi sormuyorum. Sizin görüşünüz nedir diye sordum. Yine cevap alamadım. Bu konu böyle kapandı.

X8 yine yukarıdaki konuyla bağlantılı, yani yeni bölüm açma isteğiyle, tezin hipotezinde alfabetik sınıflama düzenlerini mutlaka sistematik sınıflama düzenlerine tercih edin diyorsun dedi. Tezin hipotezinde elma, armut var. Ben armut yemek istiyorum. Sen diyorsun ki elma ye. Şeklinde tezi ne şekilde anladığını güzel bir şekilde ifade eden bir benzetme yaptı. Ben ilk önce kendisinin ve diğer tez jüri üyelerin yer almadığı tez jürisinden bir üyenin "Sen elmayla armutu karşılaştırmışsın" demesini hatırladım bunu ifade ederek siz de mi bunu böyle yanlış (Elmayla armutu karıştırma olacaktır. Yoksa elma ile armut karşılaştırılabilir.) söylüyorsunuz deyince yukarıdaki ifadesini biraz daha yüksek sesle (tez boyunca kısık sesle konuştu, duymakta zorlandım) söyledi yani "Tezin hipotezinde elma, armut var. Ben armut yemek istiyorum. Sen diyorsun ki elma ye." şeklindeki ifadesi. Buna bir de mutlaka kelimesini de vurgulayarak konuşmanın birkaç yerine ekledi. Ben de cevaben dikkatli okursanız ben 'mutlaka' diye bir kelime kullanmıyorum, bilimsel bir tezin hipotezinde böyle çok kesin ifadelerin kullanılması da pek doğru değildir dedim. Siz mutlaka ile daha kelimesini bir mi tutuyorsunuz diye sordum. Kendisi soruma tam olarak cevap vermemekteydi ancak mutlaka kelimesinde anlamsız şekilde yine ısrar ediyordu. Ben de mutlaka ve daha sözcükleri aynı anlamda değildirler, mutlaka kesinlik ifade eder, daha ise karşılaştırmada azlık-çokluk bildiren bir sözcüktür (zarf). Yani ben demiyorum ki alfabetik sınıflama düzenlerini kullanın, sistematik sınıflama düzenlerini kullanmayın. Kendisi bir kere daha müdahale ederek öyle söylüyorsun deyince ben de hayır öyle söylemiyorum. Ben diyorum ki alfabetik sınıflama düzenleri sistematik sınıflama düzenlerine nazaran kullanıcı açısından daha uygundur, bunu da konusal erişim açısından diye de sınırlıyorum dedim. Ve tezin sonucunda da bu hipotezimi doğruluyorum. Dolayısıyla temel amaçlarından biri yerleştirme olan sistematik sınıflama düzenleri kalsın, kullanılmasın anlamı hiçbir şekilde çıkmaz. Çünkü böyle bir boşluğu dolduracak yeni bir düzen yoktur. Böylece benim hipotezimde mutlaka şunu kullanın, kullanacaksınız şeklinde bir anlam hiçbir şekilde çıkartılamaz. Yani ben kendisine yukarıdaki benzetmesine dayanarak şöyle bir açıklama yapabilirim: armut yeme, elma ye demiyorum. Böyle bir anlamın çıkarılabileceğini bu açıklamanın doğru olduğunu gösterecek, açıklayacak, ben bilim adamıyım diyebilen tek bir kişinin veya aklı başında herhangi bir kişinin çıkacağını düşünmüyorum, inanmıyorum. Çünkü mantıksızdır. Bu kadar açık söylüyorum. Aşağıda bilgi olması düşüncesiyle tezimin hipotezi "Kütüphanelerde, bilgi ve belge merkezlerinde konusal erişimin daha isabetli ve eksiksiz olması açısından sistematik sınıflama düzenlerine nazaran alfabetik konu başlıklarına dayalı bir sınıflama düzeninin kullanılması kullanıcı açısından daha uygundur." şeklindeki bir önerme belirlenmiştir.

Tezimi anlatmamı istemediler (Yönetmeliğe aykırıdır). Direkt tezde yaptığım veya yapmadığım düzeltmelerden bahsetmemi istediler. Ben yeni belirlenen tez jüri üyesi X11'i de dikkate alarak tezi anlatabileceğimi söyledim. X7 kabul etmedi. Düzeltmelerden bahsetmemi istedi. Ben de öyle yaptım.

X7 korktun mu şeklinde haksız ve terbiye dışı bir söz sarfetti. Ben de bunun böyle olmadığı benim şimdiye kadar tezde yaptıklarımla belli değil mi diye sordum. Ayrıca yapılması istenenlerin de yapılmasının imkansız olduğunu, buraya gelmemin mümkün olmadığını söyledim. Bir şey diyemediler.

X7 saat 12.30, bir buçuk saat olmuş bitirelim deyince 11.30'da başladık dedim ve daha bir saat oldu dedim. X7 yeteri kadar zaman geçti dedi. Sonrasında X6 tez savunması sonlandırılıp karar aşamasına gelindiğini söylediğinde ben ayağa kalkıp dışarı yöneldiğimde kararı Enstitüye bildireceklerini benim beklemeyebileceğimi söyledi. Ben bunun olamayacağını bildiğim için tereddütte kaldım. O esnada X7 ve X11'e dönüp gidip gidemeyeceğimi konuşmaya başladı, tekrar bana dönüp kararı enstitüye bildireceklerini dolayısıyla beklememin gerekmediğini söyledi. Ben de usulen yanlış olur ben beklerim dedim. Yine X7 ve X11'e doğru dönüp ne yapılmasını tartıştıktan sonra dışarıda beklememi istediler.

Saat 11.30'da başladı (X7'nin odasında), 12.30'da karar için odadan çıkmam istendi. Yaklaşık 20 dakika sonra 12.50'de kararı X6 tezimi oybirliğiyle reddettiklerini söyledi. Ben de teşekkür ederek odadan çıktım.

X7 İrfan Çakın'ın makalesinde (tezde yararlandığım temel kaynaklardandır) geçen karşılaştırılması yapılacak olan şeylerin ortak özelliklerinin, benzer yanlarının olması gerekir şeklindeki bir ifadeyi söyleyerek böyle bir temel kuralı dikkate almamışsın dedi. Ben de Çakın'ın makalesinin tezimde yararlandığım temel kaynaklardan olduğunu belirterek karşılaştırdığım iki sınıflama düzeninin de en temel amacının (bilgiye, belgeye konusal erişimi sağlamak) aynı olduğunu, ortak özelliklerinin olduğunu net bir şekilde açıkladım. Kendi düşüncesinden dönmediğini de belirterek konuyu değiştirdi.

Tezde yararlandığım temel kaynaklardan Pakin, Artukoğlu ve arkadaşlarının kaynaklarından dipnot göstererek yararlandığımı, bu yazarların konu başlıkları düzenlerini ve thesauruslarını sınıflama düzenleri olarak kabul ettiklerini ve bunları açık ve net olarak tezimde belirttiğimi söyledim. Ayrıca Pakin'in Konu başlıkları üzerine doktora çalışması hazırladığını söyledim. Tez jürisi bu anlattıklarımı dikkate almadı. Karşılığında X7 sadece şunu söyleyebildi "herkes bunun böyle olmadığını biliyor". Hiçbir kaynağa dayanmadan, herhangi bir akla, mantığa yatkın açıklama getirmeden böyle bir cümle sarfetmesi bana kimler tarafından tezimin değerlendirildiğini tekrar tekrar düşündürtmüştür. Bir bilim insanı olarak görülen bir kişinin ağzından böyle bir cümle çıkabilir mi? Ki öncesinde muhatabı kendisine yararlandığı kaynakları belirtiyor ve verdiği bilgileri dipnotlarıyla gösterdiğini bildiriyor. Bunun kabul edilebilir, akla sığabilir, bilime, mantığa uyan hiçbir tarafı yoktur.

X9, yapmadığım düzeltmeleri tez danışmanına sordun mu şeklinde bir soru sordu. Ben de en başta bütün tez jüri üyelerinin tez savunma sınavında dediklerini ve sonrasında benden istediklerinin her birisini dikkate aldığımı ancak çoğunluğunu yapmakla birlikte az bir kısmını birtakım gerekçelere dayanarak yapmadığımı belirttim. Dikkate aldığım şeylerden bir tanesi de tez savunma sınavı sonrasında tez danışmanının bana teslim ettiği X7, X9 ve kendisinde bulunan inceleme tez nüshalarıdır. Daha sonra bunları kendilerine teslim ettiğimi, fotokopilerinin ise bende halen bulunduğunu söyledim. Tez danışmanına sordun mu sorusuna gelince diyerek üzerime düşen her şeyi yaptığımı ancak tez danışmanı X6 tezi teslim etmemden bir gün önce cep telefonuyla kendisine ulaşabildiğimde (birkaç gün uğraştıktan sonra) kendisi tez danışmanlığı ve tez jüri üyeliğinden, yapılması istenen düzeltmelerin çoğunu yapmadığım gerekçesiyle (halbuki kendisi yapmadığım en temel düzeltmeleri çok daha önceden biliyordu) çekileceğini söylediğini, halbuki iki hafta önce kendisine iki dosya içinde düzeltilmiş tez müsveddesini kendisine teslim ettiğimi, bunu inceledikten sonra buluşup tez üzerinde çalışacağımızı söylemişti. Ancak bu maalesef mümkün olmamıştır. Bu konuda benim yapabileceğim hiçbir şey yoktur dedim. Tez danışmanı, tez müsveddesini teslim ettiğim gün yaptığımız görüşmede "bilmiş" tavırlarımla yapmayacağımı bildirdiğim düzeltmelerden dolayı tez danışmanlığından çekilmeye karar verdiğini söyledi. Bunu söylerken buluşmak üzere ayrıldığımızı hiç aklına getirmiyor. Ayrıca daha önce Enstitüye verdiğim dilekçeden dolayı da tez danışmanlığından çekilmek istediğini de söylemişti. Ki aralarında haftalar var. Bu tutarsızlığı takdirlerinize bırakıyorum. Bir başka tutarsızlığı ise kendisine jüri üyesi olduktan sonra teslim ettiğim tez nüshasını inceledikten sonra, ayrıca tez danışmanı olarak görevlendirildikten sonra tez üzerinde yaptığımız görüşmelerde 10.07.2008 tarihinde yapılan tez savunma tarihinden önce tezimin o gün kabul edilebileceğini (kendi adına konuşuyor, diğer jüri üyeleri ne yapar emin değilim diyordu), ona göre hazırlıklı olmamız gerektiğini, birtakım değişikliklerin o gün hemen düzeltilebileceğini (kendisine birtakım dil ve anlatım yanlışlarını düzelttiğimi, dolayısıyla kısa sürede işlemlerin bitebileceğini söylüyordum) söylüyordu. Hatta tezin karşılaştırma bölümünü bayağı beğendiğini dile getirmişti. Ancak ne olduysa tez savunma sınavında X7 ne dediyse o olmuş, tez düzeltme kararı oybirliğiyle verilmiş, sonrasında da oybirliğiyle tezimi reddetmişlerdir. Böyle çok sayıda tutarsızlıkların, hukuksuzlukların, mantıksızlıkların olduğu bir süreç maalesef yaşanmıştır. Aşağıda verdiğim Yönetmelik maddelerine aykırı hareket edilmiştir.

İstanbul Üniversitesi Lisansüstü Eğitim ve Öğretim Yönetmeliği
Amaç
Madde 8 — Tezli yüksek lisans programının amacı, öğrencinin bilimsel araştırma yaparak yeni bilgilere erişme, bilgiyi değerlendirme, yorumlama ve özgün bilimsel bilgi üretme yeteneğini kazanmasını sağlamaktır.

Yüksek lisans tezinin sonuçlanması
Madde 15 — Yüksek lisans tezinin sonuçlanması aşağıdaki şekildedir:

a) Öğrenciler; yüksek lisans tezlerini, ilgili Enstitülerce hazırlanan ve Senatoca onaylanan yazım kurallarına uygun biçimde yazmak ve jüri önünde sözlü olarak savunmak zorundadır.

b) Tez jürisi, Enstitü anabilim dalı başkanlığının önerisi ve Enstitü Yönetim Kurulunun kararı ile atanır. Önerinin uygun olmaması halinde tez jürisini Enstitü Yönetim Kurulu atar. Jüri, biri öğrencinin tez danışmanı ve en az biri başka bir anabilim dalından veya İstanbul Üniversitesi dışındaki bir Yükseköğretim Kurumundan olmak üzere, beş kişiden oluşur.

c) Jüri üyeleri, tezin kendilerine teslim edildiği tarihten itibaren en erken on, en geç otuz gün içinde toplanarak, öğrenciyi tez sınavına alır. Tez çalışmasının sunulması ve bunu izleyen soru-cevap bölümünden oluşan sınavın süresi, en az 45 dakika, en çok 90 dakikadır. Jüri, sınavın dinleyicilere açık olmasını sağlar.

d) Tez sınavının tamamlanmasından sonra, jüri, dinleyicilere kapalı olarak tez hakkında salt çoğunlukla "kabul", "ret" veya "düzeltme" kararı verir. Bu karar, enstitü anabilim dalı başkanlığınca, tez sınavını izleyen üç gün içinde Enstitüye tutanakla bildirilir. Tezi reddedilen öğrencinin yüksek öğretim kurumu ile ilişiği kesilir. Tezi hakkında düzeltme kararı verilen öğrenci ise, en geç üç ay içinde gereğini yaparak, tezini aynı jüri önünde yeniden savunur. Bu savunma sonunda da tezi kabul edilmeyen öğrencinin yükseköğretim kurumu ile ilişiği kesilir.

Sonuç olarak, herhangi bir tebliğ yapılmadan 27.01.2008 tarihinde saat 11.30'da (normalde 11.00'de başlaması gerekirdi) yapılan tez savunma sınavı, 15.10.2008 tarihinde Enstitüye verdiğim dilekçede belirttiklerime, öngörülerime uygun bir şekilde gerçekleşip başından sonuna kadar tezimin reddedilmesi için yapılan formalite sınavı olmuştur. Bu sınavı gerçekleştiren tez jürisi iş ahlakından yoksun bir şekilde, bilimsellikten uzak olacak şekilde hukuk dışı tutum ve davranış sergileyerek tezimi reddetmişlerdir. Hukukun egemen, bilimin yol gösterici olduğu hiçbir düzende, ülkede böyle bir tezin bu şekilde reddedilmesi mümkün değildir. Bu haksız, anlamsız ve terbiye dışı muamelenin sonucunda verilen ret kararının geçersiz sayılarak iptal edilmesi, uygun göreceğiniz yeni bir tez jürisinin kurularak tez savunma sınavının yapılması, bu haksız, terbiye dışı muameleyi yapan tez jürisinin bütün üyeleri hakkında idari ve disiplin soruşturması açılması için gereğinin yapılmasını arz ederim. 30.01.2009

EKLER
Ek 1: Düzeltilmiş tezde Önsöz (2 s.)
Ek 2: Düzeltilmiş tezde Giriş kısmının ilk iki sayfası, 2 s.)
Ek 3: X6'nın Giriş kısmında yapılmasını istediği değişiklik (inceleme tez nüshasından alınmıştır, 2 s.)
Ek 4: X9'un bana teslim ettiği inceleme tez nüshasındaki değişikliklerin fotokopisinin önemli bir kısmı, 7 s.)
Ek 5: X7'nin bana teslim ettiği inceleme tez nüshasındaki değişikliklerin fotokopisinin önemli bir kısmı, 16 s.)
Ek 6. Prof. Dr. İrfan Çakın'ın "Karşılaştırmalı kütüphanecilik" adlı makalesi (9 s.)

Adres: ...

Yazışma adresim: ...

Sedat AKSOY

EK 7. 10.07.2008 Tarihinde Yapılan Tez Savunma Sınavı [s. 220-223]

10.07.2008 tarihinde saat 11.00'de tez savunma sınavım İstanbul Üniversitesi Edebiyat Fakültesi'nde yapıldı. Bu sınavda ilk önce X7 tez danışmanlığı görevini niye kabul etmediğini, daha önce bana telefonda anlatmasına rağmen (kendisini yeni tez danışmanı olarak görevlendirildiği bilgisini öğrendiğim tarihte kendisi ile tez danışmanı olması nedeniyle görüşmek istediğimde, tez danışmanı olmak istemediğini çünkü bu durumun ilkelerine ters olduğunu, başlangıcında ve sonrasında başında olmadığı tezin danışmanı olmak istemediğini ve bu konuda Enstitüye dilekçe vereceğini belirtmişti) açıkladı. Sonrasında X9 ve sonrasında X7 tarafından tez savunmama geçmeden önce kendimi tanıtmam ve o zamana kadar olan süreci kısaca anlatmam istendi. Yaklaşık 3-5 dakika bu konuyu anlattım. 2002'de yüksek lisansa başladığımı ilk seneyi başarıyla bitirdiğimi, tez danışmanı olarak X1'in belirlendiğini, "Sayısal sınıflandırma sistemi ile konusal sınıflandırma sistemi arasındaki fark ve benzerlikler" adlı ilk belirlenen tez konusunun (Prof. Dr. Meral Alpay'ın önerdiği benim de tez danışmanıyla birlikte kabul ettiğim konu) yaklaşık bir sene sonra sonuç alınamayacak yanlış bir konu olduğu tarafımdan tespit edilip gerekçeleriyle tez danışmanına ve X2'ye (o tarihte Doç. Dr.) yapılamayacağını anlattığımı ve kabul ettiklerini söyledim. Sonrasında yeni konunun belirlendiğini ancak tez danışmanının alfabetik ve sistematik katalogları temel alacak bir konuda tez yapmamı istediğini ancak benim o zamana kadar sınıflama konusunda kaynak taraması, kaynakların okunması gibi bütün çalışmalarımı yaptığımı o aşamadan sonra dönüp tekrardan o işlemlerin yapılması kabul edilemezdi. Bir süre sonra da eski tez konusunda birtakım ufak değişikliklerle tezin yapılabileceğini tez danışmanına ve X2'ye anlattığımı belirttim. Tez danışmanının eski görüşünde ısrarlı olduğunu, X2'ye ise yapmak istediklerimi uzun bir süre anlattığımı ve kabul ettirdiğimi ancak sonrasında bir yanlış anlama olabileceğini, kendisinin kabul etmediğini belirttiğini söyledim. Sonra X7 söze girerek tezin başından sonuna kadar doğru gitmediğini anlattıklarımdan birkaç şey çıkartarak söyledi (tez konusunu belirleyen Prof. Dr. Meral Alpay, tez danışmanı ve X2 gibi üç farklı kişinin tez sürecinde yer alması gibi). Bu şekilde bu konu bitti ve tezimi anlatmam istendi.

Ben de ilk önce tezin giriş kısmında yer alan tezin konusunu, amacını, hipotezini, yararlandığım araştırma yöntemlerini vs. belirttim. Sonrasında 4 bölümden oluşan tezimi kısaca anlatmaya çalıştım. Tabi aralarda sorular oluyordu veya bir sonraki konuya geçmem isteniyordu. Bu şekilde sonuç bölümünü de bitirdikten sonra tez danışmanı X6 tez hakkında soru soracaklarını söyledi. X7 ilk soruları sordu. Ağırlıklı olarak üzerinde durduğu iki konu vardı. İlki, dizinleme (faaliyeti), dizin olarak adlandırdığı konu başlıkları düzenlerini sınıflama düzenleri olarak görmüyordu. Dolayısıyla sistematik sınıflama düzenleriyle alfabetik sınıflama düzenlerini (konu başlıkları düzenleri) karşılaştıramayacağım şeklindeydi. Burada kendisi örneğin sistematik sınıflama düzenlerinden olan Dewey Onlu Sınıflama Sistemi ile alfabetik sınıflama düzenlerinden biri olan Sears Konu Başlıkları Listesini (SLSH) karşılaştırılmasının doğru olmayacağını; sadece bu iki düzenin temel amacının bilgiye ve belgeye konusal erişimi sağlamak (temel amacı belirtmemden sonra) olmasının bunların karşılaştırılabilmesi için yeterli olmadığını ayrıca konu başlıkları düzenlerini alfabetik sınıflama düzeni olarak incelememi doğru bulmadığını belirtmekteydi. Ben de bu karşılaştırmanın yapılabileceğini, aralarında ortak noktası olan hemen her şeyi karşılaştırabileceğimizi, kaldı ki burada iki sınıflandırma düzeninin de temel amacının konusal erişimi sağlamak olduğu gerçeği ortadayken (ayrıca tezimde de belirttiğim üzere başka ortak noktalar da var) bu karşılaştırmanın yapılabileceğini ve de yaptığımı söyledim. Bunu yaparken de Prof. Dr. İrfan Çakın'ın makalesini temel aldığımı ayrıca Judy Jeng ve Ahmet Bağış'ın makalelerinden yararlandığımı söyledim. Burada kendisi müdahale ederek İrfan Çakın'ın makalesini burada kullanamazsın, orada karşılaştırmalı kütüphanecilikten bahsetmiş gibi pek de anlam veremediğim bir cümle sarf etti. Ben de kullanabileceğimi ifade ettim.

X7 yapılan karşılaştırma sonucunda alfabetik sınıflamanın daha kullanışlı çıkmasını kendi ifadesi ile yararlı çıkmasını yani kullanıcı için daha uygundur hipotezinin gerçekleşmesini kabullenemeyerek sanki bu sonuca göre sistematik sınıflama düzenlerini yok sayıyormuşum veya ortadan kalkacakmış gibi bir sonuç çıkardığımı düşündürecek ifadelerde bulundu. Ben de biri diğerinin yerine geçecek şeklinde bir sonucun çıkarılamayacağını yani Kongre Kütüphanesi Sınıflama Sistemini kaldıralım yerine Kongre Kütüphanesi Konu Başlıkları Listesini koyalım demiyorum. İkisi de olacak ve kullanılacak. En azından Kongre Kütüphanesi Sınıflama Sisteminin yerleştirme düzeni olma özelliği ortadan kalkmadıkça bu durum böyle devam edecektir. Dolayısıyla iki düzende konusal erişimi sağlamaya devam edecektir şeklinde açıklamam oldu.

Sistematik sınıflama düzenlerinin evrensel olması, alfabetik sınıflama düzenlerinin (konu başlıkları düzenleri) evrensel olmaması yani yerel olması konusunda anlaşamadık. Halbuki bu durum çok bilinen ve kabul edilen bir gerçektir.

Konu başlıkları düzenlerinde konusal erişim uçlarının çok daha fazla olabileceğini söyledim. Fakat bu da X7 tarafından pek kabul görmemiştir. Kongre Kütüphanesi katalog taramasında eserlere 5-10 civarı konu başlığı verilebildiğini, geçmişte (elektronik ortamın yoğun olarak kullanılmadığı zamanlarda) ise bunun 3'le sınırlandırıldığını çünkü fiş katalogların kullanıldığını, her bir konu için ayrı bir fiş hazırlanması gerektiğini belirttim. Ancak şimdi böyle bir sınırlandırmanın söz konusu olmadığını dolayısıyla erişim uçları sayısı da bir hayli artmıştır. Ancak X7 bunu sınıflandırma numaralarındaki genişlemeyle, detaya inmesiyle karıştırmıştır. Yani sistematik sınıflandırma düzenleri de istenildiği kadar konusal erişim ucu sağlar demeye getirdi. Halbuki ilgisi yoktur. Sadece Evrensel Onlu Sınıflandırmada (EOS) ilişkili konu işareti olan iki nokta (:) ile birkaç konu bir arada gösterilebilir. 3'ten 4'ten fazla olduğunda uzun hatta satırlar süren notasyonlarla karşılaşılacağından 2'yi 3'ü pek geçmez.

X7 haricinde karşılaştırma ve konu başlıklarının sınıflandırma düzeni olarak kabul edilmesi konusunda konuşan kimse olmamıştır. Yalnız X9, konunun tartışıldığı zamanlardan birinde tecrübeli insanların dediklerine kulak vermeli, dikkate alınmalı gibi ortamı daha da yumuşatmaya ve benim X7'nin söylediklerini kabullenmemi isteyen bir tarzda şeyler söyledi. Tez danışmanı X6 da karşılaştırma yerine araştırma veya inceleme yazarız dedi. X7 de böyle olması gerektiğini söyledi. Ben de böyle bir durumun tezin bütününü de değiştireceğini, içeriğine yansıyacağını, 4. bölümün tamamen karşılaştırma olduğunu söyledim. X7 yansıması gerekir dedi. Ben de bunun pek mümkün olamayacağını ifade etmeye çalıştım. Ve de kendisiyle karşılaştırma konusunda mutabık kalamadığımızı belirttim.

X7 ile konuşmamızın bir yerinde 4. bölümde yer alan farklar tablosunun içersindeki bilgilere niçin dipnot koymadığımı sordu. Ben de oradaki bilgileri ilk üç bölümde yer alan bilgilerden ortaya çıkardığımı bunların birçoğunun metinde birçok kere dipnotla gösterilen bilgilerin içinden çıkarıldığını belirttim. Dolayısıyla tezin

221

içinde daha önceden dipnot verilerek belirtilen bilgilerin daha sonra dipnotsuz gösterilebileceğini ve bunların önemli bir kısmının da çok genel bilgiler olduğunu, her defasında dipnotla gösterilmesinin yanlış olacağını bildiğimi söyledim. Ayrıca tablo içinde yer alan bilgilere dipnot bilgisinin yerleştirilmesinin çirkin olabileceğini (32 tane kutu içinde bilgi var) böyle de bir örnek pek görmediğimi dolayısıyla da yapmadığımı ancak bu verilerin ilk üç bölümde geçen verilerden çıkarıldığını metinde belirttiğimi söyledim. Ancak kendisi yine de dipnot koymamı istedi.

X9 genel olarak tezin dil yanlışlarına, anlatım bozukluklarına dikkat çekmeye çalıştı. Başlıktaki "bilgiye, belgeye" ibaresini "bilgi ve belgeye" şeklinde yazmayı, "ben" yaptım (tezdeki uygun gördüm şeklindeki ifade gibi) tarzındaki ifadelerin yanlış olduğunu, sınıflama düzenlerindeki tarihçe kısımlarının daha kısa olabileceğini ve önsözün daha uzun olması gerektiğini söyledi. Ben yaptım, ettim tarzındaki ifadeleri çok az kullandığımı, onların da değiştirilebileceğini, bazı tarihçe kısımlarının uzun olması konusunda ise sınıflandırma düzenlerini anlatan karşılaştırmalı bir çalışma olduğu için tarihçe kısımları (hepsi değil) biraz geniş tutulmuştur. Ancak kısalabilir. Dil ve anlatım sorunlarını ise tezi son güne kadar yazmak durumunda kaldığımı ancak bilgisayarda 2-3 saatlik bir düzenlemeyle bunları büyük ölçüde ortadan kaldırdığımı belirttim. Burada tez danışmanı söze girerek Enstitüye teslim ettiğim tezin aynısını Yönetmelik gereği dağıttığımı ifade etti.

X8 ilk sorusunda Colon, sınıflama sistemi ama siz bunu diğer inceledikleriniz gibi geniş incelememişsiniz dedi. Kurucusu olan Hintli kütüphaneci ve düşünür Ranganathan'dan bahsetmişsin. Ben de Colon sınıflamasını kısaca belirttiğimi çünkü yaygın kullanımı olan bir sınıflandırma sistemi olmadığını dolayısıyla yerele hitap ettiğini (özellikle Hindistan) ancak yine de Colon sınıflamasının temel özelliklerini belirttiğimi ayrıca bazı özelliklerinin genel olarak sınıflandırma konusunu etkilediğini belirttim. Bu dediklerimi, tezimde yazdıklarımın bir kısmını söyleyerek doğruladı. Ancak özellikle son dediğimi vurgulayarak yani genel sınıflama konusuna katkısı olduğunu belirterek bitirdi. Daha sonra başka bir jüri üyesi bir soru sormuş olabilir. X8 ikinci sorusunu sordu. Soruya başlangıcı pek doğru bulmadığım bir şekilde oldu. Ancak müdahale etmedim. Sorusu şu şekildeydi: yüksek lisans, master yaptınız. Yani bu konunun, sınıflamanın uzmanısınız (vurgulu bir söyleyiş). Şöyle bir soru sormak istiyorum diyerek elektronik bilginin sınıflandırılmasını yani internet ortamında sınıflama ne şekilde yapılıyor? Gibi bir soru sordu. Ben de genelde konu başlıklarına dayalı alfabetik sınıflandırmanın yapıldığını belirttim. O da benim demek istediğim binlerce site içersinden aradığım bir konu hakkındaki bilgilere nasıl ulaşabilirim dedi. Ben de o zaman Google gibi arama motorlarından tarama yapılabileceğini söyledim. Onu kastetmiyorum dedi. Tabi kendisi bu arada sorduğu soruyu açmaya çalıştığında lafını keserek tamam şeyi demek istiyorsunuz dedim. Ancak o esnada anlatmak istediğim konunun içeriğini bilmeme rağmen o kelimeyi aklıma getiremedim. X7 metadata mı dediğinde evet metadata (üst bilgi) diyerek sözüme devam ettim ancak sınıflamayla, bilgi belge merkezlerinde yapılan düzenlemeyle ilişki kurmak pek doğru olmasa gerek. Çünkü tez konu sınırlandırmasının dışında tutulan bir konudur. X8 bu sınıflamanın daha önce sorduğu soruda geçen Colon sınıflama sisteminde kullanılan konusal sınıflamadan burada yararlanıldığını söylemiştir. Halbuki o zamanda söylediğim gibi Colon sınıflama sisteminden bahsettim ama kütüphanelerde kullanımı yaygın olmadığı için geniş olarak, ayrı bir başlık açmadım.

X10 tezde kullandığım 1. tekil kişi kullanımlarının yanlış olduğunu belirtti. Daha önce X9 da belirtmişti ancak teyit etmek ve biraz daha açıklamak için tekrar değindi. Soru olarak 4. Bölümde yer alan Hipotezin Doğrulanması kısmının başka bir bölümde olabilir miydi şeklinde bir soru sordu. Ben sonuç kısmında olması gerekirdi gibi bir yargıya varacağını düşünerek; bu kısmı, yaptığım karşılaştırma için temel kaynak olarak yararlandığım İrfan Çakın'ın makalesinde karşılaştırmanın üçüncü bölümü olan eşleştirme aşamasının iki adımından birinin hipotezin doğrulanması olduğunu diğerinin ise fark ve benzerlikler olduğunu söyledim. Dolayısıyla Çakın'ın makalesine göre hareket ettiğimi yoksa benim de normalde sonuç kısmında yazdıklarımdan sonra hipotezi yazarak gerçekleştirdiğimi belirtmemin yeterli olacağını belirttim.

Tez danışmanı X6 genel olarak tez savunma sınavını koordine eden bir tutum sergiledi. Bu kısa süreli tez danışmanlığı sürecinde iki defa bir araya gelebildiğimizi (iki saat civarı) o esnada daha önce tespit ettiği eksikleri, sorunlu yerleri bana aktardığını söyledi. Sınav esnasında da araya girdikleri yerler dışında sonuç bölümündeki son cümlenin çıkartılması gerektiğini, önsözün değiştirilebileceğini söyledi.

Tez savunma süreci bu şekilde bitti ve karar verilmesi için dışarı çıktım. Bir süre sonra (20 dakika civarı) içeri girdiğimde tez danışmanı X6, oybirliğiyle düzeltme kararı verdiklerini söyledi. Düzeltmenin çerçevesini belirleyip belirlemediklerini sordum. Belirlediklerini söylediler. X6 birkaç saat sonra buluşarak tez jüri üyelerinde bulunan tezleri bana teslim edeceğini (geri vermek kaydıyla) ve düzeltme hakkında konuşacağını belirtti. Saat 16.00-16.45 arasında odasında buluştuk. X7'nin, X9'un ve kendisinin tezini teslim etti. Öncesinde tezlerin içersinde yer alan notları okudu. Sonrasında tez jürisinin Enstitüye bildirdiği, düzeltilmesi istenen yerleri söyleyerek not almamı istedi.
[15.07.2008 tarihli Enstitü ve 27.03.2009 tarihli Mahkeme dilekçesinin eki]

EK 8. Tezde Düzeltilmesi İstenen Yerler

- 3. Bölüm s. 67-99 bölüm başlığı
  s. 107-129 karşılaştırma
- Sınıflama ve elektronik bilgi merkezleri adlı bir bölüm eklenmeli
- Web sitelerindeki bilgi kaynaklarına konusal erişim konusu irdelenmeli
- s. 29-47 DOS son sürümü ile konu tezde anlatılmalı örneğin şu anda 23. bs. [22. bs. var şu anda. Bir yanlışlık olabilir. Ancak Yardımcı tabloların sayısı 6'ya inmiştir] Yardımcı tabloların sayısı 7 değildir.
- s. V önsöz, s. 1-3, başlık düzeltilecek
- 2.2. s. 28-62 metnin tamamı gözden geçirilecek
- 3.2. s. 83-101 gözden geçirilecek
- Sonuç 126-127 metinde düzeltme
- Giriş s. 2,3,4 "ben" imla hataları
- 4. Bölüm s. 110 başlık "Araştırma" adı altında gösterilip amaç, kapsam ve bulgular içeriğe göre ele alınacak
- Önsöz ve giriş sayfaları kısmı s. V önsöz uzatılacak, girişte çıkartmalar
- 4. Bölümde s. 108-109'da dipnotlar gösterilecek.
- Sonuç kısmında son paragraf silinecek
- Olması istenen tez konusu, başlık "Sistematik sınıflama düzenleri ve konu başlıkları düzenlerinin, bilgi ve belgeye konusal erişim açısından incelenmesi" [ilk kısmı tam olarak kağıda not alınmadığından, asıl söylenenden az da olsa farklı olabilir]

10.07.2008 tarihinde tez danışmanının bana anlattığı, tez jürisinin belirlediği tezimde düzeltmem gereken yerler.
[15.07.2008 tarihli Enstitü ve 27.03.2009 tarihli Mahkeme dilekçesinin eki]

EK 9. 23.02.2006'da Yapılan Tez Savunması [s. 225-234]

Enstitü Yönetim Kurulu kararına uyarak 23.02.2006'da belirlenen tez savunma gününde saat 10.30'da tez savunmamı yapmak için tez danışmanı X1'in odasının önünde bekliyordum. Tez jürisinin hazırlanıp odanın kapısını kapatmaları saat 10.40'da oldu. Yaklaşık 15 dakika sonra tez danışmanı tarafından içeriye davet edildim. X2 tez jürisini oluşturan beş kişinin reddettiği bir tezin savunmasının alınmasına gerek olmayacağı düşüncesiyle tez savunmamı almadıklarını ancak Yönetmeliğe göre bu savunmanın alınması gerektiği ve Enstitü Yönetim Kurulu kararının da bu yönde olduğu için bugünkü tez savunmasının yapıldığını belirtti. Sonrasında da 15 dakika tez savunmanı yapabilirsin dedi. Ben de öncelikle hiçbirinize güvenmiyorum diyerek Enstitü Yönetim Kurulunun kararına uyarak orada olduğumu ve tabii olarak hukuki haklarımın da saklı olduğunu belirttim. Hocam olarak dahi kendilerini görmediğimi, öğretim görevlisi olmalarının ise bu konuda bir öneminin olmayacağını vurguladım. Çünkü kasıtlı bir yanlış, hata yaptıklarını; böyle bir tez jürisine güven duyulamayacağının da doğal olduğunu belirttim. X4, kasıtlı yanlış da ne demek oluyor diye sorunca ben de Yönetmeliğin tezin sonuçlandırılmasıyla ilgili beş maddesinin üçünü ihlal ettiklerini, bu Yönetmelik maddelerini tez jüri üyelerinin birkaçının bilmeme ihtimali olabilir ancak hiçbirisinin bilmemesinin mümkün olamayacağını belirttim. X5 müdahale ederek eski Yönetmeliğe göre hareket etmiş olabileceklerini, eskiden bu türden şeylerin olduğunu belirtti. Eski Yönetmeliği bilmediğim için bir şey söylemedim ancak bunun mazeret olarak öne sürülemeyeceği de açıktır. Ayrıca tez savunmasının engellenmesinin en temel insan haklarından olan savunma hakkına aykırı olduğu, mantık dışı bir uygulama olduğu açıktır. Daha sonra eski Yönetmelikte böyle bir şey var mı diye araştırınca olmadığını gördüm. Orada da yani 28.08.1999 tarihli, 23800 sayılı Resmi Gazetede yayınlanan İstanbul Üniversitesi Lisansüstü Eğitim ve Öğretim Yönetmeliğinde yüksek lisans tezinin sonuçlandırılması kısmında tezin savunmasının jüri önünde sözlü olarak yapılmasının zorunluluğu belirtilmekte, en az 45 dakika en çok 90 dakika sözlü savunmanın yapılması gerektiği hükmü vardır.

Sonrasında tezimi anlatmaya başladım. 2002'de yüksek lisans programına kabul edilerek Enstitüye kaydımı yaptırdığımı, ders aşamasını başarıyla geçtiğimi daha sonra tez danışmanı X1 ve benim kabul ettiğim Prof. Dr. Meral Alpay'ın önerdiği sınıflama ile ilgili tez konusunun yaklaşık bir sene sonra yapılamayacağını gerekçeleriyle X2'ye ve tez danışmanına anlattığımı ve kabul ettirdiğimi söyledim. Daha sonra tezimi anlatmam yönünde müdahalede bulunuldu. Ben de tezimi anlattığımı ve X2'nin konuyu açmasından dolayı bunları anlatmam gerektiğini, ayrıca daha önceki tez savunma gününde yaklaşık bir buçuk saat hakkımda ben olmadan konuşulduğunu ve tez danışmanının yanıltıcı bilgilerine dayanarak tezimi reddettiklerini belirttim. Bunu da o günün akşamı yani 14.12.2005 tarihinde X2 ile serviste yaptığım görüşmeden çıkardığımı söyledim. Bu yüzden de anlattıklarımın tez savunmamla ilgili olduğunu belirttim. Ayrıca o görüşmede X2'nin tez danışmanının görüşünün tez jürisinin kararında %50 etkisi olur ifadesini söyledim. Aynen kabul etti ve aynı ifadeyi söyleyerek bunun normal olduğunu söyledi. X4 de X2 ile aynı düşüncede olduğunu belirterek tez danışmanının tez jürisi kararında %50 etkisinin olduğunu söyledi. Ben de bunun mümkün olamayacağını; tez jürisinin anlamına, amacına aykırı olduğunu, her bir tez jüri üyesinin eşit oy hakkı olduğunu aksinin söz konusu bile olamayacağını net bir şekilde ifade ettim. Bir şey diyemediler. Ayrıca X2'nin o görüşmede, tezimin başlangıcından bitimine kadar olan süreçte yer aldığı halde sanki yer almamış gibi söylemlerde bulunduğunu belirttim.

Çünkü sınıflama konusunda ders verdiği için kendisiyle devamlı irtibat halinde olduğumu söyledim. Tekrar müdahale edilerek tezimin amacının ne olduğu X4 tarafından soruldu. Ben de tezin konusunu, amacını, hipotezini, kullandığım bilimsel araştırma yöntemlerini, veri toplama tekniğini ve hazırladığım 4 bölümün adlarını ve genel başlıklardan bir kısmını belirttim. Amacımı gerçekleştirdiğimi, hipotezimi doğruladığımı belirttim. Ancak detayına giremeden, içeriğini anlatamadan sorular gelmeye başladı. X4 girişte yer alan bir paragraftaki anlatım bozukluğunu dile getirmiştir. Ben de bunun olabileceğini, bunun gibi birçok anlatım ve yazım yanlışının olduğunu, bunları da 2-3 saatlik bilgisayarda yaptığım düzeltme ile giderdiğimi söyledim. Ayrıca tezin teslimine kadar yani son güne kadar tezimi yazdığımı ve o güne kadar olan sürecin de belli olduğunu belirttim. X5 bölümlerin arasında sayfa sayısı bakımından bir orantısızlık olduğunu; sırf bu sebebin bile tezin reddine yol açabileceğini belirtti. Ben de bunun genelde istenen bir durum olduğunu bildiğimi ancak konunun özelliğinden dolayı bu türden orantısızlıkların olabileceğini belirttim. O da Yönergenin böyle söylemediğini, bu türden tezlerin tez jürisinin gözünden kaçsa bile Enstitüce kabul edilmediğini belirtti. Ben de bunun böyle olamayacağını; bu işi yapan (İstanbul Üniversitesi Merkez Kütüphanesinde kütüphaneciyim, İstanbul Üniversitesi'nin bütün tezleri ve birçok üniversiteden gönderilen çeşitli tezler bu kütüphanede kayda geçirilip kullanıma sunulmaktadır) ve tezimi hazırlarken birçok tezi okumuş biri olarak birçok tezin bu şekilde yapıldığını bildiğimi söyledim. X4 de söze girerek bir bölümün 5 sayfa diğer bölümün 50 sayfa olamayacağını (bu da gerçeği yansıtmaz; ya girişle birinci bölümü karıştırdı ya da abarttı çünkü giriş 5 sayfa, 1. bölüm 10 sayfa, 2. bölüm 51 sayfa, 3. bölüm 38 sayfa, 4. bölüm 20 sayfa ve sonuç 3 sayfadır.) tezi dört bölüm halinde yapmak zorunda olmadığımı, 1. bölümü 2. bölüme ekleyebileceğimi söyledi. Ben de bunun tezin bütünlüğünü, mantıki yapısını bozacağını belirterek genelde tezlerde benim yaptığım şekilde bir uygulamayla 1. bölüm kavramsal açıklama ve tezin bütününü ilgilendirebilecek genel bilgilerin verildiğini söyledim. Ayrıca Sınıflama ve Konusal Erişim İlişkisi– Kavramsal Yaklaşım başlığı altında incelediğim 1. bölümü 2. bölüme ekler isem 2. ve 3. bölümlerde iki farklı sınıflama düzeninin ayrı ayrı incelendiğini; 1. bölümün tezin bütününün ve özellikle 2. ve 3. bölümün bir nevi girişi veya alt yapısı olduğu için 2. bölüme eklenemeyeceğini, aksinin ise yanlış olacağını belirttim. Tez savunmasından sonra 2001 yılında basılmış, Prof. Dr. Aysel Yontar'ın ve arkadaşlarının hazırladığı İstanbul Üniversitesi Sosyal Bilimler Enstitüsü Tez Hazırlama Yönergesine baktığımda böyle bir şeyin olmadığını tespit ettim).

Daha sonra X2 ben de bir şey sormak istiyorum diyerek daha önceki tez savunma günü akşamında serviste bana sorduğu soruyu biraz geliştirerek sordu. Bu soruda X2, sınıflama sistemlerinin bir öğesi olduğunu belirttiği yardımcı tabloların tezimde yer almadığını, sadece Dewey Onlu Sınıflama Sisteminde incelediğimi ayrıca incelediğim sınıflama sistemlerini eşit olarak ele almadığımı yani Dewey Onlu Sınıflama Sistemini çok uzun anlattığım halde Evrensel Onlu Sınıflama Sistemini kısa anlattığımı belirterek bunların olamayacağını söyledi. Ben de olabileceğini çünkü incelediğim kaynaklarda da bu şekilde ele alındığını hatta benim birçoğundan çok daha geniş bir şekilde ele aldığımı belirttim. Bunun da özellikle bu sistemlerin kullanımlarındaki yaygınlıklarından kaynaklandığını belirttim. Ayrıca çoğunluğu sırf sınıflama konusunda hazırlanmış yirmiyi aşkın İngilizce kitap okuduğumu bunlarda dahi yardımcı tablolara ayrı bir genel başlık açılmadığını, Türkçeye çevrilmiş Jennifer Rowley'nin kitabında dahi böyle bir şeyin olmadığını bizzat tekrardan incelediğimi (kağıda da döktüm) belirttim. Dewey Onlu Sınıflama Sisteminin en yaygın kullanılan sınıflama sistemi olması nedeniyle ve en belirgin özelliklerinden birisi bu yardımcı tablolar olduğu için bunu bir başlık altında incelemeyi uygun bulduğumu, başka kaynaklarda da bu yönde bir uygulamanın olduğunu belirttim. X2, Evrensel Onlu Sınıflama Sisteminde de yardımcı tabloların olduğunu bunları niye incelemediğimi sorunca ben de bu yardımcı tabloların birtakım işaretlerden oluştuğunu bunların da kaynaklarda sadece kısa bir bilgi verilerek yer aldığını, benim de bu şekilde belirterek anlattığımı ayrıca Evrensel Onlu Sınıflama Sisteminin Dewey Onlu Sınıflama Sistemi kadar yaygın olmadığını, Türkiye'de de kullanılmadığını belirttim. Sınıflama sistemlerini eşit ele almama konusunda da incelediğim bütün kaynaklarda Dewey Onlu Sınıflama Sistemi ve Kongre Kütüphanesi Sınıflama Sisteminin özellikle kullanımlarındaki büyük yaygınlıktan dolayı geniş olarak incelendiğini Evrensel Onlu Sınıflama Sisteminin ise diğerlerine nazaran çok daha az yaygın olmasından dolayı kısa bir şekilde incelendiğini belirttim. Benim de bundan farklı bir yaklaşımla konuları ele almamın beklenmemesi gerektiğini çünkü incelediğim sistemlerin niteliklerine ve yaygınlıklarına göre ele alma özgürlüğümün olduğunu belirttim. (Her ele alınan konunun eşit bir şekilde incelenmesi aynı başlıkların açılması gibi bir zorunluluğun olmadığı açıktır. Her ele alınan konu için genelleme yaparak böyle bir şeyden bahsetmek mantıkla ve gerçekle bağdaşmaz. Ayrıca tez savunmasından sonra yine Tez Hazırlama Yönergesine baktığımda Tezin Metin Kısmı başlığı altında yer alan 16. maddenin bu konuyla ilgili c fıkrası aynen şöyledir: "Giriş'ten sonra, tezin bölümleri yer alır. Tezin bölümleri, gerek duyulan ayrıntı düzeyine bağlı olarak tezi sonuca götürecek bilgi ve açıklamaları, uygun düşünce silsilesi içinde ortaya koyar." Ayrıca bu fıkra yukarıda bahsedilen Yönerge ve bölümlerin orantısızlığı ile ilgili konuda da fikir verebilir). X4 de hazırlayacağım bir kitapta bunu yapabileceğimi, tez de bunu yapamayacağımı belirtti. Ben de bunun gerçekle bir alakasının olamayacağını bu şekilde birçok tezin olduğunu belirttim. Çünkü tez hazırlayan bir kişi olarak okuduğum, incelediğim tezlerin, kitapların sadece konusal içeriğine bakmadığımı aynı zamanda işleniş biçimine, şekil özelliklerine de dikkat ettiğimi belirttim. Olması gerekenin de bu olduğunu söyledim.

X5, Evrensel Onlu Sınıflama Sisteminin (EOS) son basımı hakkında bir bilgimin olup olmadığını, kendisinin girdiği EOS'un internette yer alan web sayfasına girip girmediğimi sordu. Ben de EOS'un son baskısı hakkında şu anda bir şey söyleyemeyeceğimi, bunun bir öneminin de olmadığını, belirttiği web sitesine de girdiğimi ancak tezime buradan bir bilgiyi almayı gerek görmediğimi çünkü diğer yararlandığım kaynakların yeterli olduğunu söyledim. Ayrıca EOS'u birçok kitapta olmadığı kadar geniş anlattığımı ve şu kaynaktan niye yararlanmadın gibi bir sorunun bu web sitesi için doğru olamayacağını söyledim. Çünkü bu web sitesinde EOS'u tanıtıcı genel bilgilerin yer aldığını, içinde doğal olarak yararlanabileceğim geniş ve detaylı bir bilginin olmadığını belirttim.

X3 bir soru sormak istediğini söyleyerek sayfa numarasını verip yerini de tarif ettiği bir paragraftan bir cümle okudu ve bunu kaynakçada niye belirtmediğimi sordu. Sayfa numarasını yanlış anladığım için ilgisiz bir sayfada onu arıyordum. Ancak sorunun içeriğini ve cümleyi anladığımdan dolayı cevap verdim. Soruda tezin bir yerinde dipnot göstermeden sınıflama sistemlerinden Dewey Onlu Sınıflama Sistemi (DOS) ve Kongre Kütüphanesi Sınıflama Sistemini (LCC) nasıl belirlediğim şeklindeydi. Ben de bu durumun konuyla ilgili herkes tarafından bilindiğini ayrıca tarihçe başlığı gibi farklı yerlerde bu ifadelerin yer aldığı ve dipnotla gösterilen açıklamaların olduğunu ve bir kere dipnotla gösterilen bir durumun daha sonra tezin başka bir yerinde dipnotsuz gösterilebileceğini, ayrıca X2 ile yaptığım bir görüşmede çok bilinen, herkesin bildiği şeyleri dipnotsuz gösterip gösteremeyeceğimi sorduğumda kendisinden aldığım cevap gösterebileceğim şeklinde olmuştur dedim. X2 bu sözüme olumlu veya olumsuz bir karşılık vermedi. Daha sonra X3 DOS'un en yaygın kullanılan bir sınıflama sistemi olduğuna dair istatistiki bir bilgi olup olmadığını ayrıca DOS'un notasyonunda kullanılan Arap rakamlarının evrensel olduğunu belirttiğimi bunu da dipnotla göstermediğimi belirterek Arap rakamlarının evrensel olup olmadığını nasıl belirlediğimi sordu. Ben de DOS'un en yaygın kullanılan sınıflama sistemi olduğuna dair birçok kaynakta bilgi olduğunu bunların bir kısmını da tezimde dipnotlarıyla belirttiğimi söyledim. X2 araya girerek DOS'un en yaygın kullanılan sınıflama sistemi olduğunu, ABD'de bu yönde araştırmaların yapıldığını, birtakım istatistiki bilgilerin olduğunu belirtti. Ayrıca Almanya gibi Avrupa'nın bazı ülkelerinde ve Rusya'da farklı sınıflama sistemlerinin de kullanıldığını, EOS'un da ABD'de pek bilinmediğini, kullanılmadığını ancak Avrupa'da yaygın olarak kullanıldığını belirtti. Ben de cevaben bu DOS'un dünya çapında yaygın olarak kullanıldığı gerçeğine ters düşmeyeceğini ayrıca DOS'un bu ülkelerde de kullanıldığını belirttim. Sonrasında Arap rakamlarıyla ilgili konudaki konuşmama devam ederek Arap rakamlarının evrensel olduğunu, bunun da hemen hemen herkes tarafından çok bilinen bir gerçek olduğunu (sırf kütüphanecilik alanında değil, her alanda; çünkü hayatımızın içinde kullandığımız bu rakamların önemli rolünün olduğu yadsınamaz bir gerçektir), birçok kaynakta da bu ifadenin geçtiğini net bir şekilde ifade ettim. X4 ise Arap rakamlarının evrensel olduğunu kabul etmeyerek böyle bir yargıya varamayacağımı, Çin ve Japonya gibi ülkelerde bu rakamların kullanılmadığını söyledi. Ben de Arap rakamlarının evrensel olarak bilindiğini, kabul edildiğini, Çin ve Japonya'da da bu rakamların kullanıldığını yine net bir şekilde ifade ettim. İkna olmamış olacak ki X2'ye de Çin'de, Japonya'da Arap rakamlarının kullanılıp kullanılmadığını, kendisinin bunu gerçekten bilmediğini belirterek sormasıyla bu konu kapandı. X2 sözlü bir cevap vermedi. O esnada kendisine bakmadığım için kafasıyla, gözüyle bir cevap verip veremediğini görmedim.

Dipnotlarla ilgili bir soruyu da X1 sormuştur. Bu soruda tezin 18. sayfasında dipnot olarak gördüğü bilginin neden kaynakçada gösterilmediğini belirtti. Ben de onu dipnot olarak değil de açıklayıcı, detay bilgi olarak verdiğimi dipnot olarak da paragrafın sonunda yer alan Atkinson'un makalesini gösterdiğimi bunun da kaynakçada yer aldığını söyledim. Dipnot olarak düşündükleri bilginin ise tez bütününde kullandığım dipnot verme biçimine de uymadığını belirttim. Çünkü o parantez içindeki bilgide elde edemediğim 1985 yılında yayınlanmış Karen Markey ve Pauline Cochrane'e ait makalenin bibliyografik künyesini tam olarak vermiştim. Bu makale ile ilgili makale yazan Atkinson'un makalesini bulunca Markey'nin makalesinin künyesini dipnotlarla karıştırılmayacak şekilde ele alınan konunun önemine binaen bilgi mahiyetinde belirttiğimi söyledim. X4 bu şekilde yapılamayacağını belirtti. Ben de kesinlikle bu doğrudur şeklinde bir açıklama yapmadığımı belirttim.

X5 bir soru daha sormak istediğini belirterek sistematik ve alfabetik sınıflama düzenleri olarak hangi sistemleri incelediğimi sordu. Ben de sistematik sınıflama düzenleri olarak DOS, LCC ve EOS'u; Alfabetik sınıflama düzenleri olarak da LCSH (Kongre Kütüphanesi Konu Başlıkları), SLSH (Sears List of Subject Headings) ve genel olarak thesaurusları incelediğimi belirttim. Kendisi de benim başlangıçta kaynak olarak kullandığımı belirttiği Jennifer Rowley'nin Türkçeye çevrilmiş kitabından (tezde en fazla yararlandığım kaynaklardan biridir) kendisine teslim ettiğim tezimin arkasına yazdığı notları göstererek uzunca bir metin okudu ve sonrasında bak görüyorsun ne kadar çok incelemişim diyerek LCSH ve diğerlerini nasıl alfabetik sınıflama düzeni olarak gördüğümü sordu. Bunun böyle olduğunu anlayabilmek için ilk olarak sınıflamanın ne olduğunu, ne anlama geldiğini bilmek gerektiğini söyledim. Sonrasında sınıflamayı kısaca kütüphane materyalinin niteliklerine, özellikle konusuna göre belirli kurallar doğrultusunda düzenlenmesi olarak tanımlar isek (en temel amacı da bu sınıflanan materyale konusal erişim sağlamaktır); konu başlıklarının da aynı şekilde bir eserin konusuna göre belli kurallar doğrultusunda verildiğini (burada da en temel amaç kütüphane materyaline konusal erişimi mümkün kılmaktır); yerleştirme düzeni olarak da kullanıldığından sistematik sınıflama düzenlerinde bir esere genellikle bir konu verilebildiğini, konu başlıklarında ise birçok konu verilebileceğini ve iki sınıflama düzeninin de aynı temel amaç doğrultusunda yani eserlere konusal erişimi sağlamak için var olduğunu belirttim. Dolayısıyla bunların konu başlıkları düzenlerinin alfabetik sınıflama düzenleri olarak görülebileceğini ve bunu da birtakım kaynaklara dayanarak, dipnotlarını göstererek yaptığımı belirttim. Bu dediklerime kendisi bir karşılık veremedi. Ancak kendisinin konuya ne kadar vakıf olduğunu anlamamıza yarayacak bir ifade kullandı. X5 bu ifadesinde sen elma ile armutu karşılaştırmışsın diyerek beni şaşırtmıştır. Ayrıca bana tezimde yaptığım karşılaştırmada temel kaynak olarak yararlandığım Prof. Dr. İrfan Çakın'ın makalesiyle ters düştüğümü belirtmiştir. Ben de ters düşmediğimi asıl karşılaştırılamayacak olan durumun ilk belirlenen tez konusu olduğunu Enstitüce kabul edilen konunun yer aldığı kağıdı (bkz. EK 1.1) kendisine vererek söyledim. X1 araya girerek Aysel Yontar'ın gönderdiği konu şeklinde bir ifadede bulundu (Prof. Dr. Aysel Yontar o sırada Bilgi Belge Yönetimi Anabilim Dalı Başkanı idi. Konuyu, amacı, hipotezi X1 ile birlikte yazıya döküp Anabilim Dalı Başkanına Enstitüye gönderilmesi için imzaya götürdüğümde hipotez olarak X1 ile belirlediğimiz numaralandırılmış iki ayrı maddeyi bire indirmemizi önermişti ve biz de bunu yapmıştık. Prof. Dr. Aysel Yontar'ın bu tezdeki etkisi bu konuda yani yapılamayacağı ortaya çıkan eski tez konusunda etkisi sadece bundan ibarettir). Bu ifadesine cevap vermeye gerek görmedim. Zaten genele söylemişti. Ben konuşmama devam ederek o eski konunun yapılamayacağını, karşılaştırmanın olamayacağını ortaya çıkaran, tespit eden ve bunu X2'ye ve X1'e gerekçeleriyle anlatıp kabul ettirenin ben olduğumu söyledim. X5 de kendisine verdiğim kağıda kısaca bakarak ben farklı bir şey söylüyorum diyerek kağıdı bana geri verdi. Ben de elma ile armutu karşılaştırmışsın ifadesine cevaben; bu ifadenin genelin yanlış olarak bildiği ve kullandığı bir ibare olduğunu çünkü elma ile armutu da karşılaştırabileceğimi söyledim. Nasıl karşılaştırırsın sorusunu duyunca; uç bir örnek olacak ama karşılaştırırım. Çünkü bakış açısına göre ortak özellikleri olan her şeyin karşılaştırılabileceğini söyledim. Kendisi cevaben bilimsel olmayacağını söyledi. Ben de tekraren uç bir örnek ama olabileceğini söyledim (Alanım olmamasına rağmen genel kültür bilgisiyle ve mantıki çıkarımlar yaparak kısa bir açıklama yapmak gerekirse; elma ve armut iki farklı meyvedir. Bunların şeker, asit oranı, ekşi mi tatlı mı gibi kimyasal özellikleri, fiziksel özellikleri, üretim biçimleri, yetişme koşulları vs. özellikleri mesela insan sağlığına etkileri veya zirai değerleri açılarından karşılaştırılabilir. Ayrıca bu ifadenin doğru kullanımı "elma ile armutu karıştırmak" veya "elma ile armutu karıştırma" biçimindedir.). Tezimin konusunun da Sistematik ve Alfabetik Sınıflama Düzenlerinin Bilgiye, Belgeye Konusal Erişim Açısından Karşılaştırılması olduğunu belirttim.

X1 bana sistematik kataloglarla alfabetik katalogları karşılaştırsaydın olmaz mıydı diye sorunca ben de olamayacağını çünkü sınıflama üzerine bir tez hazırladığımı, bu yönde kaynak topladığımı ve bunları okuduğumu belirterek; ilk tez konusunun yapılamayacağının benim tarafımdan tespitinden sonra kendisinin bana verdiği kağıtta (bkz. EK 1.2) bu yönde bir çalışma yapmama dair veriler olduğunu ancak bunun üzerinde çalıştıktan sonra uygulanabilir, yapılabilir bir şey olmadığını tespit edip kendisine gerekçeleriyle bildirdiğimi ancak kendisinin tez teslimine yaklaşık bir buçuk hafta kalana dek bu kağıt üzerinde durduğunu belirttim. Tez savunmasının başında gösterdiğim bu kağıdın kendi yazısı olmadığını belirtti. Ben de kendisinin verdiği kağıdın üzerine kahve döküldüğü için üzerindeki bilgiyi aynı şekilde başka bir kağıda geçirdiğimi belirterek bu yazılanlar sizin verdiğiniz kağıttakiler değil mi diye sorup (bana verdiği kağıtta neler olduğunu biliyor olması gerekir hatta bir nüshasının kendisinde olması gerekir) kağıdı kendisine bir kere daha vermek isteyince almak istemedi. Bu anlamsız ve gereksiz tutumuna cevaben ben de o zaman inkar etmeyin dedim (tez savunması bittikten sonra 14.12.2006 tarihli dilekçemde de EK 3.4'te yer alan bu kağıt üzerinde X1'in kendi el yazısı da vardır. Yani bu kağıdı X1 ile yapılan bir görüşmede kağıdın sol üst köşesinde yer alan 1. Konusal erişim ibaresinin altına ok çıkararak "kavramı" ve onun da altına "ilişkili kavramlar" yazısını eklemiştir. Yani bu kağıdı inkar da edemez.).

   X4 tezimde yararlandığım bir kaynağı küçümser bir ifade ile Hüseyin Kuşçu'nun hazırladığı ve Sabah gazetesinin verdiği ve yayın tarihinin bile olmadığı bir sözlükten yararlandığımı belirterek madem o kadar çok kaynak okuduğunu söylüyorsun ve konuyu herkesten daha iyi bildiğini söylüyorsun, tezinde yararlanacağın kaynak, Türk Dil Kurumu'nun hazırladığı sözlükler (bunu birkaç defa tekrar etmiştir) gibi kaynaklar varken bu mu olmalıydı şeklinde bir soru sordu. Ben de böyle küçümser bir ifade ile sözlüğü değerlendirmenin doğru olmayacağını, bu kaynağı da yeterli gördüğümden dolayı tezimde yararlandığımı belirttim. Kendisine de bu sözlükten nerede yararlandığımı birkaç defa biliyor musunuz deyince kendisi tereddüt içinde Thesauruslar'da galiba cevabını vermiştir. Sonrasında yararlanılan kaynakların niteliğinin de önemli olduğunu belirterek diğer yararlandığım kaynakların da bu yönde olabileceği imasında bulunarak bu yönde sonuç almaya çalışmıştır. Ben de yararlandığım kaynakların hepsinin nitelikli ve değerli olduğunu belirttim. Tez savunmasından sonra tezimde bu sözlüğü kullandığım tek yer olan Sistematik Sınıflama Düzenleri ve Konusal Erişim başlıklı 2. Bölümün ilk sayfası olan 16. sayfada (yani incelediğim Thesauruslar'da değil) sistem kavramını anlatırken sistematik kelimesinin açıklamasından ibarettir. Buna gerek de duymayabilirdim çünkü çok basit bir şey olduğu için kendi bilgilerimle de bunu kolayca ifade etmişimdir. Sadece destek mahiyetinde olsun diye bu sözlükten yararlandım. Tezimde sistem kavramını açıkladığım yerde bu kısım aynen şöyledir: "Sistematik terimi ise isim olan sistemin sıfat haline dönüştürülmüş biçimidir. Yani sistematik sınıflama düzenlerini, sistemli sınıflama düzenleri olarak da düşünebiliriz. Türkçe Sözlük ve Yazım Kılavuzu'nda da sistematik terimi, "sistemli, dizgeli" (Türkçe Sözlük ve Yazım Kılavuzu, t.y.: 357) şeklinde tanımlanır." Kaldı ki Hüseyin Kuşçu İstanbul Erkek Lisesi'nde Türkçe öğretmenliği yapmış ve Milli Kütüphane veritabanında yapılan tarama sonunda değişik tarihlerde yayınlanmış eserlerine ait dokuz kayıta rastlanmıştır. Bu kayıtların bir kısmı aynı adlı eserin değişik basımları olmakla birlikte benim tespit ettiğim dört tane farklı eseri vardır. Bunların son baskıları şunlardır: Altın sözlük: Türkçe sözlük ve imlâ kılavuzu / İstanbul: Altın Kitaplar, 2004; Atasözleri ve deyimler: (özlü sözler- güzel sözler- söz grupları) / İstanbul: Altın Kitaplar, 2004; İlköğretim Türkçe sözlük / İstanbul: Altın Kitaplar, 2003; Türkçe sözlük / İstanbul: Altın Kitaplar, 2004. Tezimde yararlandığım diğer sözlükler de;

Püsküllüoğlu, Ali: Türkçe Sözlük, güncellenmiş 4. bs., İstanbul, Doğan Kitapçılık, 2002.
Harrod's Librarians' Glossary, 6th ed., compiled by Ray Prytherch, Aldershot, Gower Publishing, 1987.
Yurdadoğ, Berin U.: Kitaplık Bilim Terimleri Sözlüğü, Ankara, Türk Dil Kurumu, 1974.
"Omurgalılar", Büyük Larousse: Sözlük ve Ansiklopedisi: cilt 17, İstanbul, Milliyet, 1992, s. 8840.
"Sınıflandırma", Büyük Larousse: Sözlük ve Ansiklopedisi: cilt 20, İstanbul, Milliyet, 1992, s.10461-10463.
Glossary, (çevrimiçi), www.oclc.org/dewey/versions/abridgededition14/glossary.pdf, s. XLVIII, 28.04.2004.
Glossary of Archaic Chemical Terms, (çevrimiçi), http://web.lemoyne.edu/~giunta/archemm.html, 28.07.2005.
Reitz, Joan M.: ODLIS – Online Dictionary for Library and Information Science, (çevrimiçi), http://lu.com/odlis/odlis_c.cfm, 09.08.2005.
künyelerine sahip kaynaklardan ibarettir.

X4 tezin teslim edildiği gün, tez danışmanının onayı olmadığını belirterek, işleyen süreci de göz önünde bulundurmadan tezimin savunmasının dahi alınmayabileceğini sanki bana bir lütufta bulunuyorlarmış gibi belirtti. Ben de böyle bir durumun olamayacağını, önemli olanın tezimi vaktinde Enstitüye teslim etmenin olduğunu, tez danışmanının böyle bir şey yapmaya hakkı olmadığını tez danışmanının öğrencisinden memnun olmadığı vakit Enstitüye bir yazı yazarak ben bu öğrenciden memnun değilim gibi bir gerekçeyle tez danışmanlığından çekilebileceğini ancak böyle bir şeyin olmadığını belirttim. Tez danışmanına dönülünce o da böyle bir şeyi yapmadığını yani böyle bir istekte bulunmadığını belirtti. Bu konu bu şekilde kapandı (Bu konu 14.02.2006 tarihli dilekçemde detaylı bir şekilde anlatıldı.).

X1 ile tezin teslimine bir buçuk hafta kala yani 22.09.2005'te yaptığım görüşmede bana sen tezini getirme, tezini kabul etmeyeceğim şeklindeki ifadesini hatırlattım ve bunu diyorsa gereğini de yapmasını yoksa üç senelik emeğimi bu şekilde yok sayıp görmezden gelemeyeceğini belirttim. O esnada X4 lafa karışarak tez danışmanının buna hakkı olduğunu belirtti. Ben de olamayacağını belirterek konuşmama devam ettim. Gereğini yapmanın da tez danışmanının tez hazırlama sürecinde ben bu öğrenciden memnun değilim şeklinde Enstitüye bir yazıyla başvurması ve tez danışmanlığından çekilmesidir şeklinde belirttim. Ancak bunu tez bitimine, teslimine kadar yapmadığını belirttim. Gereğini yapın lafından sonra ise kendisinin tamam ben yanlış söyledim, sen tezini getir dediğini söyleyince kendisi yalan söylüyorsun şeklinde gerçekle bağdaşmayan ve nezaketten uzak çirkin bir ifade kullanmaya cüret etmiştir. X4 de aynı doğrultuda hareket ederek çamur at izi kalsın ifadesini kullanmıştır. Ben de böyle bir şeyi yapmamın söz konusu bile olamayacağını oradaki herkesin de benim nasıl bir kişi olduğumu bildiklerini, beni tanıdıklarını söyledim. Bir şey söyleyemediler. Daha sonra X1'in tez teslim günü gelmediğini, kendisine telefonla ulaşıp konuştuğumda gelmeyeceğini belirterek tezimi kabul etmeyeceğini söylediğini belirttim. Ben de kendisine böyle bir şey yapamayacağını belirterek ben sizin tezimi kabul etmenizi de veya savunmanızı da istemiyorum ben diğer dört kişiye anlatırım deyince benim kabul etmediğim tezi tez jürisi de kabul etmez diyerek tekrar gelmeyeceğini söylediğini belirttim. X1 üç hafta önce Cuma günü gelmeyeceğini belirttiğini, daha önce tezi getirmemi istediğini yani

Cuma gününe kadar olan herhangi bir gün getirebileceğimi belirtti. Ben de üç hafta önce değil tez tesliminden yaklaşık bir buçuk hafta önce 22.09.2005'te yaptığımız görüşmede söylediğini ve tezin tesliminin son tarihin 30.09.2005 olduğunu belirttim. Bir şey diyemedi. X4 de tez danışmanının kabul etmediği tezi tez jürisinin de kabul etmeyeceğini, bunun da normal olduğunu belirtti.

Tez savunmasının bir yerinde (ilk yarım saat içinde) tezimin üzerinde yapılacak bazı düzenlemeler ve eklemelerle doktora tezi olabilecek niteliklere sahip olduğunu ve bu konu üzerinde herkesten daha çok kitap, makale, tez vs. topladığımı ve bunları okuduğumu düşündüğümü ve yaptığım tezin ne olduğunu bildiğimi söyledim. X5 müdahale ederek bu söylediğin bilimsel değil, böyle bir şeyi bilemeyeceğimi söyledi. Ben de kendisine bir bilgiye dayanmadan bu düşüncemi belirtmeyeceğimi söyleyerek kimin hangi konu ile ilgilendiğinin, ne yaptığının belli olduğunu söyledim.

Tez savunmasının bir yerinde X1 tez hazırlama sürecinde az sayıda görüştüğümüzü söyledi. Ben de en az on kere görüştüğümüzü ve e-postalar yoluyla da irtibat kurduğumuzu belirttim (bu e-postalarla yazdığım metinleri kendisine gönderdim ve kendisi de bunları inceledi ve yine e-posta yoluyla bu inceleme sonuçlarını bana gönderdi). Kendisi bu kadar görüştüğümüze tereddütle baktı.

X4, bir ara sen hiç hata yapmaz mısın, ne söylüyorsak kabul etmiyorsun şeklinde bir soru sordu. Ben de ben hiç hata yapmam diye bir şey söz konusu değildir. En başta, tezi son güne kadar yazdığımı ve özellikle bundan kaynaklanan hataları bilgisayarda 2-3 saatte düzelttiğimi belirttim. Sorduğunuz sorulara cevap veriyorum; hata da olsa niye yaptığımı açıklamak istediğimi belirterek bunun ben hatasızım şeklinde değerlendirilmemesi gerektiğini söyledim. Ancak hata olarak gördüğünüz şeylerin hata olmadığını bilirsem onu da açıklamaya çalışırım dedim.

Tez savunması esnasında bir konu tartışılırken X4 yani sen tezini tek başına mı yaptığını belirtiyorsun şeklinde bir soru sordu. Ben de tez danışmanının görüşlerini her daim dikkate aldığımı ancak dikkate almanın doğal olarak her denileni yapmak manasına gelmediğini, yapılmayan şeylerin ise kendisine niçin yapılamayacağına dair gerekçeleri anlattıktan sonra olduğunu belirttim.

X1 ilk belirlenen konuda yer alan uygulamayı neden yapmadığımı sordu. Ben de ilk belirlenen konunun yapılamayacağına karar verdikten sonraki süreçte bu uygulamanın yapılması yönünde bir konuşma geçmediğini ve konunun zorluğu ve genişliğinden ötürü bu uygulamanın yapılamayacağının kendiliğinden ortaya çıktığını belirttim.

İlk belirlenen konunun yapılamayacağı belli olduktan sonra tez konusu arayışımın olduğunu bu süreçte eski konunun üzerinde yapılacak birtakım değişikliklerle, eklemelerle yapılabileceğini tespit ederek ve bunları da X2'ye gerekçeleriyle uzun bir şekilde anlattığımı kendisinin de bunları kabul ettiğini, aynı şekilde X1'e de anlattığımı belirttim. Ancak çok daha sonra tez danışmanıyla tez tesliminden yaklaşık bir buçuk hafta önce yani 22.09.2005'te yaptığım görüşmede X2'nin aksi yönde konuştuğunu yani tez konumda yaptım değişikliklere onay vermediğini bana söylediğini belirttim. Ben de böyle bir şeyin olamayacağını aksi takdirde X2'nin ona başka bana başka konuştuğunu belirttiğimi söyledim. X2 burada söze girerek söylediklerimin doğru olduğunu kabul ettiğini hatta hazırladığım tez metninin bir kısmını okuması için kendisine e-posta ile gönderdiğimi ancak kendisinin buna bakmaya, incelemeye fırsatının olmadığını, tezin bütününü de ancak yapılmayan tez savunmasından önceki gün okuyabildiğini bunu da bana söylediğini belirtti (ikincisini yapılmayan tez savunma günü akşamı serviste söyledi). Ancak tez danışmanı ile yaptığı görüşmede tezin kendisine anlattıklarımdan farklı bir şekilde ele alındığını anladığını belirterek bu yüzden yapılanları uygun bulmadığını tez danışmanına belirttiğini söyledi. Ben de kendisine anlattıklarımdan farklı bir şey yapmadığımı belirttim. Kendisi konuşmasında e-postanın Eylül'de geldiğini tereddütle belirtmiş, ben de Ağustos'ta gönderdiğimi belirttim (Sonradan gönderdiğim e-postalarıma baktığımda 5 Ağustos 2005'te gönderdiğimi tespit ettim. Kendisi hem okumadığını belirtiyor hem de benim kendisine anlattıklarımı dikkate almadan tez danışmanının kendisine anlattıklarıyla tezdeki değişikliklere onay vermeyerek, bunların uygun olmadığı sonucuna varıyor. Bu kabul edilebilir bir açıklama değildir.).

X4 ve X5 ile tezin sonuç kısmı ve Alfabetik ve Sistematik Sınıflama Düzenlerinin Karşılaştırılması adlı 4. bölümü hakkında bir konuşmamız olmuştur. Burada sonuç bölümünü kısa tutmam eleştirilmiştir. Ben de tezimin bir karşılaştırma çalışması, karşılaştırmalı çalışmaların kendine has özelliklerinin ve işleniş biçiminin olabileceğini belirttim. Yani karşılaştırma sonuçları bir nevi çalışmanın sonucu olarak da görülebileceğini, "sonuç yerine karşılaştırma sonuçları" gibi bir başlık kullanılabileceğini, bu yönde birçok çalışmanın, tezin, kitabın olduğunu belirttim. Ancak benim yine de tezde biçim veya mantık hatası olabilir kaygısıyla bu şekilde hareket etmediğimi ve sonuç kısmını yazdığımı ve bunların hepsini tezimde belirttiğimi söyledim. Ancak kendileri bu açıklamalarımı yeterli görmeyerek tezin uyulması belli bir formatı olduğunu onda da sonuç bölümünün mutlaka yer alması gerektiğini belirttiler (Yine Yönergede bu husus 16. maddenin e fıkrasında aynen şöyledir: "Metin kısmının son bölümü, 'Sonuç' veya gerek duyulursa 'Sonuç ve Öneriler' başlıklarını yahut bunların yerine makul surette ikame edilebilecek bir başlığı taşır. Bu bölümde, girişte açıklanan tezin amacı ve/veya hipotezinden başlayarak tezin yöntemi, tekniği, sınırlılıkları çerçevesinde tezde ulaşılan çözüm, tezin çeşitli bölümlerinde varılan sonuçlardan da yararlanarak açıklanır. Bu açıklamalar mümkünse veya gerek varsa daha sonraki çalışmalara ışık tutacak çeşitli önerilerle desteklenir. Ayrıca, yapılan araştırmada çözümlenemeyen sorunlar varsa, bunların gelecekte hangi tür veya konudaki araştırmalarla çözümlenebileceğine ilişkin bilgiler de verilir.").

X4 en fazla 90 dakika tez savunması alınacağını bunun da dolmak üzere olduğunu (tez savunması boyunca bunun dışında iki defa daha bu şekilde zamanı belirten X4, ilkini ilk yarım saat içinde Yönetmeliğe atfen en az 45 dakika savunma alma zorunluluğumuz var şeklinde bir ifade ile reddettikleri bir tez için tekrar zorunlu olarak orada bulunduklarını ima etmiş, ikincisinde ise 45 dakikayı geçtik şeklinde bir ifade ile artık böyle bir zorunluluğun kalmadığını ima etmiştir) belirtti, diğerleri de X4'e katıldı. Ben de ayağa kalktım ve tezimin sonucunu bile anlatmadığımı belirttim. X4 şimdiye kadar anlattıklarımın yeterli olduğunu söyledi. X2 de başlangıçta 15 dakika onun için bir zaman verildiğini ancak bu zamanı iyi değerlendirmediğimi söyledi. X4 de bu doğrultuda konuştu. Ben de X2'nin konuyu açtığını dolayısıyla tezimle ilgili bu konuları açıklama zorunluluğumun olduğunu belirttim. X5 son olarak tez savunmasında geçen konuşmaları da dikkate alarak tezim hakkında ne düşündüğümü, ne söylemek istediğimi, bir değişiklik yapıp yapmayacağımı sordu. O esnada ben çıkmak üzere hala ayakta idim. Bir nevi son şans gibi ve geri adım atıp

atmayacağımı merak eder tarzda sormuştu. Doğal olarak bu sorunun gerçekle ve tez savunmasında geçen konuşmalarla bağdaşır bir tarafı yoktu. Çünkü tez jüri üyelerinin hepsi X2'nin belirttiklerinden de anlaşılacağı üzere zorunlu olarak bu tez savunmasını alıyorlardı ve tez savunması sürecinde de hep olumsuz görüş belirterek tezin reddedilmesine gerekçe arıyorlardı ve yanlış gördükleri yerlerde herhangi bir çözüm önerme gereği duymuyorlardı. Dolayısıyla bu sorunun samimi bir soru olarak da algılanması yanlış olurdu. Bu düşüncelerle ve en önemlisi hazırladığım tezime olan güvenimden dolayı kendisine tezimin temel, esas unsurlarında yapısında bir değişiklik yapamayacağımı, dil ve anlatım bozukluklarının ve diğer birtakım eksiklikleri, yanlışları 2-3 saatlik bilgisayarda yaptığım düzeltme ile giderdiğimi (bu haliyle de yanımda getirdiğim teze hiç bakmadılar) belirttim. Sonrasında kararın görüşülmesi için dışarı çıkmam istendi ve çıktım. Yaklaşık 15 dakika sonra odaya çağrıldığımda X1 tezimi oybirliği ile reddettiklerini söyledi. Ben de teşekkür ederek çıktım. Karardan önceki çıkışımı dikkate alırsak yaklaşık 65-70 dakikalık bir tez savunması yapılmıştır.
[01.03.2006 tarihli Enstitü ve 30.03.2006 tarihli Mahkeme dilekçesinin eki]

EK 10. 14.12.2005'te Jüri Üyesi X2 ile Yaptığım Görüşme [s. 235-238]

X2 ile Görüşme*

14.12.2005'te yaşananlar...

Saat 10.30'da Edebiyat Fakültesi'nde tez danışmanı X1'in odasının önünde tez savunmamı yapmak üzere hazır bulunuyordum. Tez danışmanı en geç 10.20'de orada olmamı istiyordu ve geldiğimi belirtmek için odasına girdiğimde bana hitaben çık dışarı, dışarıda bekleyeceksin biçiminde tersleyerek cevap verdi. Ben de geldiğimi belirtmek için girdiğimi belirterek odayı terk ettim. Bu kaba insan davranışı hiçbir insana yakışmayacağı gibi bir bayana, bir öğretim görevlisine hiç yakışmayacak bir davranış biçimidir. 10.30'da tez jürisi tez danışmanının odasında toplandı. Ben de koridorda beni çağırmalarını bekledim. Ta ki saat 11.45'te odanın kapısının X2 tarafından aralanarak beni çağırmasına kadar bu bekleyişim devam etti. İçeri girdiğim anda jüri üyeleri ayağa kalktı ve X2 jüri kararını açıklamak için sözcü seçildiğini belirterek tezimin reddedildiğini söyledi. Ben gerekçesi nedir? diye sorunca sana sonra bildirilecektir dedi. Ben de tezimi anlatmadan mı? diye sorunca evet cevabıyla birlikte karar gerekçeleriyle birlikte sana bildirilecektir dedi. Ben de teşekkür ederek odayı terk ettim.

İş çıkışında aynı servise bindiğimiz tez jüri üyesi X2, önünden direkt geçip ön sıralarda bir yerde oturmama rağmen teskin ve teselli etme bahanesiyle yanıma gelip oturdu. Kendisiyle birlikte jüri üyelerinden de bir kişinin (ismini söylemedi) geçmişte aynı durumla karşılaştığını söyleyerek beni anladığını belirtip teselli etmeye çalıştı. Ardından tezimin konusunun önemli olduğunu, olayın sıcaklığı geçsin daha sonra (5-10 gün sonra istediğim bir zaman) yanına giderek üzerinde beraber çalışabileceğimizi, kendisinin de bu konularda (sınıflama ile ilgili) çalışmalarının olduğunu, bir kitap hazırladığını belirtti. Benim de tezin üzerinde durmakla beraber daha birçok şeyi yapabileceğimi söyledi. Ben de yaşadıklarımdan, olan bitenden dolayı çok üzüntülü, sinirli ve şaşırmış durumda olduğumu çünkü ne yapıp ettiğini bilen bir insan olduğumu ve hazırladığım tezden emin olduğumu, üzerinde kendisinin de şahit olduğu üzere çok çalıştığımı, tezin konusunun da bir hayli zor olmasına (bir nevi alanında tek) rağmen yılmadan büyük bir mücadele vererek tezi bitirdiğimi belirttim. Ve de kendisinin de bu süreçte yer aldığını belirttim ve kabul etti. Tez savunması öncesinde tezimin kabul edileceği yönünde ne kadar emin olduğumu (adım kadar) ancak hataların da olduğunu ve bunları tespit ederek 2-3 saatlik bir sürede düzelttiğimi belirttim. Hataların çoğunun yazım yanlışları ve bazı cümlelerde dil yanlışları olduğunu, önemli bir hata olarak da kaynakçanın son sayfasında Prof. Dr. Yaşar Tonta'nın çevrimiçi makalesinin internet adresinin makale isminden 2-3 satır yukarıda olduğunu söyledim. O da bunların olabileceğini, çok da önemli olmadığını söyledi. Daha sonra asıl sorunun tez danışmanıyla iyi ilişki kuramamış olduğumu kendisinin dediklerini yapmadığımı söyledi. Ben de ne yapmamış olduğumu sorunca tez danışmanı X1'in tez jüri üyelerine başlangıçta belirlenen konu, amaç, hipotezle şimdikiler arasında bağlantı kuramadığını söylediğini belirtti. Ben de büyük bir şaşkınlık ve acıyla bunun böyle olmadığını yani en başında belirlenen konu, amaç ve hipotezin çok büyük ölçüde aynı olduğunu, farklılık olarak ise tez konusuna konusal erişim açısından ibaresini eklediğimi ve farklar ve benzerlikler ibaresinin yerine karşılaştırma ibaresini koyduğumu, amaçta da aynı şekilde karşılaştırma ibaresini koyduğumu belirttim. Bunun dışında fark veya değişiklik olarak nitelenebilecek bir durumun söz konusu olmadığını belirttim. O da bana yazılı, kağıt üzerinde bunlar belli mi diye sorunca ben de garipser bir ifade ile bu sürecin içinde her zaman kendisinin de yer aldığını dolayısıyla bildiğini belirttim. O da bildiğini kabul ederek; ancak daha sonra tez danışmanının verdiği kağıda göre hareket etmediğimi söyledi. Ben de iki sene sonra (ders aşamasını da katarak bu tarihi söyledim. Çünkü o aşamada bile sınıflama ile ilgili bir tez yapmak istiyordum ve kendimi o şekilde hazırlamıştım) verilen bu kağıdın uygulanabilir bir şey olmadığını iki seneyi aşkın bir süre sınıflama ile ilgili bir çalışma yaptığımı, doğal olarak kaynakların da bu yönde toplandığını, okumaların yapıldığını ve metin yazıldığını belirterek bu aşamada kataloglarla ilgili sil baştan yeni bir konunun (o kağıtta konu, amaç, hipotez yok, sadece kataloglarla ilgili bir veri var) yapılmasının mantıksız olduğunu belirttim. Tez danışmanı ile de kendi açımdan hiçbir sorunumun olmadığını, hiç saygısızlık yapmadığımı (hiçbir kimseye) ama kendisinin zihninde benimle ilgili bir sorunu olup olmadığının ise kendisini ilgilendirdiğini yani bu konuda bir şey yapamayacağımı belirttim. X2 daha sonra tez danışmanının fikrinin, düşüncesinin tez jürisinde %50 etkisi, ağırlığı olduğunu ve bunun olumsuz olduğunu belirtti (burada tez danışmanı tez hakkında olumsuz görüşünü belirtti, bunun sonucunda tez sanki %50 eksikle savunulacak dolayısıyla ne yaparsan yap tezin reddedilecek manası çıkar. Kaldı ki bunun sonucunda tez jürisi tez savunmamı bile almadı.). Bu esnada ben jürinin beş kişiden oluştuğunu her üyenin kendi görüş ve fikrinin olması gerektiğini belirterek, çoğunluğun bir nevi kendisini yok sayıp bir kişinin düşüncesine tabi olmasını çok garipsediğimi, yanlış bulduğumu söyledim. Ardından genellikle birçok alanda (insan ilişkilerinde, yaşamdaki değişik ve çeşitli durumlarda) çoğunluğun yanlışta birleşmeyeceği inancımı belirterek tek kişiye veya gruba yanlış olduğu bilindiği takdirde çoğunluğun buna uymayacağı bellidir (normal insanlardan, yönetimlerden bahsediyorum; kişiliksiz, silik, ezik insanlardan ve diktatörlük gibi insan hayatına ve isteklerine önem vermeyen yönetimlerden değil). Kaldı ki burası bir eğitim kurumu, bir üniversite. Bu tür davranışların, tutumların en olmaması gereken yeri burasıdır herhalde. Çalıştığım ve öğrencisi olduğum kurumuma yakıştırmam mümkün olmayacak derecede yanlış bir durum olduğunu belirttim. Kendisi bunlara da bir cevap veremedi.

    Daha sonra X2 tezin içeriği hakkında niye reddettiklerine dair bir örnek verme ihtiyacı hissetmiş olmalı ki kendiliğinden, ben istemeden konuşmaya başladı. Üniversitede, bölümde lisans eğitimi sırasında verilen sınıflama derslerinde öğretilen ve herkesin bildiğini belirttiği sınıflama sistemlerinin öğeleri arasında bulunan yardımcı tabloların tezimde yer almadığını sadece Dewey Onlu Sınıflama Sisteminde bir başlık açtığımı, diğerlerinde açmadığımı belirtti ve bunu da bahse değer büyük bir hataymış gibi söylemeye çalıştı. Ben de garipsemekle birlikte kendisinin tezin içeriğiyle ilgili bulduğu ve bu örneği verdiğine göre kendince en önemli eksiklik olarak gördüğü bu çok önemli hatanın! hata olmadığını gerekçeleriyle kendisine çok açık ve anlaşılır bir şekilde ifade ettim. Çok büyük çoğunluğu sırf sınıflama konusunda hazırlanmış yirmiden fazla kitap okuduğumu (hepsi İngilizce), bunlarda dahi bu yardımcı tabloların çok çok azında birebir genel bir başlık altında incelendiğini hatta çoğunda iki veya üç öğeden bahsedildiğini belirttim. Kaldı ki ben bunu DOS'ta çok belirgin bir işlevi olduğu için bir başlık altında inceledim. Bir sınıflama sisteminde yardımcı tablolar yoksa onun için varmış gibi bir başlık açmam. Ve de bu durumu diğer öğeleri veya özellikleri işlediğim alanlarda belirttiğimi söyledim. Kaldı ki benim incelediğim alanlar sırf sınıflama üzerine yazılmış kitapların çok büyük bir kısmında dahi bu kadar çok öğeye ve detaya inilmemiştir. Birkaç başlık altında hepsini toplamışlardır. Kendisi belli belirsiz bir veya iki teyit etme işareti haricinde (çünkü genelde, bildiğim konularda karşımdaki insanın anlattığım şeyleri net bir şekilde anlamasını isterim ve bunun sonucunda karşımdaki insanın teyit edip etmemesini sağlayacak şekilde konuşurum, bu özelliğim karşımdaki insanın bilgi seviyesini vs. ölçmeme, belirlememe de olanak sağlar) cevap bile verememiştir. Tezin içeriğiyle ilgili başka da bir örnek söylememiştir.

Olayın sıcaklığı geçsin 5-10 gün sonra yanıma gelirsin mevzu bir yerde daha geçmişti ve orada ben şu an ne kadar üzüntülü, acılı, sinirli olsam da hiçbir şekilde saygısızlık yapmayacağımı, düşüncelerimi bu zor anlarım da dahi sakin ve doğru düzgün bir şekilde ifade edebileceğimi dolayısıyla emin olduğum bir konuda düşüncelerimde herhangi bir değişiklik olmayacağını belirttim. Kaldı ki bundan daha zor dönemleri, sıkıntıları, acıları yaşamış biri olarak her durum altında olgun, aklı başında davranan, konuşan bir insan olduğumu belirttim. O da bu sözlerimi teyit eden ifadelerde bulundu.

X2 konuşmanın bir yerinde kimin görüşü olduğunu belirtmeden (ancak bana anlattığına göre kendi görüşü de bu yönde) tezin kötü bir ödev yani tez değil, lisans eğitimi sırasında yapılan iyi bir ödev değil, kötü bir ödev şeklinde nitelendirildiğini belirtmektedir. Ancak devamında böyle olduğuna dair tek bir şey söyleyememiştir. Bunun üzerine ben böyle bir yanlış benzetmenin yol açtığı şaşkınlık ve garipsemeyle tezin olması gerektiği gibi olduğunu, tez kurallarına, bilimsel ölçütlere riayet ettiğimi ve en önemlisi tezin konusuna, amacına ve hipotezine göre hareket ettiğimi belirttim. Hipotezimi de doğruladığımı belirttim. Bunların hiçbirisinde bir sorun yokken böyle bir durumla karşılaşmam herhalde doğru değildir diyerek; bu durum amaçların, ulaşılmak istenen şeylerin göz ardı edilerek yan unsur bile diyemeyeceğim birtakım eksikler, yanıltıcı bilgiler yüzünden ne yazık ki tez savunmamı bile almadan tezimi reddetme yolunu seçtiklerini, bunun da kabul edebileceğim bir durum olmadığını, bu durumu resmi olarak yapmış olabilirsiniz ancak benim bunu hiçbir zaman kabul etmeyeceğimi belirttim. Bu anlattıklarımın çoğunu teyit etti ancak cevaben hiçbir şey diyemedi.

X2'ye üzüntüyle tezimi reddebilirsiniz, beğenmeyebilirsiniz ve bunları gerekçeleri ile kabul de ettirebilirsiniz, ben de bunları makul karşılayabilirim ancak tez savunmamı dinlemeden, almadan tezimi reddetmeniz kabul edilebilir bir şey değildir diyerek tezimi reddetmenizden ziyade bu konu beni hat safhada üzmüştür ve böyle bir davranışı, tutumu hak eden bir insan olmadığımı belirttim. O da bana bunun olabileceğini örnek olarak da iş başvuruları için gönderilen özgeçmişlerin beğenilenlerinin iş görüşmesine çağrıldığını, her özgeçmişini gönderenin iş görüşmesine çağrılması gibi bir zorunluluğun olmadığını çok doğal bir şey anlatıyormuş gibi ifade etti. Ben hemen müdahale ederek büyük bir şaşkınlık ve garipsemeyle böyle bir benzetmeyi nasıl yapabilirsiniz, benim durumumla bu söylediklerinizin ne alakası var diyerek böyle bir benzetmenin, karşılaştırmanın yapılamayacağını çok açık ve anlaşılır bir şekilde ifade ettim. Cevaben bir şey diyemedi.

Daha sonra bu durumun (tezimin reddedilmesi) sıcaklığı geçtikten sonra yani 5-10 gün sonra istediğim zaman yanına gidip birlikte çalışabileceğimizi, yardımcı olabileceğini ve bu tez ve sınıflamayla ilgili yayın çıkarabileceğimizi ve çok da güzel ve faydalı olacağını belirtmiştir. Ben de bunun üzerine yaptığım tezin senelerin ve çok büyük bir emeğin ürünü olduğunu, çok büyük zorluklar, sıkıntılar ve fedakarlıklardan sonra kendimden emin bir şekilde bu tezin kabul edileceğini düşünürken tezimi savunmama dahi izin verilmeden reddedilmesi sizlerin samimiyetinizi sorgulamama yol açmıştır; bu durum ortadayken benim sizinle birlikte çalışmam mümkün değildir; ben kendini inkar edecek adam değilim diyerek konuşmamı bitirdim. Ardından X2 birkaç gün sonra sonuç eline geçer diyerek yanımdan ayrıldı.

*Bu görüşme yapıldıktan sonra aynı günün akşamı 14.12.2005 ve sonraki günün gecesinde 15.12.2005 tarihinde yazıya dökülen bir görüşme metnidir.
[14.02.2006 tarihli Enstitü ve 30.03.2006 tarihli Mahkeme dilekçesinin eki]

EK 11. Tez Hazırlama Sürecinin Kısa Özeti [s. 239-241]

Sosyal Bilimler Enstitüsünde, Bilgi Belge Yönetimi Anabilim Dalında ... numaralı yüksek lisans öğrencisi olarak 27.09.2002 tarihinde kesin kaydımı yaptırdım. Bu programın bir senelik ders aşamasını başarıyla bitirerek tez hazırlama aşamasına geçmek için hak kazandım. Bu aşamada ilk önce tez danışmanımın ve tez konumun belirlenmesi gerçekleşmiştir. Prof. Dr. Meral Alpay (aynı zamanda çalıştığım kurum olan İstanbul Üniversitesi Kütüphane ve Dokümantasyon Daire Başkanı) şifaen tez danışmanım olacağını söyledi. Ancak bunu resmiyete dökmeden X1'in tez danışmanım olmasını önerdi. İki taraf da bunu kabul etti. Ardından Alpay'ın odasından çıkarken X1, X2'yi neden seçmediğimi sitem ederek sormuştur. Ben ise bu soruya cevap vermedim. Daha sonra aynı kişi 22.09.2005'te kendi odasında yapılan görüşmede ise tez danışmanın Meral hoca olsaydı bu şekilde davranabilir miydin biçiminde bir soruyu yöneltebilecek bir insandır.

Prof. Dr. Meral Alpay sınıflama alanıyla ilgili on adet konu önererek bunların arasından bir tanesini seçmemizi istedi. Önerilen bu konulardan bir tanesini seçerek ve amaç ve hipotezimizi belirleyerek Enstitüye, Bilgi Belge Yönetimi Anabilim Dalı Başkanlığı kanalıyla bildirildi (bkz. EK 3.1). Bu aşama ve tezin teslim edildiği tarihe kadar Bilgi Belge Yönetimi Anabilim Dalında bu konuyla ilgili ve bu konuda ders veren tek kişi olan X2'nin bilgisi dahilinde olmuştur ve görüşleri de dikkate alınmıştır. Bildirilen bu konu Enstitüce ufak bir değişiklikle kabul edildi (bkz. EK 3.2). Tezimi Enstitüye 30.09.2005'te teslim ettikten sonra tez konusu değişikliği tezimde yer aldığı şekliyle 10.11.2005'teki Enstitü Yönetim Kurulu kararı ile kabul edilmiştir (bkz. EK 3.3). Yani eski konu: "Sayısal sınıflandırma sistemi ile konusal sınıflandırma sistemi arasındaki fark ve benzerlikler"; yeni konu ise; "Sistematik ve alfabetik sınıflama düzenlerinin bilgiye, belgeye konusal erişim açısından karşılaştırılması"dır.

Tekrar başa dönecek olursak; ilk önce kaynak taraması yaptım. Çok büyük sayıda ve yabancı dilde (İngilizce) olan bu kaynakların (Kitap, tez, dergi, makale, çevrimiçi elektronik yayınlar) okuması da çok uzun bir süre almıştır. Bu süreçte şehir içi ve şehir dışında (Ankara) bilgi, yayın toplama faaliyetine girmiştim. Bu esnada hazırladığım tez konusuyla, amacıyla ve hipotezi ile ilgili gerekli bilgilendirmeleri yaparak çeşitli kişilerle (öğretim görevlileri, kütüphaneciler) görüşmelerde bulundum. Aldığım ilk izlenimlerin en önemli sonucu pek iç açıcı değildi. Çünkü tez konumun yanlış belirlendiğini, bundan da sonuç almanın güç olacağı yönündeydi. Ben bu aşamada daha okumalarımın çok büyük çoğunluğunu yapmamış olduğumdan dolayı Prof. Dr. Meral Alpay, X1 ve X2'nin onayıyla, bilgisiyle belirlenen bu tez konusu, amacı ve hipotezinin yapılabileceğine, gerçekleştirilebileceğine o esnada düşündüğümden dolayı yoluma devam etmeye karar verdim. Ancak tez okumalarım esnasında bu husus her daim aklımda idi. Bu tez kapsamında yaptığım okumalardan çıkardığım sonuçlarla bu tezin yapılamayacağına emin oldum. Bu durumu tez danışmanım olan X1'e ve X2'ye gerekçeleriyle birlikte çok açık bir şekilde anlattım ve kabul ettirdim. Bu durum 2004 yılının Ağustos ayının sonlarına doğru olmuş olup o vakte kadar Dewey Onlu Sınıflama Sistemini inceleyerek metne dökmüştüm ve bunu tez danışmanına verdim. X2'ye de incelemesi için götürdüm ve inceledi. Bir seneye yakın süre bir ölçüde boşa geçmişti. Bu tezin yapılamayacağını kendilerine kabul ettirdiğimde ve sonrasında da en ufak bir sitemde dahi bulunmadım. Beni yanlış yönlerdiniz, yanlış konu belirlediniz demedim. Zamanımı elimden aldınız demedim. Siz bu işi bilmiyorsunuz; ne tez danışmanlığı ne de sınıflama hakkında yeterli bilgiye sahip değilsiniz demedim. İş ahlakına sahip değilsiniz demedim. Herhangi bir küçümser ifadede bulunmadım ve tavır göstermedim. Hiçbir saygısızlık sayılabilecek ifade söylemedim ve bu yönde tutum ve davranış sergilemedim. Kendileri de bu yönde yani hatalarını kabul etme erdemini göstermeyerek uzun bir süre bir şey söylemediler. X2 hiçbir şey olmamış gibi sonuna kadar devam etme azmini göstermiştir. Ancak tez danışmanı bunun ağırlığını kaldıramamış olmalı ki hal ve hareketlerinde bunun ezikliğini bana hissettirmiş hatta tezin teslimine haftalar kalmışken konuşmalarına da bunu yansıtmıştır. Yukarıda belirttiğim üzere hiçbir şekilde kendisine böyle bir şeyi hissettirecek ne tutum ve davranışım oldu ne de konuşmam oldu. Dolayısıyla yukarıda bahsettiğim tez danışmanı X1'in tez danışmanın Meral hoca olsaydı bu şekilde davranabilir miydin biçimindeki sorusunu sormasına neden olabilecek faktörler bunlar değildir. Bunu söylemesine neden olacak bir tek şey söz konusu olabilir. O da tez danışmanının her dediğine evet demememdir. Bunu da yukarıda belirttiğim şekilde saygı çerçevesinde ve reddedilemeyecek gerekçelerini kendisine ifade ederek yaptım. Burada bir rahatsızlığı, yanlış gördüğü bir şey olsaydı kendisinin tez danışmanlığından çekilme hakkı her daim vardı. Ancak bunu süreçten anlaşılacağı üzere hiçbir zaman yapmamıştır. Dolayısıyla bunları öne sürerek dilekçemde de belirttiğim tutum ve davranışa kendisini sokmasının hiçbir hukuki gerekçesinin ve mantığının olamayacağı çok açıktır. Kaldı ki her denileni doğru yanlış ayrımı yapmadan körü körüne yapmaya çalışmak insanlık onuruna aykırı, kişiliksiz insan davranışıdır. Hele böyle bir insanın yüksek lisans tezi hazırlamasının ne üniversiteye ne devletimize ne milletimize ne de genel manada insanlığa faydasının olmayacağı aşikardır. Göz göre göre yanlış yapacak ve bu yanlış üzerine bir şeyler inşa etmenin mantık dışı olduğu açıktır. Tez hazırlama amaçlarına, mantığına da doğal olarak aykırıdır. Çünkü burada da amaçların ve araçların birbiriyle karıştırılmış olduğunu görürüz. Tezi hazırlayan, çalışan benim; yaptığım okumalar sonucunda ilk belirlenen konunun yapılamayacağını tespit eden, kabul ettiren benim; takdir edileceği gibi ondan sonra da yapılacak işleri olup olamayacağına gerekçelerini de belirterek söyleme hakkım olsun. Olmayacak bir şeye devam etmemin beklenmesi de ilk konuda olduğu gibi ayrıca düşünülmesi gereken bir durumdur. Bu gerçekleşse idi şu hazırladığım tez ortada olmayacak ve bunun sıkıntılarını da yaşacak olan ben olurdum takdir edileceği üzere. Tez danışmanının bu sarf ettiği bir öğretim görevlisine hiç mi hiç yakışmayan ifadesine cevaben kendisisine büyük bir şaşkınlık ve garipsemeyle böyle bir şeyi nasıl söyleyebildiğini, ben sizi tez danışmanım olarak kabul ettim ve belli kurallar ve saygı çerçevesinde çalışmalarıma devam ettiğimi, başka bir tez danışmanı ile çalışsam da aynı yolu izleyeceğimi ve bunun aksini söylemenizi gerektirecek hiçbir davranışımın olmadığını, olamayacağını, olmayacağını söyledim. Çünkü böyle bir şey kesinlikle benim karakterime aykırıdır. Dolayısıyla tez danışmanım Prof. Dr. Meral Alpay olsaydı bile aynı şekilde davranacağımı, aksinin de mümkün olmadığını belirttim. Kendisinin de beni hem öğrenci olarak hem de Merkez Kütüphanede kütüphaneci olarak çalışan bir kişi olarak tanıdığını (kendisi Kütüphaneye sık sık gelen, birtakım işlerde de görev alan bir kişidir) böyle bir davranışıma yani kişilere, makam ve mevkiye göre davranışıma şahit olup olmadığını sordum. Bir şey diyemedi. Çünkü kütüphanede de ne şekilde çalıştığımı, istifa edecek kadar büyük sorunlar yaşadığımı, doğru bildiğimden hiçbir şekilde dönmediğimi, Daire Başkanı Prof. Dr. Meral Alpay'ın verdiği ve yanlış gördüğüm, hukuka aykırı bulduğum hiçbir işi, görevlendirmeyi usulünce yapmadığımı ve bu mücadeleyi büyük sıkıntılar çekerek sonuna kadar verdiğimi, iş ahlakından ödün vermediğimi, kütüphanecilik meslek ahlakına ve ilkelerine riayet eden ve mesleki sorumluluklarımın bilincinde bir insan, kütüphaneci olduğumu kendisi çok iyi bilir. Peki o zaman böyle mesnetsiz bir ifadeyi niçin kullandı diye bir soru insanın aklına geliyor. Benim çıkardığım sonuç yukarıda bahsedilenlerden de anlaşılacağı üzere hatalı olduğunu düşündüğü için bu durumun kendisinde yarattığı psikolojik etkiyle (bir nevi yaygın olarak bilinen suçluluk psikolojisi de denebilir) bunu dışarıya vurma ihtiyacının gereği olarak bu ifadeyi kullandığını düşünmekteyim.

Tekrar sürece dönecek olursak; bu tezin bu haliyle yapılamayacağına karar verdikten sonra yine sınıflama ile ilgili olmak kaydı ile yeni bir konu bulmaya çalıştım. Böylelikle tez hazırlama aşamasının bir senesi bitmek üzereydi. Enstitüden bir sene uzatma isteğinde bulunuldu. Kabul edilen bu istekle birlikte benim hala tez konusuyla ilgili arayışlarım sürüyordu. Tez uzatması alınmadan kısa bir süre önce tez danışmanı bana kataloglama ve konusal erişim ağırlıklı verilerin bulunduğu bir kağıt parçası (bkz. EK 3.4) gösterip bana verdi. Bunu temel alarak tezimi hazırlamamı ve taslak plan oluşturmamı istedi. Ancak bu yapılabilir, uygulanabilir bir durum olmamasına rağmen yine de üzerinde çalıştım. Ancak bu kağıdı temel alan bir minvalde hareket edilemeyeceğini, buradan bir şey çıkmasına imkan olmadığını kendisine defalarca gerekçeleriyle birlikte belirttim. Çünkü o vakte kadar hep sınıflama ve sınıflama- konusal erişim ilişkisini temel alan çalışmalar yapmış ve bu yönde kaynak toplamış ve bunları okumuştum. O saatten sonra böyle bir değişikliğin olması ve bunun beklenmesi mantıksız olması nedeniyle bu isteğin uygulanabilme durumu yoktu. Ve bunu kendisine de açıkladım. Ben bu esnada ve sonrasında yeni konu arayışlarına devam ettim ancak eski konumla ilişkili olmasına doğal olarak gayret ediyordum. Bu arayışın sonunda eski konumda yapacağım ufak ama çok önemli değişikliklerle birlikte, farklı bir bakış açısıyla ele aldığımda olumlu bir sonuç alabileceğimi, amacıma ulaşabileceğimi ve hipotezimi gerçekleştirebileceğimi (bkz. EK 3.5) anladım. Bu durumu X2'ye gerekçelerini de belirterek çok detaylı anlattım (hissettirmemekle birlikte övünçle anlattım). O da bunun yapılabileceğini kabul etti. Tez danışmanıma anlattım ancak o sıra hala daha önce verdiği kağıt üzerinde durduğu için bu anlattıklarımı dikkate almadı. Daha sonra 22.09.2005 tarihindeki görüşmemizde hatırlamadığını da belirtecekti. Ancak kendisine ben hatırlattım. Benim kendi odama görüşmek için geldiğinde kendisine anlattığımı ancak kendisinin hala o kağıt üzerinde durduğunu söyledim. Ayrıca X2'nin de benim yaptığım değişikliği uygun bulmadığını söyledi. Ben de büyük bir şaşkınlık ve garipsemeyle böyle bir şeyin mümkün olamayacağını çünkü kendisiyle odasında uzun bir süre konuşarak tez konusu ile ilgili yaptığım değişikliği ve bu yönde yapacaklarımı kabul ettirdiğimi söyledim. Aksi takdirde X2'nin size başka bana başka konuştuğu gibi bir durum ortaya çıktığını bunun da olmaması gereken bir durum olduğunu belirttim. Bu görüşme bayağı uzun süren (bir saati aşan) bir görüşme idi. Bu görüşmede geçen önemli ifadelerin bir kısmını dilekçemde ve burada belirtmiş oldum. Yani dilekçede tez danışmanının bu görüşmede bana söylediği tezini kabul etmeyeceğim, sonrasında tezini getirme demesi ve bunun üzerine ben, bu tez üzerinde üç senenin emeği olduğunu, bunun bu şekilde görmezden gelinemeyeceğini, böyle bir şey söylüyorsanız bunun gereğini yapmasını belirtmemden sonra tamam ben yanlış söyledim, sen tezini getir şeklindeki ifadelerini daha detaylı olarak dilekçemde belirttim.

Bütün bu olan bitenden sonra ben son güne kadar tezimi hazırlayarak 30.09.2005 tarihinde İstanbul Üniversitesi Sosyal Bilimler Enstitüsüne teslim ettim. Tezi teslim tarihindeki ve sonrasında olan gelişmeler dilekçemde geniş ve olabildiğince detaylı anlatılmıştır.
[14.02.2006 tarihli Enstitü ve 30.03.2006 tarihli Mahkeme dilekçesinin eki]

www.ingramcontent.com/pod-product-compliance
Lightning Source LLC
Chambersburg PA
CBHW081045170526
45158CB00006B/1863